Die Streckenförderung.

Die

Streckenförderung.

Von

Hans Bansen,
dipl. Bergingenieur,
ord. Lehrer an der Oberschlesischen Bergschule zu Tarnowitz.

Mit 382 Textfiguren.

Springer-Verlag Berlin Heidelberg GmbH
1908.

ISBN 978-3-662-41974-8 ISBN 978-3-662-42032-4 (eBook)
DOI 10.1007/978-3-662-42032-4

Vorwort.

Der Betriebsbeamte ist im allgemeinen nicht in der Lage, sich eine Büchersammlung zuzulegen, aus der er Auskunft über alle Fragen des Betriebes holen kann; dies scheitert zum Teil am Kostenpunkte, zum Teil fehlt es ihm an der nötigen Zeit, um die sein Fach in engerem oder weiterem Umfange berührende Literatur zu verfolgen und durchzuarbeiten. Selbst wenn er sich nur auf einige wenige technische Zeitschriften und Handbücher beschränkt, bereitet es ihm oft große Schwierigkeiten, mindestens aber viel Zeitverluste, um das allenthalben zerstreute Material zusammenzusuchen. Er erinnert sich oft, irgendwo eine gute Anregung gelesen zu haben; aber in welcher Zeitschrift, in welchem Jahrgange, unter welcher Überschrift stand sie? Da muß trotz der vorzüglichen Inhaltsverzeichnisse oft stundenlang gesucht werden. Ich habe es mir darum zur Aufgabe gemacht, in dem vorliegenden Buche alles die Streckenförderung Betreffende auszugsweise aus der vorhandenen Literatur zusammenzuholen und in einem Handbuche zu vereinigen. Außerdem konnte ich auch sehr viel Material aus den Tagebüchern schöpfen, die von den Schülern unserer Oberschlesischen Bergschule während ihrer praktischen Vorbereitungszeit geführt werden müssen, sowie aus den Berichten, welche im Anschluß an die zahlreichen Lehrfahrten ausgearbeitet werden.

Anfänglich hatte ich vor, die gesamte Förderung und Fahrung in einem Bande zu bearbeiten. Aber bis zur Fertigstellung des ganzen Buches wären schon so viele Neuerungen aufgetaucht, daß dann die ganze Arbeit eine weitgehende Umarbeitung erfordert hätte. Dies ist schon im vorliegenden Buche bei verschiedenen Kapiteln in ziemlich weitem Umfange erforderlich gewesen. Darum habe ich die Kapitel „Schachtförderung, Fahrung und Betrieb der Grubenbahnhöfe“ einer besonderen Bearbeitung vorbehalten. Andererseits habe ich bei Besprechung der Seile die Schachtförderseile nicht gestrichen, damit der Zusammenhang in der Darstellung nicht gestört würde.

Selbstverständlich konnte nicht alles gebracht werden, was in der Literatur behandelt worden ist; denn diese ist gerade bezüglich des Themas Streckenförderung sehr umfangreich; ebenso steht in der Praxis vieles in Gebrauch und hat sich auch bewährt, was unberücksichtigt bleiben mußte. Dies gilt ganz besonders bezüglich der Fördergefäße, dann auch der Mitnehmer bei Seil- und Kettenförderungen. Wer sich darüber eingehender unterrichten will, wird gut tun, auf die diesbezügliche Literatur zurückzugreifen, die nach Möglichkeit überall am Kopfe der betreffenden Kapitel angeführt worden ist. Schließlich besitzt wohl auch jeder deutsche Bergmann das Lehrbuch der Bergbaukunde von Köhler, welches in der Ausführlichkeit der Literaturangaben unerreicht dasteht. Auch auf dieses sei hier verwiesen.

In mancher Beziehung mußte ich mir in unerwünschter Weise Beschränkung auferlegen, z. B. bei Behandlung der Benzinlokomotiven. Ich bin zwar von unseren bedeutenden Lokomotivfabriken in umfangreichem Maße mit dem nötigen Material versehen worden und kann dies auch hier nur dankend anerkennen; indessen waren viele der mir zugeschickten Zeichnungen für ein Lehrbuch nicht übersichtlich genug; sie waren entweder zu klein oder gingen zu sehr ins Einzelne. Andererseits mußte ich beispielsweise die Abbildung vom Schwimmer und Vergaser aus einem Buche über Motorräder nehmen, weil von einer der Fabriken nicht einmal die Veröffentlichung einer Prinzipskizze gern gesehen wurde. Ich bin diesem Wunsche nachgekommen, obwohl diese Spezialkonstruktionen doch schon in den Patentschriften veröffentlicht, also eigentlich gar kein Geheimnis mehr sind. Um so anerkennenswerter ist die Hilfe, die mir seitens der Ruhrtaler Maschinenfabrik H. Schwarz & Co. in Mülheim-Ruhr zuteil wurde; außer der veröffentlichten Dispositionszeichnung einer Benzinlokomotive bekam ich von da auch mehrere Spezialzeichnungen ohne jedwede einschränkende Bestimmung.

Das Buch soll aber nicht nur dem Betriebsbeamten ein Nachschlagewerk, sondern dem angehenden Bergmann auch ein Lehrbuch sein; darum sind manche einfache Sachen eingehender besprochen worden, als es vielleicht dem ersteren erwünscht ist.

Tarnowitz, im September 1908.

Bansen.

Inhaltsverzeichnis.

Erster Teil.

Allgemeines.

Zweiter Teil.

Die Fördergefäße.

Dritter Teil.

Die rutschende Förderung nebst verwandten Förderverfahren.

Vierter Teil.

Die Förderbahn.

Seite

Fünfter Teil.

Die maschinelle Streckenförderung.

Sechster Teil.

Die Bremsbergförderung.

Seite

Siebenter Teil.

Die Haspelbergförderung.

Bei der Bearbeitung des ganzen Buches benutzte Literatur

nebst Angabe der im Text gebrauchten Kürzungen.

v. Hauer, Die Fördermaschinen der Bergwerke.
Höfer, Taschenbuch für Bergmänner.
Verein „Hütte", Des Ingenieurs Taschenbuch.
Dufrane-Demanet, Traité d'exploitation des mines de houille.
Evrard, Les moyens de transport.
Caleb Pamely, The colliery managers handbook.

Versuche und Verbesserungen beim Bergwerksbetriebe in Preußen (= Vers. und Verb.)
Zeitschrift für das Berg-, Hütten- und Salinenwesen im Preußischen Staate (= Preuß. Zeitschr.).
Österreichische Zeitschrift für Berg- und Hüttenwesen (= Österr. Zeitschr.).
Jahrbuch für das Berg- und Hüttenwesen im Königreiche Sachsen (= Sächs. Jahrb.).
Die Entwickelung des Niederrheinisch-Westfälischen Steinkohlen-Bergbaues in der zweiten Hälfte des 19. Jahrhunderts, Band II und V (= Sammelwerk).

Druckfehler.

Auf Seite 53, Zeile 14, muß es statt Kupferbleche heißen Kopfbleche,
auf Seite 53, Zeile 24, muß es statt größeren Abmessungen heißen äußeren Abmessungen.

Erster Teil.

Allgemeines.

Benutzte Literatur.

Das zweckmäßigste Gefälle einer Grubenbahn. „Glückauf" 1898, Nr. 5.
Gefälle einer Grubenbahn. „Glückauf" 1898, Nr. 11.
Ein Dynamometerwagen zur Bestimmung des Widerstandes bei der Streckenförderung. „Glückauf" 1896, Nr. 50.
Wagen zur Bestimmung der Widerstände bei Streckenförderungen. „Glückauf" 1897, Nr. 42.
Die Arbeit der Grubenpferde. „Glückauf" 1897, Nr. 44.
Die Verwendung der Pferde in Bergwerken. „Glückauf" 1896, Nr. 7.
Leuschner, Pflanzen- und Tierleben in den Bergwerken. „Kohle und Erz" 1906, Nr. 11, 12.
Sturm, Tierquälereien und Augenkrankheiten bei Grubenpferden. „Kohle und Erz" 1907, Nr. 23.

A. Der Zweck der Förderung.

Die Förderung hat zum Zweck, alles das, was der Bergmann in der Grube gewinnt, von dem Arbeitsorte weg bis an seinen Bestimmungspunkt zu schaffen; es ist dies nicht nur nutzbares Mineral, sondern auch taubes Gestein. Das erstere kommt bis dorthin, wo es vom Käufer übernommen wird, oder bis zu den Verbrauchsstellen (z. B. Kohle ins Kesselhaus der Grube) oder zur weiteren Verarbeitung (Brikettfabrik, Aufbereitung usw.). Das taube Gestein wird dorthin gebracht, wo es dem Bergmann nicht im Wege ist, also beispielsweise unter Tage in den Versatz oder über Tage auf die Halde.

B. Allgemeine Regeln.

Namentlich bei einem Fördergute von geringem Werte kommt es sehr darauf an, daß die Kosten der Förderung möglichst niedrig sind.

Da es sich in solchem Falle stets um Massenförderung handeln wird, lassen sich maschinelle Förderanlagen verwenden, die zwar in der ersten Anschaffung sehr teuer sind, aber billig arbeiten und auf diese Weise im Laufe einer Reihe von Jahren nicht nur die Anlagekosten decken, sondern auch Ersparnisse herbeiführen.

Für eine jede sachgemäße Förderung gelten in der Hauptsache folgende Regeln:

1. Die Menge der zu fördernden Massen ist tunlichst einzuschränken, indem man die tauben Massen schon vor Ort vom Haltigen trennt und unter Tage versetzt.

2. Die Förderung soll, soweit als dies möglich ist, unabhängig von den Häuerarbeiten erfolgen.

3. Das Umfüllen und Umladen ist möglichst einzuschränken, weil es unnötige Arbeit und Kosten verursacht und Verluste des Fördergutes sowie eine Wertverminderung desselben herbeiführt.

4. Die Förderung hat auf dem kürzesten und passendsten Wege zu erfolgen.

5. Jede Förderbahn soll ein möglichst gleichmäßiges Ansteigen erhalten.

6. Zur Erzielung hoher Leistungen ist die Förderung überall, wo angängig, im Gedinge zu vergeben.

C. Die Förderkräfte.

Die Kräfte, mit deren Hilfe die Förderung besorgt wird, sind die Schwerkraft (das Eigengewicht der Massen), Elementarkräfte (Dampf, Elektrizität, Preßluft, Druckwasser u. a.), tierische und Menschenkräfte.

Am besten lassen sich sämtliche Maschinen ausnutzen; sie können, richtige Bewartung vorausgesetzt, fast ununterbrochen arbeiten. Dies ist bei Verwendung lebender Förderkräfte nicht der Fall. Ihnen muß man nicht allein nach jeder Schicht, sondern auch während der Arbeitszeit entsprechende Ruhepausen gönnen. Die Arbeit selbst ist so einzurichten, daß der Kraftaufwand ein möglichst gleichmäßiger ist.

Die Leistung lebender Förderkräfte wird ebenso wie die von Maschinen am meisten beeinträchtigt durch ungleichmäßiges Ansteigen der Förderbahn, schlechte Beschaffenheit dieser und der Fördergefäße, viele Krümmungen, die der Tiere und Menschen schließlich auch noch in besonderem Maße durch Anhäufung der Arbeit zu bestimmten Zeiten der Schicht, durch zu häufiges Stehenbleiben auf dem Wege, womit verbunden ist, daß die schwere Förderlast unnötigerweise immer wieder in Bewegung gesetzt werden muß, durch zu großen Abstand der Ruhestellen usw.

Die Neigung der Förderbahn wird am zweckmäßigsten so eingerichtet, daß das Rückfördern der vollen Wagen nach dem Schachte hin ebensoviel Arbeit erfordert wie die Förderung der leeren Wagen in der Richtung nach den Gewinnungspunkten. Dies sucht man in Deutschland mit einer Neigung von 1 : 500 bis 1 : 800 zu erreichen; in Belgien und Frankreich wählt man Steigungen von 1 : 225. Steigungen von 1 : 200 wurden im Jahre 1888 auf den Gruben Altenwald und Sulzbach bei Saarbrücken in den Hauptgrundstrecken und Querschlägen eingeführt, wobei man für den mit 10 Ztr. beladenen Wagen auf Grund der angestellten Versuche noch $^1/_2$—1 kg Zugkraft mehr brauchte als für den leeren Wagen. Auf Grube Commentry im Allier-Departement sind Steigungen von 1 : 166 üblich.

Um dasjenige Gefälle einer Grubenbahn zu berechnen, bei welchem die Aufwärts- und Abwärtsförderung denselben Kraftaufwand beansprucht, ist in Nr. 5 vom Jahrgang 1898 des „Glückauf“ folgende Formel ermittelt worden.

Es sei α der Neigungswinkel der Bahn, f der Reibungskoeffizient zwischen Schienen und Rädern, P das Gewicht des leeren Wagens und Q das der Nutzlast, dann ist

$$\sin\alpha = \frac{f \cdot Q}{2\,P + Q},$$

d. h. „der Sinus des Neigungswinkels ist gleich dem Reibungskoeffizient mal Lastgewicht dividiert durch zwei mal Wagengewicht plus Lastgewicht“. Aus dem Neigungswinkel ergibt sich ohne weiteres das Ansteigen der Bahn. Der Reibungskoeffizient f ist erfahrungsmäßig 0,01—0,02 anzunehmen. Wenn es aber auf große Genauigkeit ankommt, muß er auf folgende Weise ermittelt werden.

Man setzt den Wagen auf ein Gestänge, welches man an dem einen Ende so lange anhebt, bis er ins Rollen kommt, und stellt dann den Winkel β fest, welchen in diesem Augenblick die Schienenbahn mit der Wagerechten bildet. Es ist in diesem Falle

$$P \cdot \sin\beta = f \cdot P \cdot \cos\beta \text{ oder}$$

$$f = \frac{P \cdot \sin\beta}{P \cdot \cos\beta} = \operatorname{tang}\beta.$$

Ein anderes Verfahren, um den Reibungskoeffizienten zu bestimmen, ist durch die Formel

$$f = \frac{Z}{Q}$$

gegeben; in dieser bedeutet *f* den gesuchten Koeffizienten, *Z* die Zugkraft, die nötig ist, um einen vollen oder leeren Wagen ohne Beschleunigung auf genau söhliger Bahn fortzubewegen, und *Q* das Gewicht eines vollen bzw. leeren Wagens.

In dieser Formel ist die Größe der Zugkraft (*Z*) noch unbekannt. Sie kann durch Gewichte oder mit Hilfe eines Dynamometers bestimmt werden.

Im ersteren Falle hakt man in die Zugstange eines Wagens *a* (Fig. 1) ein dünnes Seil *b* ein, das über eine Rolle *c* läuft. Am anderen Ende des Seiles hängt eine Wagschale *d*. Auf diese setzt man so lange Gewichte auf, bis der Förderwagen ins Rollen kommt. Um die Trägheit zu überwinden, drückt man den Wagen leicht an.

Fig. 1. Fig. 2.

Ermittelung der Zugkraft.

Die Ermittlung der Zugkraft mit Hilfe eines Dynamometers ist sicherer und bequemer. Das Dynamometer *a* (Fig. 2) wird zwischen dem Förderwagen *b* und dem Seile *c* eingespannt. Die Welle *d*, um die das freie Ende des Seiles geschlungen ist, wird durch ein Vorgelege *e* in Umdrehung versetzt und dadurch das Seil aufgewickelt. Vermittels eines Zeigerwerkes kann man die Größe der Zugkraft am Dynamometer ablesen.

Da die Förderwagen nicht ganz gleichmäßig gebaut sind, hat man möglichst viele volle und leere Wagen dieser Untersuchung zu unterwerfen. Aus den Ergebnissen wird das arithmetische Mittel genommen.

Auf der Kohlenzeche Commentry im Allier-Departement, Frankreich, und auf den Gruben der Société d'Anzin bei Lenz sind Meßwagen im Betrieb, welche die auf den Förderbahnen tatsächlich aufgewendete Zugkraft selbsttätig aufzeichnen. Die Dynamometerwagen (Fig. 3 a und b) von der letztgenannten Gesellschaft haben folgende Einrichtung.

In einem Förderwagen kann der zweiarmige Hebel *a* um den Punkt *b* schwingen. Er trägt am kürzeren Hebelarme den Schwimmer *c*, der in ein mit Wasser gefülltes Gefäß *d* eintaucht. Am Ende des anderen Hebelarmes ist ein Schreibstift *e* mit Spiralfeder angebracht, welcher alle Schwingungen des Hebels auf einem Papierstreifen *f* aufzeichnet. Diese Schwingungen werden durch Vermittlung des Gestänges *g*, des Winkelhebels *h* und der Zugstange *i* von der Zugkraft verursacht. Der Papierstreifen, auf welchem die Kurven aufgeschrieben werden, wickelt sich von Rolle *k* ab und auf Rolle *l* auf. Diese letztere wird von dem einen Radsatze aus mittels Gallscher Kette *m* und eines Schneckengetriebes *n* mit einer Geschwindigkeit gedreht, welche der Fortbewegung des Meßwagens immer proportional bleibt. Die Bremsvorrichtung *o* dient dazu, den Papierstreifen stets straff gespannt zu halten. — Das Laufgewicht *p* ist nötig, um den Balancier in der zum Schreiben erforderlichen Mittelstellung zu halten. Es wird je nach Größe der aufgewendeten Zugkraft nach rechts oder links verschoben.

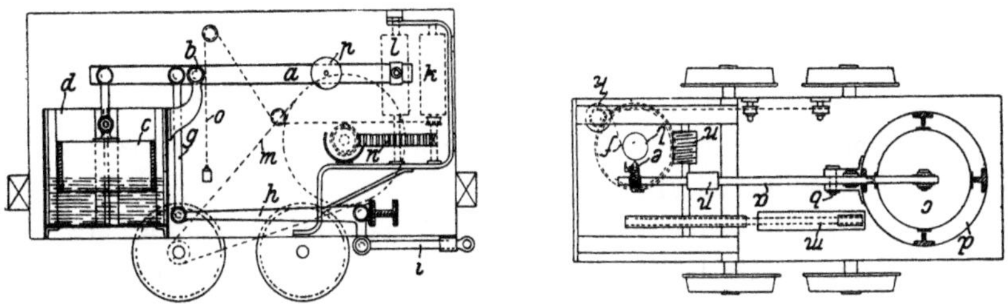

Fig. 3a und b. Dynamometerwagen. (Aus „Glückauf“ 1897, Nr. 42)

Der Meßwagen kann in einen Wagenzug eingereiht oder für sich allein verwendet werden. In beiden Fällen wird ihm jedoch ein gewöhnlicher Förderwagen vorgekuppelt, so daß er stets als zweiter läuft.

Mit Hilfe dieser Dynamometerwagen bestimmt man nicht nur, welche durchschnittliche Zugkraft zum Fortbewegen der Förderwagen erforderlich ist, sondern es läßt sich auch ermitteln, ob das Gestänge allenthalben in gutem Zustande ist. Denn schlechte Beschaffenheit der Förderbahn wird sich sofort durch eine Erhöhung der Zugkraft zu erkennen geben, die vom Schreibapparate genau nach Größe und Entfernung vom Schachte vermerkt wird.

Von besonderer Wichtigkeit ist schließlich noch die Leistung, die man in einer Schicht mit lebenden Förderkräften, insbesondere mit Menschen und mit Pferden, erzielen kann. Diese wird nach Tonnenkilometern angegeben und beträgt erfahrungsgemäß bei Menschen 2—4, selten bis 10 tkm, bei Pferden 40—60 tkm je Schicht.

Nur unter ganz besonders günstigen Umständen, vor allem aber unter Voraussetzung bester Fördereinrichtungen, ist es möglich, aus Menschen und Tieren höhere Leistungen herauszuholen. So erzielte man beispielsweise mit Wagenstößern im Jahre 1871 auf Fuchsgrube bei Waldenburg im Fuchsstollen Leistungen von annähernd 23,5 tkm auf 2100 m Förderlänge bei einem Preise von 7,6 Pf. je tkm.

Bei der Pferdeförderung gehen namentlich in Westfalen die Leistungen immer mehr zurück, so daß man zurzeit nur noch solche von annähernd 35 tkm für den ganzen Bezirk annehmen kann. Es wird dies dem „Sammelwerk" zufolge damit erklärt, daß in den Hauptförderstrecken, in denen früher ausschließlich Pferde verwendet wurden, maschinelle Förderung umgeht. Die Pferde werden nun nur noch unter weniger günstigen Bedingungen — gekrümmte Strecken, schlechtere Bahnen mit quellender Sohle, niedrige Baue, mehr oder weniger verbrauchte Wetter u. a. — verwendet; ihre tägliche Arbeitsleistung ist dieselbe geblieben, die rechnerisch ermittelte Nutzleistung aber niedriger geworden, besonders weil die leichtere Arbeit und somit die höhere Leistung in den bequemen Hauptquerschlägen nicht mehr mit in Anrechnung gebracht werden kann.

Über die Arbeit der Grubenpferde sind vom Tierarzt Boissier im Kohlenbecken von Gard eingehende Versuche unter Zuhilfenahme von Dynamometerwagen angestellt worden. Er erhielt dabei die im folgenden angeführten Ergebnisse.

Von der Arbeit, die jedes lebende Wesen leistet, ist nur etwa ein Viertel reine Nutzarbeit; das übrige geht in der Unterhaltung und Weiterbewegung auf.

Die mittlere Nutzleistung eines Arbeitspferdes im gewöhnlichen Schritt beträgt 60—70 mkg/sec (nach dem Taschenbuch der „Hütte" 75 mkg/sec) und kann 10 Stunden lang fortgesetzt werden. In dieser zehnstündigen Schicht ist aber das Pferd tatsächlich nur 7 Stunden in Bewegung. Die Nutzleistung setzt sich zusammen aus den drei Faktoren:

1. entwickelte Kraftmenge,
2. Geschwindigkeit und
3. Dauer der Arbeit,

die gegenseitig voneinander abhängig sind. Die aus ihnen sich ergebende Maximalnutzleistung darf nicht überschritten werden. Außerdem hat jeder dieser Faktoren Grenzen, die man ebenfalls nicht überschreiten darf.

Die günstigste Geschwindigkeit ist die von 1,125 m/sec (1,25 m/sec nach dem Taschenbuch der „Hütte").

Die in einer Schicht erzielte Gesamtleistung betrug nach Boissiers Ermittlungen 112 tkm (leere und volle Wagen!), die Nutzleistung, wobei nur das Kohlengewicht berücksichtigt wurde, 56 tkm.

Unter dem „Förderkoeffizienten" versteht er das Verhältnis der zum Ziehen verwendeten Kraft zu dem Gewicht der gezogenen Last. Er wird durchschnittlich mit 1—2 % der Last angenommen, schwankt aber in Wirklichkeit zwischen 0,02—0,008. Im Bergwerksbetriebe wird es besser sein, ihn eher etwas höher anzunehmen. Er hängt ab

1. von dem Gewichte der Pferde,
2. von dem Verhältnis zwischen dem Durchmesser des Rades und dem des Achsenzapfens und
3. von der Beschaffenheit der Förderbahn.

Zu 1. Das Gewicht des Pferdes ist insofern für die Weiterbewegung einer Last von Bedeutung, als das Tier diese in der Hauptsache nur durch sein Körpergewicht bewegen und nur in Ausnahmefällen — Anziehen, örtliche Steigungen, Krümmungen usw. — eine außergewöhnliche Kraft aufwenden soll.

Zu 2. Je größer man den Raddurchmesser im Verhältnis zu dem des Zapfens wählt, um so leichter läuft ein Förderwagen. Bezeichnet man den Durchmesser des Achsenzapfens mit d, den den Rades mit D, so ist nach Demanet das günstigste Verhältnis

$$d : D = 1 : 10.$$

Wesentlich ist schließlich noch, daß man die Zapfenreibung durch gute Schmierung herabzumindern sucht.

Zu 3. Auf wagerechter Bahn können die Pferde am besten laufen; eine Steigung oder ein Fallen von 5—6 Grad macht ihren Gang schon mühsam; darüber hinaus wird die Nutzarbeit sehr gering, weil fast alle Kraft zur eigenen Fortbewegung verbraucht wird. Damit das Pferd imstande ist, eine recht hohe Kraft zu entfalten, muß es auf dem Boden einen festen Stützpunkt finden, der ein leichtes Greifen der Hufe gestattet. Dies ist nur auf festem, unnachgiebigem Boden möglich, der aber nicht so hart sein darf, daß der Fuß ausgleitet (Steinpflaster).

Die aufzuwendende Kraft ist bekanntlich beim Anziehen oder überhaupt beim Ingangsetzen einer Last größer, als wenn es sich darum handelt, eine solche in Bewegung zu erhalten. Die angestellten Dynamometerversuche ergaben nun, daß beim Anziehen der Maximalkraftaufwand nicht im gleichen Verhältnis mit der Größe der Last wächst, sondern langsamer; der Kraftaufwand je 1 t Förderlast nimmt im regelmäßigen Verhältnis ab. Vermehrt man z. B. die Last um das Vierfache, so nimmt der Kraftaufwand je 1 t um die Hälfte ab.

Versuche, die nach dieser Richtung hin angestellt wurden, ergaben bei einem Ansteigen der Förderbahn von 1 cm je 1 lfd. Meter, daß zum Anziehen

von	1	Wagen	eine	Zugkraft	von	180	kg je	1 t,
„	4	„	„	„	„	90,5	„ „	1 t,
„	8	„	„	„	„	47	„ „	1 t,

erforderlich war. Es erklärt sich dies dadurch, daß jeder folgende Wagen im Zuge nicht allein durch das Gewicht des Pferdes, sondern auch durch den Schwung der schon im Gange befindlichen vorderen

Wagen in Bewegung gesetzt wird. Das Pferd braucht diesen Anstoß nur durch eine geringe Beschleunigung wirksam zu erhalten.

Ein Fehler, den das Pferd beim Anziehen zeigt, ist der, daß es sich mit scharfem Ruck ins Geschirr wirft; es setzt also den Zug durch einen plötzlichen Anstoß in Gang, anstatt durch allmähliches Vergrößern der Ziehkraft. Dies zeigt sich deutlich in der nachstehenden Tabelle, welche eine Zusammenstellung der von Pferden und von Menschen beim Anziehen derselben Last aufgewendeten Kraft enthält.

	Anziehen mit Pferd,	mit Hand je Tonne,	Verhältnis
1. Last: 1685 kg	108 kg	47 kg	2,3 : 1
2. Last: 2900 „	79 „	31 „	2,5 : 1
3. Last: 2800 „	120 „	50 „	2,4 : 1
4. Last: 5570 „	71 „	30 „	2,36 : 1
5. Last: 5340 „	37 „	17 „	2,2 : 1

(Aus „Glückauf“ 1897, Nr. 44.)

Um einen Zug in Bewegung zu e r h a l t e n, rechnet man, wie schon kurz vorher erwähnt, allgemein unter günstigen Verhältnissen mit einer Zugkraft in Höhe von 1 % der Last. Diese günstigen Bedingungen werden aber unter Tage nicht überall oder aber nicht allgemein vorhanden sein. Es ist also besser, hier die Kraft etwas höher und zwar mit 1,5 %, d. h. mit 15 kg auf eine Tonne in Rechnung zu setzen. Tatsächlich haben auch die im vorstehenden angeführten B o i s s i e r schen Dynamometer-Versuche Werte ergeben, die sich dem eben genannten sehr näherten.

In Krümmungen steigt die Zugkraft um 20—30 %.

Die mittlere Zugkraft eines Pferdes läßt sich übrigens nach B a r o n auch mit Hilfe der Formel

$$\frac{30\ C^2}{H}$$

berechnen ($C =$ Umfang der Brust, $H =$ Maß des Leibes).

Für Schlepperförderung gibt H ö f e r als beste Geschwindigkeit eine solche von 0,5—0,8 m/sec an; hierbei erzielt der Fördermann in einer Sekunde eine mechanische Leistung von 5—7 mkg. Im Mittel leistet ein Mann in der achtstündigen Schicht bei

100 m	Weglänge	16 000	kg
200 „	„	10 500	„
1000 „	„	4 300	„
4000 „	„	1 300	„

Handelt es sich um Massenförderung, so stellt sich die Schlepperförderung von etwa 300 m Weglänge an teurer als die mit Pferden.

Demanet empfiehlt zur besseren Überwachung aller Einzelheiten, welche auf die Schlepperförderung günstig oder ungünstig einwirken, folgende Tabelle, die am besten alle Monate neu ausgefüllt wird.

Bezeichnung der Arbeitspunkte 1.	Entfernung vom Schachte 2.	Menge der Förderung 3.	Zahl der auf 100 m geförderten Tonnen 4.	Zahl der Schlepper 5.	Schlepperlöhne 6.	Nutzleistung eines Schleppers 7.	Kosten auf die Fördereinheit 8.	Besondere Bemerkungen 9.

In ähnlicher Weise ließe sich auch eine Tabelle zur beständigen Überwachung der Pferdeförderung einrichten. In beiden Fällen, besonders aber bei Pferdeförderung, wäre nur noch zu bemerken, daß es sich in Spalte 4 empfehlen wird, die erzielten Leistungen nicht auf 100 m Förderlänge ($t^{100\,m}$), sondern auf 1000 m (tkm) zu berechnen.

D. Die Grubenpferde.

I. Die Pferdeställe.

Die Ställe für die bei der unterirdischen Förderung beschäftigten Pferde können über Tage oder unter Tage hergerichtet sein. Im ersteren Falle muß man die Pferde nach beendeter Schicht herausgeben. Auf Werken mit Stollenbetrieb ist dies verhältnismäßig einfach. Sind die Grubenbaue nur durch Schächte zugänglich, so kann man, falls eine größere Zahl von Pferden beschäftigt wird und die Baue nur in geringer Tiefe sich befinden, für die Ein- und Ausfahrt der Tiere und wohl auch der Belegschaft einfallende Tagesstrecken benutzen. Stehen nur Schächte zur Verfügung, so müssen die Pferde auf den Schalen befördert werden. Dies erfordert aber sehr viel Zeit; während die Tiere im zugigen Füllort auf die Ausfahrt warten, sind sie Erkältungen um so leichter ausgesetzt, als sie von der Arbeit in den vielfach recht warmen Grubenbauen und der gegen Ende der Schicht erfahrungsgemäß besonders lebhaften Förderung stark erhitzt sind. Auch auf dem Wege vom Schachte zum Stall sind sie besonders im Winter den Unbilden des Wetters preisgegeben. Diesen Nachteilen stehen aber die sehr wesentlichen Vorteile gegenüber, daß alle Pferde während der Ruhezeit in guter, reiner Luft sind, daß ihre Pflege und Beaufsichtigung in den großen Sammelställen über Tage eine leichtere und gründlichere ist, und daß sie davor geschützt sind, von Unbefugten zur Verrichtung von Nebenarbeiten aus dem Stalle geholt zu werden.

Bleiben die Pferde Tag für Tag in den Ställen unter Tage, so lassen sich die geschilderten Übelstände vermeiden, wenn man auch hier große Sammelställe anglegt, in denen manchmal bis zu 60 Pferde untergebracht sind. In der Mehrzahl der Fälle wird man allerdings nur bis zu etwa 20 Pferden in einem Stalle vereinigen können. Man errichtet dann am besten für jede Sohle mindestens einen besonderen Stall. Damit ist nun allerdings wieder die Beaufsichtigung und Wartung erschwert, dagegen der Vorteil gewonnen, daß Seuchen sich besser auf einzelne Bezirke beschränken lassen.

Einzelställe für eine nur geringe Anzahl von Pferden sind nach Möglichkeit zu vermeiden.

Die meisten Pferde gewöhnen sich recht schnell an den ständigen Aufenthalt in der Grube, insbesondere bekommt ihnen die jahraus jahrein gleichmäßige Temperatur sehr gut, welche z. B. bewirkt, daß sie im Frühjahr und Herbste nicht mehr die Haare wechseln, sowie auch der Umstand, daß sie nun nicht mehr, wie dies über Tage stets in der heißen Jahreszeit der Fall ist, von allerlei Insekten geplagt werden.

Es ist am besten, die Pferdeställe in die Nähe der Einziehschächte zu legen, die ja auch meistens zugleich Förderschächte sind. Man ist dann am besten imstande, vom frischen Wetterstrome einen Zweigstrom in den Pferdestall zu leiten und von da nach der Ausziehstrecke. Es ist nach Möglichkeit zu vermeiden, daß man den Stall mit verbrauchten Wettern lüftet oder aber die aus ihm ausziehenden Wetter noch nach belegten Bauen leitet. Die Lage des Stalles in der Nähe des Fahr- und Förderschachtes erleichtert außerdem die Beaufsichtigung.

Mit Rücksicht auf die Feuergefahr, welche die in einem Stalle vorhandenen Heu- und Strohmassen mit sich bringen, soll als Ausbau niemals Holz, sondern immer nur Eisen, Mauerung oder Betonierung verwendet werden. Ferner müssen sämtliche Ein- und Ausgänge mit feuersicheren, leicht und schnell zu schließenden Türen versehen sein.

Die Futterkammer, in der die Vorräte für einen oder auch mehrere Tage aufbewahrt werden, darf ebenfalls aus Gründen der Feuersicherheit nicht im einziehenden Strome liegen, aber auch nicht im ausziehenden, weil sonst das Futter infolge der Ausdünstungen anzieht und an Schmackhaftigkeit verliert. Sie liegt am besten neben dem Stalle, von dem sie ebenfalls durch eine feuersichere Tür getrennt ist. Beide Räume dürfen natürlich nicht mit offenem Lichte betreten werden und sind daher mit ständiger, am besten mit elektrischer Beleuchtung zu versehen.

Jeder Stall (Fig. 4) besteht aus mindestens zwei Hauptteilen, den Ständen *a* und dem Hauptgange *b*. Besser ist es aber, auch noch an der Stirnseite der Stände einen weiteren Gang *c* anzulegen, durch den die Verteilung des Futters erleichtert wird.

Die Standfläche für ein Arbeitspferd wird im Hütten-Taschenbuche mit 2,5—2,8 m Länge und 1,25—1,50 m Breite angegeben. Nach Leuschner bemißt man für jedes Grubenpferd den Raum mit mindestens 1,60 m Breite, 3,20 m Länge und 2,50 m Höhe.

Die einzelnen Stände trennt man häufig nur durch Lattier- oder Flankierbäume *d* gegeneinander ab. Es sind dies runde, hölzerne, mit Stroh umwickelte Stangen, die am Kopfende des Standes mittels einer Kette von nur einigen Gliedern Länge befestigt, am hinteren Ende an

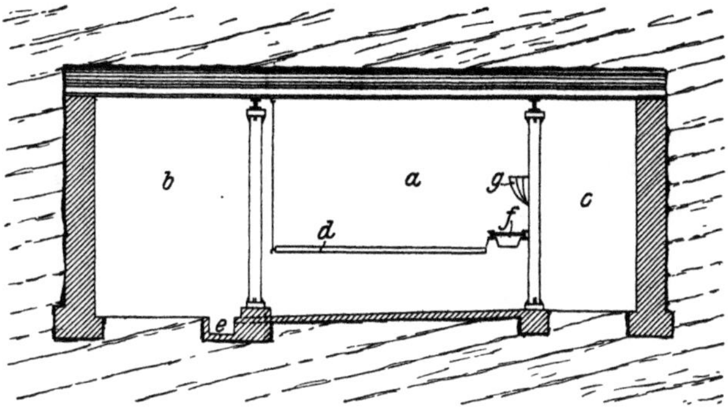

Fig. 4. Pferdestall unter Tage.

der Firste angehängt sind. Sie müssen sich an dieser Stelle schnell aushaken lassen, um zu verhüten, daß ein Pferd, wenn es einmal auf ihnen „reitet“, unruhig wird und seine Nachbarn verletzt oder selbst zu Schaden kommt. Sie erhalten eine Höhe von 0,9—1 m über der Sohle.

Vorteilhafter ist es, die Stände durch Bohlenwände voneinander zu trennen. Man vermeidet auf diese Weise Verletzungen durch unruhige Pferde und die Übertragung von ansteckenden Krankheiten infolge von gegenseitigem Beschnuppern.

Die Sohle des Standes besteht aus Mauerwerk, Stampfbeton oder aus Halbhölzern, deren gewölbte Seite nach unten gerichtet sein muß. Sie erhält nach dem Hauptgange hin eine geringe Neigung von 4 : 100, damit die flüssigen Ausleerungen der Tiere bequem nach dem Gerinne *e* ablaufen können, welches sich am Eingang zu den Ständen befindet; von da gelangen sie in eine im ausziehenden Strome belegene Jauchegrube.

An der Stirn eines jeden Standes sind nebeneinander zwei Krippen *f*, eine für Wasser, die andere für Hafer, angebracht. In Fig. 4 sind die

Krippen auf zwei parallelen Schienen befestigt; man kann sie also leicht verschieben, wenn man die Stände bei Platzmangel im Stall schmaler machen muß. Sie bestehen aus emailliertem Eisen und sind so angebracht, daß ihre Oberkanten 1,2 m über der Sohle liegen. Die Futterkrippe kann man auch, wie beispielsweise auf Cäciliegrube, mit einem weiten Gitterroste überdecken, um zu verhüten, daß die Pferde nach ihrer Gewohnheit im Hafer mit dem Maul herumwühlen und ihn verschleudern.

Die Raufe *g* für das Heu ist in einer Höhe von 0,3—0,5 m über den Krippen angebracht. Es ist aber für die Pferde gesünder, wenn man sie unter der Krippe oder seitlich unten anbringt. Denn es liegt in der Natur der Pferde, daß sie ihr Futter vom Boden aufnehmen müssen. Das Fressen aus der hochliegenden Raufe bewirkt, daß junge Tiere leicht ein hohles Kreuz bekommen; außerdem fallen ihnen dann leicht Schmutz oder andere Verunreinigungen in die Augen und veranlassen Entzündungen.

Damit die Pferde ständig mit gut überschlagenem Wasser versehen sind, sollte man in jedem Stalle Selbsttränken einrichten. Die Wasserkrippen sind in diesem Falle durch eine Rohrleitung mit einem Hauptbehälter so verbunden, daß in ihnen allen das Wasser gleich hoch steht. Wird an einer Stelle Wasser entnommen, so sinkt der Wasserspiegel allenthalben. Durch einen Schwimmer im Hauptbehälter wird nun das Wasserzuflußrohr geöffnet und so lange offen erhalten, bis der richtige Wasserstand wieder erreicht ist.

II. Die Pferdebahn.

Wie schon oben ausgeführt, braucht das Pferd einen Weg, auf dem es einen sicheren Halt findet. Dies kann man erreichen, indem man das Gestänge bis zur Höhe der Lageroberkante mit Bergen und Sand ausschüttet. Die gröbsten Bergestücke kommen zu unterst hin; darüber folgt eine Lage von etwa hühnereigroßen Bergen, deren Zwischenräume stets mit Feinzeug verfüllt werden. Zu oberst wird Sand, Kesselschlacke oder Zinkräumasche verstürzt. Die beiden letzteren Sorten haben den Vorteil, daß sie Wasser schlecht aufnehmen, sind also an nassen Stellen besonders empfehlenswert. In trockenen Strecken können zur Ausschüttung auch milde Gebirgsarten (weicher Schieferton) Verwendung finden.

Hauptstrecken, in denen eine größere Zahl von Pferden geht, werden häufig mit einem S t e i n p f l a s t e r von geeigneten Bergestücken, flachen oder hochkantigen Ziegeln versehen. Man verlegt sie in einem Bett von Sand oder besser von Mörtel.

Holzpflaster wird namentlich in Westfalen öfters hergestellt. Es zeichnet sich durch große Billigkeit aus; 1 m Doppelbahn kostet an Arbeitslöhnen nur 1,50 Mark; die Materialkosten sind unbedeutend, weil man nur Raubholz verwendet. Das vom Schachtausbau herstammende Eichenholz wird in Klötze von zirka 15 cm Länge und von 5—8 cm Länge der Querschnittsfläche zersägt und zwischen den Lagern und Schienen so aufgestellt, daß die Hirnfläche die Stand- und Kopffläche bildet. Die Fugen werden mit dünneren Holzkeilen verschlagen, so daß das Pflaster stramm sitzt. Die ganze Fläche wird dann noch 1—2 cm hoch mit grobem Sand oder Kies überdeckt. Die Klötze können auch wie bei der Straßenpflasterung aus Buche oder feinfaserigem Nadelholze geschnitten werden. Sie müssen gut getrocknet und ast- und splintfrei sein.

Auf Grube Eschweiler-Reserve, Bergrevier Düren, nahm man zum Holzpflaster die bei der Zimmerung übrigbleibenden Abfälle von Buchenholzstempeln. Sie wurden in viereckige Klötze von 10—12 cm Länge und 15 cm Durchmesser zerspalten, erhielten abgestumpfte Kanten und wurden in ein Bett von Schlackensand eingesetzt.

Die Knüppelbahn ist weniger gut. Sie wird hergestellt, indem man parallel zu den Lagern Rundholz an Rundholz legt und mit einer Sandschicht überschüttet.

Die Pferdebahn mit lang- oder querliegenden Bohlen (Bohlenbahn) auszufuttern, die wohl auch noch aufgenagelte Querleisten erhalten, ist vollständig verfehlt. Diese Bahn ist zwar schnell hergestellt, aber auch bald wieder durchgetreten. Die Pferde bleiben mit den Stollen leicht in den Fugen zwischen den Bohlen oder zwischen Bohle und Schienenkopf hängen und reißen sich dann die Eisen ab, womit Verletzungen der Hufe nur zu leicht verknüpft sind. Auch treten sie sich leicht einen der vielen Nägel in den Huf ein, wenn die Bahn nicht mehr ganz einwandfrei ist.

In zweispurigen Förderstrecken legt man das Leergeleis auf die Seite der Wasserseige. Diese wird dann nicht so leicht durch Schutt, der aus undichten Förderwagen herausfällt, verunreinigt.

III. Das Geschirr.

Damit die Pferde keine unnötige Last zu schleppen brauchen, soll das Geschirr so leicht wie möglich, aber doch stark genug sein, um allen im Betriebe vorkommenden Beanspruchungen gewachsen zu sein. Im Bergbau werden zwei verschiedene Bespannungsweisen der Pferde angewendet, die lange und die kurze. Bei der ersteren ist das Ortscheit mit einer nur kurzen Kette in die Zugstange des vordersten Förderwagens eingehängt. Die Zugstränge bzw. -ketten müssen hier entsprechend lang (2,5—3 m) sein, damit das Pferd die nötige Bewegungsfreiheit hat, nämlich, daß es beiseite treten kann, wenn ihm Hindernisse (geschlossene Dämme, vorherfahrende Züge) den Weg versperren, sowie, damit ihm nicht der eigene Zug bei plötzlichem Anhalten in die Beine fährt. — Bei der kurzen Bespannungsweise (Fig. 5) liegt das Ortscheit in der Schenkelbeuge oberhalb des Knies, nicht etwa tiefer, weil es sonst beständig an die Beine anschlagen würde; die nötige Bewegungsfreiheit erhält das Pferd durch eine entsprechend

Fig. 5. Kurze Bespannung.

lange Zugkette, die vom Ortscheit bis zum Förderwagen reicht. Sie kann sich am Ende in zwei mit Haken versehene kurze Kettenstücke gabeln, von denen das eine in die Zugstange gehängt, das andere auf den oberen Wagenrand aufgehakt wird. Die untere Kette wird bereits in einiger Entfernung vom Bestimmungsorte ausgehängt, die obere erst im letzten Augenblicke. Der Vorteil davon ist, daß der Pferdeführer sich in engen Füllörtern mit lebhaftem Förderverkehr nicht zu bücken braucht und somit die Gefahr einer Verunglückung geringer ist. — Auf dem Hohenthalschacht der Mansfeldschen Gewerkschaft zu Eisleben

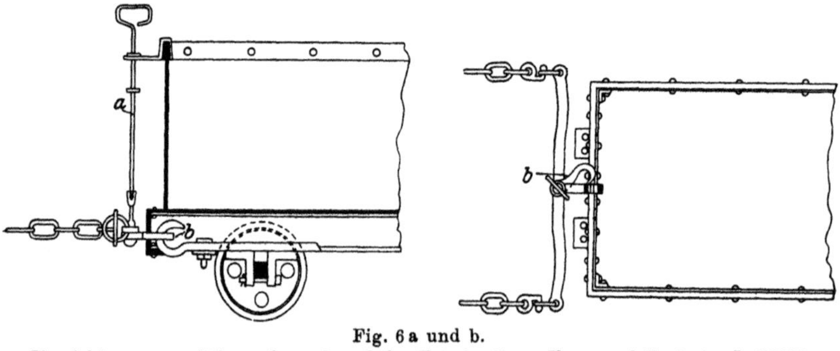

Fig. 6a und b.
Vorrichtung zum Abkuppeln während der Fahrt. (Aus „Vers. und Verb. im J. 1903".)

wird das Abkuppeln des Pferdes mittels der in Fig. 6a und b dargestellten Vorrichtung leicht und sicher bewerkstelligt. Der Pferdeführer braucht nur durch Anfassen am Handgriffe die Stange *a* zu drehen, wodurch der Kuppelhaken *b* aus der Zugstange ausgelöst wird.

In die Zugstränge soll man die sogenannten Pferdeschoner einschalten; es sind Spiralfedern, welche das Anziehen wesentlich erleichtern, indem sie sich bei dem stoßweisen Anziehen, welches den Pferden eigentümlich ist, ausdehnen und so die Brust der Tiere vor harten Stößen schützen.

IV. Die Wartung und Pflege der Pferde.

Ein Pferd erhält täglich 15—20 Pfund Hafer, je nach der Körperbeschaffenheit, und 15 Pfund Heu, am besten Kleeheu. Pferde, die zu hastig fressen und den Hafer darum nicht hinreichend zerkleinern, erhalten ebenso wie ältere Tiere gequetschten Hafer. Staubiges Heu wird ausgeklopft und mit Salzwasser befeuchtet. Wird es nicht entstaubt, oder ist es dumpfig, so erkranken die Pferde leicht an Kolik.

Um die Hauttätigkeit und die Verdauung anzuregen, werden die Pferde vor Beginn der Schicht mit Striegel und Kartätsche geputzt.

Neu eingehangene Pferde sowie von den älteren solche, welche gewöhnt sind, den Kopf hoch zu tragen, erhalten zum Schutze eine gut mit Roßhaar ausgepolsterte Lederhaube aufgesetzt.

An den Bahnhöfen, auf denen die Pferde längeren Aufenthalt haben, also namentlich an den Endbahnhöfen der Förderstrecken, muß während der ganzen Schichtzeit stets Trinkwasser vorhanden sein.

Da die in entlegeneren Bauen beschäftigten Pferdeführer wegen der weniger scharfen Aufsicht ihre Pferde nicht immer in der erforderlichen Weise mit Futter und Wasser versehen, läßt man auf vielen Werken die Pferde alle bis zum Schachte (Gesenke) hin fördern, auch wenn dabei Förderlängen von 3 km herauskommen. Namentlich will man durch diese Maßnahme erreichen, daß alle Pferde gleichmäßig in frischen und verbrauchten Wettern arbeiten.

Wenn die Pferde am Schachte längere Zeit stehen müssen, sind sie leicht Erkältungen ausgesetzt. Man sucht sie daher durch übergelegte Decken zu schützen, die aber gerade die dem Wetterstrome entgegenstehende Brust freilassen. Seitlich im Stoße angebrachte Nischen, in denen die Pferde warten, erfüllen diesen Zweck etwas besser, haben aber den Nachteil, daß das Pferd sich gewöhnt, stets dort einzutreten, auch wenn es vorbeigehen soll. Es setzt sich dadurch der Gefahr einer Verunglückung weit leichter aus. Darum hat man auf Grube König im Saarreviere Unterstände geschaffen bestehend aus einem Holzverschlage (Fig. 7) zwischen den beiden Gestängepaaren und einer nach dem Schachte zu geschlossenen Wettertür. Um die damit verbundene, dem Wetterstrome nachteilige Verringerung des Streckenquerschnittes zu verhüten, ist die Strecke an dieser Stelle durch Nachnehmen des gegenüberliegenden Stoßes entsprechend verbreitert worden.

Derartige Schutzvorrichtungen sind um so mehr am Platze, als nach den Untersuchungen von Tierarzt Sturm 90 % aller Grubenpferde mit Augenleiden und Sehstörungen, 10 % beiderseitig, behaftet sind. Die häufigsten Krankheiten sind Trübungen der Linse (grauer Star) und des Glaskörpers, Trübung der Hornhaut, Entzündungen, Schwund des Augapfels. Sie entstehen regelmäßig durch Erkältung, wenn das erhitzte Pferd plötzlich in kalten Wetterstrom eintritt.

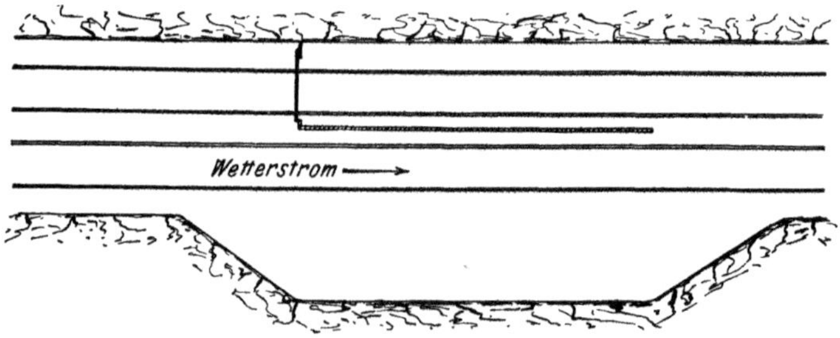

Fig. 7. Unterstand für Pferde.

Eine andere Erkrankung, die Lähmung der Netzhaut, ist eine Folge des schwachen Lichtes und läßt sich durch zeitweise Beschäftigung über Tage beheben.

Namentlich sollten scheue und störrische Pferde in erster Reihe auf Augenkrankheiten untersucht werden.

Das Eintreten von Nägeln und anderen scharfen Gegenständen in den Huf wurde auf Grube Louisenthal im Saarreviere dadurch vermieden, daß man die Hufeisen mit Lederscheiben versah, welche die ganze Sohle des Hufes bedeckten. Eine solche Lederscheibe hält etwa drei Monate vor. — Auf Grube Heinitz ersetzte man sie durch 3 mm starke Stahlblechplatten.

Nach beendeter Schicht müssen die Pferde, wenn sie erhitzt sind, mit Stroh abgerieben werden. Die Füße sind durch Abwaschen gut zu säubern. Noch besser ist es, wenn vor dem Stalle eine 0,7—1 m tiefe Schwemme eingerichtet ist, durch welche die Pferde vor dem Betreten des Stalles hindurch müssen.

E. Die Förderseile.

Benutzte Literatur.

J. Hrabak, Die Drahtseile.

E. Schmidt, Beitrag zur wirtschaftlichen Wahl von Förderseilen. „Österr. Zeitschr. f. Berg- u. Hüttenwesen“ 1905, Nr. 21, 22.

Julius Divis, Förderseildraht aus Nickelstahl. „Österr. Zeitschr. f. Berg- u. Hüttenwesen“ 1905, Nr. 4, 5.

Hermann Kroen, Unsichere Drahtlänge, gefährdete Seillänge und zulässige Anzahl der Drahtbrüche bei für Mannsfahrt noch verwendbaren Seilen. „Österr. Zeitschr. f. Berg- u. Hüttenwesen“ 1905, Nr. 32; 1906, Nr. 12.

Hermann Kroen, Versuche über die unsichere Drahtlänge bei Drahtbrüchen in Förderseilen. „Österr. Zeitschr.“ 1906, Nr. 9.

Die verschiedenen Arten von Seilen. „Glückauf“ 1897, Nr. 31.

O. Hoppe, Das Drahtseil, seine Erfindung, Eigenschaften und Zukunft. „Glückauf“ 1903, Nr. 14.

Roch, Die Berücksichtigung von Drahtbrüchen bei Berechnung der Tragfähigkeit der Förderseile. „Jahrb. f. d. Berg- u. Hüttenwesen im Kgr. Sachsen“ 1898.

Speer, Mitteilungen aus der Seilprüfungsstation der Westfälischen Berggewerkschaftskasse. „Glückauf“ 1904, Nr. 20, 29.

Ehrenberg, Über Erfahrungen mit Drahtseilen patentverschlossener Konstruktion. „Preuß. Zeitschr.“ 1897 (Band 45).

K. H., Statistik der Schachtförderseile im Oberbergamtsbezirke Dortmund für das Jahr 1905. „Österr. Zeitschr. f. Berg- u. Hüttenwesen“ 1907, Nr. 39.

Bericht der Transvaaler Regierungskommission über Förderseile, Fangvorrichtungen und sonstige Vorrichtungen in Seilfahrtschächten. „Preuß. Zeitschr.“ 1907 (Band 55).

Seile werden bei der maschinellen Streckenförderung und beim Bremsbergbetriebe in weitem Umfange benutzt; desgleichen sind die Seile bei der Schachtförderung fast ausschließlich in Gebrauch, um Lasten und Menschen zu heben.

I. Das Seilmaterial und seine Eigenschaften.

a) Die Hanfseile.

Die ersten, schon in vorgeschichtlicher Zeit im Bergbau benutzten Seile bestanden aus Bast oder ähnlichen Stoffen. In Spanien werden z. B. auch jetzt noch vielfach auf Haspelschächten Seile aus Espartogras benutzt.

Hanfseile sind heutzutage selbst bei großen Schachttiefen noch vielfach üblich. Das hierzu am besten geeignete Material sind der russische Reinhanf und der badische Schleißhanf. Ein Nachteil der Hanfseile ist, daß sie an feuchten Stellen leicht faulen. Ferner leiden sie im Winter sehr durch das sich auf ihnen bildende Eis.

Zum Schutze gegen das Faulen kann man die Seile nach jedesmaligem Gebrauche trocknen. Dies ist aber in vielen Fällen sehr umständlich, z. B. bei Schachtseilen, teilweise sogar unmöglich. Die mit dem Trocknen verbundenen Kosten würden außerdem oft höher sein als der durch Fäulnis entstehende Schaden. Einen besseren Schutz gegen das Faulen bildet das Teeren der Hanfseile. Durch den Teergehalt wird aber das Seilgewicht erhöht und die Sicherheit gegen Zerreißen infolgedessen herabgemindert.

Materialien, die in der Nässe nicht faulen, sind Aloe und Manilahanf.

Der Aloehanf wird aus den Fasern der bis 3 m langen Aloeblätter (Agave americana) hergestellt. Die Seile haben den Vorzug, daß sie sehr elastisch sind; durch Nässe wird die Festigkeit des Materials gesteigert. Da man schadhafte Stellen an ihnen leicht erkennen und ausbessern kann, ist es beispielsweise in Belgien gestattet, geflickte Seile zur Seilfahrt zu verwenden.

Die aus Manilahanf verfertigten Seile verhalten sich ähnlich. Man gewinnt dieses Material durch Rösten der Stämme von verschiedenen Musaarten, namentlich von Musa textilis; der helle, steife Hanf ist davon der beste.

Bei der Anfertigung der Seile wird der Hanf zu Fäden gedreht; aus den Fäden werden Litzen und aus 3—4 Litzen die Seile zusammengeschlagen. Die dreilitzigen Seile sind biegsamer als die vierlitzigen und brauchen namentlich keine besondere Seele (Einlage). Um die Biegsamkeit zu erhöhen, kann man die Seile lose schlagen; jedoch längen sie sich dann mehr als die fest geschlagenen.

b) Die Drahtseile.

Die Drahtseile werden aus den meisten Metallen mit hoher Zugfestigkeit hergestellt, namentlich aus Messing, Bronze, Eisen und Stahl; Vanadiumstahl und Nickelstahl haben den in sie gesetzten Erwartungen nicht entsprochen.

Bis Ende der sechziger Jahre des vorigen Jahrhunderts stellte man die Metalldrahtseile nur aus weichem, zähem Eisendraht von 50 bis 60 kg/qmm Bruchfestigkeit her. Die Sicherheit war eine 5—6 fache. Gußstahldraht von 120 kg/qmm Bruchfestigkeit wurde zum ersten Male im Jahre 1867 von Felten & Guilleaume in Mülheim a. Rh., damals noch in Köln, eingeführt und hat inzwischen jedes andere Material vollständig verdrängt. Die Bruchfestigkeit ist inzwischen bis auf 200 kg/qmm, auf den Transvaaler Bergwerken sogar bis auf 220 kg/qmm gesteigert worden. Sie hängt, ebenso wie die Härte des Drahtes, in erster Reihe von dem Kohlenstoffgehalte des Stahles ab. Anfangs war mit dem höheren Kohlenstoffgehalte auch eine größere Sprödigkeit verbunden; diese wird aber nach Hrabak erst bei einer Bruchfestigkeit von 180 kg/qmm merklich. Nach diesem unterscheidet man in der Bruchfestigkeit folgende Hauptstufen und Drahtsorten:

Bruchfestigkeit		
60 kg qmm	. . .	Eisendraht,
120 „	. . .	Gußstahldraht,
180 „	. . .	Extrastahldraht,
200 „	. . .	Pflugstahldraht.

Wegen der zu großen Unterschiede zwischen diesen Festigkeitsgraden wurden noch Zwischenstufen geschaffen; dadurch erhielt man folgende Festigkeitsgrade:

60 90 120 150 180 200 kg/qmm.

In diesen Sorten führen die Fabriken stets ein größeres Lager und können daher die Seile bald liefern. Werden andere Bruchfestigkeiten vorgeschrieben, so muß der Draht erst besonders angefertigt werden; dies erfordert eine längere Lieferzeit und ist teurer.

Nach ihrem Durchmesser werden die Drähte in der Weise mit Nummern bezeichnet, daß jede Nummer einem Zehntelmillimeter entspricht. Es ist also:

Draht	Nr.	10	solcher	von	1,0 mm	Dicke,
„	„	17	„	„	1,7 „	„
„	„	28	„	„	2,8 „	„

II. Die Flechtarten (Macharten) der Seile.

Nach der Querschnittsform werden Rundseile und Bandseile (Flachseile) unterschieden. Die Rundseile wiederum werden eingeteilt in:

1. Spiralseile oder einmal geflochtene Seile,
2. Litzenseile oder zweimal geflochtene Seile und
3. Kabelseile oder dreimal geflochtene Seile.

a) Die Spiralseile.

1. Spiralseile aus rundem Draht.

Die Spiralseile bestehen aus der Einlage und den Stahldrähten. Die Einlage (Seele) kann zwar Hanf sein, doch wählt man meistens weichen Eisendraht. Es werden am besten 1, 3 oder 4 Drähte genommen, weil sich diese Zahl bequem zusammenschlagen läßt, ohne eine Einlage zu beanspruchen. Um diesen Kern werden die Stahldrähte in einer oder in mehreren konzentrischen Lagen angeordnet

(Fig. 8); dies letztere ist die Regel, weil sich nur dann das Seil aus einer größeren Zahl von Drähten herstellen läßt. Jede neue Lage erhält um sechs Drähte mehr als die nächst vorhergehende. Man nennt ein solches Seil wohl auch ein umflochtenes Seil.

Die Drähte aller Lagen können in derselben Richtung (Gleichschlag) oder abwechselnd in entgegengesetzter Richtung (Kreuzschlag) gewunden sein. Bei Gleichschlagseilen ist aber die Drehrichtung der Kerndrähte und der Stahldrähte entgegengesetzt. Hrabak empfiehlt den Kreuzschlag, weil hier alle Drähte den gleichen Flechtwinkel erhalten können. Unter dem Flechtwinkel ist der Winkel zu verstehen, den der Draht mit der Seilachse bildet. In Gleichschlagseilen erhalten die Drähte jeder neuen Lage bei gleicher Windungslänge einen größeren Flechtwinkel. Mit dem verschiedenen Flechtwinkel hängt aber eine verschiedene Anspannung und Belastung der einzelnen Seildrähte zusammen; die stets anzustrebende gleichmäßige Belastung aller Drähte eines Seiles ist aber nur bei gleichem Flechtwinkel möglich.

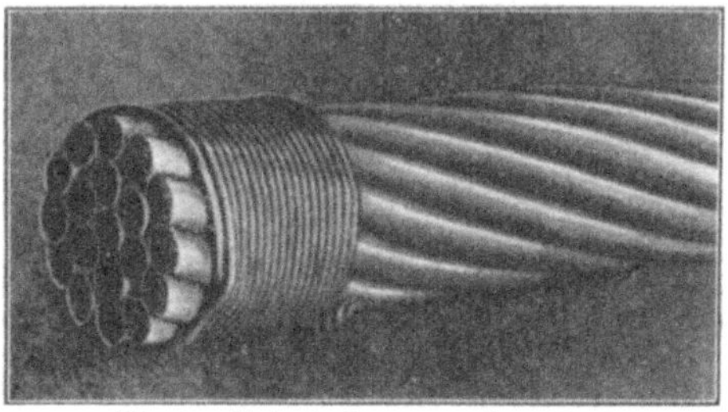

Fig. 8. Spiralseil aus rundem Draht.

Um sehr lange Seile herstellen zu können, muß man mehrere Drähte aneinander löten; zu diesem Zwecke schlägt man die Drahtenden vorher flach. Die Lötstellen selbst haben zwar eine höhere Zugfestigkeit, aber unmittelbar neben ihnen kommen häufig Brüche vor, weil die starke Hitze den Draht schwächt.

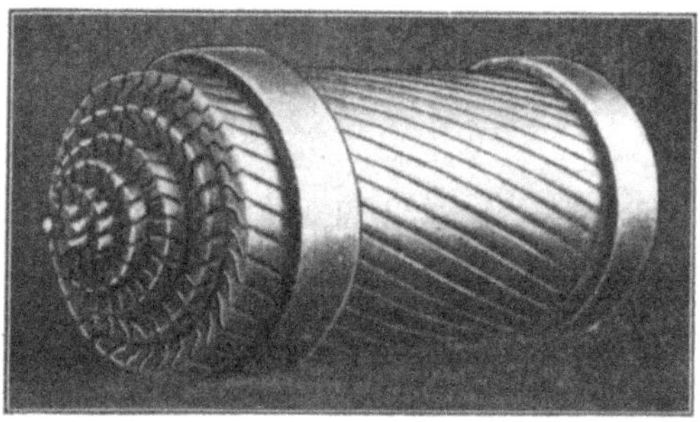

Fig. 9. Spiralseil aus Formdraht (verschlossenes Seil).

2. Spiralseile aus Formdraht (verschlossene Seile).

Die verschlossenen Seile (Fig. 9) sind eine besondere Art von Spiralseilen. Sie wurden gegen Anfang der neunziger Jahre des vorigen Jahrhunderts von der Firma Felten & Guilleaume zum ersten Male in Deutschland angefertigt; in England, ihrer Heimat, waren sie schon längere Zeit in Gebrauch.

Zu innerst liegen um einen Kerndraht mehrere Lagen von Runddrähten; darauf folgen einige Lagen von Drähten mit trapezförmigem

Querschnitt und schließlich solche mit S- oder Z-förmigem Querschnitt. Die übliche Flechtart ist der Kreuzschlag.

In Frankreich stehen auch verschlossene Seile in Gebrauch, deren Decklage aus Rund- und Profildrähten (Fig. 10) besteht.

Die wesentlichsten Vorteile der verschlossenen Seile sind nach Ehrenberg folgende:

1. Bei gleichem Metallquerschnitt wie die Seile aus runden Drähten haben sie einen geringeren Durchmesser; man kann daher auf einer bereits vorhandenen Seiltrommel ein verschlossenes Seil unterbringen, das um 42 % länger ist als ein gewöhnliches Runddrahtseil.

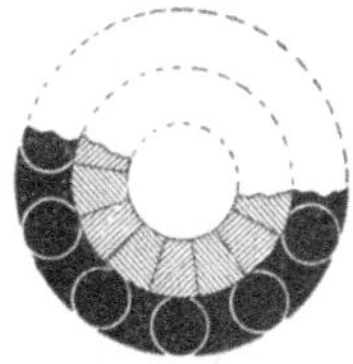

Fig. 10. Französisches verschlossenes Seil. (Aus Höfer, Taschenbuch f. Bergmänner.)

2. Da sie keine Hanfseele haben, die wohl das Gewicht erhöht, aber nicht trägt, sind sie bei gleicher Bruchfestigkeit um 13 % leichter als gewöhnliche Seile.

3. Sie längen sich bei der Belastung nicht und sind torsionsfrei.

4. Wasser kann wegen der verschlossenen Konstruktion nicht ins Seilinnere gelangen; dieses bleibt infolgedessen rostfrei.

5. Die Abnutzung des Seiles, der Seiltrommeln und Seilscheiben ist wegen der glatten Seiloberfläche eine geringe und außerdem gleichmäßige.

6. Gebrochene Drähte können nicht wie bei den gewöhnlichen Spiralseilen heraustreten, weil sie von ihren Nachbardrähten gehalten werden.

Trotz aller dieser Vorteile haben sich die verschlossenen Seile nur wenig Eingang verschafft; so waren z. B. im Jahre 1906 im Oberbergamtsbezirk Dortmund nur fünf solche als Schachtförderseile in Gebrauch, die den Rundseilen gegenüber keinerlei Überlegenheit zeigten; sie hatten eine höchste Aufliegezeit von 1225 Tagen bei einer Höchstleistung von 315,36 Milliarden Meterkilogramm. Bei den Rundseilen dagegen betrug die höchste Aufliegezeit 3822 Tage; ihre höchste Nutzleistung belief sich auf 829,19 Milliarden Meterkilogramm; etwa 50 % aller Rundseile hatte mehr als 75 Milliarden Meterkilogramm Nutzleistung aufzuweisen.

Als besonderer Nachteil der verschlossenen Seile wäre namentlich zu nennen, daß sie gegen Stauchungen sehr empfindlich sind. Solche stellen sich stets ein, wenn nach dem Aufsetzen der Schale auf die Aufsetzvorrichtung Hängeseil gegeben wird, und ferner bei plötzlichen Geschwindigkeitsänderungen während eines Treibens.

Wird ein verschlossenes Seil neu aufgelegt, so muß man die Bildung von losen Schleifen vermeiden. Man bindet es zu diesem Zwecke an das alte Seil an und zieht es mit ihm über die Seilscheiben in das Maschinenhaus. Die Trommel, auf der es angeliefert wurde, muß dabei beständig gebremst sein.

Ein anderer, allerdings nur vermeintlicher Nachteil der verschlossenen und der Spiralseile überhaupt ist, daß man nur die Drähte der äußersten Lage sieht, innere Drahtbrüche aber nicht wahrnehmen kann. Mit Rücksicht darauf werden schon bei der Fabrikation die Drähte der Decklage mehr auf Zug beansprucht als die verdeckt liegenden inneren Drähte. Dadurch hat man erreicht, daß tatsächlich Drahtbrüche immer zuerst in dieser äußersten Schicht auftreten.

b) Die Litzenseile.

Die Litzenseile oder zweimal geflochtenen Seile bestehen aus Drähten, die man zu Litzen zusammenschlägt, welche letzteren wiederum

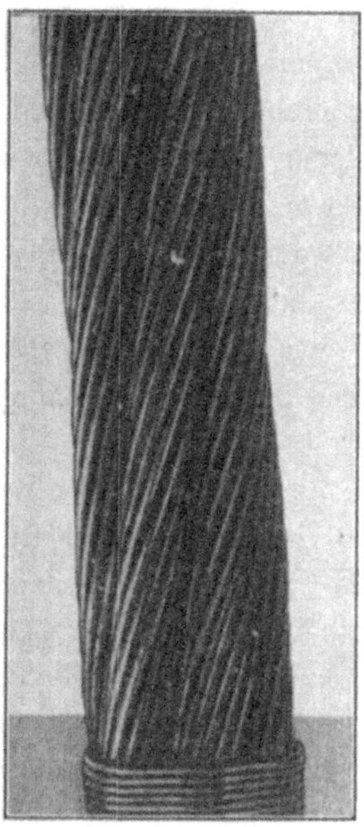

Fig. 11. Gleichschlagseil. (Litzenseil.)

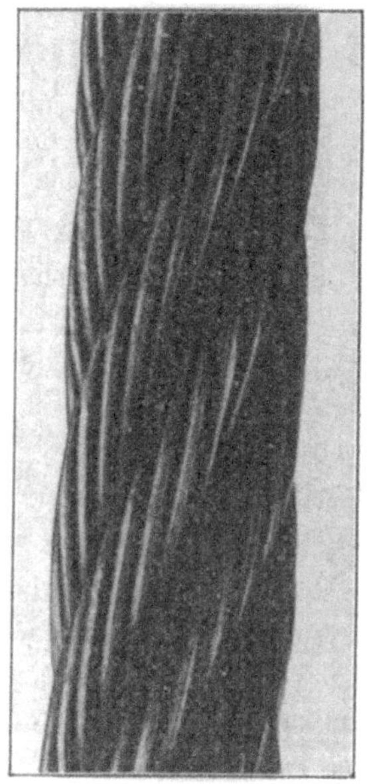

Fig. 12. Kreuzschlagseil. (Litzenseil.)

zu einem Seile vereinigt werden. Man unterscheidet dabei zwei Flechtarten, den Gleichschlag (Fig. 11) und den Kreuzschlag (Fig. 12).

Beim Gleichschlag (Albertschlag, Langschlag) werden die Litzen in derselben Drehrichtung zum Seile zusammengeschlagen, in der aus den Drähten die Litzen gewunden wurden. Es sind sowohl die Drähte in den Litzen als auch die Litzen im Seile entweder rechtsherum oder linksherum geschlagen.

Beim Kreuzschlage haben die Drähte in den Litzen die entgegengesetzte Drehrichtung wie die Litzen im Seile. Wenn also die

Drähte linksherum geschlagen sind, dann geht die Windungsrichtung der Litzen im Seile rechtsherum.

Der Erfinder der Litzenseile und der Drahtseile überhaupt war der Oberbergrat Albert in Clausthal; bedeutenden Anteil an den Versuchsarbeiten, die von 1827—1834 dauerten, hatte der ihm unterstellte Maschinendirektor Mühlenpfordt. Ebenso wie bei den Hanfseilen, die als Muster dienten, wurde der Gleichschlag gewählt. Darum wird auch dieses Flechtverfahren der Albertschlag genannt; die danach hergestellten Seile heißen Albertseile.

Die Albertsche Erfindung verbreitete sich in Deutschland erst auf dem Umwege über England. Ein Engländer Lang, der die Albertschen Seile vermutlich im Harz gesehen hatte, ließ sich auf diese deutsche Erfindung ein englisches Patent geben; daher kommt es, daß diese Seile jetzt fast allgemein Langschlag- oder fälschlich Längsschlagseile heißen.

Der Kreuzschlag kam erst später auf. Außerdem gibt es für die Litzenseile noch eine dritte Flechtart, den Halbschlag; über ihn wird späterhin an geeigneter Stelle das Erforderliche gesagt werden.

1. Die Einlagen.

Es werden sowohl beim Zusammenschlagen der Drähte zu Litzen als auch der Litzen zum Seile besondere Einlagen benutzt; diese können aus Hanf oder Draht (weichem Eisendraht oder Stahldraht) bestehen.

Die Litzen erhalten fast allgemein eine Einlage von 1, 3 oder 4 Drähten, die in entgegengesetzter Richtung gewunden werden wie die Stahldrähte. Man zieht allgemein Drähte aus dem dehnbareren weichen Eisen vor, weil die Seele beim Zusammenschlagen der Litze weit mehr auf Zug beansprucht wird wie die in weiteren Windungen verlaufenden Stahldrähte. Im Transvaaler Minenbezirk werden aber auch die Seelendrähte aus Stahl von hoher Zugfestigkeit hergestellt; dadurch gewinnt das Seil eine wesentlich höhere Sicherheit.

Beim Zusammenschlagen der Litzen zum Seile wird die weichere Hanfeinlage vorgezogen; die Litzen liegen in ihr weit besser eingebettet als in einer Drahtseele. Dies ist um so wichtiger, als die Oberfläche bezw. der Querschnittsumfang einer Litze meistens ein sehr eckiger ist. Die Stärke der Hanfseele im Seile beträgt 12—20 mm; erhalten auch die Litzen eine solche, so wird diese 4 mm stark gemacht.

Weil die Seildrähte bei jeder Biegung an der Hanfeinlage scheuern, und um diese überhaupt widerstandsfähiger zu machen, umwickelt man die Seele gern mit dünnem Eisenband (Fig. 13, S. 24).

Man kann auch die Seilseele aus weichem Eisendraht herstellen, den man mit Hanf umwickelt. Sie zerreißt dann nicht so leicht wie eine einfache Hanfseele, wenn sich das Seil infolge starker Zugbeanspruchungen längt.

2. Die Zahl der Drähte und Litzen.

Anfangs wurden die Drahtseile nur aus 3 Litzen mit je 4 Drähten verfertigt. Wollte man eine höhere Tragfähigkeit erhalten, so mußte man eine höhere Drahtnummer — bis Nr. 35 — wählen. Einlagen kamen weder in die Litzen noch in das Seil.

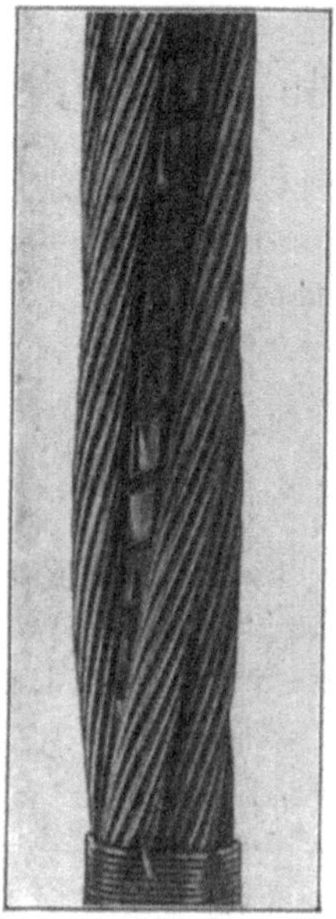

Fig. 13. Mit Eisenband umwickelte Hanfseele.

Späterhin ging man zu Seilen über, die sechs sechsdrähtige Litzen enthielten. Aber auch diese Seile genügten mit der Zunahme der Schachttiefen und der Förderlasten nicht. Das Hilfsmittel einer größeren Drahtstärke war unmöglich, weil dadurch die Biegsamkeit des Seiles litt. Abgesehen von einer Erhöhung der Bruchfestigkeit des Drahtmaterials, war man also darauf angewiesen, entweder die Zahl der Litzen im Seile oder aber die Zahl der Drähte in den Litzen zu vermehren.

Im allgemeinen wählt man dieses letztere und ordnet die Drähte in mehreren konzentrischen Lagen an (umflochtene Litzen). In jeder neuen Lage beträgt auch hier wie bei den Spiralseilen die Zahl der Drähte um sechs mehr als in der nächst vorhergehenden Lage.

Die Zahl der Litzen zu vermehren, ist nicht so gut möglich, weil es üblich ist, sie nur auf einem einzigen Kreise anzuordnen. Dies läßt sich wohl mit 6—7 Litzen machen; wird aber die Zahl der auf einem Kreise untergebrachten Litzen darüber hinaus vergrößert, so muß das Seil eine wesentlich stärkere Hanfseele bekommen und wird dadurch viel zu weich.

Hrabak hat zwar, ähnlich den Drahtspiralseilen, eine neue Seilart, die Litzenspiralseile, vorgeschlagen, bei denen die Litzen in mehreren konzentrischen Lagen angeordnet sind; indessen ist diese Seilart, soweit sich ermitteln ließ, bis jetzt noch nicht in die Praxis eingeführt worden. Nur bei den später noch zu beschreibenden flachlitzigen Seilen ist diese Litzenanordnung von der Firma Felten & Guilleaume angewendet worden.

3. Der Flechtwinkel.

Unter dem Flechtwinkel ist der Winkel zu verstehen, den die Drähte mit der Litzenachse bezw. die Litzen mit der Seilachse bilden.

Ein häufig angewendeter Winkel ist der von 17 Grad; er kann aber zwischen 5 und 24 Grad schwanken.

Innerhalb eines Seiles müssen die Drähte sämtlicher Litzen genau den gleichen Flechtwinkel aufweisen; ist dies nicht der Fall, so werden sie bei der Belastung ungleich beansprucht, nämlich die mit kleinerem Flechtwinkel mehr als die mit großem. Die stärker belasteten Drähte reißen natürlich weit schneller, und die noch übrig bleibenden Drähte vermögen dann nicht mehr so sicher die Gesamtlast zu tragen. Die Lebensdauer des Seiles wird also durch ungleichen Flechtwinkel innerhalb der einzelnen Litzen verkürzt. Dagegen können die Litzen im Seile einen anderen Flechtwinkel erhalten wie Drähte in den Litzen.

Am besten ist es, wenn sich die Windungslängen der Drähte in den Litzen zu denen der Litzen im Seile wie 1 : 2 bis 1 : 3 verhalten. Haben also z. B. die Litzen im Seile eine Windungslänge von 24 cm, so sollen die Drähte in den Litzen eine solche von 8—12 cm erhalten. Bei dem Verhältnisse von 1 : 3 schließt sich die Windung der Litze im Seil genau der der Drähte in den Litzen an; darum ist ein solches Seil sehr biegsam und gleichzeitig drallfrei.

Der Flechtwinkel hat Einfluß auf die Dicke und auf die Biegsamkeit des Seiles. Je größer der Flechtwinkel ist, um so biegsamer ist auch das Seil; denn die Drähte bezw. Litzen laufen dann in Spiralen von geringerer Steigungshöhe.

4. Die Seildicke.

Mit der Zunahme des Flechtwinkels nimmt auch die Seildicke zu. Man kann sie aus diesem, der Drahtstärke und der Drahtzahl nach dem Verfahren von Professor Rziha ermitteln. Er hat für ein zweimal geflochtenes Rundseil folgende Formel

$$d = 1{,}5\,\delta\,\sqrt{i}$$

aufgestellt; in ihr bedeutet d die Seildicke, δ die Drahtstärke und i die Anzahl der Drähte.

Hrabak stellte für die verschiedenen Seilarten besondere Formeln auf, nämlich

für Litzen und Spiralseile $d = A \cdot \delta$,
für zweimal geflochtene Seile $d = A_1 \cdot A_2 \cdot \delta$,
für dreimal geflochtene Seile $d = A_1 \cdot A_2 \cdot A_3 \cdot \delta$.

In diesen Formeln ist einzusetzen für d die Seilstärke, für δ die Drahtstärke; A, A_1, A_2, und A_3 sind nach der Formel

$$A = \sec w \operatorname{cosec} \frac{\pi}{n} + 1$$

zu berechnen; w bedeutet hier den Flechtwinkel, n die Zahl der Drähte, Litzen oder Stränge.

Die Seildicke kann schließlich auch noch auf zeichnerischem Wege festgestellt werden; man zeichnet zu diesem Zwecke den Seilquerschnitt auf, aber in vergrößertem Maßstabe, weil in kleinem Maßstabe hergestellte Zeichnungen stets wesentlich ungenauer sind. Ebenso wie das zuerst beschriebene Verfahren von Rziha leidet aber auch dieses an dem Fehler, daß der Flechtwinkel unberücksichtigt gelassen wird. Die Drahtquerschnitte sind in Wirklichkeit Ellipsen, während sie als Kreise gezeichnet werden. Der dadurch entstehende Fehler beträgt nach Angaben von Hrabak für Litzenseile 7—14 %, für Kabelseile 10—20 %.

5. Die Biegsamkeit.

Die Biegsamkeit eines Seiles wird hauptsächlich von folgenden Ursachen beeinflußt:

1. der Drahtstärke. Je dünner die verwendeten Drähte sind, um so leichter biegsam ist das Seil;

2. dem Drahtmaterial. Wie schon weiter oben ausführlicher erwähnt wurde, werden die Stahldrähte mit zunehmendem Kohlenstoffgehalte zwar widerstandsfähiger gegen Zug, aber auch gleichzeitig spröder. Mit wachsender Sprödigkeit nimmt aber die Biegsamkeit ab. Eine merkbare Sprödigkeit zeigt sich allerdings erst bei einer Bruchfestigkeit von 180 kg/qmm;

3. dem Flechtwinkel. Mit zunehmendem Flechtwinkel wächst auch die Biegsamkeit des Seiles;

4. den Einlagen. Hanfeinlagen machen das Seil biegsamer, namentlich wenn solche auch in die Litzen eingelegt werden; indessen wird das Seil dadurch sehr weich;

5. der Flechtart. Bei gleicher Drahtstärke, Drahtzahl, gleichem Flechtwinkel usw. ist ein im Gleichschlage hergestelltes Litzenseil (Albertseil) biegsamer wie ein Kreuzschlagseil. Dies hängt damit zusammen, daß sich jeder Draht eines solchen Seiles während der Biegung noch in die Lage drehen kann, die für ihn die günstigste ist.

Schließlich ist noch darauf zu achten, daß die Seilscheiben- und -trommeln den für das Seil günstigsten Durchmesser bekommen. Dieser muß nämlich mindestens gleich der tausendfachen Drahtstärke sein. In der Praxis wird der Scheibendurchmesser häufig gleich dem hundertfachen Seildurchmesser gewählt; dieses Verfahren ist aber nicht nachahmenswert, weil ja zwei Seile von gleichem Durchmesser immerhin aus Drähten von ganz verschiedener Stärke bestehen können.

6. Der Drall.

Unter dem Drall hat man die Erscheinung zu verstehen, daß ein belastetes Seil sich aufzudrehen sucht, während es sich im entlasteten Zustande wieder zudreht. Er ist zum Teil schon von der Fabrikation her in den Drähten vorhanden und entsteht in ihnen durch die Bearbeitung in den Zieheisen und durch das straffe Aufwickeln auf die Ziehtrommeln. Wo es darauf ankommt, drallfreie Seile zu haben, wie z. B. für die Mannschaftsfahrung und für die Streckenförderung mit Kettchenanschlag, kann man folgende Hilfsmittel anwenden.

1. Der Drall wird aus den einzelnen Drähten dadurch entfernt, daß man sie vor dem Zusammenschlagen zum Seile in der Seilbahn, einer langen, aber schmalen Halle, lang auszieht; die Drahtenden werden in Drehwirbeln festgemacht, die ein Auslaufen des Dralles gestatten. Eine aus solchen drallfreien Drähten hergestellte Litze liegt vollkommen glatt und gerade auf dem Erdboden, während jede andere sich ringelt und wirft.

2. Litzenseile können im Halbschlage hergestellt werden. Man stellt ein solches Seil aus gleich viel links und rechts gewundenen Litzen her.

3. Die Spiralseile können dadurch drallfrei gemacht werden, daß man sie im Kreuzschlage anfertigt; dies ist bei den verschlossenen Seilen immer der Fall.

7. Die verjüngten Seile.

Für sehr bedeutende Schachttiefen dürfen die Seile nicht auf ihre ganze Länge den gleichen Metallquerschnitt behalten. Der unterste Seilquerschnitt hat stets nur die Förderlast zu tragen; jeder weiter oben liegende Seilquerschnitt trägt nicht nur diese, sondern auch das unter ihm hängende Seilstück. Dieses zu hebende Seilgewicht wird um so bedeutender, je länger das Seil ist. Mit zunehmender Seillänge wird schließlich der „gefährliche Querschnitt“ erreicht; er vermag gerade nur noch das Seilgewicht zu tragen, nicht aber auch noch eine Förderlast. Die Länge des unter ihm hängenden Seilstückes ist dessen „Zerreißlänge“, d. h. diejenige Länge, bei der es infolge seines Eigengewichtes im gefährlichen Querschnitte abreißen muß.

Die Zerreißlänge beträgt für ein

1.	ungeteertes Aloeseil	12 000 m,
2.	Tiegelgußstahlseil von 120 kg/qmm Bruchfestigkeit	12 500 „
3.	geteertes Hanfseil	6 000 „
4.	Förderseil aus Pflugstahldraht	20 000 „

(Aus „Glückauf“ 1897, Nr. 31.)

Um eine sechsfache Seilsicherheit zu haben, dürften diese Seile nur Längen erhalten von:

zu 1. 2000 m,
„ 2. ∾ 2100 m,
„ 3. 1000 m,
„ 4. ∾ 3300 m.

Man kann unter gleichzeitiger Verringerung des Seilgewichtes bedeutend größere Lasten heben, wenn man verjüngte Seile anwendet. Der Querschnitt eines solchen Seiles wird von oben nach unten hin absatzweise verkleinert. Er muß in jedem Absatz so berechnet sein, daß er bei entsprechender Seilsicherheit imstande ist, die Förderlast und das unter ihm befindliche Seilstück zu tragen.

Die Höhe der einzelnen Seilabsätze beträgt meistens 100 m. Die Verjüngung soll nicht durch Fortlassen von Drähten, sondern durch Anlöten dünnerer Drähte bei gleichbleibender Drahtzahl erreicht werden.

Die Verwendung verjüngter Seile ist erst bei mehr als 500 m Schachttiefe lohnend.

Professor Hrabak empfiehlt dagegen, verjüngte Seile erst bei 700—800 m Tiefe anzuwenden; das unterste Seilstück soll 300—400 m lang sein, während die übrigen Absätze eine Länge von etwa je 200 m erhalten. Als Begründung dafür weist er darauf hin, daß jedes Schachtförderseil heftigen achsialen Stößen ausgesetzt ist; diese sind am untersten Seilende am stärksten und schwächen sich infolge der Elastizität des Seiles nach oben hin ab. Aus diesem Grunde muß das unterste Seilende eine möglichst hohe Sicherheit haben, die ihm durch das eben genannte Verjüngungsverfahren gegeben wird.

8. Die dreieckslitzigen und flachlitzigen Seile.

Die Gleichschlagseile nutzen sich nicht so schnell ab wie die Kreuzschlagseile; sie sind also überall dort vorzuziehen, wo die Seile viel auf der Streckensohle schleifen (Bremsberge), oder wo sie in irgendwelcher anderen Weise stark gescheuert werden (Seilförderstrecken). Die längere Lebensdauer der Albertseile ist damit zu erklären, daß bei ihnen die Drähte bei jedesmaligem Erscheinen an der Seiloberfläche mit einer größeren Länge freiliegen und infolgedessen nicht so stark gekrümmt sind; die Abnutzung verteilt sich also auf dieses längere Drahtstück und schreitet mithin nicht so schnell nach der Drahtmitte vor wie bei den Kreuzschlagseilen; aus diesen selbigen Gründen erscheint bei einem Kreuzschlagseile jeder Draht gerade doppelt so oft an der Außenseite des Seiles; die Zahl der Angriffspunkte für die Abnutzung wird hierdurch verdoppelt.

Um diese Übelstände herabzumindern, hat die Firma Felten und Guilleaume die dreieckslitzigen (Fig. 14) und flachlitzigen (Fig. 15) Seile auf den Markt gebracht. Sie bestehen aus Litzen mit zwei bzw. drei

Fig. 14. Dreikantlitziges Seil.

Fig. 15. Flachlitziges Seil.

Breitseiten. Es liegt somit von jeder Litze eine größere Zahl von Drähten auf dem Grunde der Seilscheibenrille auf (Fig. 16), was bei den rundlitzigen Seilen nicht der Fall ist (Fig. 17). Die Abnutzung

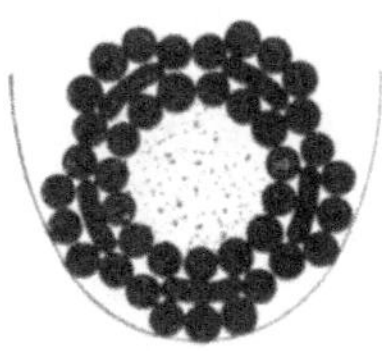

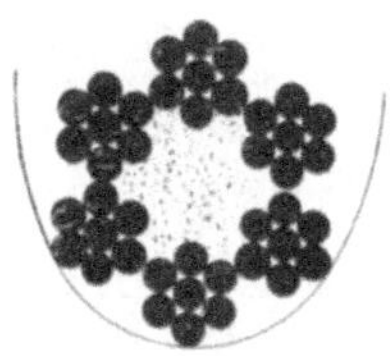

Fig. 16. Flachlitziges Seil Fig. 17. Rundlitziges Seil in der Seilscheibenrille.

verteilt sich bei beiden Seilarten auf eine wesentlich größere Zahl von Drähten.

Die dreikantlitzigen Seile haben vor den flachlitzigen den Vorzug, daß sie keine so starke Hanfseele brauchen, den Seilquerschnitt also besser ausnutzen. Um dies einigermaßen wettzumachen, werden die flachlitzigen Seile auch nach Hrabaks Vorschlag als Litzenspiralseile (Fig. 18) angefertigt.

Weder die flach- und dreikantlitzigen noch auch die verschlossenen Seile sind bis jetzt den gewöhnlichen rundlitzigen Seilen in ihrer Lebensdauer oder Nutzleistung gleichgekommen.

Fig. 18. Flachlitziges Litzenspiralseil.

c) Die Kabelseile.

Um die schwersten Lasten zu heben, die im Bergbau überhaupt vorkommen, benutzt man die Kabelseile (Fig. 19). Hauptsächlich braucht man sie beim Einhängen schwerer Maschinenteile oder auch ganzer Maschinen (Lokomotiven) und beim Schachtabteufen zum Tragen fliegender Abteufpumpen und zum Einlassen ganzer Tübbingsringe.

Neben einer hohen Tragfähigkeit verlangt man von ihnen in allen diesen Fällen auch noch eine große Biegsamkeit; denn sie müssen um geringe Trommel- und Scheibendurchmesser geschlungen werden. Deshalb erhalten sie sehr viele Hanfeinlagen; es werden nämlich sechs oder mehr Drähte um eine Metallseele zu einer Litze zusammengeschlagen; sechs solcher Litzen erhalten eine Hanfseele und bilden ein „Seilchen“; sechs Seilchen bilden das Kabelseil, das ebenfalls eine Hanfseele erhält.

Fig. 19. Kabelseil.

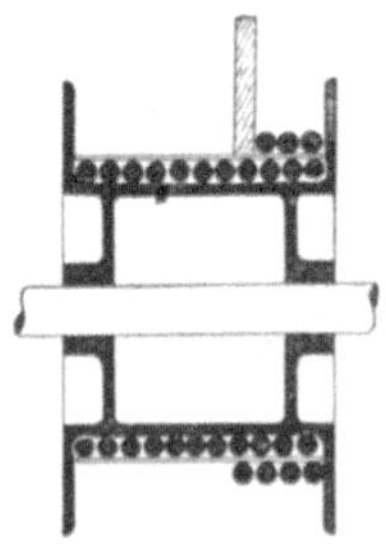

Fig. 20. Kabelseil auf Trommel mit Schutzbrettern zwischen den einzelnen Seillagen.

Die vielen Hanfeinlagen sind die Veranlassung dafür, daß das Kabelseil sehr weich und empfindlich gegen Quetschungen wird. Diese letzteren sind beinahe unvermeidlich, weil lange Kabelseile mit Rücksicht auf den geringen Durchmesser ihrer Seiltrommeln immer in mehreren Lagen übereinander aufgewickelt werden. Einzelne Windungen einer oberen Lage werden dann immer zwischen die der nächstunteren Lage gezogen und drücken sich dabei flach. Beim Abwickeln läuft dann das Seil ruckweise ab. Um diese beiden Mißstände zu vermeiden, legt man während des Aufwickelns zwischen die einzelnen Seillagen dünne Zwischenbretter (Fig. 20).

d) Die Bandseile.

Die Bandseile (Flachseile) wurden früher durchweg aus Hanf hergestellt; auch jetzt noch finden sich solche Hanfseile ab und zu, sogar in Schächten von bedeutender Tiefe. In den weitaus meisten Fällen wird aber auch bei der Anfertigung von Flachseilen heutzutage Stahldraht benutzt.

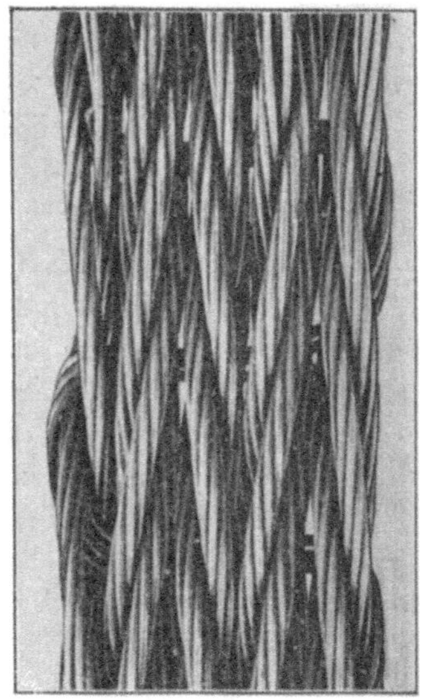

Fig. 21. Bandseil.

Sie bestehen aus zweimal geflochtenen Rundseilen, die man nebeneinander legt und miteinander vernäht. Diese Rundseile, die richtiger Litzenseile oder Schenkel heißen, bestehen aber nur aus je vier Litzen und diese wiederum aus je vier oder auch mehr Drähten.

Um dem Seile jeden Drall zu nehmen, werden Schenkel verwendet, die wechselweise rechts- und linksherum gewunden sind (Kreuzschlag).

Das Vernähen erfolgt je nach der Seilstärke nur mit Draht oder mit dünnen Litzen, die in Schlangenlinien hin und her geführt werden (Fig. 21). Statt dessen werden wohl auch nur Stifte quer durch das Seil gesteckt.

Wegen ihrer Gestalt kann man die Bandseile nicht in nebeneinander liegenden Windungen aufwickeln wie die Rundseile, sondern nur in solchen, die übereinander liegen. Die dazu gebrauchten Trommeln, die Bobinen, sind naturgemäß nur sehr schmal; auch darf ihr Durchmesser nicht allzu groß sein; denn dieser wächst sowieso mit der Zahl der Seilwindungen; außerdem wird dadurch das Kraftmoment der Fördermaschine sehr ungünstig beeinflußt; denn der Kurbelradius, der Kraftarm, bleibt ständig derselbe, der Lastarm verändert sich aber mit jeder neuen Seillage. Mit Rücksicht auf diesen geringen Trommeldurchmesser muß das Bandseil große Biegsamkeit haben; diese gibt man ihm durch 3—7 mm starke Hanfeinlagen, die in die Litzen kommen.

Mit Rücksicht auf die Biegsamkeit werden auch die Drähte nicht stärker als 2 mm genommen. Viel schwächer dürfen sie aber auch nicht sein, weil sie sich auf der Bobine gegenseitig stark abreiben.

Neuerdings ist nach D.R.P. 183 070 als Schutzmittel für die Drähte vorgeschlagen worden, zwischen die einzelnen Seillagen ein dünnes Schutzflachseil zu legen. Dieses wickelt sich von der einen Bobine (Fig. 22) ab und mit dem Förderseile zusammen auf der anderen Bobine auf.

Die Arbeitsleistung und Aufliegezeit der Bandseile kommt von allen Seilarten den Rundseilen am nächsten. Im Oberbergamtsbezirke

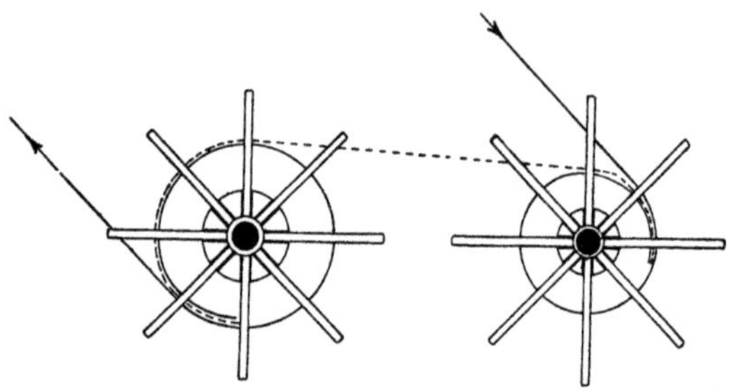

Fig. 22. Bobinen mit Schutzseil zwischen den einzelnen Flachseilwicklungen.

Dortmund hatten z. B. im Jahre 1906 75,8 % der Bandseile weniger als 400 Tage aufgelegen, während 54,4 % der Rundseile über 400 Tage Aufliegezeit hatten. Die längste Aufliegezeit betrug bei Bandseilen 1115 Tage, bei Rundseilen 3822 Tage.

57,6 % der Bandseile hatte weniger als 24 Milliarden Meterkilogramm Nutzleistung (Höchstleistung 83,52 Milliarden Meterkilogramm); dagegen hatten etwa 50 % der Rundseile über 75 Milliarden Meterkilogramm Nutzleistung (Höchstleistung 829,19 Milliarden Meterkilogramm).

Die Bandseile bleiben also immer noch weit hinter den gewöhnlichen Rundseilen zurück.

III. Die Mittel zur Schonung der Seile.

Die vielen schädlichen Einflüsse, die das Seil im Bergwerksbetriebe zu zerstören suchen, lassen sich auf keine Weise beseitigen, wohl aber abschwächen. Die häufigsten Schäden nebst den Mitteln zu ihrer Beseitigung wären die folgenden:

1. Wechselnde Zugbeanspruchung. Sie macht sich bei der Schachtförderung am häufigsten geltend. Das Seil ist entlastet,

während die Schalen auf den Aufsatzvorrichtungen aufstehen; sowie das nächste Treiben beginnt, wird es straff angespannt. Als Folge hiervon wird das unterste Seilende schnell spröde und brüchig.

Vorbeugungsmittel sind:

a) Förderung ohne Aufsatzvorrichtungen bezw. mit Aufsatzbühnen (Förderkorbanschlußbühnen) in den Füllörtern;

b) Puffervorrichtungen oder Federbüchsen an der Schale, um das Seil stets straff zu halten;

c) in bestimmten Zeiträumen wiederholtes Abhauen des untersten Seilendes; hierdurch wird die Lebensdauer des Seiles um 10—30 % verlängert.

2. Plötzliche achsiale Stöße. Sie entstehen durch plötzliche Geschwindigkeitsänderungen während eines Treibens, namentlich aber, wenn bei Überschreitung der Höchstgeschwindigkeit der Sicherheitsapparat in Tätigkeit tritt.

Vorbeugungsmittel sind:

a) ein zuverlässiger Maschinenwärter und

b) Benutzung der neuerdings immer mehr in Aufnahme kommenden Steuerungsregler.

3. Biegungen des Seiles. Unnötige Biegungen, ganz besonders aber solche nach entgegengesetzten Richtungen, sind zu vermeiden. Der Seiltrommel- und Seilscheibendurchmesser soll mindestens das 1000fache des Drahtdurchmessers betragen.

4) Das Schleifen des Seiles. Es ist besonders häufig in Bremsbergen und maschinell betriebenen Streckenförderungen.

Vorbeugungsmittel sind:

a) Wahl einer Flechtart, die größere Sicherheit gegen das Durchscheuern der Drähte bietet (Albertschlag, flachlitzige und dreikantlitzige Seile).

b) Es werden Tragerollen eingebaut, die das Seil vor einer Berührung mit der Sohle schützen.

c) In den Seilförderstrecken werden die Wagen in gleichbleibenden Abständen unter das Seil geschoben.

5. Rost und saures Wasser. Die Seildrähte werden von beiden angefressen; das Seil erleidet infolgedessen Einbuße an seiner Tragfähigkeit. Innere Verrostungen erkennt man daran, daß die Litzen etwas gelockert sind und die Drähte abstehen. Zur genaueren Untersuchung läßt man diese Stelle durch einen geübten Spleißer etwas aufdrehen und dann wieder schließen.

Vorbeugungsmittel sind:

a) Die Drähte werden vor dem Verflechten zum Seile auf galvanischem Wege mit einem dünnen Schutzüberzug von Blei, Zink oder

Kupfer versehen. Solche Seile haben sich schon vielfach vorzüglich bewährt. Der metallische Überzug erhöht aber das Seilgewicht nicht unwesentlich, ohne daß gleichzeitig die Tragfähigkeit wächst.

b) Es wird die größte Drahtnummer gewählt, die mit Rücksicht auf etwaige Seilbiegungen zulässig ist. Denn stärkere Drähte werden nicht so schnell vom Roste durchgefressen wie dünnere.

c) Das Seil wird geschmiert. Die Schmiere soll harz- und säurefrei sein; denn die Säure schadet dem Seile. Ist die Schmiere harzig, so bildet sie bald harte Krusten; diese brechen auf, und auf den Rissen kann Wasser an das Seil kommen und dieses zum Rosten bringen, ohne daß man etwas davon wahrnimmt.

Als gute Schmiermittel wären zu nennen Graphit oder Mischungen davon mit Vaseline, Leinöl, Palmöl oder einem anderen pflanzlichen Öle.

Die Schmiere wird am besten heiß aufgetragen. In trockenen Seigerschächten hat dies alle vierzehn Tage zu geschehen, in nassen oder tonnlägigen Schächten alle Wochen, nötigenfalls auch öfters.

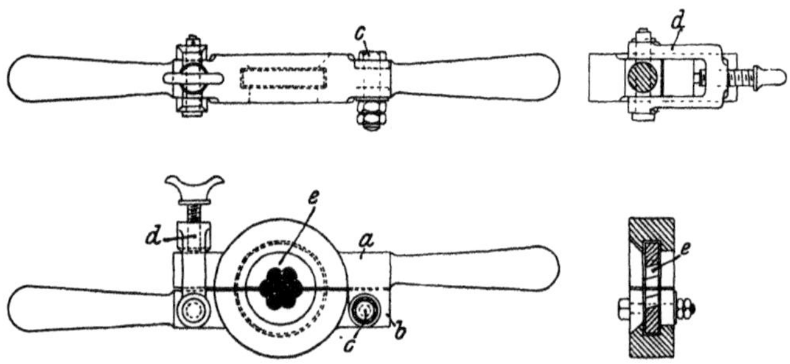

Fig. 23. Seilreiniger von Kappatsch.

Damit das Seil bei jeder Neuschmierung gut durchgefettet wird, muß die alte, erhärtete Schmiere vorher entfernt werden. Hierzu dienen verschiedene Seilreinigungsapparate.

Der Seilreinigungsapparat von Kappatsch (Fig. 23) ist einer Schraubenschneidekluppe nachgebildet und besteht aus zwei Hälften *a* und *b*, die in einem Gelenke *c* leicht beweglich sind. Sie werden mit Hilfe des Bügels *d* festgestellt. Der eigentliche Seilreiniger ist der zweiteilige Ring *e*, dessen Innenfläche der Seiloberfläche genau angepaßt ist. Um das Seil zu reinigen, wird der Apparat übergelegt und festgehalten, während das Seil geht. Dabei dreht sich der Ring und streift alle Schmiere vom Seile ab. Gleichzeitig zeigt der Apparat auch Drahtbrüche an; denn an solchen Stellen wird er vom Seile mitgerissen. Natürlich darf er mit Rücksicht auf etwaige Drahtbrüche nur mit den Händen gehalten, nicht aber in anderer Weise festgelegt werden.

Der Seilreinigungsapparat von Birkholz (Fig. 24) (Firma: Salau & Birkholz in Essen). Er ist insbesondere für Schachtförderseile bestimmt, die er während ihres Abwärtsganges reinigt. Die auf Kugeln ruhende Scheibe *a* trägt so viele Schaber *b*, als das Seil Litzen hat. Sie können mit Hilfe der Stellschrauben *c* auf jede Seilstärke eingestellt werden. Die Spiralfedern *d* drücken die Schaber so fest gegen das Seil, daß die Schmiere sicher entfernt wird, ohne die Drähte zu beschädigen.

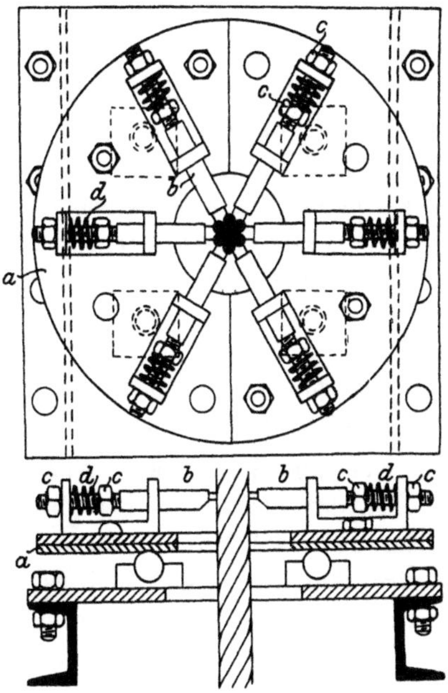

Fig. 24. Seilreiniger von Birkholz.

Der Seilreinigungsapparat von Weinmann & Lange in Gleiwitz (Fig. 25 a und b) reinigt das Seil und schmiert es gleichzeitig von neuem. Die Schmiere wird in den zylindrischen Schmierbehälter *a* eingefüllt und von hier mittels des Kolbens *b*, der Schraubenspindel *c* und des Handrades *d* durch die Schmierkanäle *e* und *f* in den unteren Schmierbehälter *g* gedrückt. Dieser besteht aus zwei Teilen; der Boden ist nämlich gelenkig mit dem Oberteile verbunden, um das Seil in diesen Behälter einführen zu können. Dieses tritt bei *h* in ihn ein und wird sofort von dem hier angebrachten Reibkissen von Rost und Schmiere befreit. Darauf geht es zwischen den Schmierrollen *i* und *k* durch und wird schließlich bei seinem Austritt aus dem Behälter durch das Reibkissen *l* von überflüssiger Schmiere befreit. Die Schmierrollen *i* und *k* erhalten das Fett durch die Kanäle *e* und *f* zugeführt; sie können mittels der

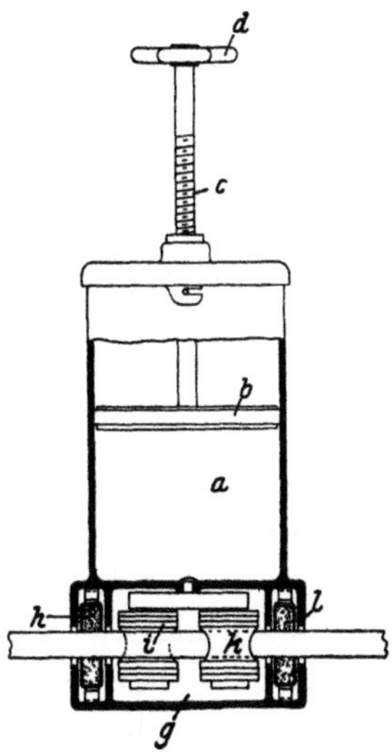

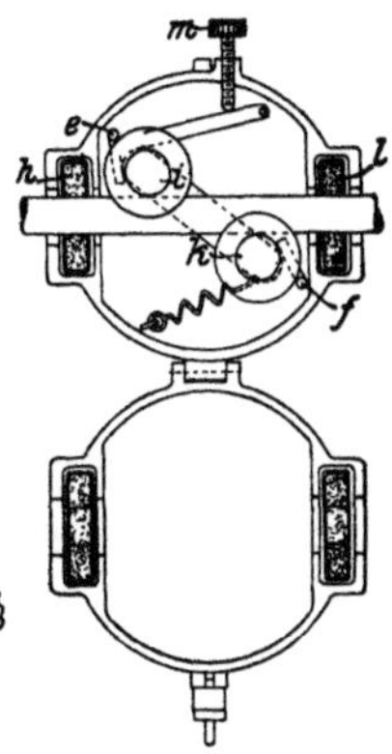

Fig. 25a. Fig. 25b.
Seilreinigungs- und Seilschmierapparat von Weinmann & Lange.

Stellschraube *m* fest gegen das Seil gedrückt werden, so daß sie es von allen Seiten umschließen.

Koepeseile dürfen nicht geschmiert werden, weil sie sonst auf der Treibscheibe rutschen. Manche Werke verlangen auch, daß die Seele dieser Seile bei der Anfertigung nicht eingefettet wird, weil sich das Fett im Laufe des Betriebes herauspreßt. Aus diesen Gründen hatte im O.-B.-A.-Bezirke Dortmund etwa die Hälfte der im Jahre 1906 verwendeten Koepeseile eine Aufliegezeit von weniger als 500 Tagen und eine Nutzleistung von weniger als 100 Milliarden Meterkilogramm.

6. Gebrochene Drähte. In Spiralseilen, mit Ausnahme der verschlossenen Seile, nimmt man Drahtbrüche sehr leicht wahr, weil sich der Draht sofort aus dem Seile herausschält.

In den Litzen- und Kabelseilen läßt sich das Vorhandensein von Drahtbrüchen in einfachster Weise dadurch feststellen, daß man etwas Putzwolle in die Hand nimmt und nun das Seil mit einer Geschwindigkeit von 20—25 cm/sec durchgleiten läßt. Vorstehende Drahtenden sind an den Stellen, wo der Draht im Seile verschwindet, abzukneifen. Anderenfalls würden sich diese Spitzen beim Laufen über Seilscheiben in das Seil eindrücken und es beschädigen; dasselbe kann auf den Seiltrommeln mit den Nachbarwindungen geschehen.

Die Stellen, wo sich Drahtbrüche befinden, sind durch Umbinden eines Hanfringes sofort kenntlich zu machen und bei jeder Untersuchung des Seiles besonders sorgfältig zu prüfen.

IV. Die Prüfung der Seilsicherheit.

Ein Schachtförderseil darf weder bei der Materialienförderung noch auch ganz besonders bei der Mannschaftsfahrung bis zu seiner Bruchbelastung in Anspruch genommen werden. Seine tatsächliche Belastung darf immer nur einen Bruchteil der Zerreißfestigkeit betragen. Ist dieser Bruchteil z. B. $^1/_6$, so besitzt das Seil sechsfache Sicherheit.

a) Die Seilfahrtsseile.

Die Seilfahrtsseile sind täglich bei hellem Lichte zu prüfen. Außer auf Drahtbrüche muß dabei geachtet werden auf Abnutzung, Lockerung der Litzen, Langziehen der Windungen, Klinkenbildung, Roststellen usw.; an solchen Stellen ist anzuhalten, das Seil zu reinigen und genau zu prüfen. Über den Befund wird eine Eintragung in das behördlicherseits vorgeschriebene Seilfahrtbuch gemacht. Alle bekannten, der Überwachung bedürftigen Stellen werden durch ein Zeichen, z. B. eine Hanfschlinge, am Seile kenntlich gemacht. Besonders zu überwachen sind ferner noch die Seilstücke, die beim Ende eines Treibens zwischen der Trommel und der Seilscheibe liegen, und die, welche „in den Augenblicken der normalen Beschleunigung oder Verlangsamung des Treibens mit den Seilscheiben oder schweren Führungsrollen in Berührung sind“.

Die Brauchbarkeit eines Seiles wird nach den Vorschriften der preußischen Bergbehörden durch Prüfung der einzelnen Drähte ermittelt. In Rechnung kommen nur die eigentlichen Seildrähte, nicht aber auch die in den Seil- und Litzenseelen enthaltenen Kerndrähte. Diese Drähte werden bei einem neuen Seile einem 1 m langen Stücke entnommen, das man zu diesem Zwecke abhaut. Bei bereits im Betriebe befindlichen Seilen wird alle drei Monate das an der Förderschale befindliche Seilende auf mindestens 2 m Länge über dem Einbande abgehauen; von diesem Ende wird das oberste Meter auf seine Tragfähigkeit und Biegbarkeit untersucht.

Bei Koepeseilen ist ein Kürzen ausgeschlossen; darum dürfen sie nicht länger als zwei Jahre zur Seilfahrt benutzt werden.

Die Tragfähigkeit eines jeden Drahtes wird auf besonderen Zerreißmaschinen durch das zu seiner Zerreißung erforderliche Gewicht ermittelt.

Die Tragfähigkeit des ganzen Seiles wird durch Zusammenzählung der zur Zerreißung der einzelnen Drähte erforderlichen Gewichte (Bruchbelastung) ermittelt.

Drähte, die je 1 qmm Querschnittsfläche eine um 20 % geringere Tragfähigkeit als die durchschnittlich ermittelte Tragfähigkeit aller Drähte besitzen, dürfen nicht in Rechnung gestellt werden.

Bei den Biegungsproben spannt man jeden einzelnen Draht zwischen zwei halbrunden Backen ein, deren Krümmungsradius je 5 mm beträgt. Als Biegung um 180° wird die Biegung — abwechselnd nach rechts und links — aus der Senkrechten um 90° zur Horizontalen und wieder in die Senkrechte zurück angesehen.

Nicht in Rechnung gestellt dürfen solche Drähte werden, die

bei	0,0	bis ausschließl.	2,0	mm	Durchmesser	weniger	als	8	Biegungen
„	2,0	„ „	2,2	„	„	„	„	7	„
„	2,2	„ „	2,5	„	„	„	„	6	„
„	2,5	„ „	2,8	„	„	„	„	5	„
„	2,8	und mehr mm			Durchmesser	„	„	4	„

aushalten.

Von der Gesamtzahl der Seildrähte sind ferner noch so viele Drähte abzuziehen, als das Seil insgesamt Drahtbrüche aufweist.

Eine Torsionsprobe wird in den preußischen Seilfahrtsordnungen nicht vorgeschrieben. Sie ist aber doch sehr geeignet, um über die Beschaffenheit des Drahtmaterials Auskunft zu geben. Wird der Draht an einem Ende fest eingespannt und sodann um seine Längsachse verwunden, so zeigen sich bei gleichartigem Material auf seiner Oberfläche gleichmäßig ansteigende Spiralen. Sind dagegen härtere Stellen vorhanden, so setzen diese Windungen hier ab, während sie an weicheren Drahtstellen dichter aufeinander folgen.

Die nachstehende Tabelle enthält die Mindestanforderungen, die man an die angeführten Drahtsorten und -stärken stellen muß. Es sind hierbei Biegungen um 180° bei 5 mm Kante und Windungen um 360° bei 200 mm Drahtlänge vorausgesetzt.

Bruchfestigkeit in kg/qmm	60			120			150			180		
Draht Nr.	14	20	25	14	20	25	14	20	25	14	20	25
Biegungen	27	18	14	26	17	12	26	16	11	25	16	10
Windungen	60	52	40	26	22	18	26	20	17	25	19	16

(Aus Hrabak, Die Drahtseile.)

Es hat sich gezeigt, daß auch minderwertige Drähte den Anforderungen entsprechen, wenn sie nacheinander auf Zug, Biegung und Verdrehung beansprucht werden, daß sie aber vereinigten Zug-, Druck- und Biegungsbeanspruchungen, nötigenfalls in Verbindung mit Verdrehung, nicht gewachsen sind. Für derartige Untersuchungen empfiehlt die Transvaaler Regierungskommission die Seilprüfmaschine von Vaughan & Epton.

b) Die Förderseile.

Bei Seilen, die ausschließlich zur Massenförderung, also nicht zur Mannschaftsfahrung benutzt werden, sind naturgemäß die scharfen Bestimmungen, die für Seilfahrtsseile gelten müssen, nicht erforderlich. Trotzdem ist es aber auch hier sehr wichtig, daß man rechtzeitig den Zeitpunkt erkennt, zu welchem das Seil abgelegt werden muß. Denn wird es übermäßig lange aufliegen gelassen, so kann bei einem Seilbruche, abgesehen von dem Förderausfall, im Schachte ein Schaden angerichtet werden, der in keinem Verhältnis zu den am Seile gemachten Ersparnissen steht.

Sehr eingehende Versuche hierüber sind zuerst von Meyer in Gleiwitz (O.-S.) und darauf von Prof. Roch in Freiberg vorgenommen worden. Sie schlugen verschiedene Wege ein, kamen aber auf beiden zu annähernd gleichen Ergebnissen.

Meyer nahm mit dreißig verschiedenen Seilen Zerreißversuche vor; er benutzte dabei eine Zerreißmaschine von Mohr & Federhaff in Mannheim, die eine Zugkraft von 90 000 kg auszuüben imstande war. Aus den Ergebnissen dieser Proben kam Meyer zu dem Schlusse,

> „daß man zur Bestimmung der Sicherheit eines Seiles nur zwei Windungen der schlechtesten Stelle des Seiles in Betracht zu ziehen braucht, und daß, wenn das Seil nach Abzug der gebrochenen Drähte (wobei jeder Drahtbruch als fehlender Draht zu betrachten ist) innerhalb dieser zwei Windungen noch die genügende Sicherheit hat, das Seil zur weiteren Benützung zulässig sein dürfte, vorausgesetzt, daß die Drähte keine große Abnutzung zeigen, in welchem Falle die Durchschnittsdrahtproben des Seiles an der abgenützten Stelle zugrunde zu legen sind“.

Roch ging bei seinen Versuchen ebenso wie Meyer von der Voraussetzung aus, daß man die Zahl der Drahtbrüche nicht innerhalb eines bestimmten Längenmaßes von 1,2 oder auch mehr Metern feststellen dürfe, weil dann bei Annahme eines und desselben Längenmaßes die verschiedenen Seile verschieden streng beurteilt würden; vielmehr zählte auch er die Drahtbrüche innerhalb einer bestimmten Zahl von Seilwindungen.

Er führte seine Versuche in folgender Weise aus. Aus dem festeingespannten Seile versuchte er gebrochene (oder durchgefeilte) Drähte herauszuziehen, indem er sie mit einem Kloben anpackte. Bei einem Abstande von zwei und mehr Windungslängen von der Bruchstelle aus ließen sich die Drähte nicht mehr herausziehen, sondern zerrissen von neuem. Weil sich aber doch in einem einzigen Falle ein Draht noch bei 2,2 Windungslängen aus einem Bandseile herausziehen ließ, rundete Roch den Einfluß der Drahtbrüche auf 2,5 Windungslängen ab. Diesen Betrag von 2,5 Windungslängen nennt er die „unsichere Drahtlänge“.

Außer diesem Begriffe führte Roch auch noch den der „gefährdeten Seillänge“ ein; er versteht darunter diejenige Länge des Seiles, innerhalb welcher zur Beurteilung der Seilsicherheit die Drahtbrüche gezählt werden müssen. Sie wurde von ihm nach dem Vorschlage des Oberbergrates Menzel als im äußersten Falle gleich 10 Seilwindungen, d. h. gleich der vierfachen unsicheren Drahtlänge ermittelt.

Der Gedankengang bei diesen Ermittelungen ist der folgende:

Wir greifen aus einem Seilstücke zwei Drahtbrüche heraus, die in verschiedenen Drähten liegen mögen. Die unsichere Drahtlänge bezeichnen wir mit l, die gefährdete Seillänge mit L.

Beträgt der gegenseitige Abstand der beiden Drahtbrüche $^1/_2\, l$, so ist $L = {}^1/_2\, l + l + l = 2\,{}^1/_2\, l$; denn die unsichere Drahtlänge ist von jedem der Brüche aus sowohl nach oben als auch nach unten zu rechnen.

Beträgt der gegenseitige Abstand der Drahtbrüche

$$l, \text{ so ist } L = 3\,l$$
$$1^1/_2\,l, \;,, \;,, \; L = 3^1/_2\,l$$
$$2\,l, \;,, \;,, \; L = 4\,l$$

Dieses ist aber der äußerste Grenzfall; denn wird der Abstand der beiden Drahtbrüche noch größer als $2\,l$, z. B. $= 2^1/_2\,l$, dann liegt zwischen ihnen wieder ein vollständig sicheres Seilstück von der Länge $= {}^1/_2\,l$.

Als Ergebnis seiner Untersuchungen stellte Roch den Satz auf: „Als schlechteste Stelle in einem Förderseile ist diejenige zu betrachten, welche auf eine Länge von 10 Seilwindungen die meisten Drahtbrüche erkennen läßt. Für jeden dieser Drahtbrüche ist bei Berechnung der Tragfähigkeit des Seiles ein Draht in Abzug zu bringen."

Zum Schlusse sei noch erwähnt, daß Hrabak für Schächte von geringer Tiefe (weniger als 100 m) höhere Sicherheitsgrade, und zwar 9—10fache Sicherheit gegen Bruch verlangt. Er begründet seine Forderung damit, daß in solchen Schächten die Zahl der Treiben eine größere ist, daß infolgedessen der Wechsel zwischen Biegung und Streckung des Seiles ein häufigerer wird, daß die Zahl der achsialen Stöße zunimmt usw.

Nach den von Speer in der Seilprüfungsstation der Westfälischen Berggewerkschaftskasse vorgenommenen Untersuchungen scheint die am meisten beanspruchte Seilstelle nicht die im oder unmittelbar über dem Einbande zu sein, sondern „die, welche sich vor oder auf der Seilscheibe befindet, wenn der Korb in seiner tiefsten Stellung ist, da diese Stelle außer dem Korbe, den Wagen und der Förderlast das ganze, der Teufe entsprechende Seilgewicht zu tragen hat, und da außerdem diese größte beim Betriebe vorkommende Masse beim Anfahren beschleunigt werden muß".

Tatsächlich nimmt nach seinen Messungen der Durchmesser des Seiles an der Seilscheibe gegen den des über dem Einbande befindlichen Seilstückes auf eine nur geringe Anzahl von Metern ganz erheblich ab. Die Festigkeit dieses Stückes scheint gegen die des Stückes am Einbande um 25—33 % zurückzubleiben. Es hätte also bei 6facher Sicherheit des untersten Seilendes nur noch eine 4—4,5fache.

c) Die Seilprüfungsstation.

Zur Prüfung eines Seiles ist auf Grund der behördlichen Vorschriften als mindestes eine Drahtzerreißmaschine erforderlich, die auch die Vornahme von Biegeversuchen gestattet. Daß Torsionsproben empfehlenswert sind, ist schon weiter oben ausgeführt. Durch Zusammenzählen der für die einzelnen Drähte erhaltenen Zahlenwerte wird die Zerreißfestigkeit des ganzen Seiles berechnet.

Um Zerreißversuche mit ganzen Seilen vorzunehmen, sind sehr starke und naturgemäß teure Maschinen nötig. Eine solche Seilzerreißmaschine zu beschaffen, ist für einzelne Werke mit zu hohen Unkosten verknüpft, weil Zerreißversuche mit ganzen Seilen nur selten erforderlich werden. Solche Maschinen werden daher besser von einer größeren Gruppe von Werken, am besten gemeinschaftlich für ein ganzes Revier beschafft. So ist beispielsweise mit der Bochumer Bergschule eine für den westfälischen Bergbaubezirk bestimmte Seilprüfungsstation verbunden, in welcher eine derartige Maschine aufgestellt ist. Ihre Einrichtung soll an Hand eines Aufsatzes von Speer im folgenden kurz angegeben werden.

Eine Seilprüfungsstation soll gestatten:

1. die Prüfung ganzer Seile,
2. die Prüfung des zu den Seilen verwendeten Materials und
3. die Prüfung der dabei benutzten Maschinen auf ihre Richtigkeit.

Die zur Verwendung kommenden Maschinen sind hauptsächlich

1. eine Seilzerreißmaschine,
2. eine Drahtzerreißmaschine,
3. ein Biegeapparat und
4. ein Torsionsapparat.

Die Bochumer hydraulische Seilzerreißmaschine von C. Hoppe in Berlin besitzt eine Zugkraft von 250 000 kg bei 200 Atm. Betriebsdruck. Die freie Länge des zu prüfenden Seiles beträgt 1,5 m; hierzu kommen beiderseits je 0,75 m vom Spannschlosse umfaßte Seilstücke, so daß die Gesamtseillänge 3 m beträgt.

Zur Untersuchung einzelner Drähte dient eine ebenfalls hydraulisch angetriebene Drahtzerreißmaschine von A. v. Tarnogrocki in Essen. Der von ihr ausgeübte Zug kann bis 2000 kg gesteigert werden. Beim Einspannen der Drähte ist besonders darauf zu achten, daß sie bei der Zerreißprobe nur auf Zug, nicht aber auch auf Biegung beansprucht werden. Dies erreicht man dadurch, daß die Klemmbacken genau in die Richtung der Zugkraft eingestellt werden oder besser sich von selbst einstellen.

Der Biegeapparat ermöglicht die Prüfung von Drähten von 1—8 mm Durchmesser; er ist mit zwei auswechselbaren Gußstahlwellen von 5 und 10 mm Radius versehen.

Der Torsionsapparat läßt Drähte vom gleichen Durchmesser und von freien Längen von 150—500 mm untersuchen. Er hat eine Gewichtsspannvorrichtung, um die Drähte mit Intervallen von 5—5 kg Zugbeanspruchungen von 10—50 kg aussetzen zu können.

Geprüft werden:
1. das den Einband bildende Seilstück und
2. ein 3 m langes Stück über dem Einbande

V. Die Seilverbindungen.

Die Verbindung zweier Seilenden kommt ganz besonders bei maschinell betriebenen Streckenförderungen vor. Bei kurzen Förderlängen brauchen nur die beiden Enden des Seiles miteinander verbunden zu werden, um ein endloses Seil herzustellen. Sind die Förderstrecken dagegen sehr lang, so ist es unmöglich, ein ihrer Länge entsprechendes Seil aus gleich langen Litzen anzufertigen. Solche Seile müssen aus mehreren Einzelseilen zusammengesetzt werden. Ferner wird die Verbindung zweier Seilenden zur Notwendigkeit, wenn in einer Streckenförderung das Seil sich so gelängt hat, daß es nicht mehr die zum Betriebe erforderliche Spannung besitzt. Es muß dann aus ihm ein Stück von solcher Länge herausgehauen werden, als der Dehnung entspricht; die beiden Enden werden dann wieder miteinander verbunden. Schließlich können auch noch gerissene Seile in geeigneter Weise wieder ausgebessert werden. In allen diesen Fällen erfolgt die Verbindung der beiden Seilenden entweder durch Seilschlösser oder durch Verspleißung.

a) Die Seilschlösser.

Seilschlösser sind nur dann zur Verbindung zweier Seilenden verwendbar, wenn keine große Spannung im Seile herrscht. Ein brauchbares Seilschloß ist das von Georg Heckel in St. Johann-Saarbrücken.

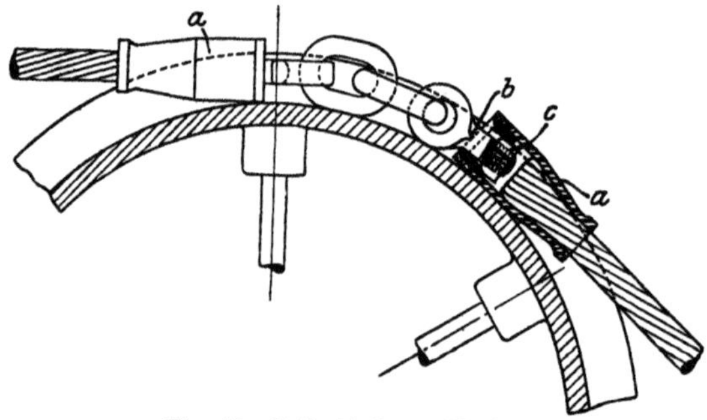

Fig. 26. Seilschloß von Heckel.

Die Seilenden werden von den Büchsen *a* (Fig. 26) fest umschlossen. Zwischen diesen beiden Büchsen ist ein kurzes Kettenstück eingeschaltet; seine letzten Glieder sind mit Bolzen *b* und aufgeschraubter Nuß *c* versehen. Diese letztere kann sich in der Büchse *a* frei drehen, so daß die Beweglichkeit des Schlosses auch beim Gange über Seilscheiben gewahrt bleibt.

b) Die Verspleißung.

Das Spleißen des Seiles ist stets die sicherste und vollkommenste Verbindungsweise; es muß aber vorausgesetzt werden, daß diese Arbeit nur von geübten Leuten mit der nötigen Sorgfalt verrichtet wird. Namentlich muß dabei darauf geachtet werden, daß keine vorstehenden Drahtenden übrigbleiben, und daß das Seil an dieser Stelle nicht dicker wird.

Ein ziemlich einfaches Spleißverfahren ist das folgende. Die zu verflechtenden Seilenden werden auf 20—24 m Länge nebeneinander gelegt und jedes Seil dort, wo das Nachbarstück zu Ende ist, fest mit Hanf oder dünnem Draht umbunden. Nun wird jedes Seilende bis an diese Umwickelung heran in seine Litzen aufgeflochten. Angenommen, das Seil habe 6 Litzen, so seien die des einen Endes mit 1—6, die des anderen mit *a—f* bezeichnet.

Die Spleißstelle soll 20 m lang werden. Von jedem Seilende wird die halbe Seele, also auf 10 m Länge, abgeschnitten. Die Reste der beiden Seelen legt man nun genau aneinander, so daß sie also in einer Linie liegen. Würde man jetzt ohne weiteres die 2×6 Litzen wieder um diese neugebildete Seele herumwickeln, so würde die Spleißstelle zu dick werden. Denn es müßte sich dann beispielsweise Litze *a* über oder unter Litze 1 legen; dasselbe wäre mit den Litzen *b* und 2, *c* und 3, *d* und 4, *e* und 5, *f* und 6 der Fall. Es muß vielmehr von jeder Litze so viel abgeschnitten werden, daß beim nun erfolgenden Umwickeln Litze *a* und 1, *b* und 2 usw., ebenso wie die Seilseelen, voreinander stoßen. Es wird also abgeschnitten:

Litze *a* unmittelbar an der Seilumbindung, Litze 1 bleibt unverändert,
„ *b* auf 4 m, Litze 2 auf 16 m Länge,
„ *c* „ 8 „ „ 3 „ 12 „ „
„ *d* „ 12 „ „ 4 „ 8 „ „
„ *e* „ 16 „ „ 5 „ 4 „ „
„ *f* „ 20 „ „ 6 „ 0 „ „

Dadurch wird erreicht, daß sich die Zusammenstoßstellen der einzelnen Litzen gleichmäßig über die ganze Länge der Spleißstelle verteilen. An jedem Zusammenstoße sind natürlich nur 5 Litzen als vollwertig anzusehen.

Diese Art der Verspleißung hat sich auf verschiedenen oberschlesischen Gruben bei der Streckenförderung vollkommen bewährt; doch muß stets darauf geachtet werden, daß das Seil nicht schlaff wird, weil sie sich dann leicht wieder löst. Um sie etwas haltbarer zu gestalten, geht man darum oft noch etwas weiter. Man löst nämlich jede Litze an ihrem Ende noch auf ein kurzes Stück in die einzelnen Drähte auf. Diese Drahtenden zieht man mit der Spleißnadel, einer Art Ahle, und der Spleißzange, einer Drahtzange, durch die Nachbarlitzen einmal oder mehrere Male durch und biegt schließlich die Drahtenden hakenförmig um. Natürlich müssen diese Drähte auch wieder gleichmäßig über die ganze Spleißungsstelle verteilt werden. Zum Schlusse werden diese Drähte mit dem Spleißhammer, einem kupfernen oder hölzernen Hammer, fest an das Seil angeklopft, damit dieses nicht locker bleibt, sondern gleichmäßig dicht wird.

Das nachstehend beschriebene Spleißverfahren hat den Vorteil, daß die Spleißstelle nicht so lang zu sein braucht, wie oben angegeben ist. Es genügen hier nämlich im allgemeinen 6 m, bei starken Spannungen 8—9 m. Die beiden Seilenden werden ebenfalls wieder auf diese Längen nebeneinander gelegt, abgebunden und dann in ihre Litzen aufgelöst. Darauf wird aus dem einen Seilende die Hanfseele herausgeschnitten. Aus jedem Seilende — das Seil ebenfalls wieder zu 6 Litzen *a*—*f* bzw. 1—6 angenommen — werden nun 3 Litzen an der Abbindungsstelle abgehauen, und zwar bleiben aus dem einen Seile die 3 Litzen *a*, *c* und *e*, aus dem anderen die 3 Litzen 2, 4 und 6 erhalten. Nun werden die Litzen *a* und 2 vom freien Ende aus gemessen bei einem Drittel ihrer Länge, die Litzen *c* und 4 bei zwei Drittel ihrer Länge in gleicher Weise, wie es vorher mit dem Seile geschah, abgebunden und ebenfalls aufgeflochten. Die beiden übrigen Litzen *e* und 6 werden auf die ganze Länge aufgedreht. Die einzelnen Drähte der auf ein Drittel aufgedrehten Litze *a* und der auf zwei Drittel aufgedrehten Litze 4 werden nun mit Stecheisen und Spleißzange durch die unaufgeflochten gebliebenen Litzenstücke durchgezogen; das gleiche geschieht mit den Einzeldrähten der Litzen *c* und 2, und schließlich auch mit denen der Litzen *e* und 6. Zuletzt wird die Spleißung ebenfalls wieder dicht und glatt gehämmert.

F. Die Ketten.

Ketten werden im Bergbau im allgemeinen seltener wie Seile benutzt. Ihre häufigste Verwendung finden sie zum Betriebe maschineller Streckenförderungen; im Bremsbergbetriebe werden sie seltener benutzt. Schließlich dienen noch kurze Kettenstücke zur Verbindung der Schachtförderseile mit den Förderschalen.

Der Bauart nach werden Gliederketten und Gelenkketten unterschieden.

I. Die Gliederketten.

Die Gliederketten werden am besten aus Martinstahl hergestellt, dessen Bruchbelastung im Durchschnitt höchstens 30 kg/qmm beträgt.

Die im Betriebe übliche Belastung beläuft sich bei Förderketten auf 3—5 kg/qmm.

Nach der Gestalt der einzelnen Glieder werden unterschieden die weiten (deutschen) Ketten (Fig. 27) und die engen (englischen) Ketten (Fig. 28).

Ein Nachteil, der sich namentlich bei lose durchhängenden Ketten zeigt, ist das Klinken einzelner Glieder. Man versteht darunter, daß

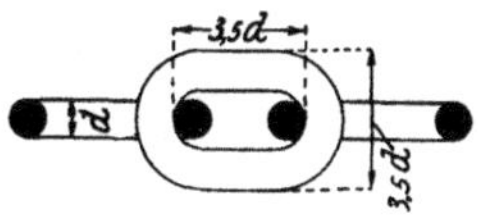

Fig. 27. Weite (deutsche) Kette.

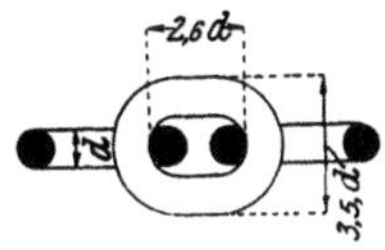

Fig. 28. Enge (englische) Kette.

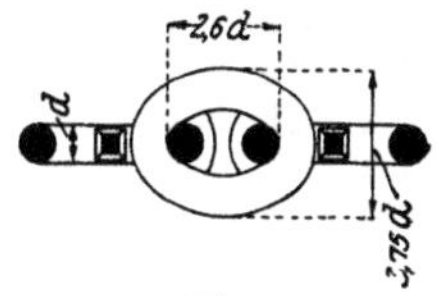

Fig. 29. Stegkette.

(Aus Reuleaux, Der Konstrukteur.)

sich ein solches Glied quer legt; beim Anspannen der Ketten bleibt es zunächst in dieser Stellung, um dann mit einem Ruck in die richtige Lage zurückzuschnellen. Dies ist besonders leicht bei den Schurzketten der Schachtförderschalen möglich. Mit Rücksicht auf die damit verknüpften Gefahren muß man das Klinken zu vermeiden suchen. Dies läßt sich durch einen quer umgelegten Ring erreichen oder durch einen quer durchgehenden Steg (Stegketten) (Fig. 29).

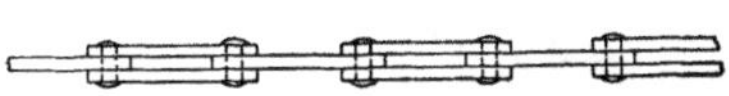

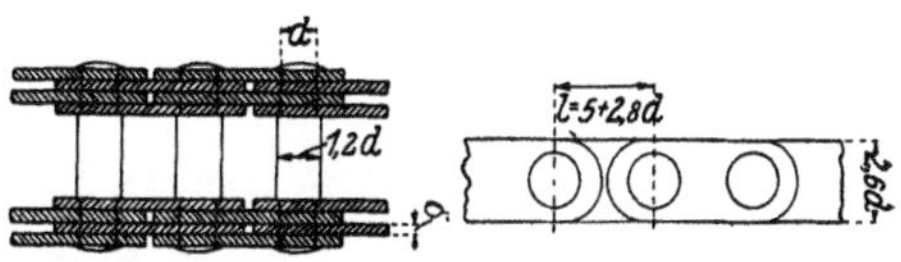

Fig. 30. Einfache Laschenkette. Fig. 31. Zusammengesetzte Laschenkette.
Gallsche Ketten. (Aus Reuleaux, Der Konstrukteur.)

Die Ketten haben gegenüber den Seilen den Nachteil, daß sie plötzlich reißen; bei den Seilen kann man dies auf Grund der häufiger werdenden Drahtbrüche voraussehen. Namentlich die Schweißstellen sind in dieser Hinsicht gefährlich und müssen, insbesondere bei den Schurzketten der Förderschalen, durch Abklopfen häufiger untersucht werden. Ferner wird das Kettenmaterial an den Berührungsstellen der einzelnen Glieder leicht kristallinisch und somit brüchig. Dies läßt sich dadurch vermeiden, daß die Ketten in regelmäßigen Zwischenräumen ausgeglüht werden; es hat in der Weise zu erfolgen, daß man sie langsam erhitzt und dann wieder unter Asche langsam abkühlt.

II. Die Gelenkketten.

Die Gelenkketten werden fast nur als Unterketten zur Fortschaffung großer Mengen von Förderwagen benutzt. Sie sind entweder einfache

Laschenketten, die auch Gallsche Ketten genannt werden, oder amerikanische Ketten. Die Laschenketten werden entweder nur aus abwechselnd einer und dann zwei Laschen gebildet (Fig. 30), oder jeder Gelenkteil besteht aus einer größeren Zahl von Eisenplatten (Fig. 31).

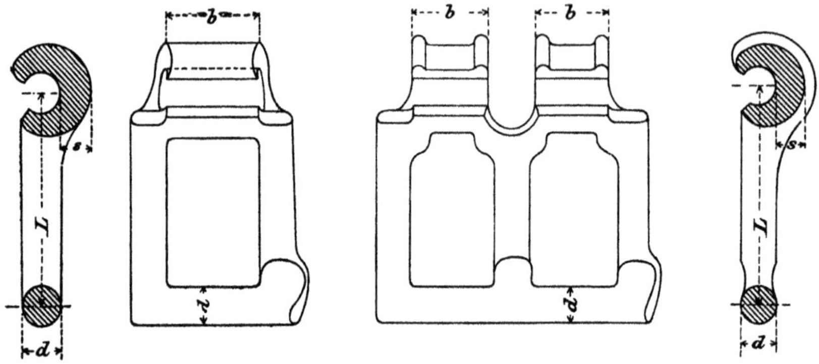

Fig. 32 a und b. Amerikanische Kette. (Aus Ernst, Die Hebezeuge.)

Dies letztere gibt der Kette eine größere Sicherheit; denn beim Bruche einer solchen Platte halten die übrigen immer noch ausreichend.

Fig. 33. Amerikanische Kette.

Die amerikanischen Ketten (Fig. 32 u. 33) haben Glieder, die sich schnell in- und auseinander haken lassen. Es ist also die Auswechselung schadhafter Teile und die Verlängerung oder Verkürzung einer solchen Kette leicht möglich.

Zweiter Teil.

Die Fördergefäße.

Benutzte Literatur.

Ein neuer Förderwagenradsatz. „Glückauf" 1898, Nr. 39.
Ein Förderwagenradsatz mit hohler Achse. „Glückauf" 1896, Nr. 44.
Penkert, Hebevorrichtung mit Hebel zum Anheben von Grubenförderwagen innerhalb einer Geleisanlage zum Zwecke der Achsenschmierung. „Der Bergbau" XIV, Nr. 32.
C. Kleinschmidt, Bericht über eine Studienreise nach Belgien, Nordfrankreich und England. „Glückauf" 1908, Nr. 5.
Selbsttätige Schmiervorrichtung für offene Förderwagenlager. „Der Bergbau" XX, Nr. 56.

Die Art und Beschaffenheit der Fördergefäße ist verschieden, je nachdem, ob sie getragen, geschleppt oder auf Rädern fortbewegt werden. Sie hängt ferner ab von der Länge der Förderwege, ihrer Neigung, von der Form und den Abmessungen der Grubenbaue, von den vorhandenen Förderkräften, dem spezifischen Gewichte des Fördergutes u. a. m.

A. Die tragbaren Fördergefäße.

Zu den Fördergefäßen, die zusammen mit der Last durch Tragen weiterbewegt werden, gehören die Säcke, Körbe, Mulden, Schwingen u. a. Die Säcke und Körbe sind namentlich in entlegenen Bergbauen, z. B. in den Hochalpen, eingeführt, wo man sie in der Grube mit dem Fördergute füllt und dann ohne Umladung auf dem Rücken von Menschen oder Tieren bis ins Tal schafft. Ferner dienen sie auch in günstiger gelegenen Bergwerken zur Aufnahme und Förderung sehr wertvoller Erze, die sich ab und zu in den Lagerstätten eingesprengt vorfinden.

Die Mulden und Schwingen werden dort angewendet, wo man die losen Massen nicht unmittelbar vom Orte weg in den Förderwagen füllen kann oder darf. Dies wäre also der Fall, wenn man mit Rücksicht auf örtliche Verhältnisse (starkes Einfallen der Sohle, örtliche Verdrückungen u. a.) nicht mit dem Förderwagen bis unmittelbar vor Ort fahren kann, ferner wenn das Fördergut beim Werfen mit der Schaufel zu sehr zerkleinert werden würde (manche Kohle) usw.

Beide Arten von Gefäßen kommen nur für kurze Förderlängen in Betracht, weil die tragende Förderung die geringste Leistung ergibt.

Die Mulden (Fig. 34) bestehen aus Holz (Pappel, Erle) oder Stahlblech und haben auf Steinkohlengruben eine Länge von ca. 700 mm, eine Breite von 350—400 und eine Tiefe von 150—160 mm. Die eine Langseite ist steiler geneigt als die andere, mit welch letzterer die Mulde der Sohle entlang in den Kohlen- oder Erzhaufen hineingeschoben wird. Darauf lehnt sie der Fördermann gegen seine Beine und füllt sie mit Hilfe einer Kratze oder eines Rechens. Sowohl die hölzernen als auch die eisernen Mulden sind durch längs- und querlaufende Bandeisenstreifen verstärkt und an den schmalen Seiten mit Handgriffen versehen. Hölzerne Mulden kosten etwa 1,25 Mk., solche aus Blech 3,2 bis 3,5 Mk.; doch ist die Haltbarkeit der letzteren 4—6 mal so groß.

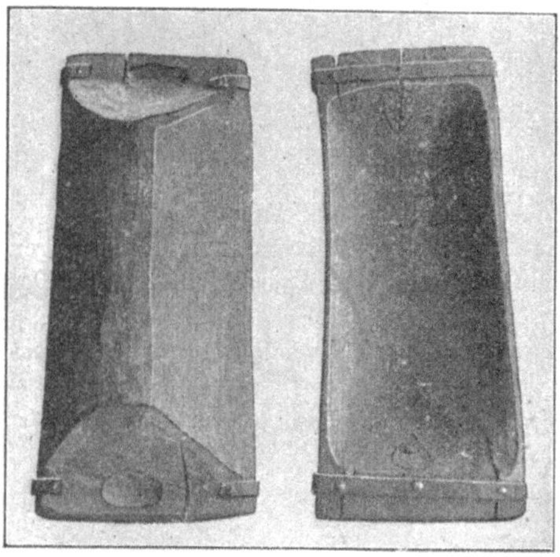

Fig. 34. Hölzerne Mulde von Friedrichsgrube, O.-S.

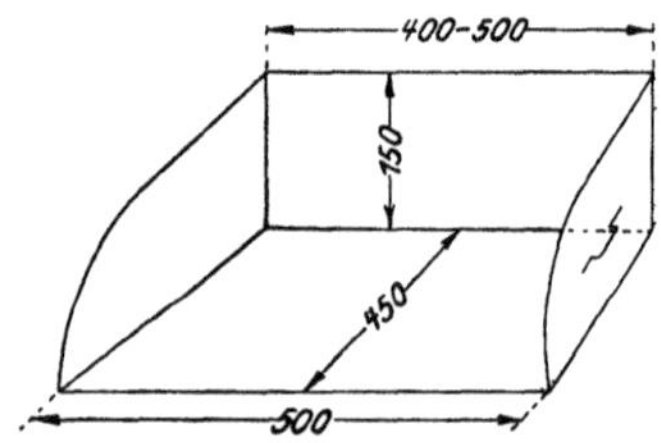

Fig. 35. Schwinge.

Die Schwingen (Fig. 35) sind insbesondere im nordböhmischen Braunkohlenbergbau üblich; sie bestehen aus Holz mit Bandeisenbeschlag und haben ungefähr dieselben Abmessungen wie die Mulden.

B. Die Schleppgefäße.

Die schleppende Förderung ist ebenfalls nur bei geringer Länge der Förderbahn mit Erfolg anwendbar. Man benutzt sie beispielsweise in niedrigen Bauen, um das Fördergut vom Gewinnungspunkte bis an die Hauptförderstrecken zu schaffen, in denen englische Förderwagen verkehren. Wollte man mit diesen bis vor Ort fahren, so wären kostspielige Gesteinsarbeiten erforderlich.

Vorbedingung für die Anwendung der Schleppförderung ist stets ein gewisses Einfallen der Bahn. Bei zu schwacher Neigung derselben wäre es zu schwierig, die vollen Gefäße weiter zu bewegen; sie müssen immer etwas bergab gehen. Bei zu steiler Neigung dagegen laufen sie zu schnell; außerdem ziehen sich dann die leeren Gefäße zu schwer bergauf. Köhler gibt als zweckmäßigste Neigung eine solche zwischen 8 und 15 ⁰ an; nach Treptow kann man bis zu 3 ⁰ hinuntergehen. v. Carnall nennt als Grenzen der Schleppförderung 5—25 ⁰. „Bei 5—10 ⁰ Ansteigen hat das Heraufschaffen des Schlepptroges noch keine erheblichen Schwierigkeiten; ebenso bei 20—25 ⁰ Abfallen, wo man immer noch den Trog etwas nach sich ziehen muß.“

Die in Frage kommenden Fördergefäße sind hauptsächlich der Schlepptrog und der Schlitten. Der letztere ist ein mit den Kufen fest verbundener Holzkasten, während beim ersteren der Kasten von dem mit Kufen versehenen Untergestell abgehoben werden kann. Das Gefäß selbst ist so groß, daß drei bis vier solche nötig werden, um einen (englischen) Förderwagen zu füllen. Die Abmessungen hängen also von der Größe der Streckenfördergefäße ab, dann aber auch von dem spezifischen Gewichte des Fördergutes. Sie müssen also auf Erzbergwerken kleiner sein als im Steinkohlenbergbau.

Je nach der örtlichen Gewohnheit stehen auch noch andere Schleppgefäße in Gebrauch. So benutzen die Schlepper im Andreasflöze der Concordiagrube bei Zabrze die eiserne Mulde. Auf den Tarnowitzer Eisenerzförderungen wird der im Haspelschachte auf- und niedergehende Kübel im Füllorte vom Seile abgeschlagen und bis vor Ort geschleppt, um dort gefüllt zu werden. Er faßt 50 kg Erz.

Zum Schleppen dieser Gefäße braucht der Arbeiter das Sielzeug; es besteht aus einem Gurte, den er über die eine Schulter legt und unter dem anderen Arme durchzieht. Eine daran befestigte Kette oder Zugleine hat einen Haken, der in das Fördergefäß eingehängt wird.

Als Förderbahn dient unmittelbar die Streckensohle, so lange sie glatt und fest genug ist. Bei milder oder unebener Sohle legt man einige Laufbohlen, auf denen die Gefäße gleiten.

C. Die fahrbaren Fördergefäße.

Die fahrbaren Fördergefäße ergeben die höchste Leistung, weil bei ihnen die Reibungsverluste am geringsten sind.

I. Seltenere Fördergefäße.

Zu den einfachsten Geräten dieser Art gehört der Laufkarren (Fig. 36). Er besteht im Bergbau immer aus Holz. Der Kasten, welcher sich nach unten hin etwas verengt, faßt eine Nutzlast von 70—150 kg (0,1—0,2 cbm). Das Eigengewicht des Karrens beträgt 25—30 kg. Die Seitenwände des eigentlichen Gefäßes sind vorn und hinten verlängert und dienen einerseits zur Aufnahme des Rades, andererseits

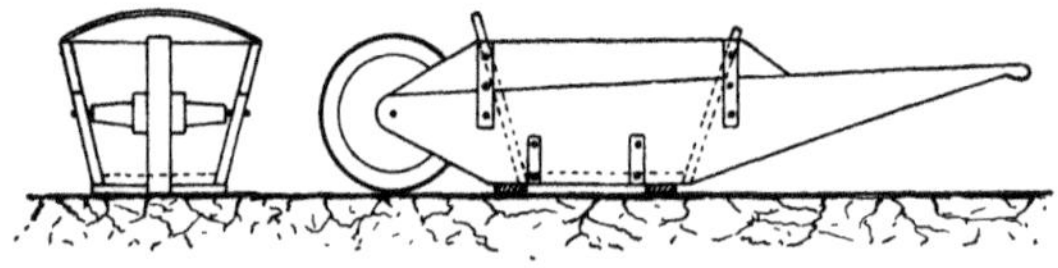

Fig. 36. Laufkarren.

laufen sie in die Karrenschenkel oder -bäume aus, an denen der Fördermann angreift, um den Karren weiterzubewegen und zu lenken. Ihre Länge hängt von dem Gewichte der Ladung ab. Auf Steinkohlenbergwerken ist das Verhältnis des Lastarmes zum Kraftarme etwa wie 1 : 2, auf Erzbergwerken geht es bis zu 1 : 3. Beim Fördern benutzt der Schlepper das Sielzeug, einen breiten Gurt mit Ösen an jedem Ende. Es wird über die eine Schulter und den anderen Oberarm gelegt. Mit Hilfe dieses Armes wird der Karren gelenkt.

Fig. 37. Karrenlaufen übers Kreuz.

Fig. 38. Ungarischer Hunt.

In niedrigen Bauen kommt das „Karrenlaufen übers Kreuz“ (Fig. 37) zur Anwendung. Das Sielzeug wird nicht über die Schulter, sondern übers Kreuz gelegt; mit den Händen stützt sich der Schlepper auf die Rückwand des Karrengefäßes oder auch auf die Karrenschenkel und lenkt auch mit ihnen.

Die vierrädrigen Fördergefäße werden heutzutage verschieden benannt; am häufigsten finden sich die Bezeichnungen Hunt (Hund) und

Förderwagen, daneben auch Wagen und Kasten. Es besteht zwischen Hunt und Förderwagen weder ein Unterschied nach den Abmessungen, die ja einzig und allein von dem spezifischen Gewichte des Fördergutes und von den Abmessungen der Grubenräume abhängig sind, noch nach besonderen Eigentümlichkeiten in der Bauart. Im großen und ganzen findet sich die erstere Bezeichnung in den älteren Bergbaubezirken, die letztere in den während der letzten Jahrzehnte entstandenen.

In früheren Zeiten wurde dagegen streng zwischen Hunt und Förderwagen unterschieden; man verstand unter ersterem nach v. Carnall „ein Fördergefäß, welches sich auf vier Rädern bewegt, ohne daß dazu ein Gestänge nötig ist. Wesentlich ist hierbei, daß keine eigentlichen Spurgleise angebracht werden". Als Förderwagen sah v. Carnall solche Fördergefäße an, die einen größeren Fassungsraum besaßen und auf vier gleich hohen Rädern liefen. Doch scheinen auch schon vor Carnalls Zeiten die Unterschiede nicht immer gewahrt worden zu sein; denn er schreibt hierüber: „Den Begriff von Förderhunt findet man öfter zu weit ausgedehnt; früher verstand man darunter alle in der Grube angewendeten Wagen."

Der ungarische Hunt (Fig. 38) besaß einen Kasten, der sich von unten nach oben und von hinten nach vorn verengte. Dadurch wurde erreicht, daß der Schwerpunkt tiefer unten und mehr nach hinten zu lag. Unter dem Boden dieses Gefäßes ging ein Langbaum, der Steg, durch, an dem die beiden Räderpaare befestigt waren. Das hintere hatte etwas größeren Durchmesser als das vordere und lag gerade unter dem Schwerpunkte des Huntes. An der Rückwand des Fördergefäßes war ein Handgriff angebracht. An diesem faßte der Fördermann mit der einen Hand an und drückte ihn nach unten, so daß der Hunt nur auf den beiden hinteren Rädern lief. Dadurch wurden die Reibungsverluste wesentlich herabgemindert und zugleich das Lenken erleichtert; dieses bewirkte der Schlepper mit der anderen Hand, die er flach auf die Hinterwand des Huntes auflegte.

Bei einem Inhalte von 0,2 cbm war die Leistung mit dem ungarischen Hunte bei Förderlängen bis zu 100 m nicht größer als bei der Karrenförderung, während sie sich ihr bei Überschreitung dieser Entfernung entschieden überlegen zeigte. In Ungarn rechnete man früher bei Hunteförderung mit Leistungen von

80	Hunten	bei	einer	Förderlänge	von	25	Lachtern.
50	„	„	„	„	„	50	„
35	„	„	„	„	„	100	„
20	„	„	„	„	„	200	„
10	„	„	„	„	„	500	„
5	„	„	„	„	„	1000	„

Der deutsche Hunt (Fig. 39) lief ebenso wie die vorigen Fördergefäße mit glatten Rädern auf der Streckensohle oder aber auf einer Bohlenbahn. Seine Vorderräder waren nach v. Carnall gewöhnlich etwas kleiner als die hinteren; immer aber lief der Hunt auf allen vier Rädern. Der Kasten hatte senkrechte Seitenwände. Die auf Florasglückgrube bei Bibiella gebrauchten Hunte wiegen 75 kg und fassen 150 kg Erz.

Der Walzenhunt ist ein Vorläufer des noch jetzt im Mansfeldschen Kupferschieferbergbau gebrauchten Strebräderhuntes. Die Kasten hatten einen Inhalt von 0,2 Kubikfuß bei 5,5 Fuß Länge und einer Höhe von 6 Zoll. Unter dem Boden waren Längskufen angebracht, die in der Mitte 5—6 Zoll hoch waren; zwischen ihnen liefen die Walzen von 5—6 Zoll Durchmesser.

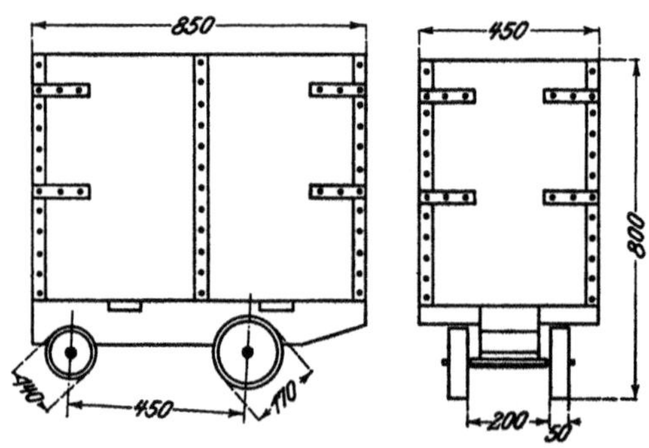

Fig. 39. Deutscher Hunt von Florasglück-Grube.

Der Strebräderhunt hat eine Länge von etwa 1,5 m, eine Breite von 0,6 m und ist von der Sohle aus gemessen ca. 0,25 m hoch. Das Ladegewicht beträgt 150 kg. Er wird im Mansfeldschen Kupferschieferbergbau angewendet, um das Fördergut von den Strebbauen aus durch die Strebfahrten bis zu den Hauptförderstrecken zu schaffen. Der Schlepper befestigt ihn mittels des Sielzeuges an dem einen Fuße und zieht ihn hinter sich her, indem er auf der Sohle liegend weiterkriecht.

II. Der englische Förderwagen.

Unter einem englischen Förderwagen hat man jedes vierrädrige Fördergefäß zu verstehen, welches Spurkranzräder hat und auf eisernem Gestänge läuft.

Die Hauptteile eines Förderwagens sind der Kasten, das Geläuf und das zwischen beiden angebrachte Untergestell, welches auch fehlen kann. In diesem letzteren Falle ist das Geläuf, bestehend aus den Achsen und Rädern, unmittelbar am Wagenboden angebracht. Das Untergestell ist ein hölzerner oder eiserner Rahmen, dessen Zweck noch weiter unten angegeben werden soll.

a) Der Wagenkasten.

Der Wagenkasten kann aus Holz oder Eisen bestehen. Seine Wandstärke beträgt im ersteren Falle 25—35 mm, im letzteren 3—3,5 mm Nur der Boden wird wesentlich stärker gehalten, weil er beim Füllen sehr leidet. Besteht er aus Holz, so verwendet man dazu querliegende Buchen-, Weiden- oder Eichenbohlen von mindestens 40 mm, besser nicht unter 50 mm Stärke. Noch besser ist es, dem Kasten einen Doppelboden zu geben. Die Boden*bleche* sollen nicht unter 7 mm stark sein. Der Boden wird auch im eisernen Kasten recht häufig aus Holz hergestellt, weil dessen Auswechselung leichter und billiger ist als die eines Blechbodens.

Die Seitenwände der eisernen Wagen bestehen aus vier einzelnen Blechen, die man in den vier Ecken mittels Winkellaschen verbindet. Neuerdings werden gern solche eiserne Wagen hergestellt, bei denen das Bodenblech und die beiden Kopferbleche umgebördelt sind (Fig. 40). Die damit erreichten Vorteile sind, daß die Ecklaschen und in jedem Winkel je eine Nietenreihe in Fortfall kommen; der Wagen wird dadurch etwas leichter und wegen des geringeren Arbeitsaufwandes beim Nieten billiger.

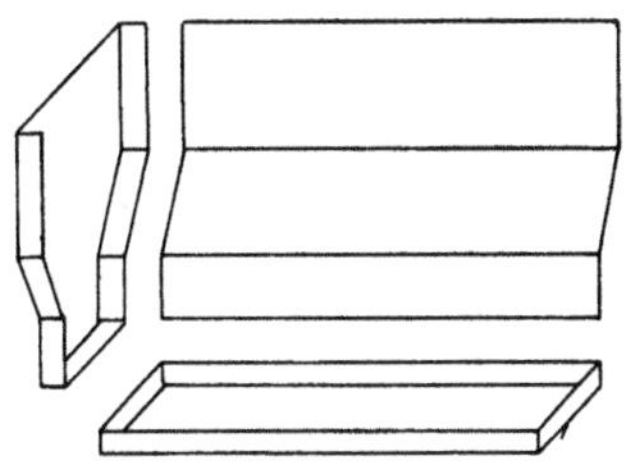

Fig. 40. Umgebördelte Bleche eines eisernen Förderwagens. (Nach „Sammelwerk“, Band V.)

Die Vorteile der eisernen Förderwagen gegenüber den hölzernen sind:

1. das größere Fassungsvermögen bei gleichen größeren Abmessungen,
2. die größere Widerstandsfähigkeit, namentlich bei starker Bergförderung,
3. die Möglichkeit, den Seitenblechen jede gewünschte Form geben zu können.

Demgegenüber finden wir, daß ein hölzerner Wagen ein geringeres Eigengewicht besitzt, billiger in der Anschaffung ist, sich schneller und billiger ausbessern läßt und daß die Wandungen nicht so leicht ihre Form verlieren.

Es wiegt

bei	einer	Nutzlast	von	500	kg	ein	hölzerner	Wagen	250—**285**—300	kg,
„	„	„	„	500	„	„	eiserner	„	275—**300**—350	„
„	„	„	„	550	„	„	„	„	300—**350**—370	„
„	„	„	„	600	„	„	„	„	360	„
„	„	„	„	750	„	„	„	„	380	„

Auf den Lothringer Minettegruben stehen Förderwagen in Gebrauch, die bei 700—800 kg Eigengewicht eine Nutzlast von 1200—1800 kg Erz aufnehmen können.

Die Förderwagen auf Bargoed-Colliery bei Cardiff fassen 1,5 t Kohle.

Der Durchschnittspreis eines hölzernen Förderwagens stellt sich auf etwa 70 Mark, der eines eisernen auf 80—**90**—110 Mark.

(Die fettgedruckten Zahlen sind die sich am häufigsten findenden Werte.)

Die eisernen Förderwagen werden zum Schutze gegen salzige oder saure Wasser verzinkt oder auch mit einem Anstriche von Asphalt und Steinkohlenteer, Schuppenpanzerfarbe u. a. versehen.

Der Kastenform nach sind fünf Arten von Förderwagen zu unterscheiden, nämlich der mit rechteckigem Querschnitt (Fig. 41), mit

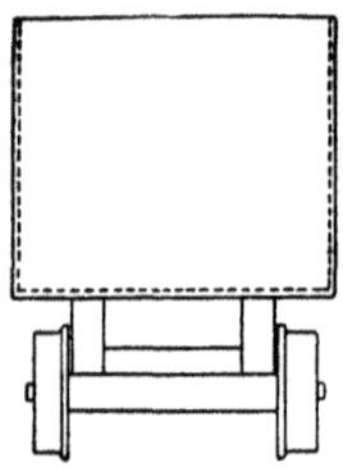

Fig. 41. Kasten mit rechteckigem Querschnitt.

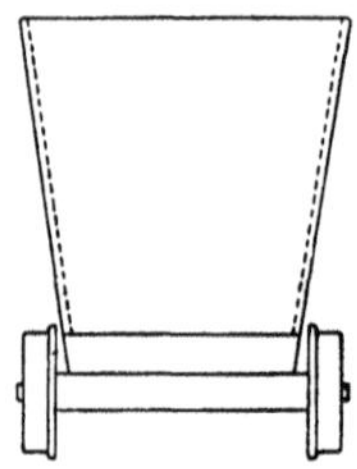

Fig. 42. Kasten mit trapezförmigem Querschnitt.

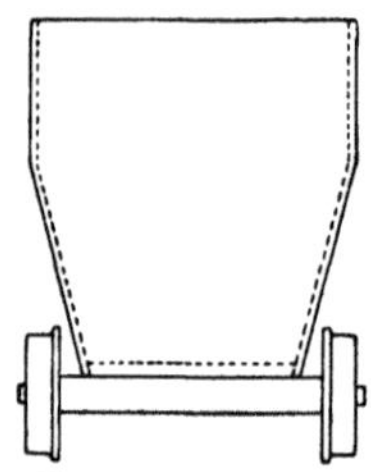

Fig. 43. Kasten mit gebrochenen Seitenwänden.

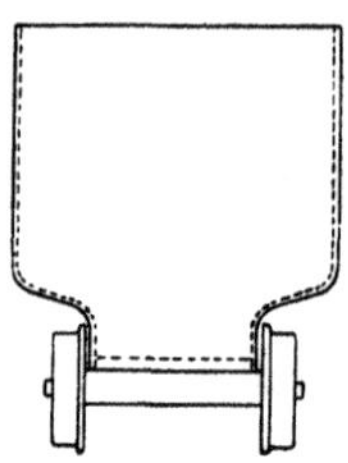

Fig. 44. Kasten mit geschweiften Seitenwänden.

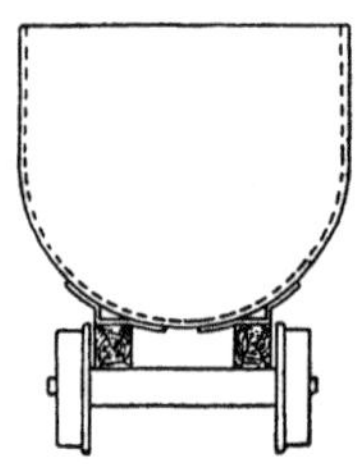

Fig. 45. Muldenwagen.

trapezförmigem Querschnitt (Fig. 42), mit gebrochenen Seitenwänden (Fig. 43), mit geschweiften Seitenwänden (Fig. 44) und der Muldenwagen (Fig. 45). Diese letztere Form führt sich in den letzten Jahren immer mehr ein, ganz besonders weil ein solcher Wagen infolge der gleichmäßig gewölbten Form am widerstandsfähigsten ist. Von den übrigen Formen ist insbesondere zu bemerken, daß der rechteckige Kasten das geringste Fassungsvermögen und eine zu hohe Lage des Schwerpunktes hat. Beim trapezförmigen Kasten liegen die Räder nicht hinreichend geschützt und verschmutzen leicht durch Staub, der aus dem undichten Kasten rieselt. Das gleiche gilt vom Wagen mit gebrochenen Seitenwänden. Der Kasten mit geschweiften Seitenwänden hat zwar das größte Fassungsvermögen; aber seine Längsseiten beulen sich leicht ein und sind überhaupt schwer auszubessern.

Weitere Unterschiede zeigen sich in den Abmessungen der Wagen. In Bergbaubezirken mit hohen und breiten Grubenräumen (Oberschlesien, im Salz- und Braunkohlenbergbau) findet sich ein Normalwagen, der 1,0—**1,3**—1,5 m Länge, eine Breite von 0,8—0,9 m und eine Kastenhöhe von 0,75—0,90 besitzt. Seine Höhe über Schienenoberkante ist 1,0—1,15 m; sein Ladegewicht beträgt bis zu 625 kg. Doch finden sich auch noch größere, meist höhere Wagen (Georggrube, O.-S) mit 750—800 kg Fassungsvermögen. In Westfalen und den Revieren mit ähnlichen Lagerungsverhältnissen hat man nach Angaben des „Sammelwerkes" drei verschiedene Typen von Förderwagen zu unterscheiden, nämlich

1. solche mit langem und niedrigem Kasten,
2. Wagen mit kurzem, aber hohem Kasten und
3. solche, deren Kasten eine Mittelstellung zwischen Typus I und II einnimmt.

Die ungefähren Maße dieser Wagenarten sind aus folgender Tabelle zu ersehen.

	Länge m	Breite m	Höhe m
Typus I	1,80—2,00	0,62—**0,70**—0,80	0,75—0,80
„ II	1,20—1,25	0,72—0,80	0,95—1,00
„ III	1,60—1,80	0,60—0,75	0,80—0,90

Die langen, schmalen, niedrigen Wagen eignen sich ihrer Form nach am besten für niedrige Baue. Sie lassen sich leicht lenken und, wenn sie einmal entgleisen, leicht wieder ins Gestänge heben; wegen ihrer Länge dürfen aber die Krümmungen nicht allzu scharf sein. Auf den Schachtförderschalen müssen sie vielfach nebeneinander stehen, weil man nicht immer so lange Schalen und Schachtfördertrümer hat, um sie hintereinander stellen zu können.

Die kurzen, aber hohen Förderwagen eignen sich für hohe Strecken, sowie für Gruben mit viel Bergeversatz, weil sie sich wegen der höheren Lage des Schwerpunktes leichter nach der Seite umkippen lassen.

Die Förderwagen vom dritten Typus nehmen in ihren Eigenschaften und in ihrer Verwendbarkeit eine Mittelstellung zwischen den beiden anderen ein.

In niedrigen Strecken darf der Schlepper nie beim Wagenstoßen mit den Händen am Oberrande des Kastens angreifen; denn bei Entgleisungen zieht er sich in solchem Falle stets äußerst schmerzhafte Fingerverletzungen, zu die häufig ein dauerndes Steifbleiben nach sich ziehen. Zum Lenken und Halten des Wagens dienen hier besondere Handhaben oder Handgriffe, die in den Wagen eingehängt werden oder schon mit ihm fest verbunden sind. Die Figuren 46 und 47 zeigen einige solche Formen.

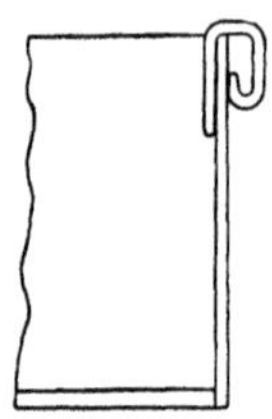

Fig. 46. Lose Handhabe.

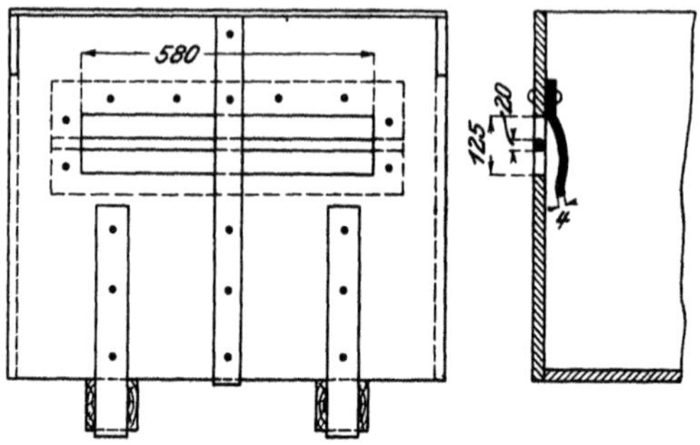

Fig. 47. Förderwagen von Mathildegrube mit fester Handhabe. (Aus „Versuche und Verbesserungen im Jahre 1903“.)

b) Das Untergestell.

Das Untergestell hat den Zweck, den Wagenkasten mit dem Geläuf (den Achsen und Rädern) zu verbinden und ihm eine größere Steifigkeit zu geben. Bei hölzernen Förderwagen besteht es aus zwei hochkant liegenden Längsbalken *a* (Fig. 48) und zwei oder drei ebensolchen Querbalken *b*; sie sind untereinander verblattet und mittels durchgesteckter Schraubenbolzen fest miteinander verbunden. Die Länge der Querstücke ist gleich der Breite des Kastenbodens; die Langbäume sind etwas länger als dieser und ragen beiderseits etwa 10 cm vor. Diese vorstehenden Köpfe dienen als Puffer und sind der größeren Haltbarkeit wegen mit Eisenband eingefaßt oder wohl auch vollständig mit Blech beschlagen.

Die Querbäume werden in vielen Fällen ganz fortgelassen; dies findet man namentlich bei den eisernen Förderwagen, deren Langbäume aus I-Eisen, seltener aus U-Eisen bestehen.

Durch die Anbringung eines Untergestelles wird der Schwerpunkt des ganzen Förderwagens wesentlich nach oben verschoben und infolgedessen seine Standfestigkeit herabgemindert. Es wird darum nur eingebaut, wo es unbedingt erforderlich ist. Beispielsweise muß der Wagen mit rechteckigem Kasten ein solches erhalten; anderenfalls würden die Achsen am Wagenboden befestigt werden müssen, und die Räder kämen seitlich des Kastens zu liegen. Dadurch wird aber die Spurweite wesentlich vergrößert, und die Räder und die Achsenzapfen werden leicht durch Schmant, der aus undichten Förderwagen herausrieselt, verschmutzt.

In Mährisch-Ostrau hat man dem dadurch begegnet, daß man für die Räder in den Seitenwänden des Kastens Nischen, die Radhauben (Fig. 49 a und b), anbrachte. Hierdurch sowie auch durch Tieferlegen des Wagenbodens vor und hinter den Achsen (rechte Hälfte von Fig. 49 a und b) wurde zwar eine tiefere Schwerpunktslage und ein größeres Fassungsvermögen erreicht; indessen ist die Einfachheit der Bauart und die Möglichkeit der leichteren Ausbesserung dadurch herabgemindert.

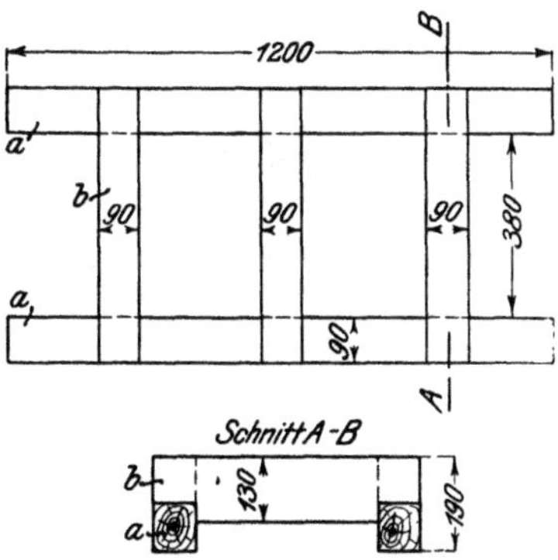

Fig. 48. Hölzernes Untergestell.

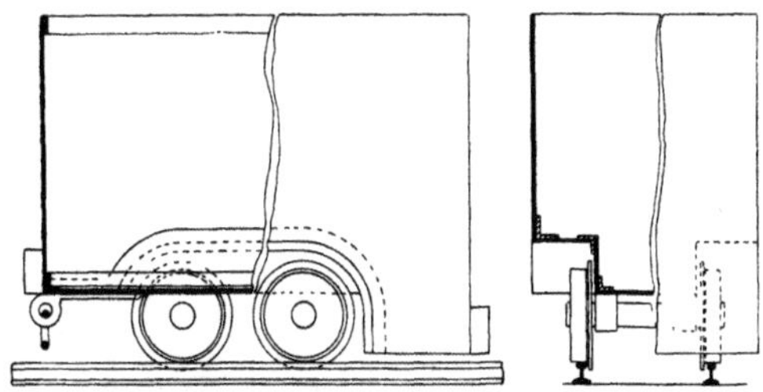

Fig. 49 a und b. Ostrauer Wagen mit Radhauben.

Bei den übrigen Typen von Förderwagen ist der Kastenboden durchweg so schmal, daß man die Radachsen unmittelbar an ihm befestigen kann, ohne eine zu bedeutende Spurweite zu erhalten; auch sind die Räder durch die überhängenden Kastenwände geschützt. Nur beim Muldenwagen wird, wenn es die Konstruktion der Radsätze verlangt, ein Untergestell angebracht (s. Fig. 45).

Das Stahlwerk Oeking A.-G. in Düsseldorf verbindet den muldenförmigen Kasten unmittelbar mit der Schmierbüchse durch an diese angegossene Lappen (Fig. 50).

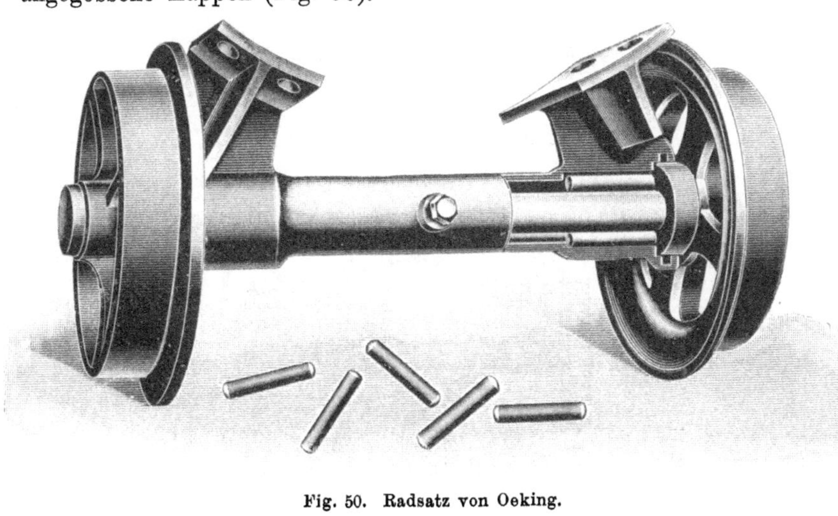

Fig. 50. Radsatz von Oeking.

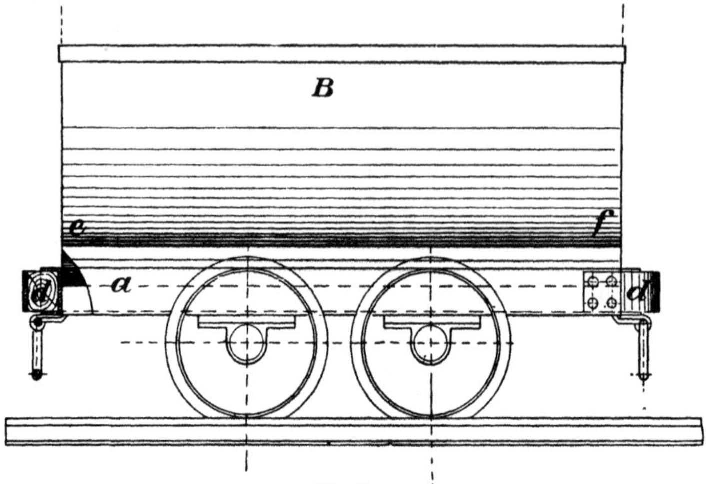

Fig. 51a.

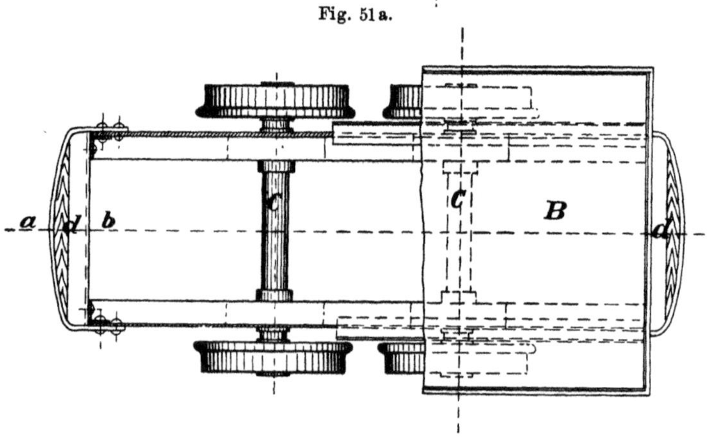

Fig. 51b.

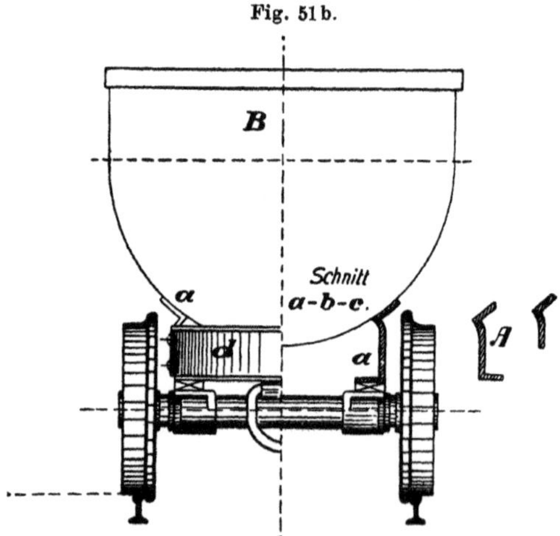

Fig. 51c.

Fig. 51a, b und c. Muldenwagen von H. Loose. (Aus „Kohle und Erz“ 1907, Nr. 17.)

Vom Wilhelmswerk, Inh. H. Loose, in Karf wird ein Muldenwagen (Fig. 51 a—c) hergestellt, dessen Kasten seiner ganzen Länge nach auf den beiden Langbäumen *a* aufruht. Diese bestehen aus Z-, U- oder L-Eisen, dessen oberer Flansch so umgebogen ist, daß er an der Kastenwandung anliegt. Als Puffer dienen die vorn und hinten angenieteten Querstücke *d*. Die Vorteile dieser Bauart sind, daß der Kasten besser versteift ist, weil er in seiner ganzen Länge mit den Langbäumen verbunden ist; der Schwerpunkt des Kastens liegt tiefer; der Kasten kann infolgedessen gegenüber anderen Muldenwagen höher sein und erhält dadurch ein größeres Fassungsvermögen; schließlich ist auch der Wagen leichter, weil alle sonstigen Verbindungsteile zwischen dem Kasten und dem Radsatze wegfallen.

An Förderwagen, die kein Untergestell haben, wird eine besondere Puffervorrichtung dadurch geschaffen, daß der Wagenboden beiderseits

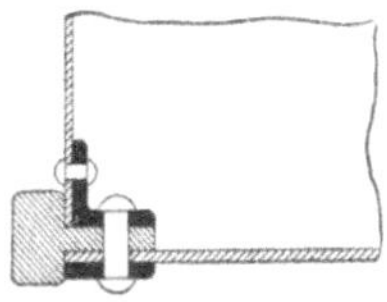

Fig. 52. Puffer.

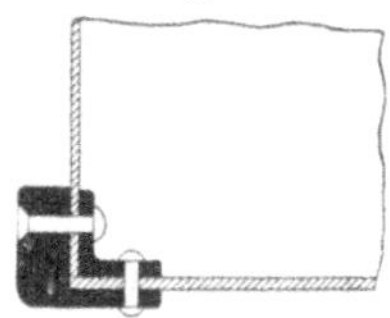

Fig. 53. Puffer.

über die Stirnwände hinaus verlängert und mit einem starken Eisenbeschlage versehen wird. Anstatt dessen kann man auch den Unterrand des Wagenbodens einfach in der aus Fig. 52 und 53 ersichtlichen Weise durch einen vorstehenden Profileisenbeschlag verstärken.

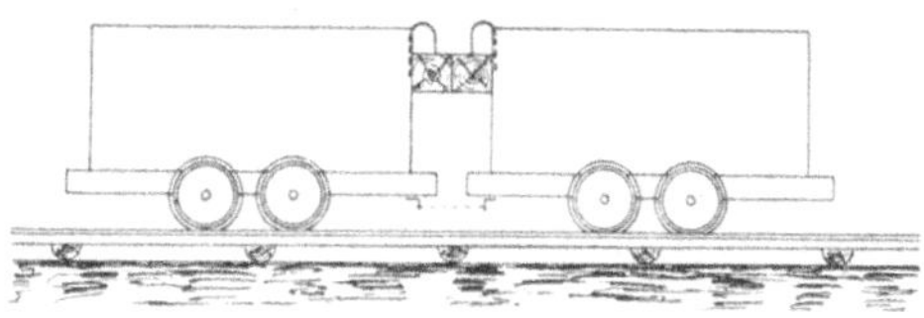

Fig. 54. Wagen mit angehängten Pufferklötzen.

Weil bei der Lokomotivförderung die Puffer der Förderwagen aufeinander klettern, wenn die Fahrgeschwindigkeit plötzlich verringert wird, und die Wagen dann aus dem Gestänge springen, hat man auf Friedensgrube bei Morgenrot, O.-S., Pufferklötze (Fig. 54) an die Stirnwände der Förderwagen gehängt; sie sind dicker, als die Puffer lang sind, verhüten also, daß diese sich überhaupt berühren können.

Die Puffer müssen stets so lang gehalten sein, daß Fingerverletzungen der Schlepper beim Kuppeln ausgeschlossen sind, auch wenn die Stirnwände der Kasten nach außen verbeult sein sollten.

An der Unterseite des Untergestelles bringt man die Zugstange an. Sie ist eine etwa 10 cm breite und 1 cm starke Eisenstange, die an beiden Enden, je nach der Art der Kuppelvorrichtung, entweder mit Ösen oder mit Kuppelhaken versehen ist. Sie muß aus einem Stücke bestehen, damit der Zug nicht durch den Kasten übertragen wird, der hierfür zu schwach ist. Nur bei eisernen Förderwagen kann man die durchgehende Zugstange durch kurze, am Wagenboden befestigte Stücke ersetzen, weil dieser eine ausreichende Zugfestigkeit besitzt.

c) Das Geläuf.

Das Geläuf wird von den Achsen und Rädern gebildet, die entweder am Untergestell oder unmittelbar am Wagenboden befestigt sind. Es ist für den Gang der Förderung und für die Erzielung hoher Leistungen von größter Wichtigkeit, daß Achsen und Räder einen leichten Gang aufweisen. Dies wird durch sachgemäße Bauart in Verbindung mit guten Schmiervorrichtungen erreicht. Diese letzteren können an den Achsen oder an den Rädern oder auch getrennt von ihnen am Kasten angebracht sein.

1. Die Achsen und ihre Schmierung.

Früher hatten die Achsen quadratischen Querschnitt und saßen fest am Wagenboden oder Untergestell. Die Zapfen waren nur rund gefeilt, während sie jetzt abgedreht werden. Die Schmiere war dickflüssig und wurde unmittelbar auf den Zapfen aufgetragen, von dem man vorher zu diesem Zwecke das Rad abgenommen hatte. Da das Schmiermittel sehr bald herauslief, furchte man die Innenseite der Radnabe ringförmig aus und schuf so eine Schmierkammer von allerdings sehr kleinem Fassungsvermögen. Ein weiterer Nachteil dieses Geläufes ist, daß Staub und Schmutz sehr leicht in die Radnabe eindringen, die sich infolgedessen schnell ausleiert. Die Räder saßen lose auf den Achsen.

Bei dem in Fig. 55 dargestellten Radsatze sind die Achsen rund. Die Räder sind alle beide fest oder besser je zwei übers Kreuz stehende

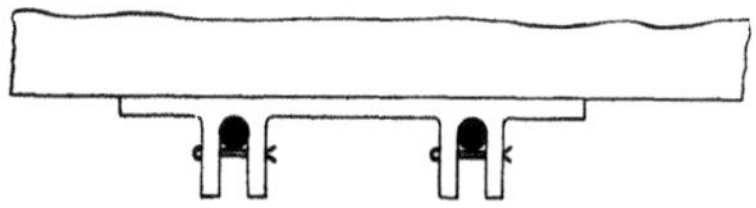

Fig. 55. Gabellager.

fest bzw. lose. Die Achsenlager, die sogenannten Gabellager, sind unten offen, aber durch Splinte geschlossen, um ein Herausfallen des Radsatzes zu verhüten. Er hat dieselben Nachteile wie das eben beschriebene Geläuf.

Ein für runde Achsen sehr geeignetes und in Westfalen recht beliebtes Lager ist die Schmierbüchse von Lenz (Fig. 56). Zu jeder Achse gehören zwei Stück hiervon. Sie werden lose in viereckige Öffnungen gesteckt, die sich in den senkrechten Flanschen zweier T-Eisen befinden, die unter dem Wagenboden entlang laufen. Die Schmiere für die Achse sitzt in zwei Längskanälen *a* und vier Querkanälen *b* im Boden der Büchse; die beiden ersteren sind mit Filzstreifen ausgekleidet.

Einen ganz bedeutenden Fortschritt hiergegen stellt die Evrardsche Patentachse (Fig. 57 a und b) dar. Nach ihrem Muster sind viele der noch

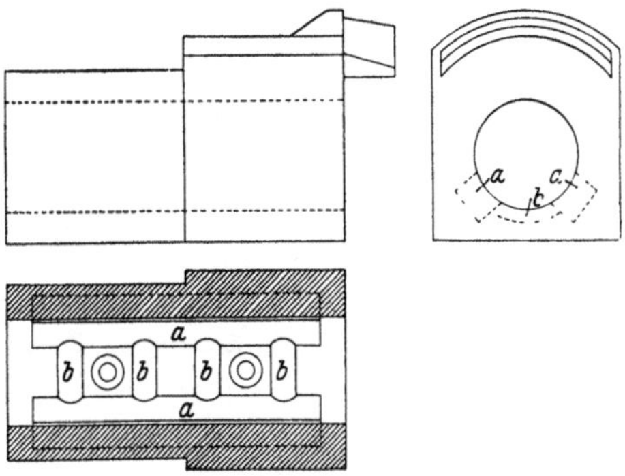

Fig. 56. Schmierbüchse von Lenz.

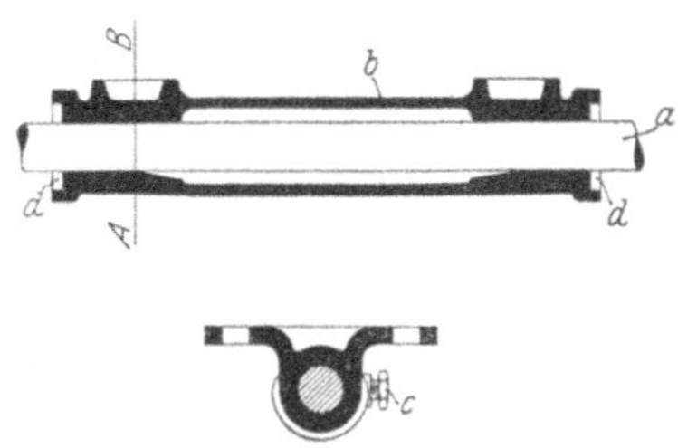

Fig. 57 a und b. Patentachse von Evrard. (Aus „Bergbau“ XX, Nr. 17.)

jetzt üblichen Radsätze gebaut. Die Achse *a* ist rund und von einer hohlen, die Schmiere enthaltenden Büchse *b* umgeben. In dieser befindet sich an der einen Seite die Füllöffnung, die durch einen eingeschraubten Pfropfen *c* verschlossen gehalten wird. Die Achse leitet die Schmiere bis zu den Lagern *d*. Von den Rädern ist das eine durch einen Splint, der durch die Nabe und die Achse geht, fest mit dieser letzteren verbunden. Am anderen Achsenende greift der Splint nicht in die Radnabe ein, so daß dieses Rad sich frei drehen kann.

Bei der Evrardschen Hülse muß die Schmierflüssigkeit an der Achse entlang bis zu den zu schmierenden Stellen fließen. Diese selbst sind verhältnismäßig lang und breit, wodurch der Druck auf eine größere Fläche verteilt wird; dadurch wird aber auch der Zutritt des Schmiermittels zu der Nabe des lose auf der Achse sitzenden Rades erschwert. Diese Nachteile will die Schmierhülse D.R.G.M. 88 322 von den Gelsenkirchener Gußstahl- und Eisenwerken vorm. Munscheid & Co. vermeiden; der Boden dieser Hülse (Fig. 58 a und b) ist in der Mitte am stärksten, so daß das Schmierfett von selbst nach beiden Seiten abläuft; unter den Druckstellen liegt die Achse frei und kann somit ungehindert in die Schmiere eintauchen.

Auf der Kons. Carl-Georg-Viktorgrube bei Gottesberg wurden an den Munscheidschen Radsätzen alle vier Räder lose angebracht; die Wagen erhielten dadurch bei sparsamer Schmierung einen sehr leichten Lauf.

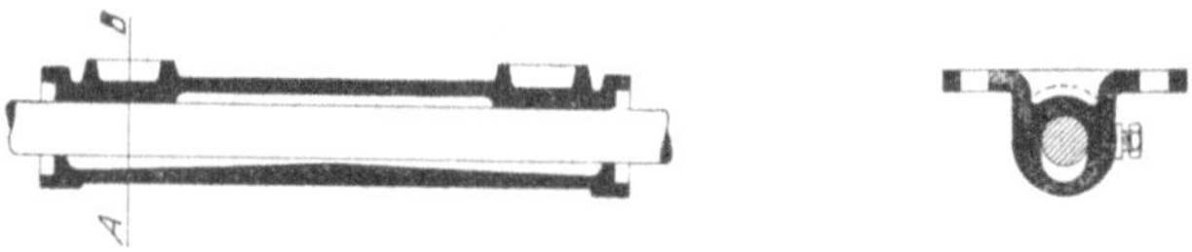

Fig. 58a und b. Patentachse von Munscheid & Co. (Aus „Bergbau" XX, Nr. 17.)

Ein Radsatz von Anacondagrube (Fig. 59) in Nordamerika (Montana) ist dadurch interessant, daß alle vier Räder ihre eigenen Achsen haben; diese stecken paarweise in einer gemeinschaftlichen Schmierbüchse. Hierdurch werden die Räder beim Durchfahren von Krümmungen in ähnlicher Weise voneinander unabhängig gemacht, wie es bei der

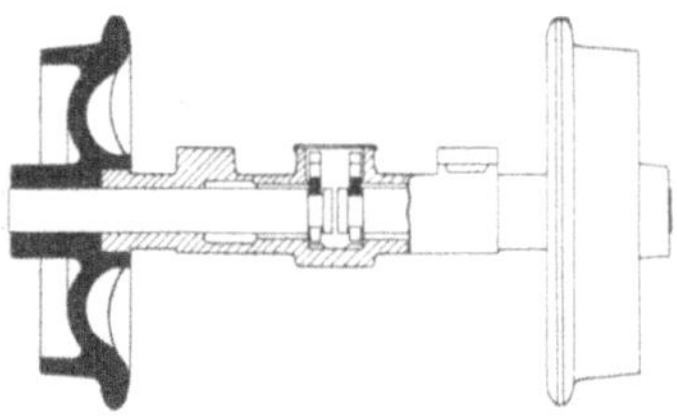

Fig. 59. Radsatz von Anacondagrube. (Aus „Glückauf" 1898, Nr. 39.)

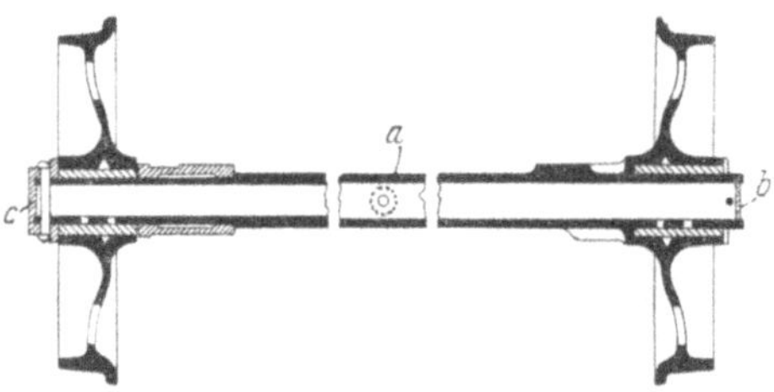

Fig. 60. Radsatz von Glaser & Große. (Aus „Glückauf" 1896, Nr. 44.)

Evrardschen Achse dadurch erreicht wurde, daß das eine Rad an der Achse lose angebracht ist.

Der Radsatz System Glaser & Große (Fig. 60) zeichnet sich dadurch aus, daß die Achse *a* hohl ist und fest am Wagenboden sitzt. Die Räder, deren Naben mit Weißmetall ausgegossen sind, erhalten ihre Schmierung durch einige Öffnungen, die sich nahe den Achsen-

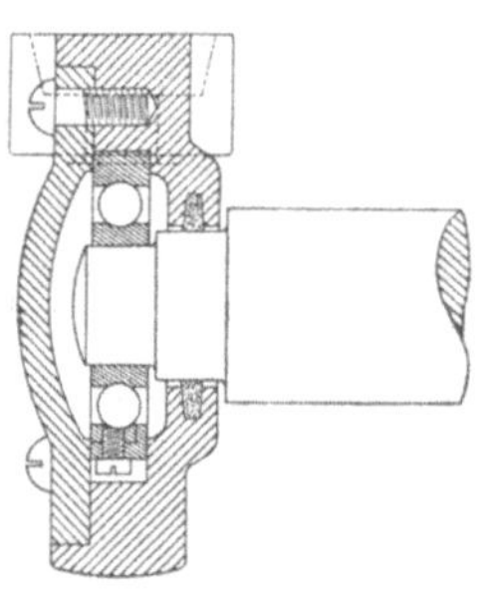

Fig. 61. Kugellager (Innenlager). (Aus „Vers. u. Verb. i. J. 1901".)

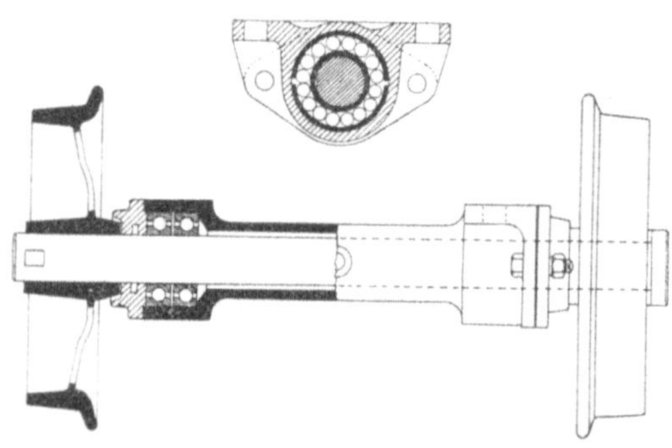

Fig. 62. Doppelkugellager (Außenlager). (Aus Schulte, Die Grubenbahnen.)

enden in ihrem Boden befinden. Die Enden selbst werden durch einfache Scheiben *b* oder Hauben *c* verschlossen gehalten.

Eine wesentliche Verbesserung der Radsätze ist neuerdings durch Einführung von Rollen- oder Kugellagern geschaffen worden. Insbesondere die ersteren haben weitere Verbreitung gefunden. Beide Lagerarten können sowohl Innen- als auch Außenlager sein. Das erstere liegt innerhalb des Rades; die Kugeln bzw. Rollen laufen zwischen

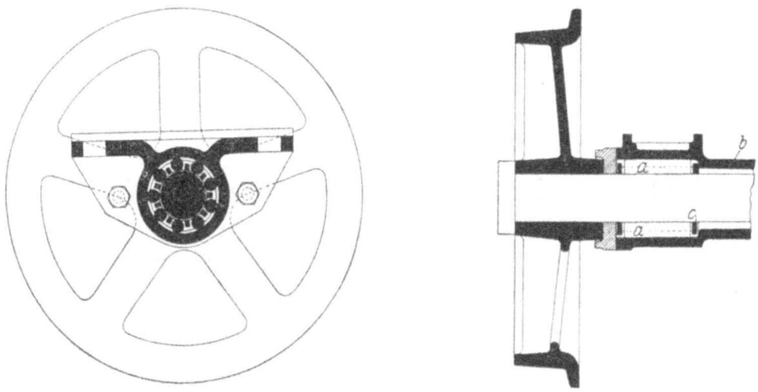

Fig. 63a und b. Rollenlager der Bergischen Stahlindustrie (Außenlager).

der Radnabe und dem Achsenzapfen (Fig. 61). Bei dem Außenlager sind die Kugeln (Fig. 62) oder Rollen (Fig. 63a und b) außerhalb der Radnabe untergebracht. Sie bedingen durch die wesentlich geringere Reibung eine beträchtliche Ersparnis an Zugkraft. So haben Versuche auf Grube Reden im Saarreviere folgendes Ergebnis gehabt:

Eiserne Muldenwagen				Kraftersparnis (auf gleiche Wagengewichte bezogen) %
mit gewöhnlichem Radsatz		mit Rollenlager		
Gewicht kg	Zugkraft kg	Gewicht kg	Zugkraft kg	
368	7,36	373	3,25	56,4

(Aus „Versuche und Verbesserungen im Jahre 1904“).

Ein Rollenlager, das weitere Verbreitung gefunden hat, ist das in Fig. 63a und b dargestellte von der Bergischen Stahlindustrie zu Remscheid. Die Rollen *a* liegen an den beiden Enden der Schmierhülse *b*; ein Gitterkorb *c* verhütet, daß sie sich gegenseitig reiben und hemmen. Der Gitterkorb (Fig. 64) besteht aus zwei ringförmigen Scheiben *a*, die vor den Stirnseiten der Rollen liegen, und den Längsstäben *b*, die zwischen den Rollen durchgehen und beide Ringe miteinander verbinden.

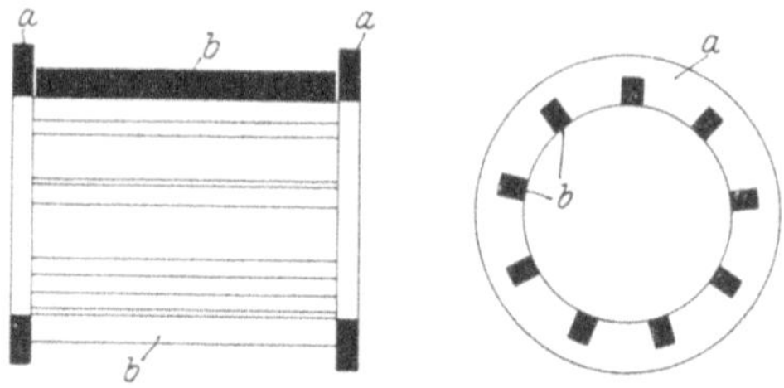

Fig. 64. Gitterkorb.

2. Die Räder und ihre Schmierung.

Das Material, aus dem die Förderwagenräder angefertigt werden, ist Gußeisen (Hartguß), Stahlguß sowie getemperter Bessemerstahl. Die Stahlräder eignen sich am besten für den Grubenbetrieb, weil sie zäher und zugleich leichter als gußeiserne sind. Namentlich aber zeigen sich ihre Vorzüge in der bedeutend größeren Lebensdauer. Nach Saarbrückener Versuchen verhielt sich die Abnutzung bei Rädern aus:

Gußeisen : Stahlguß : Temperguß = 30 : 9,8 : 0,6.

Die Firma Siebeck in Bochum fertigt nach Angaben des Sammelwerks Räder an, deren Kranz und Speichen aus 7—8 mm starkem Stahlblech gepreßt werden. Zuletzt wird die Radnabe in das sonst fertige Rad eingepreßt.

An jedem Rade sind zu unterscheiden: der Kranz, die Nabe und die zwischen beiden befindlichen Speichen (Speichenräder), die auch durch eine Scheibe (Scheibenräder) ersetzt sein können. Die Speichen, deren Zahl meist vier oder fünf beträgt, können gerade oder gekrümmt sein. In den Scheiben der Scheibenräder müssen Löcher zum Durchstecken von Hemmbolzen vorhanden sein.

Der Radkranz wird vom Laufkranze und dem Spurkranze gebildet. Beide können zwar Zylinderform haben, werden aber am besten konisch gestaltet. Die Verjüngung des Laufkranzdurchmessers soll nicht mehr als 5 mm, die Neigung des Laufkranzes 1 : 20 betragen; wird dieser Betrag überschritten, so können die Schienen leicht auseinander gedrückt werden. Entfernt sich die Kegelform der Spurkranzaußenfläche zu sehr von der zylindrischen Gestalt, dann entgleist der Förderwagen leicht. Ist der Spurkranz auf der Umfangslinie abgerundet, dann schneidet er in gußeiserne Belagplatten schnell tiefe Furchen ein. Dies wird dadurch verhütet, daß er einen breiten Laufflansch bekommt (Fig. 66).

Der Durchmesser der Räder hat, wie schon auf S. 7 ausgeführt, großen Einfluß auf den mehr oder weniger leichten Gang des Förderwagens. Man muß bestrebt sein, möglichst große Räder zu verwenden, ist hierin aber sehr oft durch die Gestalt, insbesondere durch die Querschnittsform der Wagen behindert. Räder, die unter dem Wagenkasten laufen, müssen kleiner sein als solche, die neben ihm laufen; anderenfalls käme der Schwerpunkt des Wagens zu hoch zu liegen, und die Standfestigkeit des letzteren würde dadurch herabgemindert.

Die üblichsten Abmessungen eines Förderwagenrades sind:

Spurkranzdurchmesser mm	Laufkranzdurchmesser mm	Laufkranzbreite mm
310—**350—360**—460	275—**300**—400	50—**55—60**—70

Die Spurweite ist der Abstand der Spurkranzaußenflächen eines Räderpaares. Die sich am häufigsten findenden Spurweiten schwanken zwischen 500—600 mm. Darunter liegen die Spuren von beispielsweise der Kgl. Friedrichsgrube mit 380 mm und des Arsenikbergwerkes „Reicher Trost“ bei Reichenstein mit 450 mm, darüber die von Hohenlohehütte-Grube (Fürstin Paulineschacht) mit 620 mm und von Kleophasgrube und Maxgrube mit 650 mm.

Eine große Spurweite verleiht dem Wagen eine höhere Standfestigkeit, erschwert aber das Durchfahren von Krümmungen.

Unter dem Radstande ist der Abstand von Achsenmitte bis zu Achsenmitte zu verstehen. Er beträgt am besten ungefähr 400 mm. Ist der Radstand kleiner, so sind auch kleinere Förderwagenräder nötig; die Reibungswiderstände wachsen dann. Ein kleiner Radstand erleichtert das Durchfahren von Krümmungen, bedingt aber auch ein leichtes Überkippen des Wagens nach vorn oder hinten, insbesondere bei maschinellen Seil- oder Kettenförderungen. Unter 350 mm (Zeche Shamrock III/IV) wird man nicht mehr gut gehen können, desgleichen auch nicht über 500 mm (Kleophasgrube).

Ist die Achse fest am Wagenboden oder Untergestell angebracht, so muß, abgesehen von der Verwendung hohler Achsen (Fig. 60), am Rade eine besondere Schmiervorrichtung angebracht werden. Zu diesem Zwecke werden die Räder mit besonderen Kammern (Schmierkammern) versehen. Diese liegen an einer oder zwischen zwei Speichen oder sind ringförmig gestaltet und umgeben dann die Radnabe.

Die zwischen zwei Speichen angebrachte Schmierkammer wird von diesen, dem Radkranze und der Nabe begrenzt. Durch diese letztere geht ein Kanal bis zum Achsenzapfen. Jedesmal wenn die Schmierkammer sich bei einer Radumdrehung in der höchsten Stellung befindet, läuft etwas von der dünnflüssigen Schmiere auf den Zapfen.

Beim Rade von Möbus, D.R.G.M. 62 631 (Fig. 65 a und b), wird die an einer Speiche sitzende zylindrische Schmierkammer *a* mit zähem Fett gefüllt und dann mit dem eingeschraubten Deckel *b* verschlossen. Der Blechkolben *c* wird von einer starken Spiralfeder vorgeschoben und drückt die Schmiere durch einen engen Kanal in die Radnabe.

Bei dem Rade von Kania & Kuntze (Fig. 66) hat die Schmierkammer Ringform und wird durch die aufgeschraubte Haube *a* ver schlossen. Der Schraubenpfropfen *b* schließt die Füllöffnung, durch welche das Schmieröl nachgefüllt werden kann. Dieses ist stets an

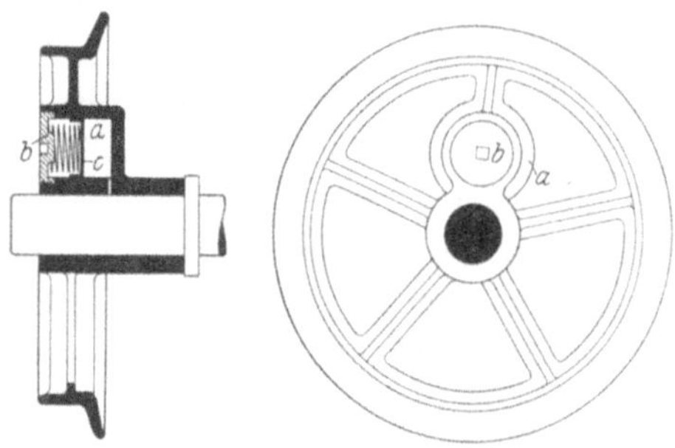

Fig. 65 a und b. Rad von Möbus.
(Aus „Versuche und Verbesserungen im Jahre 1897“.)

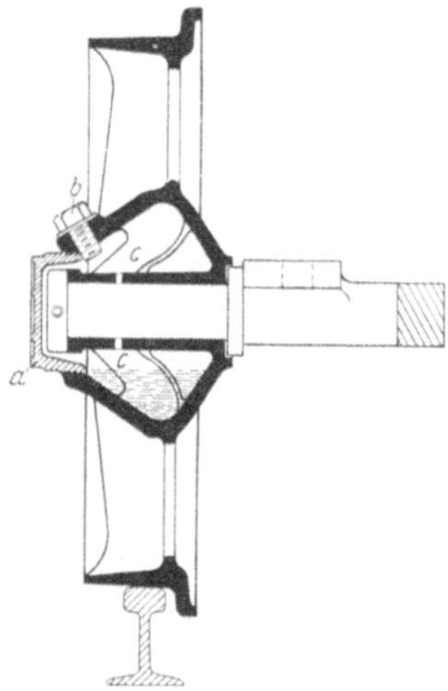

Fig. 66. Rad von Kania & Kuntze.

der tiefsten Stelle der Kammer, berührt also die Radnabe nicht. Die Flügel (Ölmitnehmer) *c*, welche speichenähnlich die Innenwand der Schmierkammer mit ihrer Außenwandung verbinden, schöpfen in ihrer tiefsten Lage etwas Öl auf und lassen es, wenn sie in der höchsten Stellung angekommen sind, durch enge Schmierlöcher auf den Zapfen laufen.

An Stelle der Flügel wird das Öl auch mit Hilfe von Schmierringen, Ketten u. a. aufgeschöpft.

Auf den Gruben von Mariemont stehen Wagenräder mit Ölkammern in Gebrauch; der Schmiermittelbedarf beträgt hier je Rad und Jahr 1 kg.

Auf Paulus-Hohenzollerngrube bei Beuthen wurden im Jahre 1906 vergleichende Versuche mit verschiedenen Radsätzen angestellt, deren Ergebnis in der nachstehenden Tabelle (S. 67) zusammengefaßt ist.

Daß die Schmierkammer nicht immer mit den Achsen oder mit den Rädern vereinigt werden muß, zeigt die Schmiervorrichtung von der Fahrendeller Hütte in Bochum (Fig. 67). Diese ist bei dem dargestellten Radsatze doppelt vorhanden und zwar gemeinschaftlich für die zwei auf derselben Seite des Wagens liegenden Räder. Durch

Geläuf	Laufzeit	Schmiermaterialkosten für 1 Woche und 1 Wagen
Rollenlagerradsätze	15 Wochen	$3^1/_2$ Pfg.
Schmierkapselräder	5 „	$7^1/_2$ „
Lenzsche Schmierbüchsen . . .	3 „	1 „
Gewöhnliche Radsätze	1 Tag	4,8 „

(Aus „Versuche und Verbesserungen im Jahre 1906“).

eine schwere Kugel, die sich mit der wechselnden Geschwindigkeit des Wagens vorwärts oder rückwärts bewegt, wird das Schmierfett auf die Achsenzapfen gedrückt.

Fig. 67. Schmierbüchse der Fahrendeller Hütte.

3. Die Schmierbänke.

Die Schmierstätten der Förderwagen sollen immer in der nächsten Nähe des Förderschachtes liegen, weil nur hier alle Förderwagen tagtäglich zusammenkommen. Der Unterbringung der Schmierstätte im Füllorte stehen die Bedenken der Feuergefährlichkeit gegenüber; dazu kommt häufig die Beschränkung im Raume und ein höherer Lohn für die Arbeiter unter Tage. Über Tage dürfte sich in der Nähe der Hängebank stets ein geeigneter Raum hierfür vorfinden.

Wenn zwecks Schmierung die Räder von den Achsen abgenommen werden müssen, ist es nötig, den Wagen aus dem Gestänge zu heben. Ein einfaches Umwerfen desselben erst auf die eine, dann auf die andere Seite erfordert viel Kraft, namentlich beim Wiederaufrichten, und führt nur zu leicht zu Beschädigungen des Kastens. Auch die Räder leiden beim heftigen Zurückfallen ins Gestänge.

Etwas vollkommener ist die Einrichtung einer zwischen dem Gestänge liegenden schiefen Ebene aus hochkant stehenden Balken. Der Wagen wird auf sie aufgeschoben, bis die Räder frei über den Schienen hängen. Die Bedienung ist insofern unangenehm, als sich die Arbeiter beim Schmieren viel und lange bücken müssen.

Die Hebevorrichtung von Penkert (Fig. 68a und b) erleichtert das Anheben des Wagens. Der Rahmen *a* liegt innerhalb des Gestänges; er ist durch vier Knaggen *b* mit den zwei Wellen *c* und *d* in Verbindung gebracht. An der letzteren greift Hebel *f* an. Der Wagen wird über den Rahmen geschoben und der Hebel umgelegt. Dabei bewegt sich der Rahmen aufwärts, greift unter die Achsen und hebt den Wagen aus dem Gestänge. Damit der Wagen in dieser Stellung sicher festgehalten wird, sind die Knaggen etwas über die senkrechte Stellung hinaus gedreht. Das Gewicht der ganzen Last ruht alsdann auf dem in *g* unterstützten Hebel *f*.

Um das gesamte Geläuf in handliche Höhe zu bringen, schiebt man den zu schmierenden Förderwagen auf einen Kopf- oder Seiten-

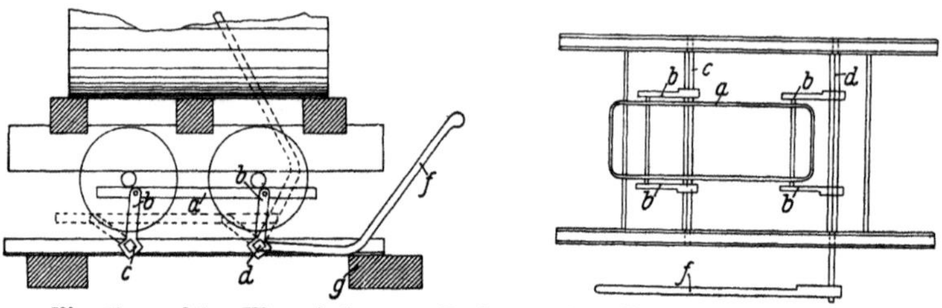

Fig. 68 a und b. Wagenheber von Penkert. (Aus „Bergbau" XIV, Nr. 32.)

wipper. Solche Einrichtungen sind besonders dann erforderlich, wenn die Achsen in Schmierhülsen laufen. Die Schmieröffnung liegt bei ihnen in der Mitte der Hülse und wäre ohne solche Wipper kaum zugänglich.

Zum Einspritzen des Schmierfettes bedient man sich hier in einfachster Weise einer Handspritze. Eine bessere derartige Spritze besteht aus dem Zylinder *a* (Fig. 69) und dem Lederkolben *b*, der durch eine Schraubenspindel und eine Kurbel vorgeschoben wird. Zwecks Füllung wird der Kolben aus dem Zylinder herausgedreht und mit dem um *c* und *d* drehbaren Bügel *e* zur Seite geklappt. Der angeschraubte Winkel *f* dient dazu, die Spritze auf der Achsenhülse festzuhalten.

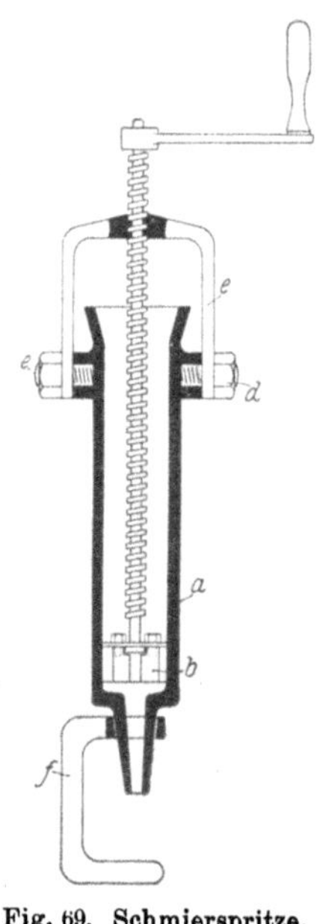

Fig. 69. Schmierspritze. (Aus „Vers. u. Verb. im Jahre 1900".)

Das beständige Neufüllen der Handspritze ist sehr zeitraubend und außerdem eine unsaubere Arbeit. Um rasch hintereinander eine große Zahl von Förderwagen schmieren zu können, benutzt man den Schmierapparat von Wawerda in Scharley. Er läßt nur gerade so viel Schmiere in die Achsenbüchsen treten, als zu ihrer Füllung nötig ist. Er arbeitet also wesentlich sparsamer als der eben beschriebene Apparat; denn bei ihm darf die Füllung erst dann beendet werden, wenn das Fett seitlich an den Achsen herauskommt. In dem Zylinder *C* (Fig. 70), dessen Fassungsvermögen dem Kubikinhalte der Büchse entspricht, gleitet ein Kolben. Dieser läßt sich mittels des Handrades und der Schraubenspindel *b* abwechselnd nach links und rechts bewegen. Geht er nach links, so wird die vor ihm stehende Schmiere durch den Dreiweghahn D in den Schlauch E und die Schmierbüchse gedrückt. Gleichzeitig wird auf der rechten Kolbenseite Schmiere aus dem Hauptbehälter A angesaugt, die nachher beim Rechtsgange des Kolbens ausgestoßen wird. Der Dreiweghahn B verbindet den Hauptbehälter A abwechselnd mit der rechten und der linken Zylinderseite. Die Hähne B und D werden gleichzeitig durch

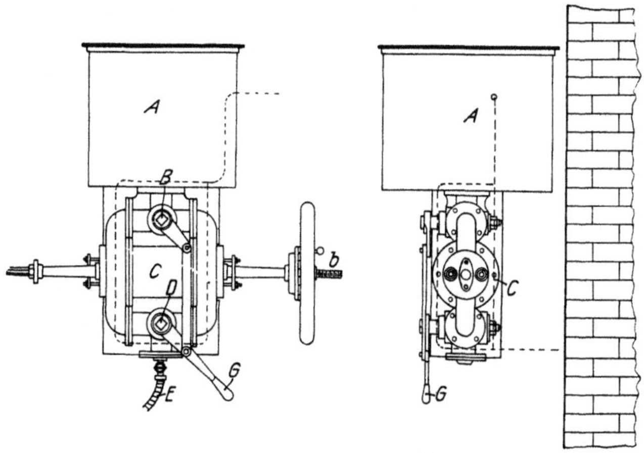

Fig. 70. Schmierapparat von Wawerda.

Umlegen des Hebels G umgestellt. Der ganze Apparat ist mit einem Blechmantel umgeben; in seinem Innern liegt eine auch durch A gehende Dampfleitung, die die Schmiere namentlich im Winter dünnflüssig halten soll.

Ähnlich diesem Apparate ist einer von Grube Dudweiler. Bei ihm steht aber das Schmiermittel im Hauptbehälter unter Druckluft. Der im Schmierzylinder sitzende Kolben hat keinerlei Kolbenstange. Er wird, je nach Stellung der Hähne, von dem durch die Druckluft in den Zylinder getriebenen Schmierfette abwechselnd nach links und rechts geschoben und schiebt dann das vor ihm stehende Schmiermittel vor sich her.

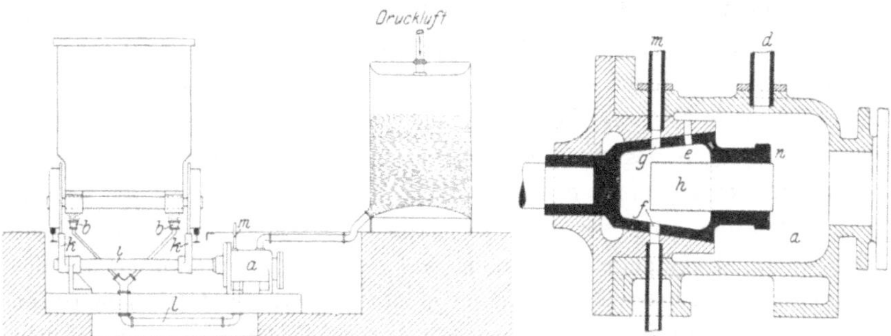

Fig. 71a und b. Schmierapparat von Rickers. (Aus „Bergbau" XX, Nr. 56.)

Eine selbsttätige Schmiervorrichtung für Wagen mit Gabellagern ist die von **Rickers**, gebaut von Rumswinkel in Duisburg (Fig. 71a und b). Die Schmiere steht im Hauptbehälter *c* unter Druckluft. Von da gelangt sie in den Schmierzylinder *a* und beim jedesmaligem Vorbeifahren eines Wagens durch die Leitung *l* und die Düsen *b* in die Lager. Der Wagen bewirkt dies selbsttätig dadurch, daß die Spurkränze im Vorbeifahren die Hebel *k* nach unten drücken. Infolgedessen wird die Welle *i* und der an ihrem Ende, im Zylinder *a* sitzende Konus *h* gedreht. Dieser hat drei Schlitze, *e*, *f*, *g*, die in der Ruhestellung verschlossen sind. Die Schmiere tritt durch *e* in ihn ein und geht durch *f* in die Spritzleitung; bei *g* tritt ein Preßluftstrahl hinzu, der die Schmiere kräftig in die Lager des Wagens hineinjagt.

d) Die Zugförderung.

Um die Förderwagen zu Zügen vereiuigen zu können, sind Kuppelvorrichtungen erforderlich. In erster Reihe werden die Wagen zu diesem Zwecke mit Zugstangen versehen. Sie sind 15—20 mm stark, 90—100 mm

Fig. 72. Kuppelhaken.

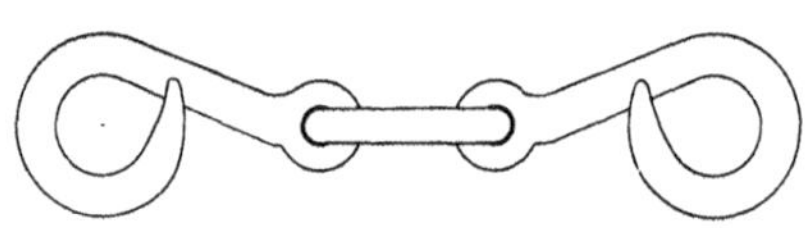
Fig. 73. Kuppelhaken.

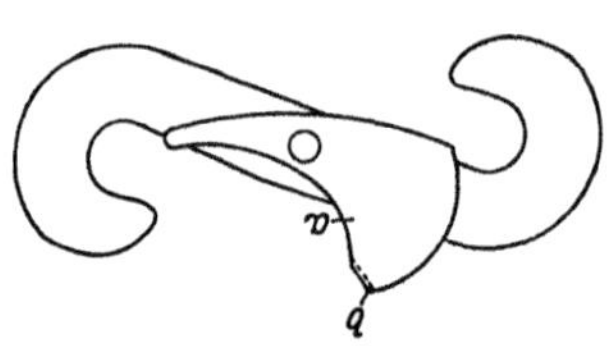

Fig. 74. Kuppelhaken.
(Aus dem „Sammelwerk", Band V.)

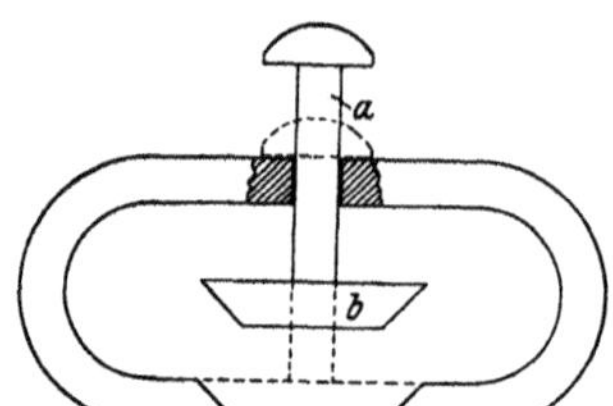

Fig. 75. Kuppelhaken.

breit und werden unter dem Untergestell oder unmittelbar am Wagenboden angebracht. Bei hölzernen Wagen soll die Zugstange unter dem ganzen Kasten durchgehen, damit sich der Zug von einem Wagen auf den anderen nur durch sie überträgt; der Kasten selbst wird dann überhaupt nicht irgend welchen Zugbeanspruchungen ausgesetzt. Besteht der Förderwagen dagegen ganz aus Eisen, so genügen nur kurze Zugstangenstücke an seinen beiden Enden; der Wagenboden ist hier haltbar genug, um den Zug auf den nächsten Wagen übertragen zu können. Endigen die Zugstangen in Haken, so genügen zur Verkuppelung der Wagen kurze Kettenstücke. Es ist jedoch besser, die Zugstangenenden mit Ösen zu versehen. In diese hängt man die beiderseits mit Haken ausgerüsteten Kuppelketten (Fig. 72 und 73). Diese Haken lösen sich sehr leicht aus, namentlich wenn sich die Fördergeschwindigkeit plötzlich verlangsamt. Darum versieht man ihre Enden mit Nasen *a* (Fig. 72), die dies in einfacher und doch sicherer Weise verhüten. Anstatt dessen kann man auch die Hakenöffnungen durch Bügel *b* (Fig. 72 links) verschließen oder Spiralhaken (Fig. 73) verwenden.

Der Sicherheitsknebel von Mathias (Fig. 74) ist mit einer dreieckigen Sperrklinke *a* versehen, deren eine Hälfte schwerer ist und durch ihr Gewicht den Verschluß der Hakenöffnungen bewirkt. In dieser Stellung wird sie durch eine angeschmiedete Nase *b* festgehalten, die sich auf den Mittelschenkel des Hakens auflegt.

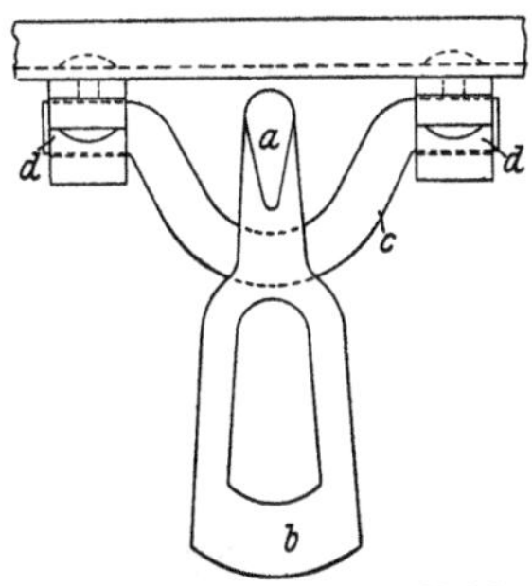

Fig. 76. Kuppelung von Kohlus.

Der in Fig. 75 dargestellte Sicherheitshaken hat einen senkrechten Mittelbolzen *a*, der sich mit dem Riegel *b* auf- und abwärts verschieben läßt.

Weil die losen Kuppelhaken leicht verloren gehen, hat man auch die Förderwagen an beiden Enden der Zugstange mit fest angebrachten, kurzen Kettenstücken versehen, die am freien Ende einen Haken haben. Man hängt den einen Haken in ein Kettenglied des Nachbarwagens ein, dessen Haken

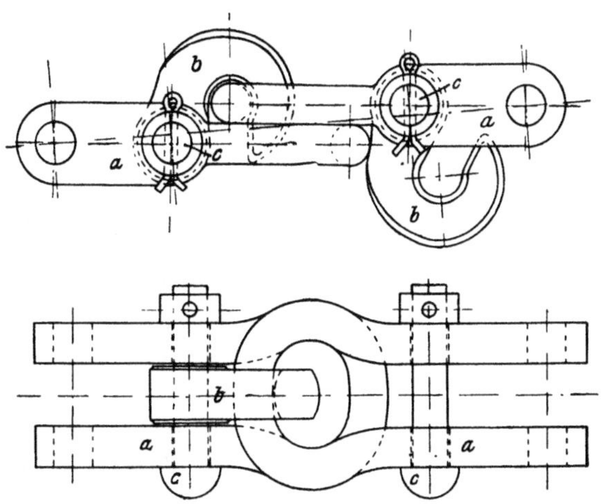

Fig. 77a und b. Kuppelung von Klever.

lose herunterhängen bleibt. Diese festen Kuppelketten dürfen aber nur so lang sein, daß ihr Haken bei Einzelförderung der Wagen nicht an den Lagern des Gestänges hängen bleiben kann.

Die Kuppelung von Kohlus (Fig. 76) besteht aus dem Haken *a*, der mit der Öse *b* aus einem Stücke gefertigt ist. Diese Kuppelglieder hängen drehbar und verschiebbar an dem Bügel *c*, der sich wieder in den Augen *d* drehen kann. Die Hakenspitze ist der Wagenwand zugewendet, bei der Verkuppelung also nach oben gerichtet. Durch die schwerere Öse wird sie nach oben gedrückt, wodurch ein selbsttätiges Lösen vermieden wird. Ein Auseinanderhaken in Krümmungen ist dadurch ausgeschlossen, daß sich die Haken in ihren Bügeln seitlich verschieben können.

Die Kuppelung von Hugo Klever in Dortmund (Fig. 77a und b) besteht aus einem Schäkel *a*, der mit dem Kasten gelenkig verbunden

Fig. 77c. Kuppelung von Klever

ist, und dem Haken *b*, der mittels des Bolzens *c* in ihm drehbar hängt. Fig. 77c zeigt zwei verkuppelte Förderwagen.

Die Sicherheitskuppelung (Fig. 78a und b) von A. Fitzner in Rybna, O.-S., unterscheidet sich von ihr dadurch, daß der Haken *a* und der Schäkel *b* sich gemeinsam um den Bolzen *c* drehen lassen. Außerdem wird hier die Hakenöffnung noch von der Sicherheitsklinke *d* versperrt.

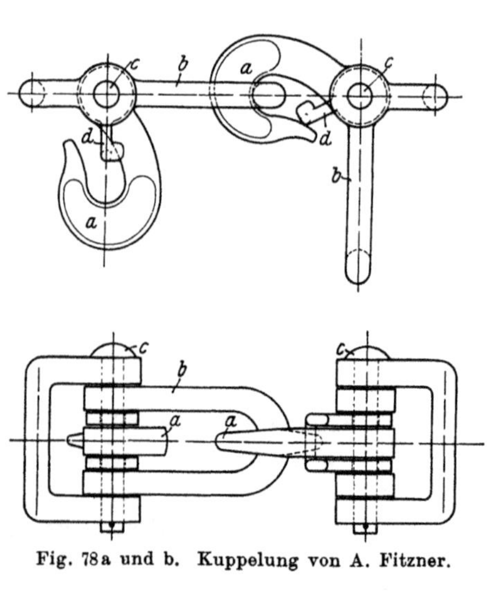

Fig. 78a und b. Kuppelung von A. Fitzner.

Sollte einmal von einem Förderwagen die Kuppelung oder die Zugstange verloren gegangen sein, so kann man ihn trotzdem mit Hilfe der Steckkuppelung (Fig. 79), am besten als letzten, in einen Zug einreihen. Die Steckkuppelung besteht aus zwei passend geformten Haken, die durch eine kurze Kette miteinander verbunden sind. Sie wird in die Stirnwände der beiden Förderwagen eingehängt.

Zwecks Schonung der Pferde und der Wagen hat man letztere auf den Grünschen Eisenerzgruben bei Dillenburg mit federnden Kuppelungen versehen. Diese bestanden aus einer losen, durchgehenden Kuppelstange, zwei Spiralfedern mit Haltern und zwei Führungen aus Winkeleisen.

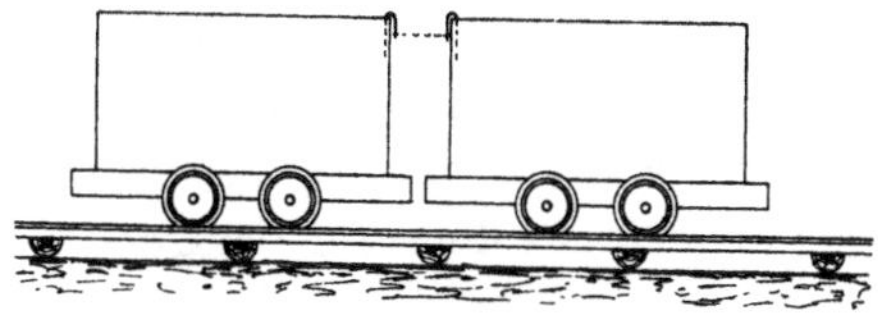

Fig. 79. Steckkuppelung.

Der Pferdeführer soll stets neben oder vor dem Pferde gehen, um ihm die Bahn zu beleuchten, sowie auch, um es an gefährlicheren Stellen an der Halfter zu führen.

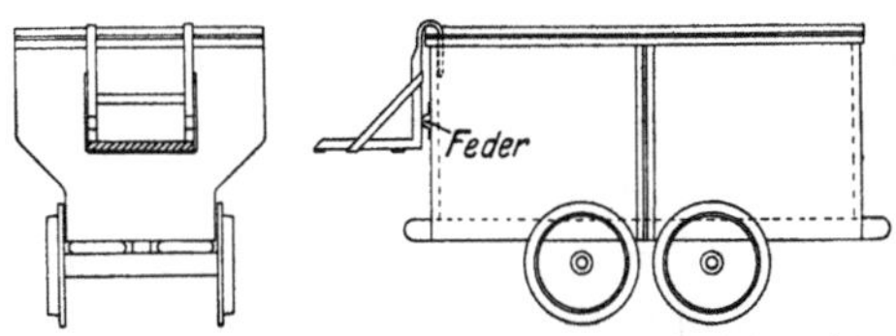

Fig. 80. Anhängbarer Sitz für den Pferdeknecht.

Bei großer Länge der Förderbahn wäre es aber für den Pferdejungen zu ermüdend, wenn er die ganze Schicht hindurch laufen müßte. Darum wird es ihm häufig gestattet, im vordersten Wagen des leeren Zuges zu fahren; das Fahren auf den vollen Fördergefäßen ist dagegen laut Bergpolizeiverordnung verboten. Darum werden ab und zu besondere Führerwagen verwendet, die vorn offen und mit einem Sitze für den Pferdeknecht versehen sind.

Auf Kleophasgrube bei Kattowitz sind statt dessen Sitze in Gebrauch, die in die Vorderwand des ersten Wagens eingehängt werden (Fig. 80).

Um die Kosten der Zugförderung mit Pferden herabzumindern, hat man nach Angaben des Sammelwerks stellenweise in westfälischen Gruben längere Züge von zwei hintereinander gespannten Pferden ziehen lassen. Man ist aber nie über das Versuchsstadium hinausgekommen, obgleich die erzielten Ergebnisse nicht gerade entmutigten.

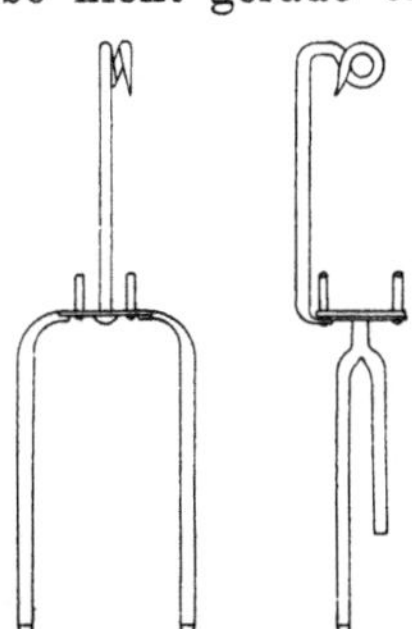

Fig. 81. Gestell für Schlußlampen. (Aus „Vers. u. Verb. im Jahre 1899".)

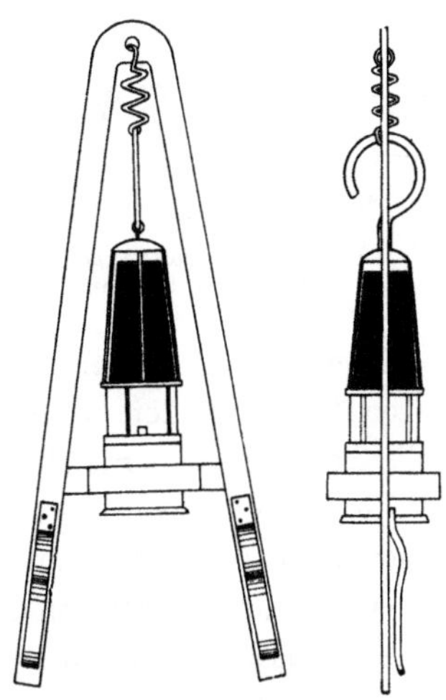

Fig. 82a und b. Gestell für Schlußlampen. (Aus „Glückauf" 1903, Nr. 10.)

Der Schlußwagen eines jeden Zuges muß mit einer brennenden Lampe oder Laterne versehen sein. Der Zweck dieser Maßregel ist, hinterher fahrende Züge vor dem Auffahren auf einen Wagen zu bewahren, der sich während der Fahrt unbemerkt loskuppelte und in der Förderstrecke stehen blieb. Die Lampen sollen immer über dem Kasten hängen, damit das Licht auch von vorn sichtbar ist; der Pferdeführer kann dann ohne weiteres erkennen, ob er noch den ganzen Zug beisammen hat. In den Figuren 81 und 82 a und b sind einige häufiger angewendete Gestelle für derartige Schlußlampen abgebildet.

III. Besondere Wagenarten.

a) Die Kippwagen.

Die Kippwagen werden benutzt, wenn man den Inhalt des Förderwagens entleeren will, ohne diesen selbst umwerfen zu müssen. Ein solcher Wagen (Fig. 84) hat an Stelle der einen Stirnwand oder Seitenwand eine Klappe, die sich um ein am Oberrand angebrachtes Gelenk drehen läßt (Klappenwagen); ein unten angebrachter Riegel greift in den Wagenboden ein und hält den Kasten verschlossen. Bei Wagen von dieser Bauart muß aber der größte Teil ihres Inhaltes herausgekratzt werden, wenn man vermeiden will, den Wagen zu kippen. Die Wagen mit seitlichen Klappen erhalten, um ein selbsttätiges Herausrutschen des Inhaltes zu bewirken, am besten einen nach beiden Seiten hin dachförmig geneigten Boden (Eselsrücken).

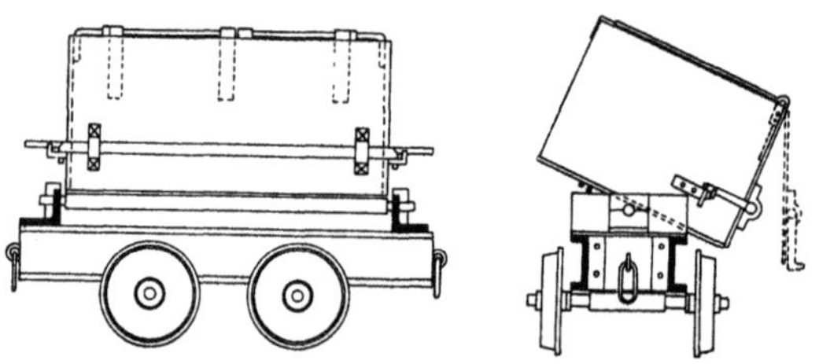

Fig. 83. Klappenwagen (Seitenkipper). (Aus „Versuche und Verbesserungen im Jahre 1904".)

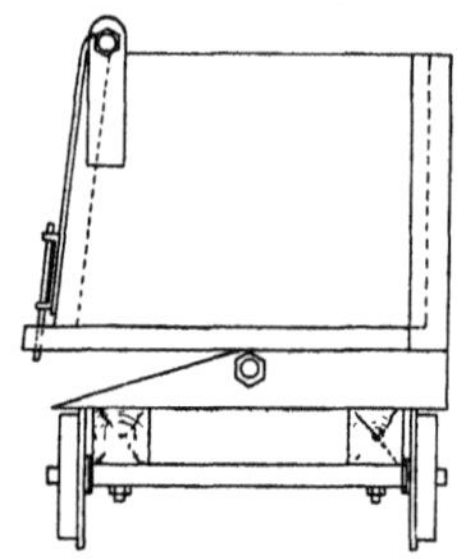

Fig. 84. Klappenwagen (Seitenkipper). (Aus „Sammelwerk", Bd. II.)

Eine andere Ausführungsweise der Klappenwagen wäre, daß der Kasten lose auf dem Untergestelle sitzt und unter dem Boden eine Welle hat, um die er sich kippen läßt (Fig. 83). Zunächst öffnet man nur die Stirnklappe und entfernt dann erst den nicht von selbst herausfallenden Inhalt durch Anheben des Kastens.

Damit der Schwerpunkt tiefer nach unten kommt und der Kasten selbst ein größeres Fassungsvermögen erhalten kann, werden auch ab und zu die Querbäume des Untergestells in der aus Fig. 84 ersichtlichen Weise abgeschrägt.

Die Klappenwagen werden in neuerer Zeit nicht mehr so häufig beim unterirdischen Betriebe verwendet wie früher, wo manchmal sämtliche Förderwagen einer Grube mit Klappen versehen waren. Es rührt dies daher, daß die Klappen nie vollkommen dicht schließen und häufige Ausbesserungen erfordern. Dagegen haben die seitlich kippbaren Muldenwagen weite Verbreitung gefunden. Sie sitzen lose auf ihrem Untergestelle. In der Mittelstellung wird die Mulde durch irgend eine Sperrvorrichtung festgehalten; öffnet man diese und kippt den Kasten etwas zur Seite, so legt er sich selbsttätig um, bis er entleert ist. Eine besondere Hemmvorrichtung verhindert, daß er sich über die zur völligen Entleerung erforderliche Lage bewegt.

Bei dem Muldenkipper (Fig. 85 und 86) wiegt sich die Mulde auf den drei nach oben ausgebogenen Querstegen *a* des Untergestelles. Um sie in der Mittellage zu halten, wird der Bügel *b* über die beiden

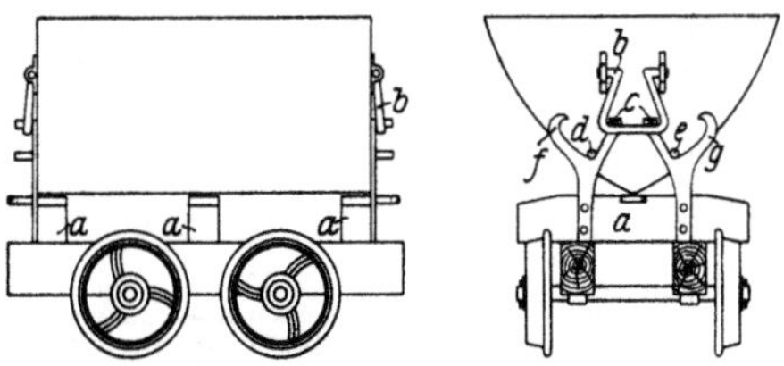

Fig. 85. Muldenkipper.

Fig. 86. Muldenkipper.

inneren Haken *c* geschlagen. Beim Entleeren wälzt sich die Mulde auf dem Untergestelle nach rechts oder links. Vor dem Herunterfallen wird sie dadurch bewahrt, daß sich der Bolzen *d* bzw. *e* in den äußeren Haken *f* bzw. *g* einhängt.

Die Schnabelkipper (Fig. 87) haben einen Kasten, der nach vorn zu in einen sogenannten Schnabel ausläuft, über den die Entleerung vor sich geht. Zu diesem Zweck läßt sich der Kasten um ein vorn angebrachtes Gelenk heben. Vielfach wird auch zwischen dem Kasten

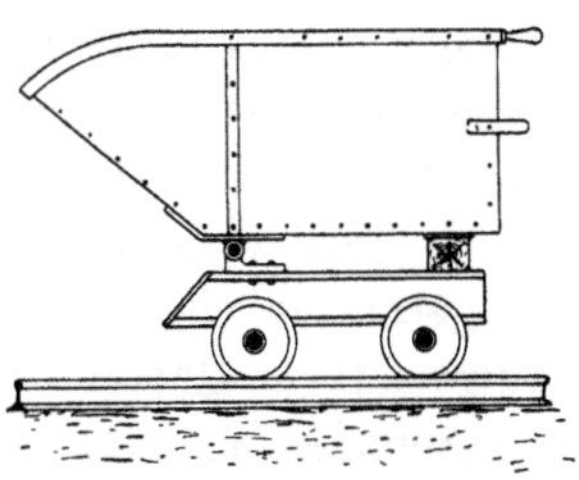

Fig. 87. Schnabelkipper.
(Aus Volk, Geräte und Maschinen zur bergmännischen Förderung.)

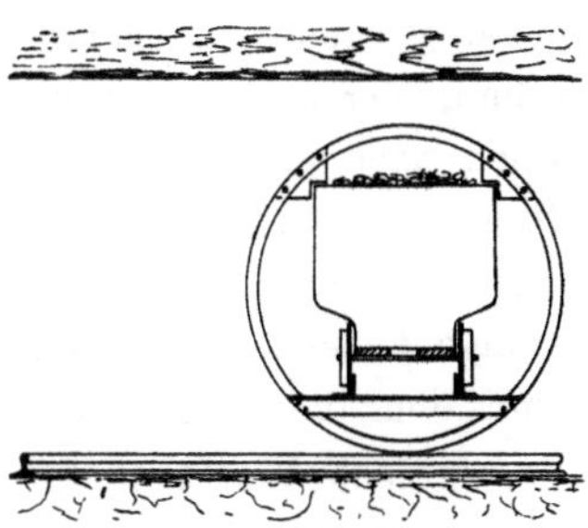

Fig. 88. Rollwipper.

und seinem Untergestell eine Drehscheibe angebracht, so daß man die Entleerung nach jeder Richtung hin vornehmen kann (Drehkipper).

Alle diese Wagen werden ganz besonders auf Gruben verwendet, die viel Bergeversatz haben. Es sind dann besondere Wagen für die Kohlenförderung wie auch für die Herbeischaffung der Berge nötig. In sehr vielen Fällen wäre es aber erwünscht, wenn dieselben Wagen für beide Zwecke verwendbar wären, also mit Bergen gefüllt in den Abbau kämen und von dort mit Kohlen beladen wieder zurückgingen. Weil nun die eben beschriebenen Wagen sich nicht besonders für die Kohlenförderung unter Tage eignen, hat man besondere Vorrichtungen geschaffen, um die gewöhnlichen Förderwagen, die mit Bergen gefüllt im Abbau ankommen, bequem umkippen zu können.

Auf Grube Heinitz im Saarreviere werden die Wagen auf gewöhnliche Wipper (Fig. 88) aufgeschoben; diese lassen sich auf untergelegten Winkeleisen nach der

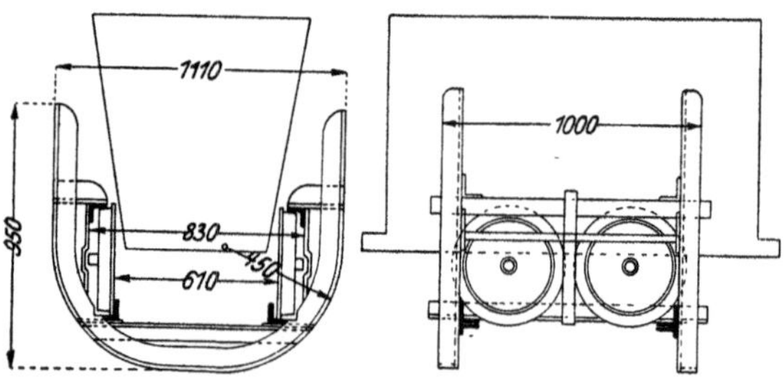

Fig. 89a und b. Wipper von Glaser.
(Aus „Versuche und Verbesserungen im Jahre 1901".)

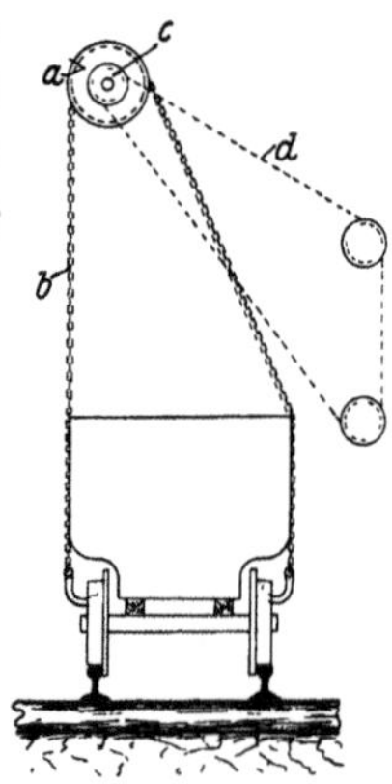

Fig. 90. Kippvorrichtung von Boeke.

Bergerutsche hinrollen (Rollwipper). Hier werden sie dadurch angehalten, daß die Winkeleisen nach oben umgebogen sind.

Auf Grube Brefeld im selben Bezirke ist der in Fig. 89a und b dargestellte Wipper von Glaser in Gebrauch.

Die Kippvorrichtung von Boeke, D.R.P. 165889 (Fig. 90), hat zwei über Rollen *a* geführte Ketten *b*, die mit ihren Endhaken in die Wagenräder oder in besondere Ösen eingehakt werden. Auf derselben Welle mit den Rollen *a* sitzen die Kettenrollen *c*. Sie werden durch die endlosen Ketten *d* je nach deren Bewegungsrichtung in Rechts- oder Linksdrehung versetzt und bringen vermittels der Ketten *a* den Wagen zum Kippen nach der einen bzw. der anderen Seite. Zum Ingangsetzen der Ketten dienen zwei übereinanderstehende Druckwasserzylinder (in der Abbildung nicht gezeichnet), deren Plungerkolben eine gemeinsame Kolbenstange haben. An dieser Kolbenstange ist ein Querstück angebracht, mit dem die beiden Ketten *d* fest verbunden sind.

Eine einfache Vorrichtung, die das Wagenkippen erleichtert, ist der Schienenaufsatz „Westfalia" von der Maschinenfabrik Westfalia in

Gelsenkirchen. Dieser Aufsatz *a* (Fig. 91) ist etwa 100 mm hoch und 2300 mm lang; er wird mittels der Klammern *b* und Keile *c* auf der einen Schiene befestigt. Der Wagen steht also an dieser Stelle schräg und kann leicht umgeworfen werden. Auch bei Wagen mit Seitenklappen ist der Schienenaufsatz vorteilhaft, weil dann der Inhalt besser herausrutscht.

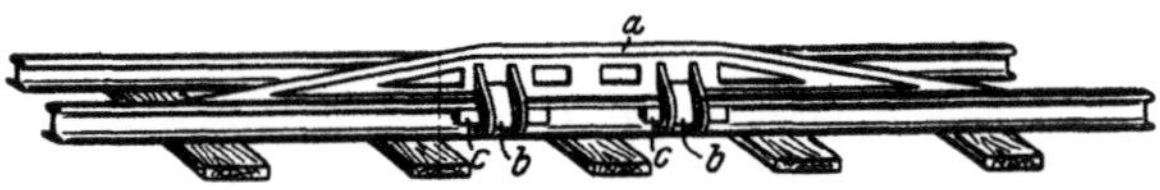

Fig. 91. Schienenaufsatz „Westfalia“.

b) Die Holzfahrerwagen.

Die gewöhnlichen Holzfahrerwagen (Fig. 92 a und b) haben dasselbe Untergestell wie die Förderwagen der betreffenden Grube. Auf diesem sind zwei Bügel *a* und *b* angebracht, um das aufgeladene Holz festzuhalten. Oben sind beide Bügelarme mit Ösen versehen; durch diese werden als Verlängerung der Arme noch Holzscheite gesteckt, wenn der Wagen einmal höher mit Holz beladen werden soll. Um das Entladen zu beschleunigen, können die Arme unten Gelenke besitzen, um die man sie nur nach außen zu klappen braucht.

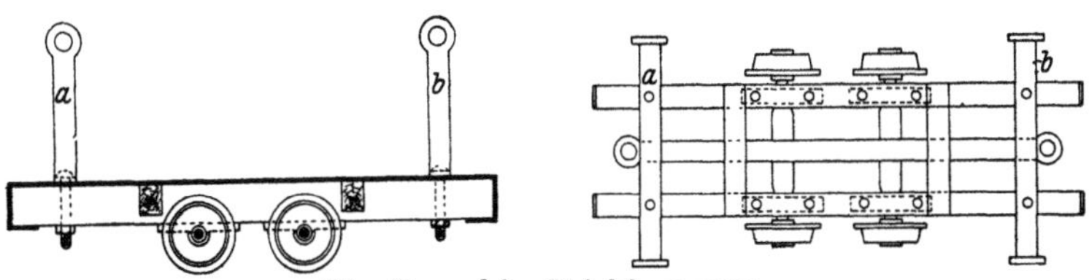

Fig. 92 a und b. Holzfahrerwagen.

Bei der Beförderung langer Hölzer bereitet das Durchfahren von scharfen Krümmungen Schwierigkeiten. Der Wagen muß an diesen Stellen stets nach vorn oder hinten gekippt werden, läuft also nur auf einem Räderpaare. Dies wird dadurch umgangen, daß die beiden Bügel auf eine Drehscheibe aufgesetzt werden; diese ruht auf einer ebenso großen Unterlagsscheibe auf, die mit dem Untergestelle fest verbunden ist. Bei der Holzbeförderung in gerader Strecke wird durch beide Scheiben ein Bolzen gesteckt, um eine zufällige Drehung zu verhindern.

Auf langen Bremsbergen wird der Holzwagen an einen hinaufgehenden leeren Zug angehängt. Es ist gut, für diesen Zweck einen besonderen Wagen mit großem Radstande (bis zu 2 m) zu verwenden, weil die gewöhnlichen Holzfahrerwagen sehr leicht überkippen.

Dritter Teil.

Die rutschende Förderung nebst verwandten Förderverfahren.

Benutzte Literatur.

A. Gerke, Umwälzungen auf dem Gebiete der Förderung in Bremsbergen und Abbaustrecken durch Einführung von Schüttelrinnen auf Grube Rheinpreußen bei Homberg am Rhein. „Oberschlesische Zeitschrift" 1907, Heft 12.

Grubenförderung mittels Micley-Conveyor. „Berg- und hüttenmännische Rundschau" 1907 (IV. Jahrgang), Nr. 6.

Fördereinrichtungen vor Ort auf englischen und amerikanischen Steinkohlengruben. „Glückauf" 1907, Nr. 9.

Die rutschende Förderung findet bei steilerer Neigung der Förderbahn häufige Anwendung. Zur Fortschaffung des Fördergutes dienen bei einem Einfallen bis zu 40—45° die Rutschen, darüber hinaus die Rollen (= Rollöcher).

A. Die Rutschen und Förderbänder.

In ihrer einfachsten Form bestehen die Rutschen aus Holz. Sie erhalten also einen aus Bohlen bestehenden Boden nebst zwei senkrechten Seitenwänden. Diese werden durch einige Spreizen versteift.

Haltbarer sind die aus Eisenblech gefertigten Rutschen. Solche von der Firma Würfel & Neuhaus in Bochum hergestellten Rutschen (Fig. 93) haben halbkreisförmigen, bei Flözen von geringer Mächtigkeit halbelliptischen Querschnitt und sind ebenfalls oben offen. Durch besondere Seiten- und Querverstärkungen aus Winkeleisen ist ihre Dauerhaftigkeit wesentlich erhöht.

Das Hauptverwendungsgebiet dieser Rutschen sind die Abbauörter; ferner gebraucht man sie auch beim Vortriebe schwebender Strecken, sowie auch um das Fördergut über einen Sprung hinweg zu bringen. Die einzelnen Rutschenbleche von etwa 2 m Länge werden der Länge nach aneinandergereiht und übergreifen sich dachziegelartig. Das untere Ende der Rutsche wird so eingerichtet, daß das Fördergut unmittelbar in den untergefahrenen Wagen gelangt.

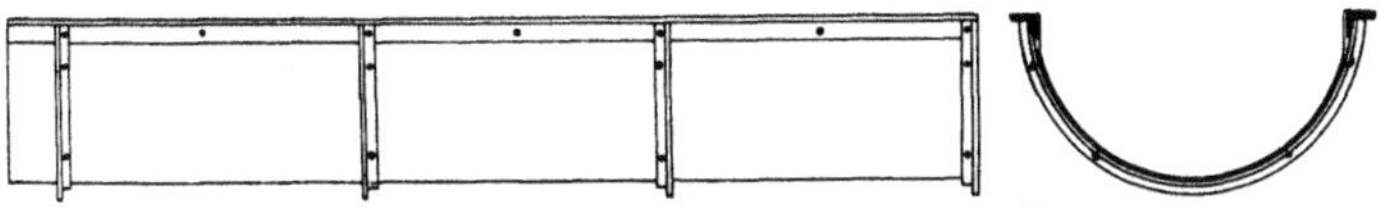

Fig. 93. **Rutsche von Würfel & Neuhaus.**

Bei einer Neigung von 25—35 ⁰ erfolgt das Abrutschen selbsttätig. Bei nur 10—25 ⁰ Fallen muß die Beförderung in ihnen mit Kratzen oder anderen Gezähestücken oder dadurch bewirkt werden, daß der Arbeiter sich in die Rutsche setzt und das Gut mit den Füßen vor sich her stößt. Steigt die Neigung über 35 ⁰, so verwendet man gerippte Rutschen, welche die Abwärtsbewegung der losen Massen verlangsamen sollen.

Über 45 ⁰ hinaus kommen geschlossene Rutschen (Rollöcher) zur Anwendung.

Nach dem D.R.P. 87 573 der Gewerkschaft Morgenstern zu Reinsdorf läuft in der Rutsche eine endlose Kette, die vom Schlepper mittels einer Kurbelvorrichtung in Gang gesetzt wird. Sie schafft bei zu geringer Flözneigung die Kohle abwärts und hemmt bei zu steiler Flözlagerung ihre Geschwindigkeit.

Dieser Fördereinrichtung entspricht genau der Blackett-Conveyor. Er besteht aus einer $^1/_2$ m breiten und $^1/_4$ m hohen Blechrinne, die 80—100 m lang sein kann. In ihr läuft eine endlose Gelenkkette mit pflugartigen Seitenflügeln, die durch einen unter dem Ausgußende der Rinne stehenden Preßluft- oder Elektromotor in Gang gesetzt wird. Für 100 m Länge und 30 t stündliche Leistung reichen 6 bis 10 PS aus.

Auf den Kons. Fürstensteiner Gruben bei Waldenburg sowie auf Zeche Crone, B.-R. Dortmund I, haben pendelnd an Ketten aufgehängte Rutschen (Schwingrutschen) zu guten Ergebnissen geführt (Fig. 94).

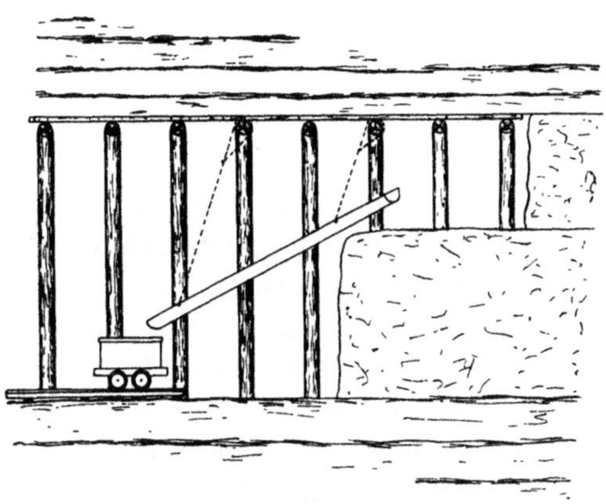

Fig. 94. **Schwingrutsche.**
(Aus „Vers. u. Verb. i. J. 1904“.)

Sie wurden mittels besonderer Handgriffe vom Schlepper in hin- und hergehende Bewegung versetzt, so daß die Kohle durch die kräftigen Stöße ins Gleiten gebracht wurde.

Auf Grube Marcinelle-Nord in Belgien wird eine in ähnlicher Weise mittels Ketten an der Firste angehängte Rutsche durch einen kleinen Preßluftmotor in schwingende Bewegung versetzt. Jedesmal am Ende einer Vorwärtsbewegung stößt die Rinne an einen Anschlag, wodurch

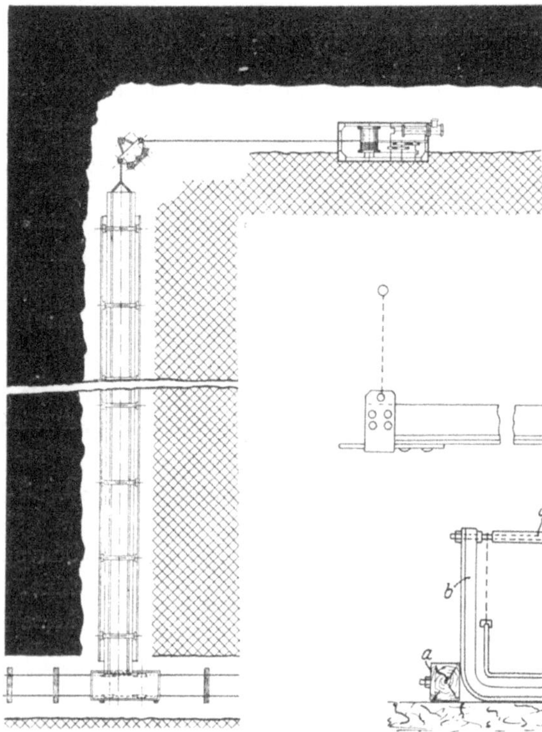

Fig. 96.

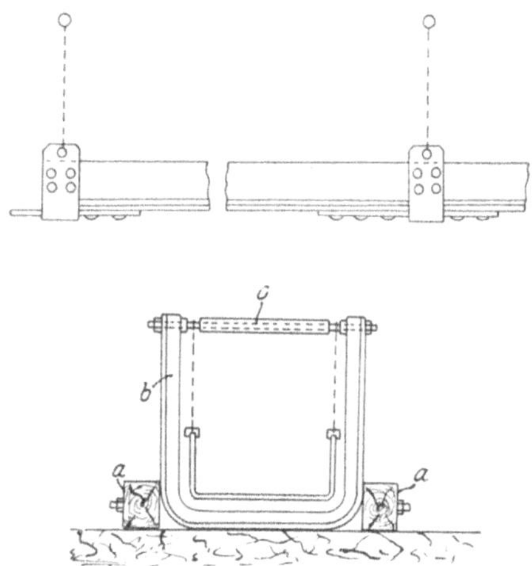

Fig. 95 a und b.

Schwingrutschen von Hinselmann.

(Aus „Oberschles. Zeitschrift" 1907.)

das Fördergut eine Wurfbewegung erhält. Diese Einrichtung wird auch zur Aufwärtsförderung, namentlich von Versatzbergen, verwendet.

Auf Grube Rheinpreußen bei Homberg sind die Hinselmannschen Schwingrutschen, gebaut von der Maschinenfabrik E. Meyer in Duisburg-Großenbaum, eingeführt. Diese Rutschen (Fig. 95 a und b), deren Länge anfangs zu 60, später bis zu 90 m gewählt wurde, sind mittels Ketten oder dergleichen an einem besonderen Gestell aufgehängt. Dieses wird von zwei Längsbalken *a* gebildet, an denen alle 2 m ein Bügel *b* aus Flacheisen befestigt ist; oben sind Querstangen *c* zum Aufhängen der Rutschen durchgesteckt. Das Verschieben einer Rutsche von 100 m Länge entsprechend dem Vorrücken des Ortsstoßes, beansprucht die Zeit von $3^1/_2$—4 Stunden. Der oberhalb der Rutsche stehende Antriebsmotor (Fig. 96) braucht nur alle 2—3 Monate versetzt zu werden; seine Kraft wird durch ein über Rollen geführtes Seil und ein Kreuz auf die Rutsche übertragen.

Die wesentlichsten Vorteile der im Strebbau verwendeten Schwingrutschen sind unter anderem folgende:

1. Die produktive Arbeitsleistung erhöht sich um $33^1/_3$ %;
2. die Kohlengewinnung stellt sich um etwa 25 % billiger;
3. Fortfall von Bremsbergen und Teilstrecken im weitesten Maße;
4. Erleichterung der Aufsicht.

Ein mit den Rutschen verbundener Übelstand ist, daß die Kohlen- und Bergemassen ein solches Gepolter verursachen, daß warnende Geräusche vor einem Stein- oder Kohlenfall leicht überhört werden.

Fig. 97. Förderband. (Aus „Versuche und Verbesserungen im Jahre 1903".)

Auf der Zeche Schlägel und Eisen III/IV im B.-R. Ost-Recklinghausen stehen bei Neigungen von 10—20° Förderbänder in Gebrauch. Ein solches Band *a* (Fig. 97) wird durch einen Vorgelegehaspel *b* angetrieben. Es läuft über eine größere Anzahl von Tragerollen *c* und um eine Gegenwelle *d* mit Spannvorrichtung *e*. Das leer zurückkehrende Band wird von ebensovielen Tragerollen *f* unterstützt. Bei 20° Einfallen läuft das beladene Band fast von allein; bei 10° genügt ein Mann zum Antriebe.

B. Die Rollöcher.

Die Rollöcher werden angewendet, wenn der Neigungswinkel der Förderbahn über 45° beträgt.

Der Ausbau einer Förderrolle besteht aus Holz, Mauerung oder Eisen.

Die hölzernen Rollen (Fig. 98) werden mit Bohlen oder besser noch mit Halbholz ausgekleidet, dessen Kanten beschlagen sind; die Wölbung des Halbholzes ist nach innen gerichtet.

Gemauerte Rollen werden meistens in trockener Bergemauerung hergestellt; die Steine werden zu diesem Zwecke keilförmig zugehauen. Sie werden z. B. beim Firstenbau im Versatz offen gehalten.

Neuerdings gewinnt die Eisenauskleidung immer weitere Verbreitung. Es werden hierzu schmiedeeiserne, seltener gußeiserne Röhren verwendet. Recht billig stellen sich Rollen aus alten Kesselflammrohren.

Fig. 98. Hölzerne Rolle.

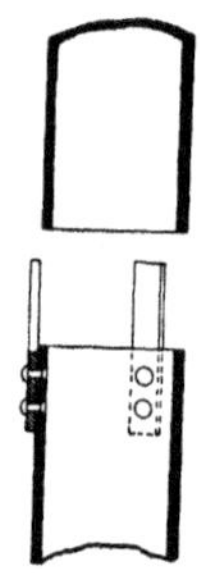

Fig. 99. Eiserne Rolle mit Haltern.

Die einzelnen Röhren werden stumpf aufeinander gesetzt. Um seitliche Verschiebungen zu vermeiden, erhält jede Röhre am oberen Ende drei bis vier Halter (Fig. 99) angenietet.

Die lichte Weite einer Rolle soll nicht unter 450 mm betragen, weil sich sonst das Fördergut in ihr zu leicht festsackt. Dieses Festsacken ist zum Teil nur eine Folge von zu geringer Neigung, kommt aber auch vor, wenn das Fördergut zu grobstückig oder zu naß und schmantig ist. Diese Verstopfungen sucht man dadurch zu verhüten, daß die Rollen alsdann eine lichte Weite von etwa 1 m erhalten. Ist dies nicht möglich, so sucht man solche Störungen auf verschiedene Weise zu beheben. So läßt man z. B. durch die Rolle Ketten gehen, die man im Falle einer Verstopfung mittels Hebeln in Bewegung setzt. Auch bohrt man in bestimmten Abständen Löcher in die Auskleidung, um gegebenenfalls dünne Stangen (Bohrstangen) durchzustecken und die Versackung zu beseitigen. Ferner überdeckt man die Stürzöffnung der Rolle durch ein Gitter aus alten Grubenschienen oder dergleichen; dadurch wird gleichzeitig die Belegschaft vor Schaden bewahrt.

Das untere Ende einer Rolle kann offen oder durch einen Schieber verschlossen sein. Im ersteren Falle sammelt sich das Fördergut auf der Streckensohle unter der Rollochsöffnung an und muß von da aus in die Förderwagen eingefüllt werden. Will man dies vermeiden, so darf nur gestürzt werden, wenn ein Wagen unter der Rolle steht. Derartige Rollen dürfen nicht in der Firste der Förderstrecke münden, um Verunglückungen vorzubeugen; sie werden so angelegt, daß sie im Streckenstoße stehen (Fig. 100), oder besser noch, daß sie ein besonderes von dieser Strecke ausgehendes Füllort haben (Fig. 101).

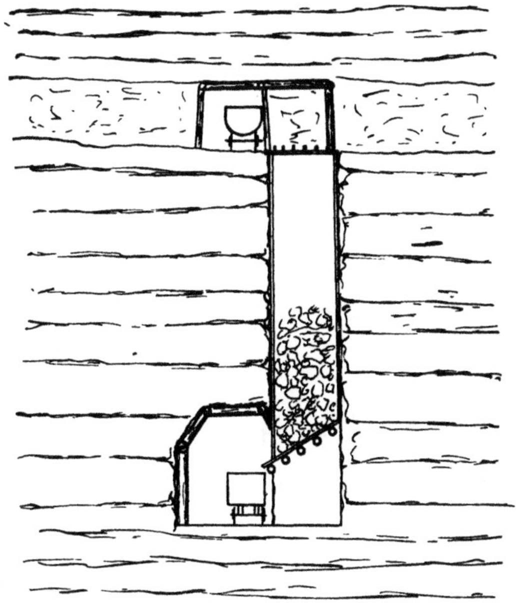

Fig. 100. Rolloch im Streckenstoße.

Rollen, die unten mit einem Verschlusse versehen sind, werden am besten gefüllt gehalten. Dies gilt namentlich für die hölzernen, die, wenn leer, durch die hinunterpolternden Massen zu schnell durchgeschlagen werden.

Einer der einfachsten Rollenverschlüsse besteht nach Köhler aus einigen Pfählen, die nach Art von Getriebepfählen in einem Schlitze geführt werden und nach Bedarf einzeln oder zu mehreren von der Rollochsöffnung weggezogen werden.

Wirksamer und sicherer ist als Verschluß ein Schieber, der mit Hilfe eines zweiarmigen Hebels gehoben und gesenkt werden kann. Der Schieber bewegt sich in geradliniger Richtung; der Angriffspunkt des Hebels aber

Fig. 101. Rolloch mit Füllort.

schwingt auf einem Kreisbogen. Darum wird der Hebel an der Firste mittels eines Bolzens aufgehängt, der zwei Gelenke *a* und *b* (Fig. 102)

Fig. 102. Schieberverschluß.

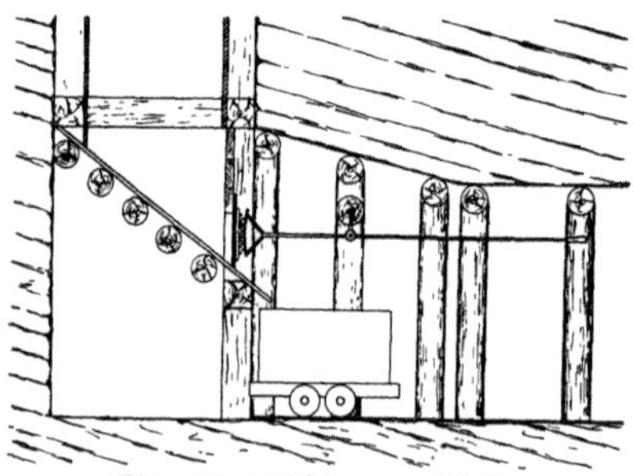

Fig. 103. Schieberverschluß.

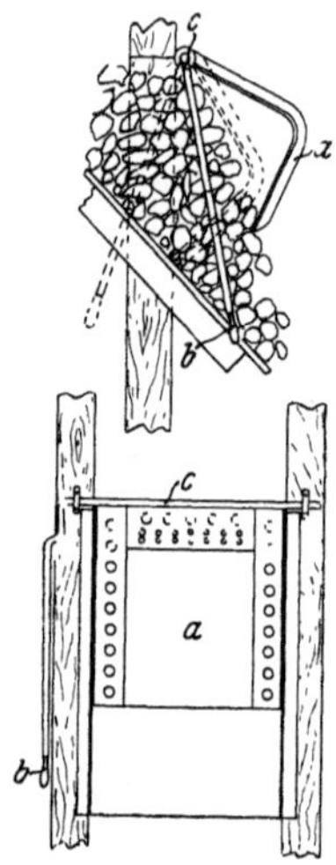

Fig. 104. Klappenverschluß.
(Aus „Vers. u. Verb. i. J. 1891".)

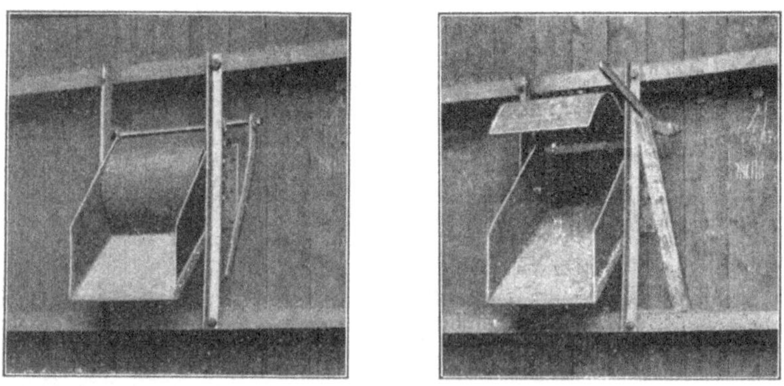

Fig. 105 a und b. Klappenverschluß.

hat, oder man versieht den Schieber mit einer kurzen Zahnstange (Fig. 103), den Hebel mit einem Zahnradsegmente.

An einem Bergerolloche der Kons. Fürstensteiner Gruben bei Waldenburg hatte man als Verschluß eine im rechten Winkel gebogene Klappe *a* (Fig. 104 und 105 a und b) angebracht. Sie ließ sich mit Hilfe eines Hebels *b* um das Gelenk *c* drehen und bewirkte das Schließen des Trichters leichter als ein einfacher Schieber.

Um mehrere in verschiedener Höhe übereinander bauende Örter in dieselbe Rolle fördern zu lassen, hat man auf Schacht IV der Zeche Ver. Constantin der Große, B.-R. Nord-Bochum, die Blechrutschen an

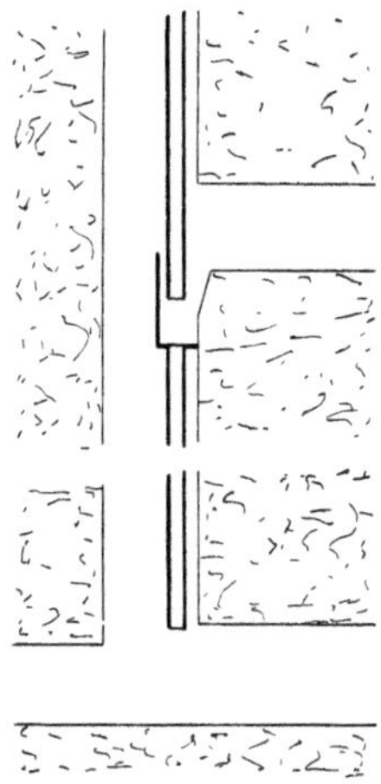

Fig. 106. Rolle mit Ladetasche.

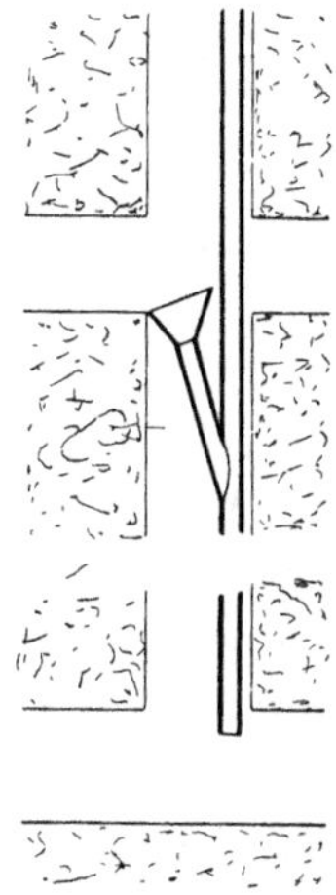

Fig. 107. Rolle mit Fülltrichter.

den betreffenden Zwischenfüllörtern durch Ladetaschen unterbrochen (Fig. 106). Eine ähnliche Einrichtung von Zeche Westhausen zeigt Fig. 107.

C. Die Teckelförderung.

Die Teckel sind den Mansfelder Räderhunten sehr ähnliche Fördergefäße. Sie sind in Deutschland auf einigen Kohlengruben versuchsweise im Strebbau in Gebrauch genommen worden. Es scheint aber, als ob die Förderung mit Schwingrutschen oder Förderbändern vorteilhafter ist. Auf Praudhoe-Grube der Micley-Coal-Cy sind solche Teckel eingeführt, die einen trapezförmigen Kasten aus dünnem Eisenblech besitzen; die obere Länge des Kastens beträgt 2,30 m, die untere 2,10 m, die Breite 0,85 m; auf der dem Ortsstoße zugekehrten Seite ist der Kasten 17,5 cm, auf der anderen 27,5 cm hoch; dadurch wird das Füllen erleichtert. Im Boden befinden sich zwei Schieber, um den Teckel in einen darunter stehenden Förderwagen entleeren zu können. Das Gestänge, auf dem der Teckel dem Arbeitsstoße entlangläuft, überbrückt nämlich die Förderstrecken, in denen die englischen Förderwagen verkehren (Fig. 108).

Der Teckel oder Micley-Conveyor, wie er allgemein nach der oben genannten Verwaltung genannt wird, ist in ein endloses Seil eingeschaltet.

Dieses läuft $1^1/_2$ mal über eine Antriebscheibe von 45 cm Durchmesser und mit $^1/_2$ Umschlingung über eine Endscheibe von 25 cm Durchmesser; beide Scheiben sind senkrecht an Bohrmaschinen-Spannsäulen befestigt. An der einen Speiche der Treibscheibe ist eine Kurbel angebracht, mit deren Hilfe ein Junge die Förderung betreibt.

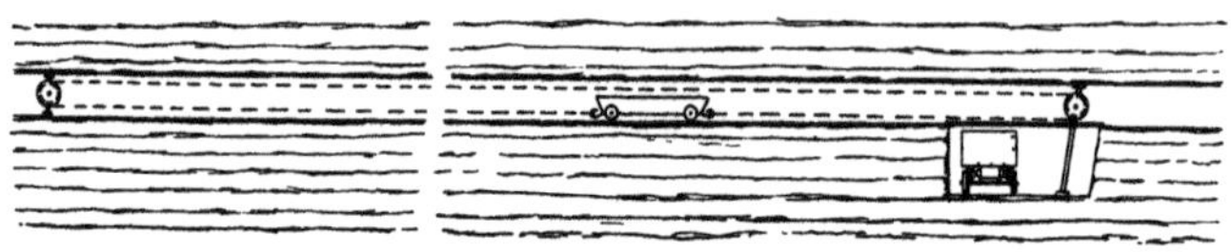

Fig. 108. Micley-Conveyor. (Aus „Berg- und hüttenmännische Rundschau" 1907, Nr. 6.)

Die stündliche Förderleistung beträgt 5 t. Die Gewinnungskosten sind von 1,19 Mk. je 1 t auf 0,51 Mk. je 1 t zurückgegangen.

Die Vorteile dieser Teckelförderung sind, daß die ganze Anlage auf der Grube selbst hergestellt werden kann, und daß alle Teilstrecken für die Förderung vom Ort zur Förderstrecke fortfallen.

Die wesentlichsten Nachteile sind:

1. daß immer nur zwei Häuer zu gleicher Zeit fördern können, die übrigen aber warten müssen;
2. daß sich also dieses Verfahren nicht für konzentrierten Betrieb eignet;
3. daß das Hangende gut und die Lagerung flach sein muß;
4. das Umfüllen der Kohle.

Auf verschiedenen Schachtanlagen der Mansfelder Kupferschieferbauenden Gewerkschaft zu Eisleben ist das mühselige Trecken der Strebhunte in ähnlicher Weise durch eine mechanische Förderung ersetzt worden. In den Strebfahrten läuft ein endloses, mittels Handkurbel bewegtes Seil; an dieses werden die Hunte mit kurzen Kuppelkettchen angeschlagen.

Auf Zeche Schlägel und Eisen III/IV sind Teckel aus Blechrutschen hergestellt worden. Man versah letztere nämlich mit hölzernen Rädern, die durch einen Blechbeschlag haltbarer gemacht worden waren. Zum Entleeren dient ein an dem einen Kopfende angebrachter Schieber. Das Aufziehen besorgt ein Mann an einem Seile, das beim Hinunterlassen um einen Stempel geschlungen wird und auf diese Weise eine Bremse ersetzt.

Vierter Teil.

Die Förderbahn.

Benutzte Literatur.

Brosius und Koch, Der äußere Eisenbahnbetrieb, III. Band. „Bau und Unterhaltung der Eisenbahnen".

Susemihl-Schubert, Das Eisenbahnbauwesen.

Leuschner, Eisenschwellen und Zementstampfbetonplatten. „Kohle und Erz 1906, Nr. 6.

F. Schulte, Die Grubenbahnen.

Wicke, Die Anwendbarkeit der verstellbaren Drehscheibe für Bahnen von verschiedener Neigung (Pat. Best) beim Steinkohlenbergbau. „Bergbau" 1900/01 (XIV. Jahrg.), Nr. 27, 28.

Nur in seltenen Fällen und zwar bei Verwendung der einfachsten Fördergefäße dient die blanke Streckensohle als Förderbahn. Diese ist aber häufig nicht fest genug und muß darum mit Laufbohlen belegt werden. Diese Laufbohlen wurden bei Verwendung von vierrädrigen Fördergefäßen paarweise nebeneinander gelegt und wohl auch mit Spurlatten versehen, um ein Entgleisen zu verhüten.

Im Laufe der Zeit entwickelte sich hieraus zunächst das hölzerne und später das eiserne Gestänge.

An jeder Schienenbahn hat man den Oberbau und den Unterbau zu unterscheiden. Der erstere besteht aus den Schienen mit ihren Unterlagen (Schwellen, Lagern), den erforderlichen Befestigungsmitteln zu ihrer Verbindung und wohl auch noch der Bettung. Der Unterbau hat den Oberbau zu tragen; er wird im Bergwerksbetriebe fast durchweg von der Streckensohle gebildet, braucht also nicht besonders hergestellt zu werden.

Der Oberbau kann ein solcher mit Langschwellen oder mit Querschwellen sein. Schließlich können die Schienen auch noch unmittelbar in die Bettung gelagert oder aber auf Einzelunterlagen befestigt werden. Der Querschwellenoberbau ist der am meisten verbreitete.

A. Das hölzerne Gestänge.

Die ältesten hölzernen Förderbahnen hatten Langschwellenoberbau. Das Gestänge bestand aus den Straßbäumen *a* (Fig. 109) von Buchenholz mit einem Querschnitt von 120 × 150 mm und den in Abständen von 1,20 m verlegten Querhölzern *b*. Die Straßbäume wurden in die Lager eingelassen und mit ihnen durch Holzpflöcke oder Keile (Fig. 110) verbunden. Dieses Gestänge erhielt eine feste Kiesbettung und wurde deutsches Gestänge genannt. Um die Langschwellen vor Abnützung zu bewahren, benagelte man sie mit Bohlen. Das Spurhalten wurde durch Spurlatten erleichtert (Fig. 111). Bei größerer Spurweite der Förderwagen brachte man diese an den Innenseiten der Straßbäume an, um einem Verschmutzen der Bahn durch die Stiefel der Förderleute vorzubeugen; sonst liefen die Räder zwischen den Spurleisten.

Fig. 109. Hölzernes Gestänge.

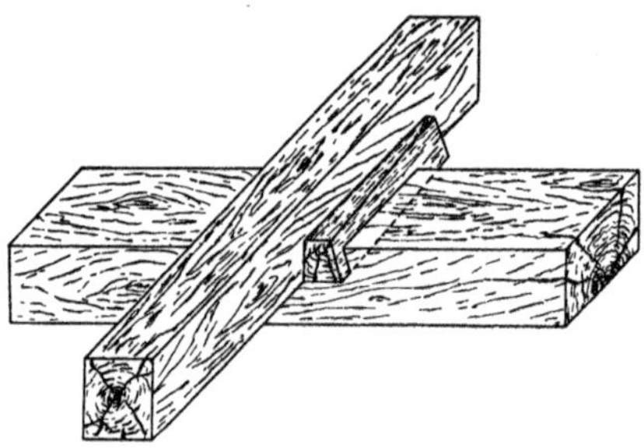
Fig. 110. Befestigung eines Laufpfostens.

Fig. 111. Deutsches Gestänge.

Eine Verbesserung dieser deutschen Förderbahn war dadurch gegeben, daß man die Laufpfosten mit eisernen Winkelschienen benagelte; sie gaben der Bahn eine größere Festigkeit und dienten gleichzeitig als Ersatz für die Spurlatten. Dies war auch gleichzeitig der erste Anstoß zur Verlegung von eisernem Gestänge.

B. Das eiserne Gestänge.

Die ersten eisernen Förderbahnen waren nach dem Langschwellensystem gebaut, d. h. die eisernen Schienen lagen mit ihrer ganzen Länge auf hölzernen Langschwellen auf, die wiederum in gleichmäßigen Abständen von Querschwellen getragen wurden. Das Langschwellensystem erforderte also ziemlich viel Holz; dagegen konnten die eisernen Schienen verhältnismäßig schwach und leicht sein. Das Querschwellensystem erfordert stärkere Schienen, weil sie sich sonst unter der Förderlast zu stark durchbiegen würden.

I. Die Schienen.

Von den verschiedenen Schienenformen, die sich im Laufe der Zeit herausbildeten und sowohl im Eisenbahnbetriebe als auch im Bergbau Verwendung fanden, sind zu nennen: die Hochkantschiene, die Doppelkopfschiene (Klumpfußschiene) und die Breitfußschiene (Flügelschiene, Vignolschiene).

Die Hochkantschiene (Fig. 112) hat länglich-rechteckigen Querschnitt und wird mit Hilfe von Keilen in den Lagern befestigt, ähnlich wie die Laufpfosten beim hölzernen Gestänge. Sie hat den Nachteil, daß sie sich schnell in die Laufkränze der Wagenräder einschneidet, weil sie ihnen eine nur schmale Auflagefläche bietet.

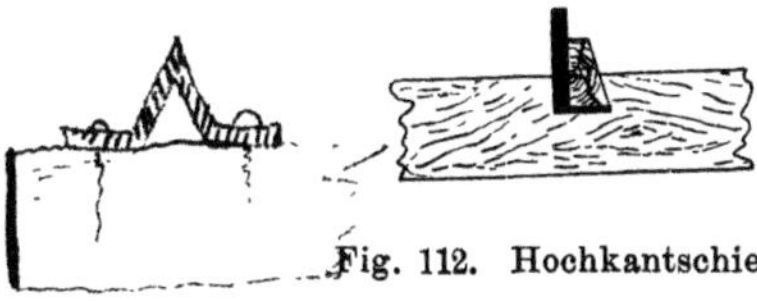

Fig. 112. Hochkantschiene.

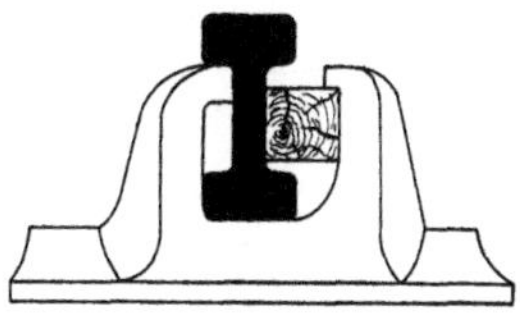

Fig. 113. Doppelkopfschiene mit Stuhl.
(Aus Brosius u. Koch, Der äußere Eisenbahnbetrieb.)

Die Doppelkopfschiene (Fig. 113) gehört zu den sogenannten Stuhlschienen, d. h. sie wird nicht auf Schwellen, sondern mittels Holzkeilen in besonderen gußeisernen Stühlen befestigt; diese wiederum werden auf hölzernen Querschwellen oder auch auf Steinwürfeln angebracht. Die Voraussetzung, daß man nach Abnutzung des einen Kopfes die Schiene umdrehen und weiter gebrauchen könnte, hat sich nicht voll erfüllt. Der abgenutzte Kopf läßt sich in den Stühlen nicht mehr sicher genug befestigen.

Die Breitfußschienen werden nach Ch. Vignoles, der sie aus Amerika in Europa einführte, auch Vignolschienen genannt. Ihre Querschnittsform gewährt ihnen trotz geringen Schienengewichtes eine große Tragfähigkeit.

Man unterscheidet an einer solchen Schiene (Fig. 114) den Kopf *a*, den Steg *b* und den Fuß *c*. Der Kopf ist den Stößen am meisten ausgesetzt und muß auch der Abnutzung möglichst lange widerstehen. Er muß daher aus hartem und widerstandsfähigem Material (Stahl) bestehen. Der Fuß wird aus zähem, sehnigem Material (Schmiedeeisen) angefertigt, weil er die größten Zugbeanspruchungen auszuhalten hat; diese ergeben sich bei jeder Durchbiegung des zwischen zwei Lagern schwebenden Schienenstückes unter der darüber wegfahrenden Last.

An den Steg werden die geringsten Anforderungen gestellt, weil er nur die Verbindung zwischen Kopf und Fuß hergibt. Die Herstellung der Schienen aus diesen verschiedenen Materialien ist aber sehr umständlich und schwierig. Darum verfertigt man neuerdings die Schienen in ihrem ganzen Querschnitte aus Stahl. Diese sind nur unerheblich teurer, aber weit widerstandsfähiger.

Wegen der größeren Festigkeit können Stahlschienen um 20—25 % leichter als Schmiedeeisenschienen sein.

Stahlschienen dürfen nicht geworfen, auch im Gestänge nie durch Hammerschläge ausgerichtet werden, weil das Material durch Stöße sein Gefüge ändert und spröder wird. Aus demselben Grunde sind die Löcher für die Laschenbolzen auszubohren, anstatt auszustanzen.

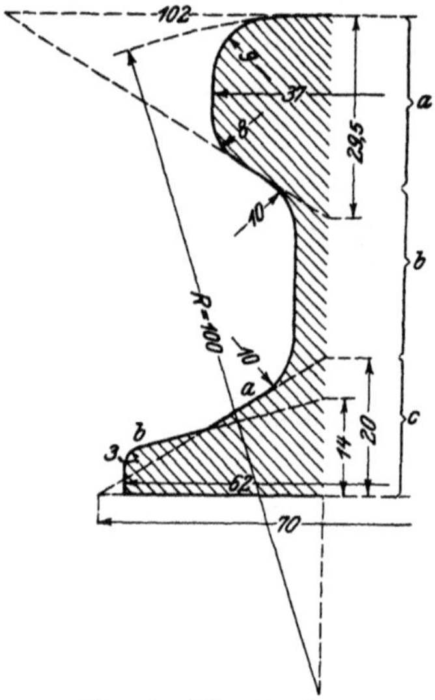

Fig. 114. Vignolschiene.
(Aus v. Hauer, Die Fördermaschinen.)

Schienen aus Nickelstahl mit 3,5 % Ni-Gehalt sind zwar etwa doppelt so teuer als Stahlschienen, haben sich aber auf amerikanischen Bahnen trotzdem in Krümmungen und anderen der Abnutzung stark ausgesetzten Stellen als haltbar und verhältnismäßig billiger erwiesen.

Die Länge einer Grubenschiene ist durch die Weite der Grubenräume bedingt, durch die man sie bis zum Orte der Verlegung schaffen muß. Die üblichsten Maße sind 4—6 m.

Auch die Profilhöhen und damit zusammenhängend das Gewicht der in einer Grube verwendeten Schienen schwankt je nach der Wichtigkeit der betreffenden Förderbahn. Auf jedem Werke stehen mindestens zwei, besser aber drei verschiedene Schienenprofile in Gebrauch.

Art der Förderbahn	Profilhöhe der Schienen in mm	Gewicht von einem lfd. Meter Schiene in kg
Abbaustrecken und sonstige schwach befahrene Bahnen.	45—55	4,5—7
Mittelstrecken, Nebenbremsberge . .	55—65	5—9,5
Hauptbremsberge, Grundstrecken, maschinelle Streckenförderungen .	65—80	7—16

In Fig. 115 sind die auf Guidogrube bei Zabrze eingeführten Schienenprofile mit ihren Hauptmaßen dargestellt.

Für Hauptförderstrecken mit maschinellem Betriebe empfiehlt es sich, nach dem Muster der oberschlesischen Bergwerke besonders schwere Schienen zu verlegen. In dem genannten Bezirke werden in Seil- und Kettenförderstrecken sehr häufig Schienen von 92 mm Höhe und 16—18 kg/m Gewicht verwendet. Auf Konkordiagrube bei Zabrze hat man sogar in einer Kettenförderstrecke Roßbahnschienen von 125 mm Höhe und einem Gewicht von 30 kg/m verlegt; die Förderbahn hat sich sehr bewährt.

Der Kopf der Schienen soll nach v. Hauer mit Rücksicht auf die Abnutzung etwas höher gemacht werden; seine Oberfläche muß schwach gewölbt sein (Fig. 114), damit der Raddruck stets auf die

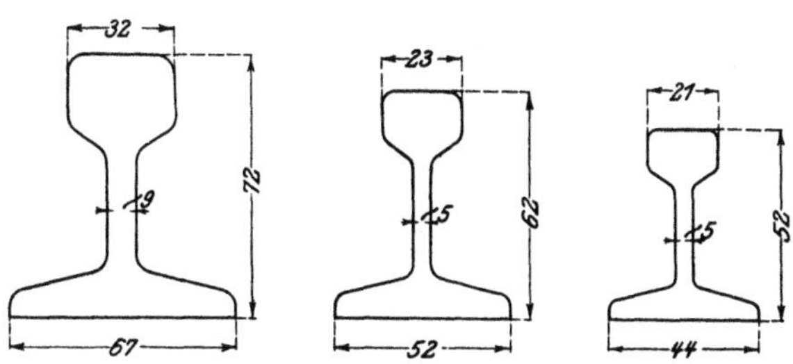

Fig. 115. Schienenprofile von Guidogrube.

Mittellinie des Schienenprofils wirkt, sowie um eine einseitige Abnutzung der Kopfoberfläche zu vermeiden. Eine zu große Auflagefläche vergrößert, wie Dynamometerversuche auf Grube Commentry ergaben, höchstwahrscheinlich infolge des auf den Schienen liegenden Staubes und Schlammes, die aufzuwendende Zugkraft; diese stieg für den leeren Wagen auf solchen Schienen von 3,5 kg auf 4 kg.

II. Die Lager.

Die Lager können aus Holz oder Eisen bestehen.

Zu den hölzernen Lagern nimmt man in Hauptförderstrecken am besten Eichenholz und gibt ihnen Abmessungen von 80×100, 100×150 oder 120×150 mm. Wo diese eichenen Lager ganz im Wasser liegen, ist ihre Haltbarkeit unbegrenzt. An feuchten Stellen tut man gut, die hölzernen Lager, die lange liegen bleiben sollen, zu imprägnieren; sie widerstehen dann besser der Fäulnis. In Förderstrecken von untergeordneter Bedeutung werden die Lager aus dem auch zur Zimmerung verwendeten Holzmaterial hergestellt. Ihr Querschnitt kann rund bleiben; es ist zweckmäßig, ihnen dann an der Auflagestelle des Schienenfußes mit der Axt eine ebene Fläche anzuhauen.

Die Befestigung der Schienen auf den Lagern erfolgt mit Hilfe von Hakennägeln (Fig. 116). Diese werden, etwas gegeneinander versetzt, zu beiden Seiten der Schiene in das Lager eingetrieben. Sie müssen versetzt sein, damit das Holz nicht aufspaltet. Aus demselben Grunde sollen die Schienenhaken nicht in eine Spitze, sondern in eine schmale Schneide auslaufen. Zwei seitliche Ansätze, die Ohren, gestatten das Ausziehen der Hakennägel mit dem Ziehfuß (Fig. 117). Bei wichtigeren Förderbahnen wird die Schiene auf jedem Lager nicht mit zwei, sondern mit drei Haken befestigt.

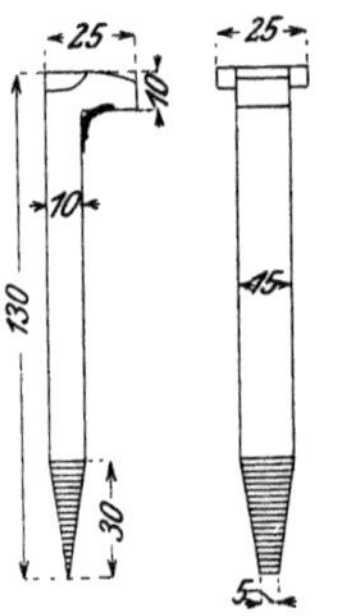

Fig. 116. Schienenhaken.

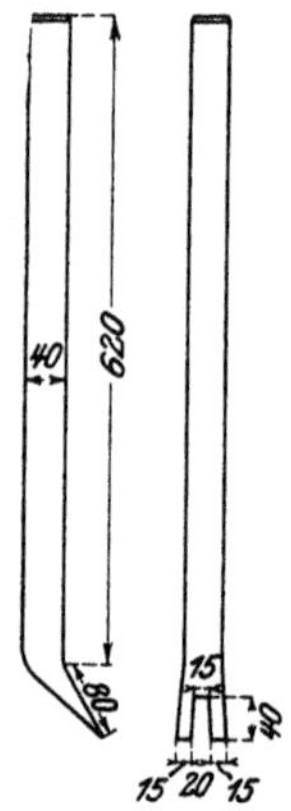

Fig. 117. Ziehfuß.

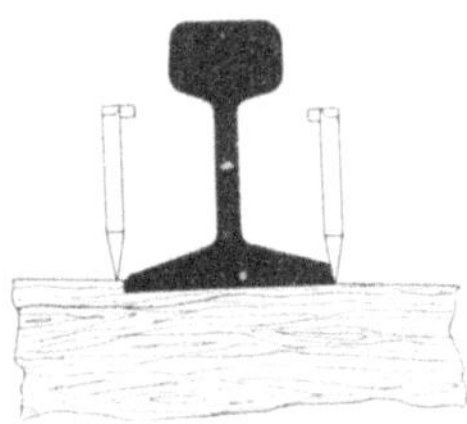

Fig. 118. Schiene mit Schienenhaken und gekapptem Lager.

Die Schienenhaken werden senkrecht eingeschlagen; dabei ist darauf zu achten, daß die Schneide nicht den Schienenfuß unmittelbar berührt (Fig. 118 rechts), sondern von ihm um die halbe Schaftstärke absteht (Fig. 118 links). In hartem Holz muß für die Schienenhaken vorgebohrt werden.

Fig. 119.
Schienenschraube.

Fig. 120.
Schienenfuß mit Schraube.

(Aus Brosius u. Koch, Der äußere Eisenbahnbetrieb.)

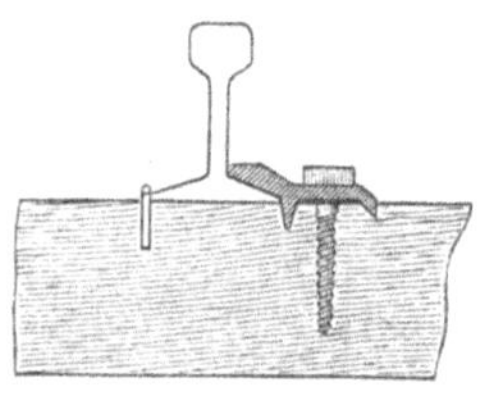

Fig. 121.
Klemmplatte von Nellen.
(Aus „Vers. u. Verb. i. J. 1907".)

Seltener findet sich die Befestigung mittels Holzschrauben (Fig. 119). Um den Schienenfuß gut zu fassen, müssen diese schräg eingeschraubt werden (Fig. 120).

In den letzten Jahren werden die Schienen auf den Holzlagern häufig mit der Klemmplatte von Nellen befestigt (Fig. 121). Sie wird immer nur auf einer Seite der Schiene, und zwar abwechselnd innen und außen, angebracht. Zur Befestigung dient eine Holzschraube; außerdem hat die Platte auf der Unterseite spitze Rippen, die sich in das Lager eindrücken und ein Drehen des Halters verhüten. Auf der gegenüberliegenden Seite des Schienenfußes wird in das Lager ein Stift mit Öse eingetrieben. Der Vorteil dieser Befestigungsweise ist, daß das Gestänge schnell gelegt und auch wieder ausgebaut werden kann.

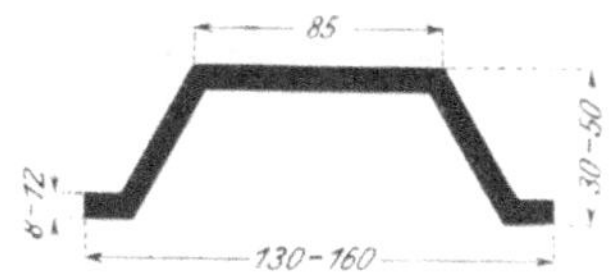

Fig. 122. Eiserne Hohlschwelle.

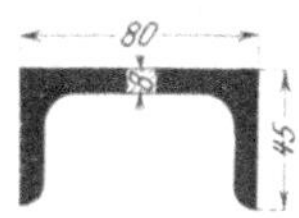

Fig. 123. Eiserne Hohlschwelle.

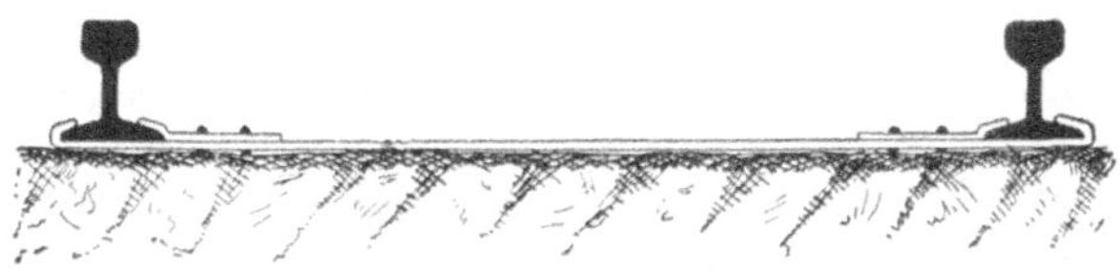

Fig. 124. Flacheisenlager.

Die eisernen Lager sind zumeist gewalzte Hohlschwellen von der in Fig. 122 und 123 angegebenen Gestalt. Neuerdings kommen auch Flacheisenlager (Fig. 124) auf, die am äußeren Ende hakenförmig umgebogen sind, um den Schienenfuß zu fassen. Die Hohlschwellen erhalten anstatt dessen festliegende Klemmplatten. Die den Schienenfuß von der Innenseite haltenden Klemmplatten sind lose und durch zwei Schraubenbolzen befestigt. Sie brauchen beim Gestängelegen und beim Ausbauen desselben nicht vollständig gelöst zu werden; denn in den Lagern sind für die Schraubenbolzen anstatt runder Löcher längliche Schlitze angebracht; man kann also nach einem leichten Lüften der Muttern die Klemmplatten um die Länge dieser Schlitze vom Schienenfuße wegschieben.

Setzt man die Haltbarkeit von Halbholzschwellen mit zwei Jahren, die von eisernen Hohlschwellen mit nur zehn Jahren an, so sind nach L e u s c h n e r die Kosten für einen laufenden Meter Doppelgleis die folgenden:

1 Halbholz von 3 $^{1}/_{2}$ m Länge auf den laufenden Meter Doppelgleis	0,95 Mk.	
Verlegen dieses Halbholzes und des Gestänges .	0,50 „	
8 Schienennägel	0,16 „	
In 2 Jahren	1,61 Mk.	
In 10 Jahren		8,05 Mk.

Bei Verwendung der U-Eisenschwellen (Fig. 123) kostet der laufende Meter Doppelgleis . . .	6,40 Mk.
Verlegelohn	0,60 „
	7,00 Mk.

Noch einfacher sind die Lager, die nur feste Innen- bzw. Außennocken für den Schienenfuß haben (Fig. 125). Diese wechseln in der Schienenbahn miteinander ab, und zwar werden zuerst die Lager mit Außennocken verlegt und die Schienen eingerichtet. Zuletzt werden die mit Innennocken versehenen Lager schräg eingelegt und angetrieben.

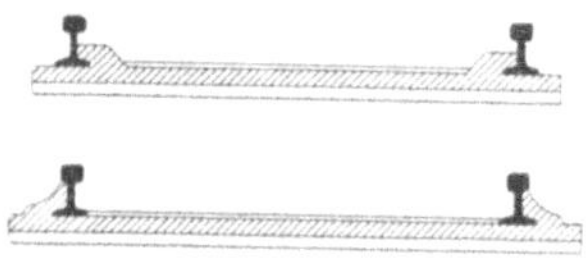

Fig. 125. Lager von Munscheidt. (Aus „Bergbau“ XVI, Nr. 9.)

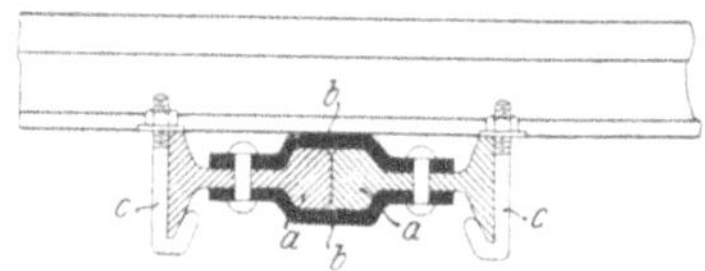

Fig. 126. Lager aus zwei alten Grubenschienen. (Aus „Versuche und Verbesserungen im Jahre 1889“.)

Als Ersatz für eiserne Lager wird häufig Altmaterial verwendet; dies gilt namentlich von alten Schienen. So liegen z. B. in einer Seilförderstrecke der Gieschegrube bei Schoppinitz alte Eisenbahnschienen, Kopf nach unten, als Lager. — Auf Grube Vereinigung, B.-R. Hamm, sind alte Grubenschienen *a* (Fig. 126) durch zwei Laschen *b* zu einem Ganzen verbunden; die Schienen passen in Einschnitte dieser Lager. Sie sind mit den Schwellen durch Hakenschrauben *c* verbunden, deren Haken unter das Lager greift, während das obere Ende mittels Schraubenmutter und Unterlagsscheibe fest gegen den Schienenfuß angezogen wird.

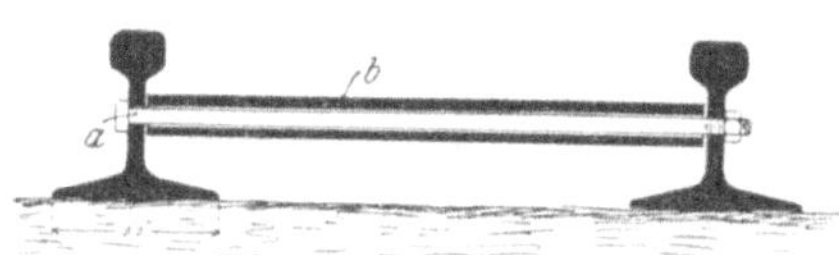

Fig. 127. Gestänge ohne Lager. (Aus „Glückauf“ 1907, Nr. 13.)

Die Schienen können auch auf Einzelunterlagen befestigt werden. Dazu gehören in erster Reihe die Schienenstühle (Fig. 113); diese werden, wie bereits erwähnt, auf besonderen Querschwellen oder auf Steinwürfeln befestigt. Ferner werden die Schienen auch unmittelbar auf solchen Steinwürfeln oder, wie im Mansfeldschen, unmittelbar auf der Sohle verlegt, vorausgesetzt, daß diese letztere hart und fest ist. Man bohrte dort 12—16 cm tiefe Löcher, die man mit Holz auspflockte. In diese Holzdübel wurden die Schienenhaken eingeschlagen.

Auf Zeche Dahlbusch II/V wird in Strecken mit quellender Sohle Gestänge ohne irgendwelche Lager oder sonstige Unterlagen benutzt.

Dagegen haben die Schienen einen besonders breiten Fuß (Fig. 127), werden miteinander verlascht und erhalten in Abständen von 1,5—2 m Spurhalter *a* mit übergezogenen Gasröhren *b*.

III. Das Verlegen der Schienenbahn.

In gerader Strecke soll die Schienenbahn möglichst geradlinig verlaufen. In Strecken von untergeordneter Bedeutung erfolgt das Ausrichten des Gestänges nach dem Augenmaß. In wichtigeren Förderbahnen geschieht dies nach der Schnur; die eine Schiene wird entlang einer ausgespannten Hanf- oder Messingschnur auf den Lagern befestigt; die zweite Schiene wird nach dem Spurmaße (Fig. 128) verlegt. Hat die Förderbahn Krümmungen, so spannt man die Schnur von einer Krümmung bis zur nächsten.

Fig. 128. Spurmaß.

Die Spurweite oder richtiger die Gleisweite des Gestänges ist die Entfernung von der Innenseite des einen Schienenkopfes bis zu der des anderen. Sie muß immer so groß sein, daß zwischen dem Spurkranze des Rades und dem Schienenkopfe ein freier Raum von 5—10 mm verbleibt. (Gleisweite = Spurweite + 10 bis 20 mm.) Mit Rücksicht hierauf sind auch die Laufkränze der Räder entsprechend breit zu wählen.

Im Zusammenstoße zweier Schienen müssen ihre Enden einen gegenseitigen Abstand von 2—3 mm haben. Dies gilt namentlich für Förderbahnen im einziehenden Wetterstrome, damit sich die Schienen je nach der herrschenden Temperatur ausdehnen oder zusammenziehen können.

Der Zusammenstoß kann auf einem Lager oder schwebend, d. h. zwischen zwei Lagern erfolgen.

Der Schienenwechsel auf einem Lager, der feste Stoß, muß stets vorgenommen werden, wenn die Schienenenden nicht miteinander verlascht werden. Er erfordert breitere Lager, z. B. Halbholzlager statt solcher aus Rundholz. Jedes Schienenende wird mit je zwei Hakennägeln befestigt. Weil die Schienenköpfe nie in gleicher Höhe liegen, fällt das Wagenrad beim Fahren in der einen Richtung von oben auf die tiefer liegende Schiene hinab und übt eine hammerartige Wirkung auf diese aus. Beim Fahren in der entgegengesetzten Richtung stößt das Rad gegen den höher liegenden Kopf der neuen Schiene. Ferner entstehen Stöße infolge des Zwischenraumes zwischen den beiden

Schienenenden. Dadurch werden aber die Hakennägel in den Lagern gelockert, bzw. die Schienen arbeiten sich nach und nach in die Stoßschwelle ein.

Ferner eignen sich Förderbahnen mit festem Schienenstoße nur für einzeln fahrende Wagen, weil die Züge während der Fahrt stets eine schlängelnde Bewegung annehmen. Die Spurkränze stoßen somit abwechselnd gegen den Kopf der linken und dann der rechten Schiene. Damit dadurch die Schienenenden nicht verbogen werden, verlascht man sie. Die Laschen liegen zu beiden Seiten des Schienensteges flach an und werden mit jedem Schienenende durch mindestens zwei Schrauben verbunden. Häufig finden sich auch Laschen, die auf dem Schienenfuße aufstehen und den Kopf unterfangen, während sie am Stege nur mit zwei schmalen Flächen anliegen (Fig. 129). Sie sollen den Schienensteg entlasten.

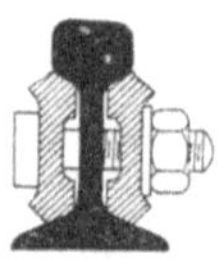

Fig. 129. Schiene mit Stützlaschen. (Aus Brosius u. Koch, Der äußere Eisenbahnbetrieb.)

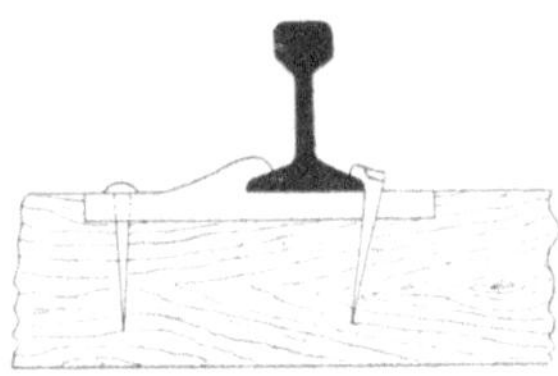

Fig. 130. Schienenstuhl für Krümmungen. (Aus v. Hauer, Die Fördermaschinen.)

Werden die Schienen verlascht, so kann man den Zusammenstoß zwar auch auf einem Lager erfolgen lassen; doch ist es mit Rücksicht auf das wesentlich sanftere Fahren vorzuziehen, ihn schwebend herzustellen. Die dem Stoße nächsten Lager erhalten einen gegenseitigen Abstand von etwa 300 mm, während die Mittelschwellen je nach Wichtigkeit der Bahn 600—1000 mm voneinander abstehen.

Während im Bergbau die Schienen allgemein vollkommen senkrecht an den Lagern angebracht werden, dürfte es sich empfehlen, in Lokomotivstrecken, namentlich in solchen mit viel Krümmungen, die Schienen nach innen zu sich neigen zu lassen. Es geschieht dies im Eisenbahnbetriebe fast allgemein, damit die konischen Laufkränze der Wagenräder nicht nur in einer Linie, sondern mit einer breiteren Fläche auf dem Schienenkopfe aufliegen. Man erreicht dies bei hölzernen Lagern dadurch, daß man sie „kappt", d. h. man schneidet für den Schienenfuß eine geneigte Fläche an (Fig. 118). Dies hat vor dem Imprägnieren des Holzes zu geschehen. Bei eisernen Lagern erhalten die Schienen keilförmige Unterlagsscheiben, die auch bei Holzlagern verwendbar sind. Durch solche Unterlagsscheiben werden diese Lager außerdem sehr geschont. v. Hauer empfiehlt die Verwendung solcher Unterlagsscheiben oder der Schienenstühle (Fig. 130) für Krümmungen, dann aber auch für Förderstrecken, in denen das Gestänge starken Stößen ausgesetzt wird, z. B. Lokomotivbahnen. Hier sollen die Stühle mindestens auf die einem Schienenstoße benachbarten Lager kommen; besser aber ist es, sie in größerer Zahl zu verwenden. Die eisernen Lager an den Enden aufzubiegen, um die Unterlagsscheiben zu sparen, ist nicht so empfehlenswert.

Diese Neigung der Schienen nach innen beträgt am besten 1 : 20; unter diesem selben Winkel sind auch die Laufflächen der Wagenräder

Fig. 131. Gestänge über einer Mulde.

geneigt. Es wird dadurch ein ruhigerer Gang der Wagen erzielt und namentlich die oben erwähnte schlängelnde Bewegung von ganzen Zügen herabgemindert; denn die Räder rutschen auf den geneigt liegenden Schienenköpfen ebenfalls nach innen und suchen sich dabei stets so einzustellen, daß die Spurkränze den gleichen Abstand von den Schienen behalten.

Es ist ferner sehr wichtig, daß jede Förderbahn von Anfang bis zu Ende oder doch wenigstens auf größere Längen einen gleichmäßigen Neigungswinkel erhält.

Am besten erzielt man dies durch Zuschütten von örtlichen Mulden und durch Strossenachreißen auf kleinen Sätteln. Ist die Zufuhr von

Ausschüttungsbergen schwierig, so muß die ganze Strecke vorher so ausgewogen (ausnivelliert) werden, daß die beim Strossenachreißen fallenden Berge gerade zur Ausfüllung der Mulden ausreichen.

Billiger und schneller ist die Herrichtung der Förderbahn, wenn man kleinere Mulden einfach überbrückt. Dies erfolgt in einfachster

Fig. 132. Gestänge über einer Mulde.

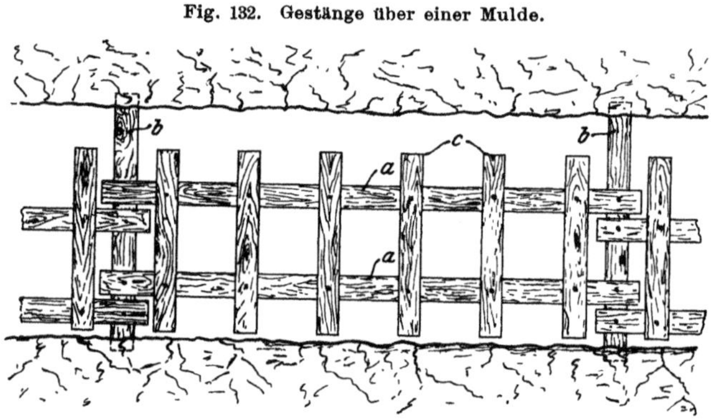

Fig. 133. Bockgestänge.

Weise dadurch, daß die Lager in beide Streckenstöße eingebühnt werden (Fig. 131) oder, wenn man in sehr breiten Strecken an Holz sparen will, in der in Fig. 132 angegebenen Weise.

Am besten erfolgt die Überbrückung einer Mulde mit Hilfe von Bockgestänge (Fig. 133). Zwei Langhölzer (Halbholz) *a* liegen mit beiden Enden auf zwei Spreizen *b* und tragen die Lager *c* für das Gestänge. Alle Hölzer werden untereinander vernagelt. Die Oberflächen der Lager müssen sämtlich in derselben wagerechten oder geneigten Ebene liegen.

Fällt die Streckensohle von dem einen Stoße nach dem anderen hin ein, so wird das Gestänge an den Unterstoß gelegt, damit es nicht seitlich abrutschen kann. Um beide Schienenköpfe in gleicher Höhe liegen zu haben, werden die Schwellen mit ihren oberen Enden in die Sohle eingebühnt (Fig. 134), oder es kommt unter ihre unteren Enden ein Unterzug (Fig. 135).

Fig. 134. In die Streckensohle eingeschlitzte Lager.

Fig. 135. Halbes Bockgestänge.

Wenn in steil einfallenden Strecken der abwärts gehende volle Förderwagen trotz Hemmung noch zu schnell läuft, muß man das Gestänge in gleichmäßigen Abständen durch kleine Plattenbühnen unterbrechen, auf denen der Wagen zum Stillstand kommt. Die Fortsetzung des Gestänges liegt nicht in der Verlängerung der bisher benutzten Schienenbahn, sondern ist gegen sie etwas versetzt (Fig. 136).

In viel befahrenen Förderstrecken wird der Raum zwischen den Schienen mit Bohlen, dem Tretwerke oder Tragewerke, ausgefüttert, damit die Schlepper nicht mit den Füßen gegen die Lager stoßen. Über nicht ausgefüllten Mulden ist ein solches Tragewerk unerläßlich.

In Pferdeförderstrecken werden die Oberflächen der hölzernen Lager wohl auch mit aufgenagelten Blechkappen versehen, um ein zu schnelles Durchtreten zu verhindern. Sind solche Schutzbleche schadhaft geworden, so müssen sie sofort ausgewechselt werden, damit die Pferde sich nicht die Hufe an ihnen verletzen.

In Krümmungen wird die Spurweite des Gestänges um 15—20 mm vergrößert, weil sonst die Reibung zwischen Schienenkopf und Spurkranz zu groß werden würde. Diese Reibung rührt daher, daß der Wagen das Bestreben hat, sich in gerader Richtung weiter zu bewegen. Sie würde am besten dadurch vermieden werden, wenn sich die Achsen in die Richtung des Krümmungsradius einstellen ließen, d. h. wenn jede Achse mit einem Drehgestelle versehen wäre. Dadurch würden aber die Förderwagen zu teuer werden; vor allem aber auch würde das Drehgestell gegen Stöße zu empfindlich sein. Darum behilft man sich mit folgenden Mitteln.

1. Man verwendet geringe Spurweite, einen kleinen Radstand und einen möglichst großen Krümmungshalbmesser. Infolgedessen entfernt sich die Richtung der Achsen nicht allzusehr von der des jeweiligen Krümmungsradius.

2. Die Räder können sich auf ihren Achsen oder aber die Achsen in ihren Lagern seitlich etwas verschieben. Beim Durchfahren der Krümmung verschieben sich erst die Räder der vorderen Achse oder diese selbst, dann die der hinteren.

3. Man verwendet feste Achsen mit losen Rädern. Da die äußere Schiene länger ist als die innere, haben auch die Räder verschiedene Umdrehungsgeschwindigkeiten; die äußeren Räder werden sich schneller drehen als die inneren. Bei fest auf losen Achsen sitzenden Rädern würden die Räder der einen Seite stets auf den Schienen schleifen.

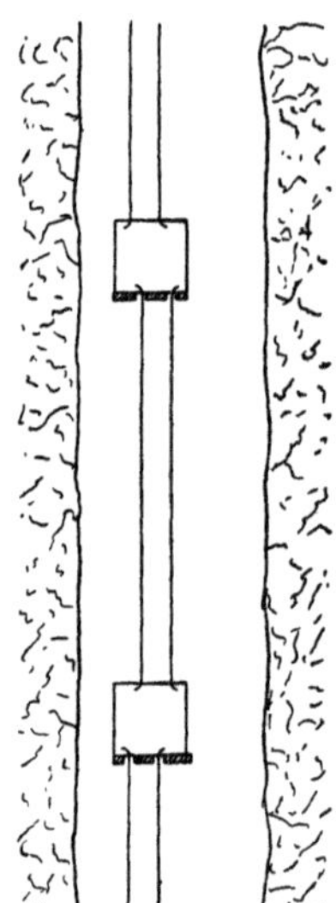

Fig. 136. Gestänge mit Unterbrechungsbühnen in steil geneigter Förderbahn.

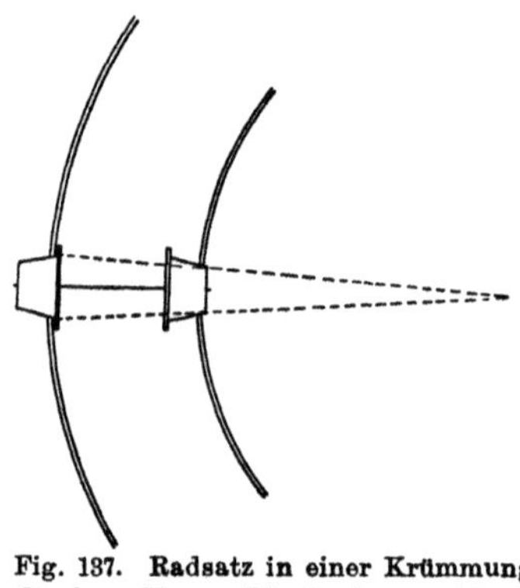

Fig. 137. Radsatz in einer Krümmung. (Nach v. Hauer, Die Fördermaschinen.)

4. Die Achsen sind lose drehbar; die Räder sitzen an ihnen übers Kreuz lose bzw. fest oder alle vier lose. Bei diesem ersteren Verfahren werden die Radnaben nicht so schnell durchgeschlissen, weil der Geschwindigkeitsunterschied zwischen dem losen Rade und der in gleicher Richtung sich drehenden Achse geringer ist als bei losen Rädern auf fester Achse.

5. Die Laufkränze der Räder erhalten konische Gestalt. Dies ist unbedingt nötig bei losen Achsen mit festen Rädern. Durch die

Fliehkraft des Wagens werden nämlich die äußeren Räder gegen die äußere Schiene gedrängt, während sich die Spurkränze der inneren Räder von der inneren Schiene entfernen (Fig. 137). Weil nun die äußeren Räder mit dem größeren Laufkranzdurchmesser, die inneren dagegen mit dem kleineren sich auf den Schienen abwälzen, können sich sämtliche Räder trotz des Längenunterschiedes der beiden Schienen mit der gleichen oder nahezu gleichen Geschwindigkeit drehen.

Infolge der Fliehkraft hat jeder Wagen das Bestreben, in Krümmungen nach außen hin zu entgleisen. Man verhütet dies dadurch, daß die äußere Schiene höher als die innere gelegt wird. Streng genommen müßte diese Überhöhung so stark bemessen sein, daß Fliehkraft und Schwere des Wagens sich gegenseitig aufheben; d. h. der

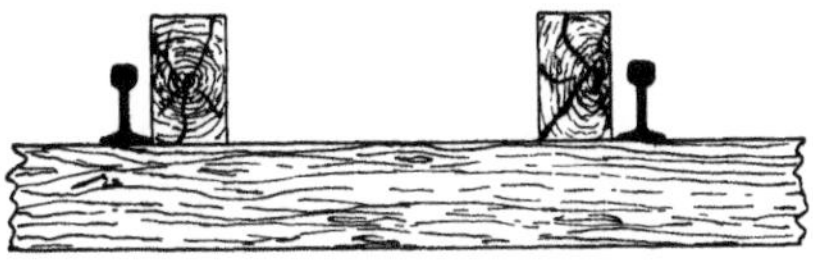

Fig. 138. Zwangsschienen.

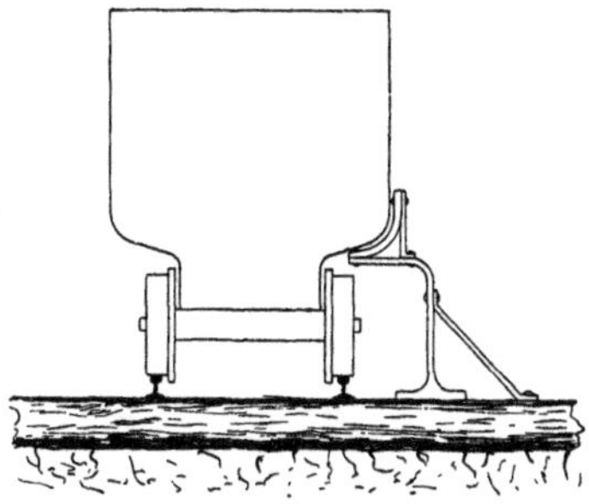

Fig. 139. Zwangsschienen.

Wagen müßte infolge seines Gewichtes auf den Schienen so weit nach innen rutschen, daß die Spurkränze weder an den inneren noch an den äußeren Schienen anliegen. Weil aber die Wagen mit sehr verschiedenen Geschwindigkeiten durch die Krümmungen fahren, somit auch ihr Schwung nach außen ein sehr verschiedener ist, begnügt man sich in der Praxis damit, die äußere Schiene um $^1/_{10}$—$^1/_{20}$ der Gleisweite zu überhöhen.

Sollte diese Überhöhung nicht genügen, um den Wagen vor Entgleisungen zu bewahren, so werden an den Innenseiten der Schienen Zwangsschienen angebracht, die die Spurkränze der Räder gegen die Schienenköpfe drücken (Fig. 138).

Eine andere Art von Zwangsschienen wäre die in Fig. 139 abgebildete, die nicht die Räder, sondern den Wagenkasten stützt.

Der Halbmesser einer Krümmung soll mit Rücksicht auf möglichst leichtes Durchfahren so groß als möglich genommen werden. Ein Radius von 30—40 m ist hierzu der geeignetste, läßt sich aber unter Tage nicht überall anwenden. Dies gilt in erster Reihe für die Kreuzungen von Schwebenden mit Abbaustrecken, für die Abzweigungsstellen von Durchhieben u. a. In Hauptförderstrecken läßt sich das Gestänge mit diesem Radius verlegen, weil man hier mit Rücksicht auf die größere Wichtigkeit des Förderweges die Kosten für das Nachnehmen von Ecken und das Versetzen oder die Ausmauerung des gegenüberliegenden Stoßes nicht zu scheuen braucht. Demzufolge sind im Bergbau Krümmungen von 10 m bis hinab zu 3—4 m Halbmesser nicht selten. An Stelle eines derartig geringen Radius sollten aber immer die weiter unten beschriebenen Wendeplatten oder Drehscheiben verlegt werden.

Das richtige Zurechtbiegen der Schienen ist mitunter eine recht schwierige Arbeit, da den Arbeitern hierzu nur die aller einfachsten Hilfsmittel zur Verfügung stehen. Ein gut brauchbarer Apparat ist der Schienenbieger (Fig. 140) von Vögele in Mannheim. Er hat auf einem gewöhnlichen Förderwagenuntergestelle zwei fest verlagerte Stahlräder *a*. Ein drittes Rad *b* kann durch Andrehen der Schraubenspindel *c* auf und ab bewegt werden. Die zu biegende Schiene wird auf die beiden festen Räder aufgelegt, das lose Rad an die Schiene angedrückt und dann mittels der Handhaben *d* gedreht. Während des Drehens wird nun noch *b* so lange vorgeschoben, bis die Schiene die gewünschte Form hat.

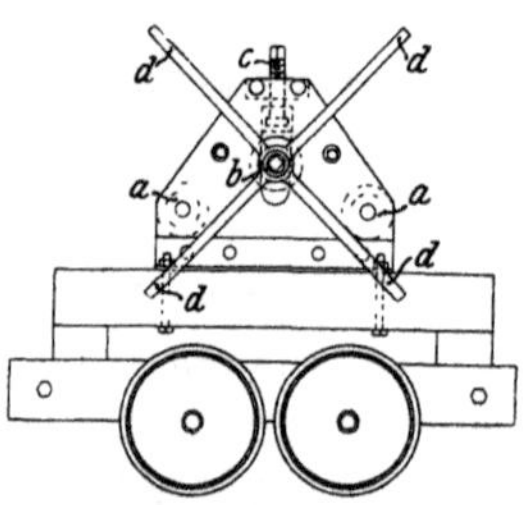

Fig. 140. Fahrbarer Schienenbieger von Vögele. (Aus „Vers. u. Verb. i. J. 1894".)

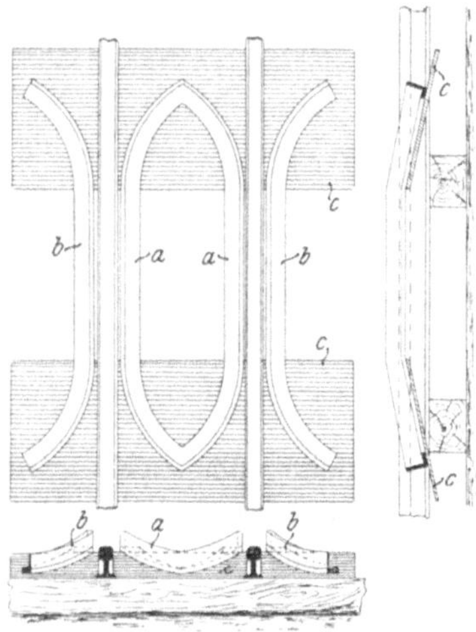

Fig. 141. Wagenfänger.

Um entgleiste Wagen selbsttätig in das Gestänge zurückzuführen, sind auf Godullaschacht bei Morgenrot, O.-S., sämtliche Lokomotivbahnen und Seilförderstrecken in Abständen von etwa 30 m mit den in Fig. 141 dargestellten Wagenfängern versehen. Es sind innere (*a*) und äußere (*b*) Zwangsschienen aus Winkeleisen, deren Fuß in gleicher Höhe mit der Schienenoberkante liegt. Um entgleiste Wagen zu fangen, sind die Enden der Zwangsschienen nach innen bzw. außen umgebogen. Außerdem sind sie noch nach unten, also bis auf die Sohle hinuntergebogen. Damit der Wagen stoßfrei in das Gestänge zurückspringt, liegen unter diesen Enden ferner noch schräg ansteigende Unterlagsplatten *c*.

IV. Die Wechsel.

Um einen Wagen zu „wechseln", d. h. um ihn von einem Gestänge in ein anderes zu schaffen, braucht man die Wechsel oder Weichen.

Diese können Schienenwechsel oder Plattenwechsel sein. Die Schienenwechsel erfordern mehr Platz als die Platten; auch ist ihre Herstellung umständlicher, weil sie mit großer Genauigkeit verlegt werden müssen. Dagegen verlangen die meisten Wechselplatten eine größere Kraft zum Drehen der Wagen; außerdem sind sie nur geeignet für zwei sich rechtwinklig, oder nahezu unter rechtem Winkel kreuzende Bahnen (Fig. 142), oder man müßte für parallele Bahnen zwei Wechselplatten verlegen (Fig. 143).

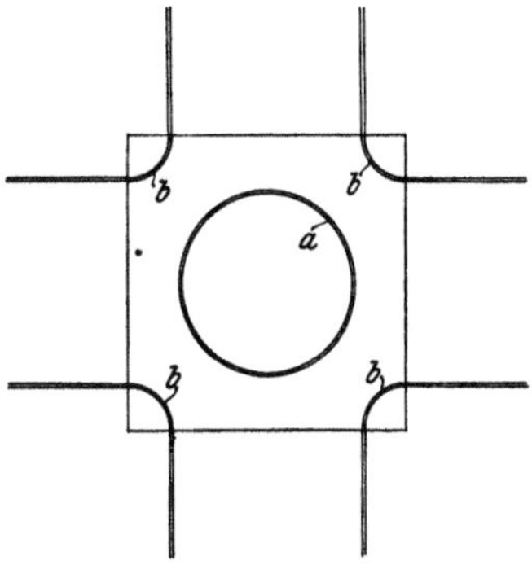

Fig. 142. Kranzplatte.

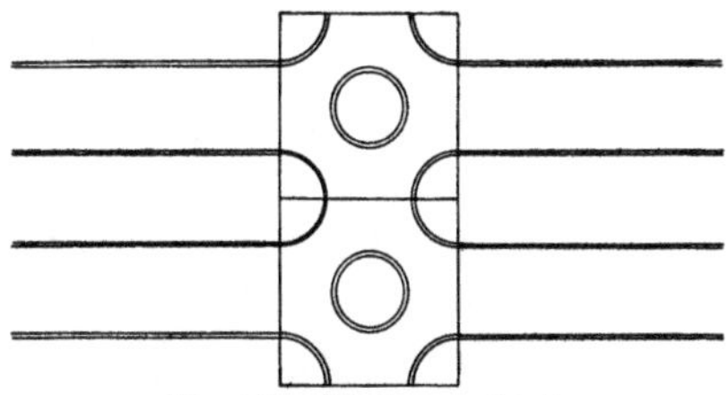

Fig. 143. Plattenwechsel.

Kleine Schiebebühnen sind in früheren Jahrzehnten auch unter Tage zur Verwendung gekommen, werden aber jetzt nicht mehr benutzt.

a) Die Schienenwechsel.

Die Schienenwechsel können sein:

1. feste Wechsel,
2. bewegliche Wechsel,
   a) Einzungenwechsel,
   b) Zweizungenwechsel und
   c) Schlepp- oder Stoßweichen.

Ein fester Wechsel besteht aus den beiden äußeren Schienen *a* und *b* (Fig. 144), den beiden inneren Schienen *c* und *d* und den zwei Zungen *e* und *f*. Die Zungen werden vor der Spitze, in der die beiden inneren Schienen zusammenstoßen, nach außen umgebogen. Überall, wo die Schienenbahn eine Lücke hat, das wäre also an den Enden der Zungen, sollen in stärker befahrenen Bahnen besondere Formstücke aus Hartguß verlegt werden. Von diesen heißt das die Spitze der inneren Schienen bildende Stück *i* das Herzstück.

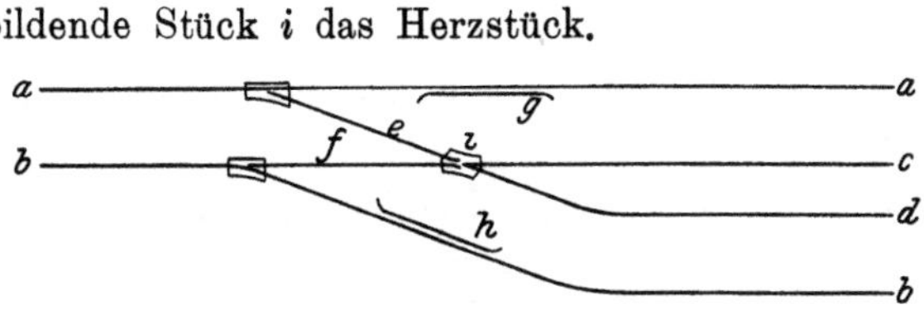

Fig. 144. Fester Wechsel.

Ein einfaches derartiges Herzstück zeigt Fig. 145. Das in Fig. 146 dargestellte Herzstück von H. Korfmann in Witten hat ihm gegenüber den Vorzug, daß die Schienen und Zungen nicht stumpf dagegen stoßen, sondern in dasselbe so eingelassen sind, daß ihr Steg und Fuß vom Gußstücke gehalten werden. Die erhöhten Zwangsschienen *a* und *b* stehen vor den äußeren Stirnflächen der Laufkränze und verhüten ein Entgleisen der Wagen.

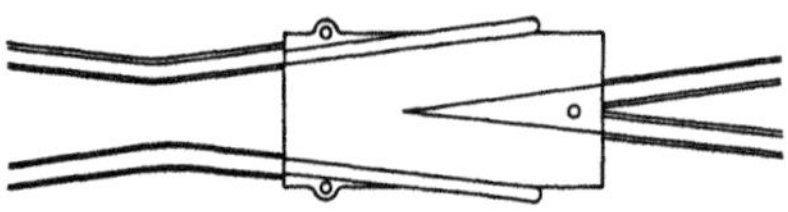

Fig. 145. Herzstück.

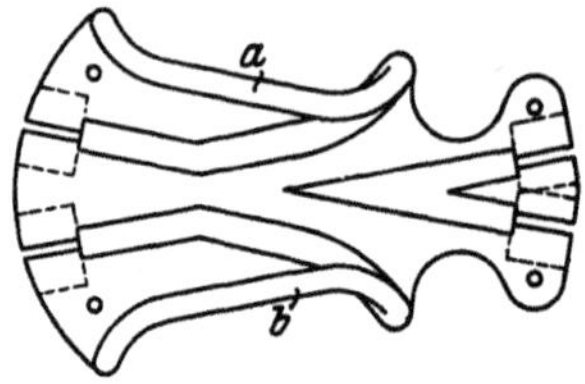

Fig. 146. Herzstück von Korfmann.

Um Entgleisungen der Wagen im Wechsel zu verhüten, soll man ferner gegenüber dem Herzstücke neben die äußeren Schienen Zwangsschienen *g* und *h* (Fig. 144) legen.

Ferner treten Entgleisungen sehr leicht ein, weil sich der Wagen im Wechsel drehen muß, während gleichzeitig die Räder über die Lücken im Gestänge laufen. Diesen Übelstand kann man dadurch herabmindern, daß man das Gestänge im Wechsel so mit Eisenplatten ausfüttert, daß die Räder mit den Spurkränzen auf diesen Platten laufen, die Laufkränze also von den Schienenköpfen abgehoben werden. Man erreicht dies, indem man diese Platten in entsprechender Höhe zwischen die Schienenstege einschiebt (Fig. 147). Am Einlauf und Auslauf des

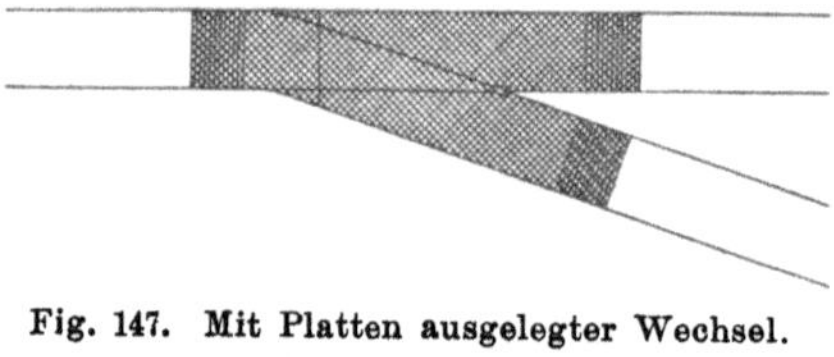

Fig. 147. Mit Platten ausgelegter Wechsel.

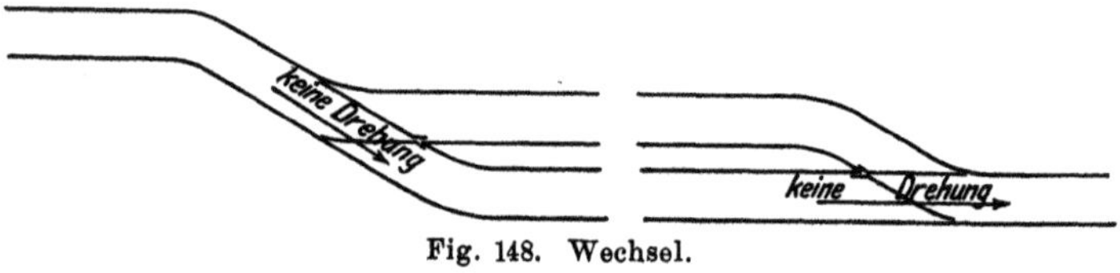

Fig. 148. Wechsel.

Wechsels müssen die Platten nach unten geneigt sein, damit das Rad stoßfrei aufläuft.

Ein anderes Hilfsmittel gegen Entgleisungen an dieser Stelle wäre, daß man Drehungen des Wagens im Wechsel vermeidet. Dies läßt sich aber nur für e i n e Fahrtrichtung erreichen (Fig. 148).

Die festen Wechsel haben den Nachteil, daß jeder Förderwagen nach dem Gestänge, in welches er einlaufen soll, besonders hinübergedrückt werden muß. Dies ist namentlich bei Zugförderung störend. Es werden darum in solchen Fällen die beweglichen Wechsel vorzuziehen sein. Sie haben gegenüber den festen Wechseln den Nachteil, daß sie mehr Ausbesserungen erfordern. Sie gleichen in ihren Einzelheiten vollständig den festen Wechseln und unterscheiden sich von ihnen nur dadurch, daß die nach außen gehenden Enden der Zungen mit beweglichen Spitzen *a* und *b* (Fig. 149 und 150) versehen sind. Diese Spitzen sind aus kurzen Schienenstücken oder aus Vierkanteisen angefertigt und am einen Ende mit senkrechten Schneiden versehen, um

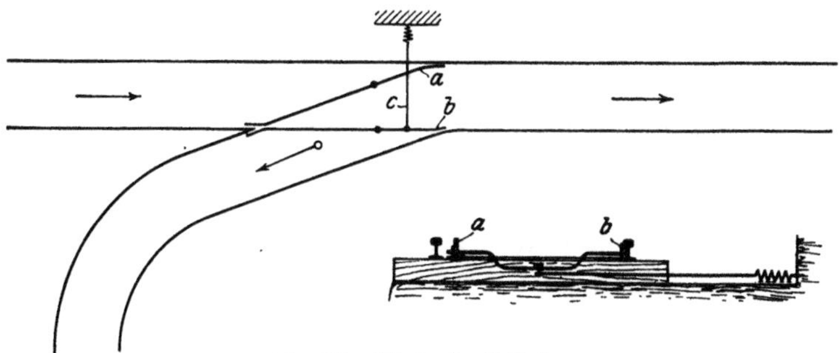

Fig. 149. Wechsel mit Feder.

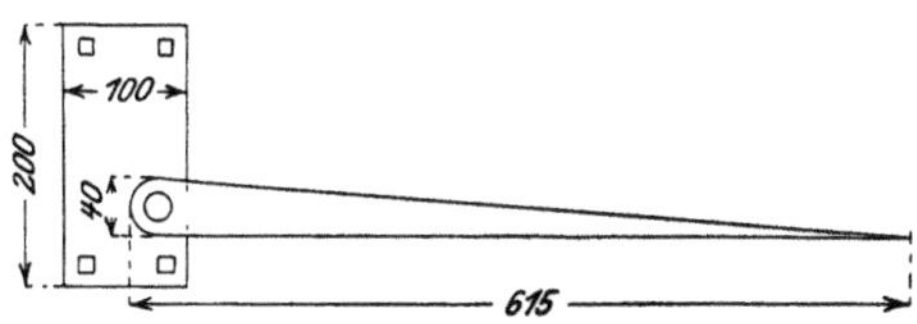

Fig. 150. Zungenspitze.

sich gut an den Steg der Anschlagschiene (oder äußeren Schiene) anlegen zu können. Am anderen Ende haben sie einen senkrechten Drehbolzen nebst einer Unterlagsplatte, welche auf einem Lager festgenagelt wird. Die beiden Spitzen werden durch eine Querstange *c* (Fig. 149) so miteinander verbunden, daß stets nur die eine an einer Außenschiene anliegt, die andere dagegen zwischen sich und der benachbarten Außenschiene Platz für den Spurkranz läßt. Damit die Spitzen, deren Enden immer auf einem Lager liegen müssen, sich leicht verschieben lassen, benagelt man die Oberfläche dieses Lagers mit einem Bandeisenstreifen.

Soll ein Wechsel längere Zeit nur in einer Richtung befahren werden, und will man ein zufälliges Umstellen oder ein solches durch Unbefugte vermeiden, so wird er mit einem Schlosse versehen. Um ein solches herzustellen, versieht man die Spitze *a* (Fig. 151) mit einem

Rundeisenbolzen *b*, der sich durch den Steg der Anschlagschiene hindurchschieben läßt. Jenseits dieser Schiene ist der Bolzen flach geschmiedet und mit einem Schlitze versehen, durch den ein Keil *c* gesteckt werden kann. Diesen Keil sichert man durch ein Vorhängeschloß. Ein solcher Zungenverschluß ist beim Fahren „gegen die Spitzen“ von großem Vorteil, während sich beim Fahren „mit der Spitze“ das Rad den Weg selbst freimacht.

Um die Weichen bequemer umzustellen und sie in einer der beiden Lagen zu erhalten, bedient man sich der Böcke (Fig. 152). Die Verbindungsstange *a* der beiden Spitzen ist über die eine derselben hinaus verlängert und geht durch den Steg der zugehörigen Anschlagschiene bis zu dem Stellhebel *b*. Dieser ist ein zweiarmiger Hebel, der am oberen Arme ein Gewicht *c* trägt. Das Gewicht ist frei um den Stellhebel drehbar und zieht ihn, je nachdem ob es nach rechts oder links

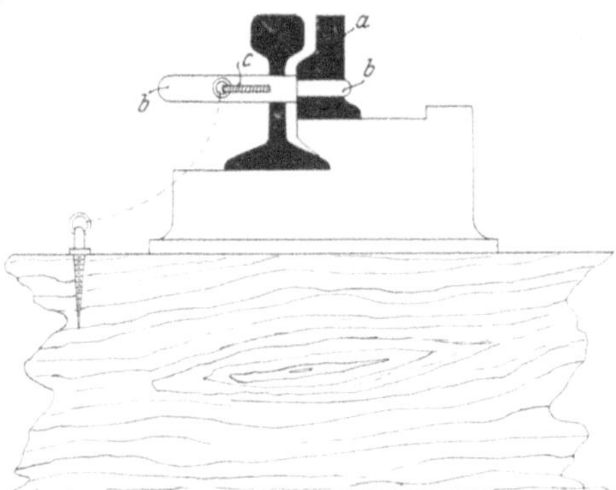

Fig. 151. Wechselschloß.

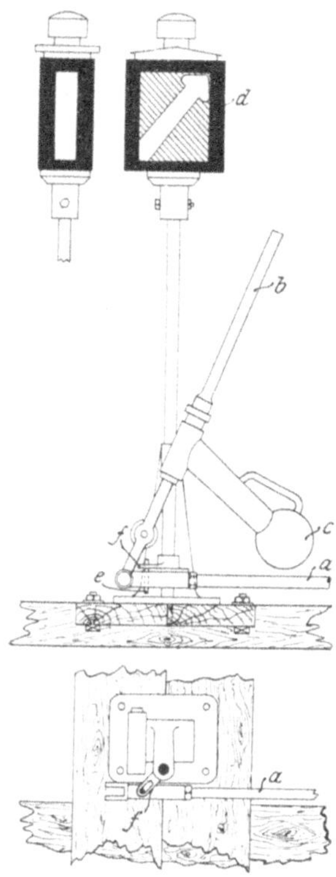

Fig. 152. Weichenstellbock.

(Aus Brosius und Koch, Der äußere Eisenbahnbetrieb.)

umgelegt wird, nach derselben Seite hinüber. Mit dem Weichenbocke kann auch noch die Laterne *d* verbunden sein, die schon von weitem erkennen läßt, nach welchem Gleise die Zufahrt offen ist. Ist z. B. das Hauptgleis offen, so kehren die Laternen dem herankommenden Zuge die schmale Seite zu. Bei der Einfahrt in ein Nebengleis nach rechts oder links ist die Laterne um 90° herumgedreht und zeigt dem herankommenden Zuge die breite Seite, auf der die Spitze eines Pfeiles die Fahrtrichtung anzeigt. Das Umstellen der Laterne erfolgt gleichzeitig mit der Weichenstellung. An der Zugstange *a* der Weiche sitzt nämlich ein nach oben gerichteter Bolzen *e*, der in die mit dem Laternenpfahl verbundene Schleife *f* eingreift.

Vor einem viel befahrenen Wechsel muß der Schlepper häufig anhalten, um ihn auf seine Fahrtrichtung umzustellen, oder auch nur, um nachzusehen, ob er richtig eingestellt ist. Auf den Richterschächten in Laurahütte wird dies dem Fördermanne durch die in Fig. 153 dargestellte Einrichtung erspart. Der Wechsel kann von einem Handgriffe *a* aus mittels Winkelhebel- und Zugstangenübertragung umgestellt werden. An der Höhenlage des Handgriffes erkennt der Schlepper sofort, ob der Wechsel richtig eingestellt ist. Um ihn in den beiden Endstellungen festzuhalten, ist das an einer Rolle hängende Gewicht *b* vorhanden. Es läuft auf der unteren Schiene eines Parallelogrammes, das bei *c* drehbar im Stoße befestigt ist und durch die Verschiebung der senkrechten Zugstange *d* umgestellt wird.

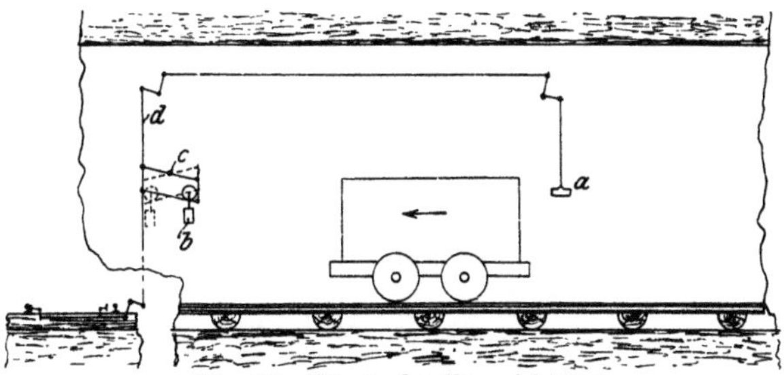

Fig. 153. Wechselstellvorrichtung.

Oft ist es wünschenswert, selbsttätige Wechsel zu besitzen, die den Weg nach einer bestimmten Richtung stets offen lassen. Das ist beispielsweise an Zwischenanschlagspunkten in Seilförderstrecken der Fall. Um dem einen Wagen abnehmenden Anschläger das Öffnen des Wechsels abzunehmen, versieht man die Zugstange der Wechselspitzen mit einem Gegengewichte oder mit einer Feder (Fig. 149). Die unter dem Seile in der Richtung des glatten Pfeiles gehenden Wagen drücken die Spitzen beiseite. Wird ein solcher Wagen hier abgezogen und in der Richtung des geringelten Pfeiles weiterbewegt, so findet er den Wechsel offen.

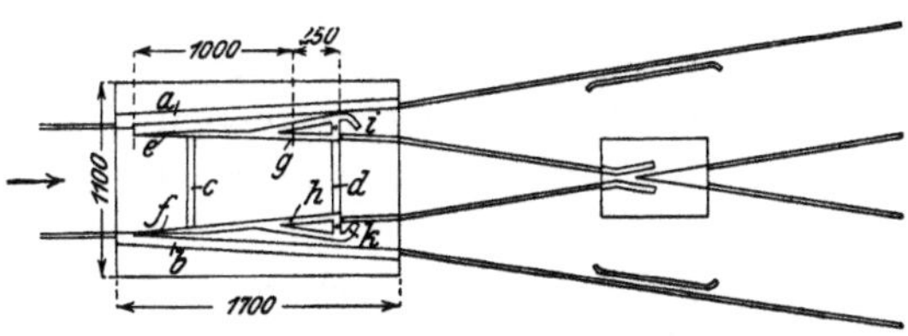

Fig. 154. Selbsttätiger Verteilungswechsel. (Aus „Glückauf" 1899, Nr. 28.)

Ein Wechsel, der die Wagen selbsttätig abwechselnd dem einen und dann dem anderen Gleise zuführt, ist in Fig. 154 dargestellt. Die

Backenschienen *a* und *b* sind etwas nach auswärts gebogen. Die beiden durch Flacheisen *c* und *d* verbundenen Spitzen *e* und *f* drehen sich um die Bolzen *g* und *h*. Die Verlängerungen der Spitzen über diese Drehpunkte hinaus haben Dreiecksform. Der in der Pfeilrichtung fahrende Wagen wird bei der abgebildeten Stellung des Wechsels nach links abbiegen. Durch die Spurkränze werden die kürzeren Hebelarme der Zungenspitzen (die Dreiecksstücke) nach rechts hinübergedrückt und dadurch wird auch die Zufahrt nach dem rechten Gleise geöffnet. Wagen, die auf einem der beiden Gleise von rechts nach links fahren sollen, können die Spitzen ebenfalls mit Hilfe der gekrümmten Führungsfortsetzungen *i* und *k* selbst öffnen.

Während die bisher beschriebenen Wechsel mit Drehspitzen versehen waren, hat man neuerdings auch mit gutem Erfolge versucht, federnde Zungen zu verwenden. Hierbei ist aber die Anbringung eines Stellbockes unbedingte Notwendigkeit.

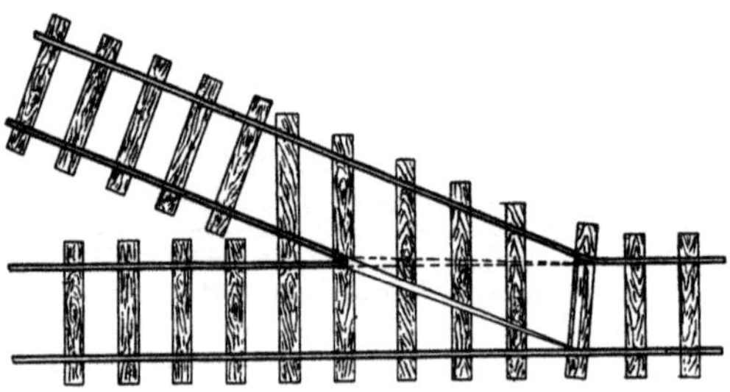

Fig. 155. Einzungenwechsel.

Bei einem Einzungenwechsel (Fig. 155) sind die beiden Wechselzungen durch eine einzige Zunge ersetzt, die ihren Drehpunkt unmittelbar vor dem Herzstücke hat. Sie wird ebenso wie die kleineren Spitzen für Zweizungenwechsel mittels einer Unterlagsplatte auf dem Lager befestigt. Jedoch ist sie wesentlich länger wie diese, nämlich bis zu 3,5 m. Ihre Länge ist abhängig von dem Halbmesser der zum Wechsel gehörenden Krümmung. Je länger dieser und je länger somit auch die Biegung ist, um so länger muß auch die Wechselzunge sein.

Bei der Herstellung eines Wechsels beginnt man stets mit dem Legen einer der beiden äußeren Schienen; darauf wird das Herzstück mit Hilfe des Spurmaßes befestigt und von ihm ausgehend das übrige Gestänge gelegt.

Im Gegensatze zu den Zungenwechseln ist bei den Stoß- oder Schleppweichen (Fig. 156) ein Stück Gestänge drehbar hergerichtet. Auch hier kann jedes Schienenstück am festen Ende um besondere Bolzen drehbar sein. Es genügt aber schon, daß die zur Verbindung mit den festen Schienen benutzten Laschen eine gewisse Drehung gestatten, also nicht allzu straff angezogen sind. Am freien Ende haben die beiden Schienenstücke eine mit dem Stellbocke verbundene Zugstange. Damit das verschiebbare Schienenstück leichter bewegt werden kann, erhält es oft Rollenlager.

An Stellen, wo eine größere Zahl von Wechseln nahe beieinander liegt, und wo außerdem ein sehr reger Wagen- oder Zugverkehr herrscht, soll man die Bedienung dieser Wechsel nicht den einzelnen Wagenstößern oder Pferdeführern überlassen. Denn gerade dadurch wird ihre Aufmerksamkeit von den Zügen abgelenkt und die Zahl von Entgleisungen vergrößert; auch die zum Durchfahren der Wechsel erforderliche Zeit wird dadurch verlängert, daß jedermann seine Wechsel selbst bedienen muß. Es muß vielmehr für alle diese Wechsel ein

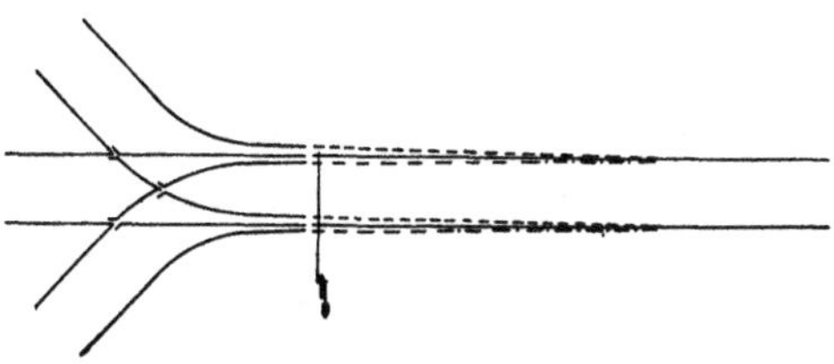

Fig. 156. Schleppweiche.

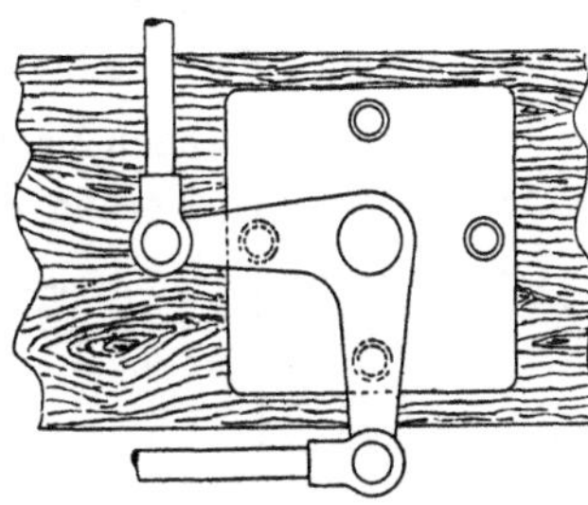

Fig. 157. Winkelhebel für Stellwerke. (Aus Brosius und Koch, Der äußere Eisenbahnbetrieb.)

gemeinschaftliches Stellwerk mit einem Stellwerkswärter (Weichensteller) eingerichtet werden. In diesem Stellwerke befinden sich die Stellhebel für sämtliche Weichen; die Kraftübertragung erfolgt von hier aus mit Hilfe von Zugstangen und Winkelhebeln (Fig. 157) oder auch mittels auf Rollen laufender Drahtzüge.

b) Die Plattenwechsel.

Wie schon oben ausgeführt, haben die Plattenwechsel gegenüber den Schienenwechseln den Vorzug, daß sie leichter und schneller hergestellt werden können. Dies gilt namentlich von den festliegenden Platten, auf denen der Wagen allein gedreht wird. Außer ihnen gibt es noch die Drehscheiben, die beweglich sind und sich mit dem Wagen zusammen drehen.

1. Die Wechselplatten.

Die Wechselplatten bestehen aus Gußeisen oder aus Schmiedeeisen. Damit der Wagen ohne seitliche Verschiebung auf ihnen gedreht werden kann, erhalten sie in der Mitte einen ringförmigen Wulst *a* (Fig. 142), den Kranz, angegossen oder aufgenietet; nach diesem heißen sie wohl auch Kranzplatten. Der äußere Durchmesser des Kranzes ist gleich dem lichten Abstande der Spurkränze eines Radsatzes vermindert um

15—20 mm. Die Seitenlänge der Platten beträgt 200 mm mehr als die Spurweite. Die Stärke der gußeisernen Platten hängt davon ab, ob letztere freiliegend oder auf einer Bettung verwendet werden. Ist das erstere der Fall, so müssen sie mit Rücksicht auf größere oder kleinere Hohlräume, die sich unter ihnen befinden, etwa 25 mm dick sein. Besser ist es aber, den Wendeplatten stets eine Unterlage zu geben, in welchem Falle sie nur 16—20 mm stark zu sein brauchen. Solche Unterlagen sind feine, weiche Berge oder ein Bett von Zementmörtel oder Beton; oft werden die Platten auch, ähnlich wie Bilder, in einen Holzrahmen gefaßt und liegen dann auf starken Bohlen oder Halbhölzern. In einem solchen Holzrahmen müssen aber für die Einmündungen der Gestänge Aussparungen offen bleiben.

Damit der Wagen nach erfolgter Drehung leicht in das neue Gestänge eingeführt werden kann, sind besondere Einweiser nötig. Als solche benutzt man mit der Wechselplatte fest verbundene Eckrippen *b* (Fig. 142) von Viertelkreisform. Wo diese fehlen, werden die Einweiser in der Grubenschmiede aus Schienenabfällen angefertigt. Einem solchen kurzen Schienenstücke werden am einen Ende Fuß und Steg auf 150—200 mm Länge abgehauen; der Kopf wird dann in die aus Fig. 158 ersichtliche Form umgeschmiedet.

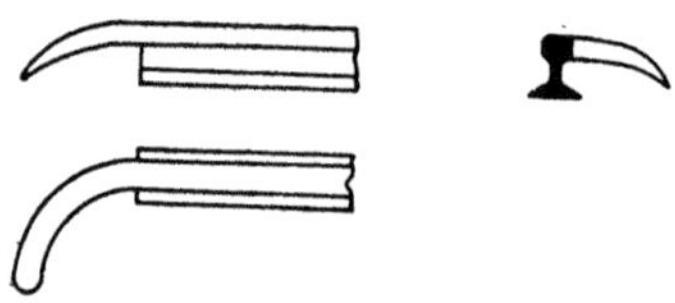

Fig. 158. Einweiser aus Schienenabfällen.

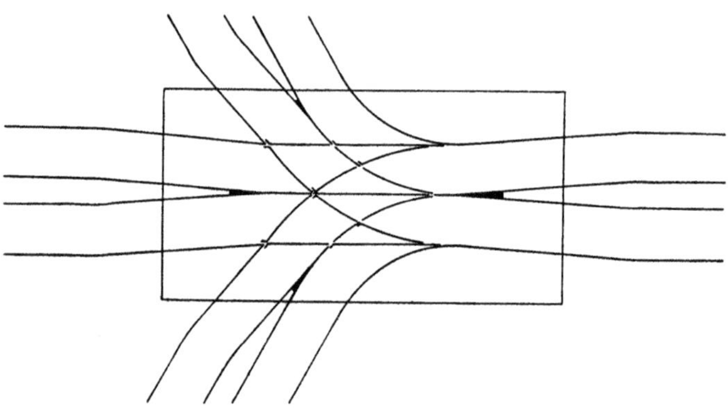

Fig. 159. Hauptweichenplatte.

Für Stellen, an denen eine größere Zahl von Gleisen zusammentrifft, werden Zentralweichenplatten (Fig. 159) verwendet. Es sind Gußeisenplatten mit aufgegossenen Rippen oder mit Rillen. Das erstere ist vorzuziehen, wenn die auf der Platte angebrachten Wechsel bewegliche Zungen haben sollen. Diese Zentralweichen werden übrigens auch in jeder größeren Grubenschmiede aus einzelnen Blechen mit aufgenieteten Vierkanteisen oder Schienenstücken angefertigt.

Im weiteren Umfange kann man zu den Plattenwechseln auch die größeren Bühnen rechnen, die an den Anschlagspunkten von Bremsbergen, Bremsschächten, Hauptförderschächten usw. verlegt werden. Es ist zwar auch möglich, an diesen Stellen Gestänge zu legen; man brauchte aber mit Rücksicht auf das Wechseln der Wagen eine größere Anzahl von Weichen, sowie auch Sackgleise für Wechselwagen. Außerdem ist der Platzbedarf bei Verlegung von Gestänge viel größer als bei Verwendung von Plattenbühnen. Mit Rücksicht auf etwaige Nässe sollen diese Platten in zwei aufeinander senkrechten Richtungen leicht gerieft

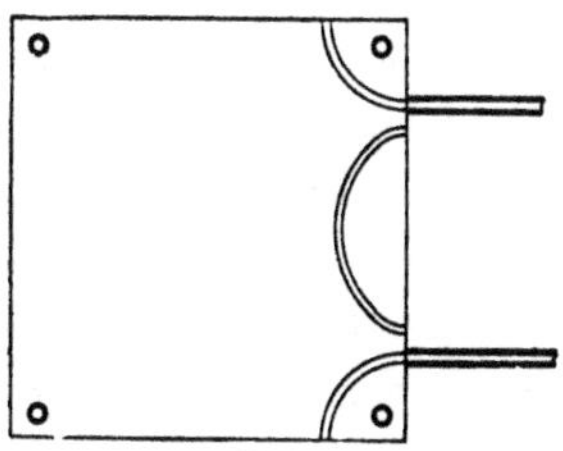

Fig. 160. Einlaufplatte.

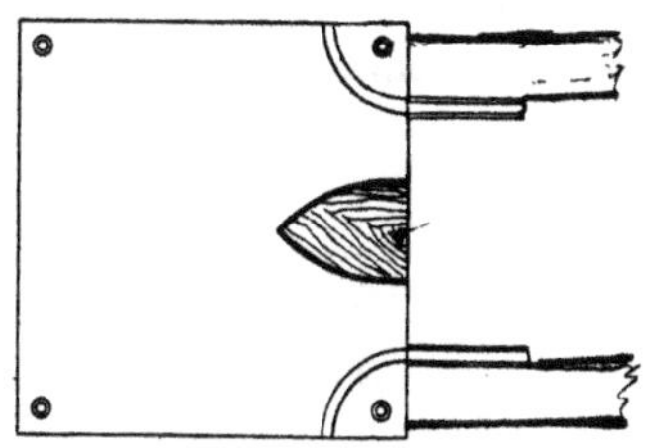

Fig. 161. Einlaufplatte.

sein; die Arbeiter gleiten dann beim Drehen der schweren Wagen nicht so leicht aus. Die am Einlaufe in das anschließende Gestänge liegenden Platten erhalten entweder an den dem Gestänge benachbarten zwei Ecken Viertelkreisrippen (Fig. 160), oder sie werden mit Herzstücken (Fig. 161), den sogenannten Pantoffeln, versehen.

Die Kletterwendeplatten kommen dort zur Anwendung, wo das Einbiegen in ein Nebengleis nur selten erforderlich wird. Diese Platten

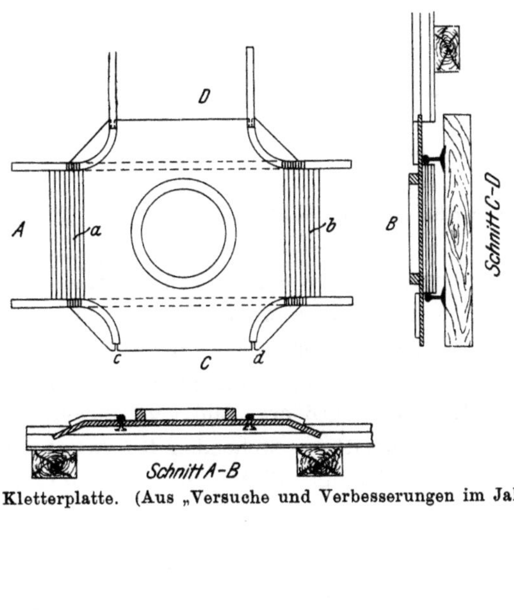

Fig. 162. Kletterplatte. (Aus „Versuche und Verbesserungen im Jahre 1905“.)

sind verlegbar und können an jeder beliebigen Stelle eines Gestänges ohne Gleisunterbrechung angebracht werden. Beispielsweise haben die Platten von Klemp, Schultz & Co. in Düsseldorf bei *a* und *b* (Fig. 162 und 163) Abschrägungen, so daß der im Hauptgleise ankommende Wagen leicht über die etwas höher liegende Platte hinweggehen kann. Die Schienen des Nebengleises werden in Schlitze *c* und *d* dieser Platte eingeschoben.

Ähnlich sind die Nutenplatten (Fig. 164); jedoch liegen sie nicht auf sondern unter dem durchgehenden Hauptgestänge, welches in den Nuten dieser Platte liegt. Das Nebengestänge schließt sich an die Eckrippen der Platte an.

An Stelle solcher Nutenplatten (Sprungbühnen) wird häufig eine einfache Bohlenbühne in der Weise hergestellt, daß man den Raum zwischen den Schienen in Höhe des Schienenkopfes mit Bohlen ausfüttert und nur für die Spurkränze Nuten freiläßt. Diese Bohlenbühne wird auch noch außerhalb des Gestänges dicht an die Schienenköpfe anschließend

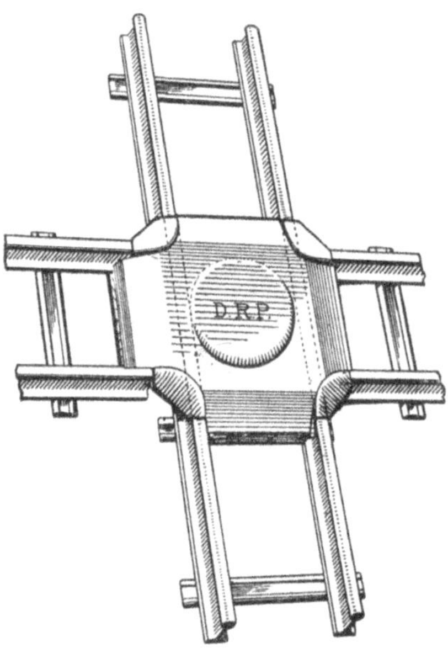

Fig. 163. Kletterplatte.

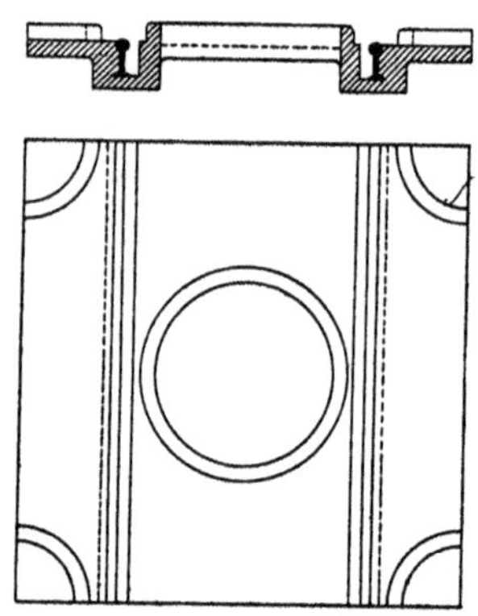

Fig. 164. Nutenplatte.
(Aus „Vers. u. Verb. i. J. 1905“.)

fortgesetzt; sie kann, um sie haltbarer zu machen, mit Blechplatten belegt werden.

Eine Wendeplatte, die sich für Kreuzungsstellen von söhligen und geneigten Bahnen, in erster Reihe für Bremsberge mit Zwischenanschlagspunkten, eignet, ist die Schwenkbühne von Best (Fig. 165a und b). Sie ist eine länglich-rechteckige Kranzplatte. An den beiden Längsseiten hat die Platte eine größere Zahl von Lücken *a* und *b* für die Zähne der auf der Fußplatte *c* stehenden Kurvenstücke *d*. Für den durchgehenden Betrieb ist die Platte in geneigter Lage durch den

Bolzen *e* festgestellt. Soll ein Wagen nach der Seitenbahn hin abgezogen werden, so wird er über den Kurvenstücken *d* zur Ruhe gebracht und der Bolzen *e* herausgezogen. Durch Auftreten auf den oberen Teil der Platte bringt man sie in die in der Abbildung punktiert ge-

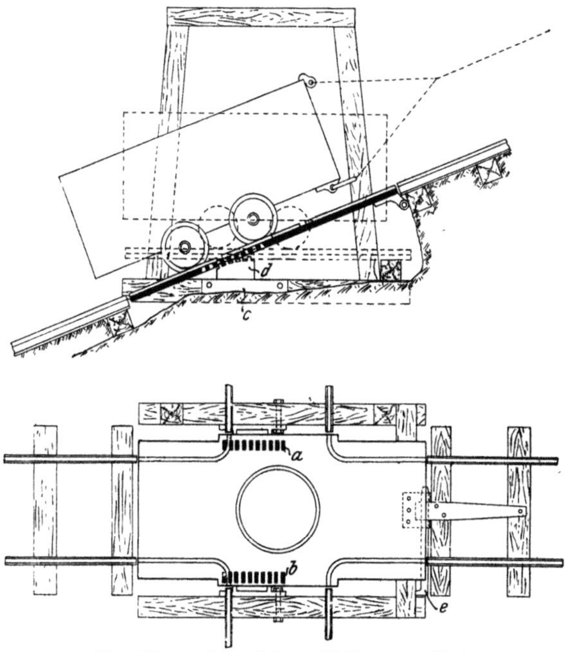

Fig. 165 a und b. Schwenkbühne von Best.

zeichnete wagerechte Lage und zieht dann den Wagen bis zum Kranze vor. Soll in umgekehrter Richtung gefördert werden, so braucht man den Wagen auf der Schwenkbühne nur etwas nach der Seite des Bremsbergeinfallens hin zu schieben; darauf wird die Platte von selbst in die geneigte Lage zurückkehren.

Auf Zeche Schlägel und Eisen, B.-R. Ost-Recklinghausen, ist eine Schwenkbühne eingeführt, die sich auf einem Gelenke *c* (Fig. 166) dreht.

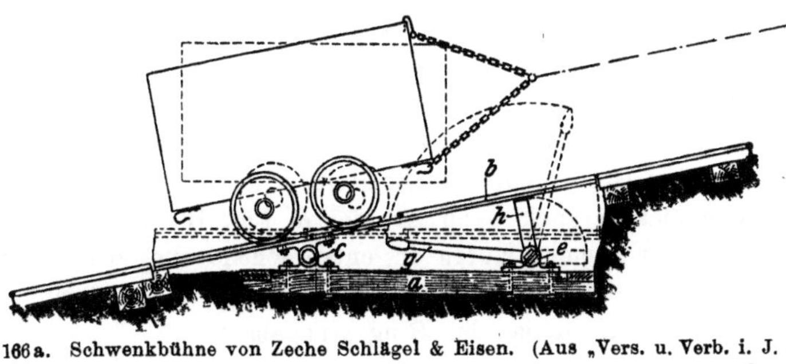

Fig. 166 a. Schwenkbühne von Zeche Schlägel & Eisen. (Aus „Vers. u. Verb. i. J. 1907".)

Es verbindet den Grundrahmen *a* mit der schmiedeeisernen Bühne *b*. In der geneigten Stellung wird die Kranzplatte *b* von der Aufsatzvorrichtung *d* festgehalten. Durch Drehen des Handhebels *g* wird der

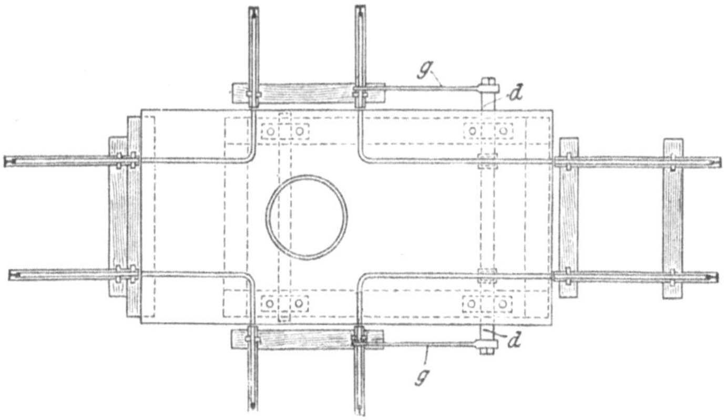

Fig. 166b. Schwenkbühne von Zeche Schlägel & Eisen. (Aus „Vers. u. Verb. i. J. 1907".)

Stützhebel *h* unter der Platte *b* weggezogen, so daß sie sich in die punktiert gezeichnete wagerechte Lage einstellt.

2. Die Drehscheiben.

Die Drehscheiben haben sich im unterirdischen Betriebe in nur geringem Maße eingeführt, weil ihnen nachgesagt wird, daß sie leicht verschmutzen und dann nicht mehr in gewünschter Weise arbeiten.

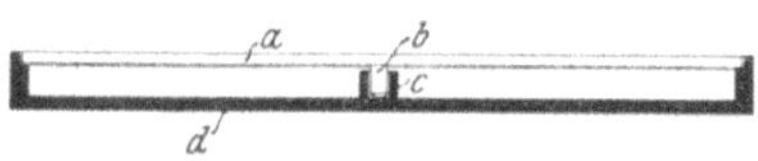

Fig. 167. Drehscheibe.

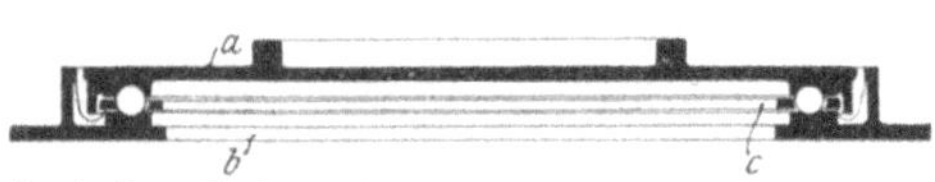

Fig. 168. Drehscheibe mit Kugellager. (Aus v. Hauer, Die Fördermaschinen.)

In ihrer einfachsten Form bestehen die Drehscheiben aus einer runden Kranzplatte *a* (Fig. 167) nebst einem senkrechten Drehzapfen *b*, der in der Mitte von ihrer Unterseite sitzt. Er dreht sich in dem auf der Fußplatte *d* sitzenden Spurtopfe *c*. Die Ränder der Fußplatte sind erhöht und dienen der Kranzplatte als Stütze.

Um die beim Drehen entstehende Reibung herabzumindern, versieht man die Drehplatten auch nach Art der in Fig. 168 abgebildeten mit Kugellagern. Die Kugeln laufen in entsprechend ausgedrehten Rillen der Kranzplatte *a* und der Unterlagsscheibe *b*; um sie in gleichbleibendem Abstande zu halten, ist der Ring *c* angebracht.

V. Die Hemmung der Wagen auf einfallender Bahn.

Um dem Schlepper das Halten des Wagens auf steiler einfallender Bahn zu erleichtern, ist das einfachste Hilfsmittel, daß in die Wagenräder hölzerne Hemmscheite oder eiserne Hemmbolzen (Fig. 169) eingeschoben werden. Je nach der Neigung der Bahn wird der Wagen auf ein, zwei oder vier Rädern gehemmt. Bei geringer Länge der steil geneigten Bahn kann man auch den Wagen an einem Seile herablassen, das man mehrere Male um einen Stempel oder um eine Spreize schlingt.

Auf Grube Maybach bei Saarbrücken erfolgte bei einem Ansteigen von 12° und mehr, namentlich auf nassem Gestänge, das Herablassen

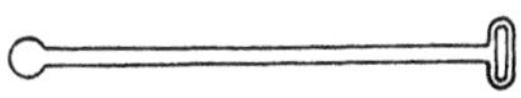

Fig. 169. Hemmbolzen.

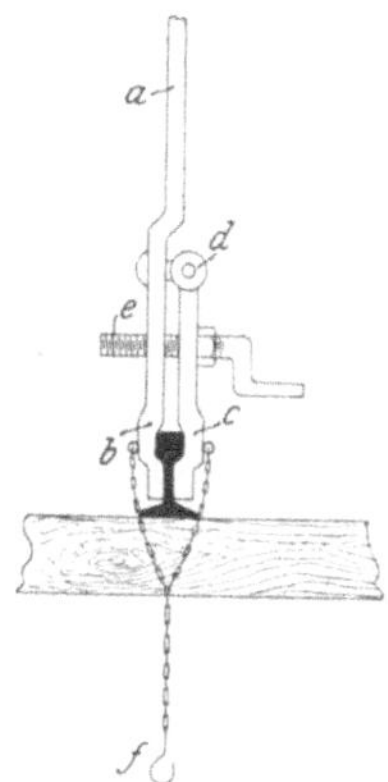

Fig. 170. Schienenklemme von Kern. (Aus „Vers. u. Verb. i. J. 1892".)

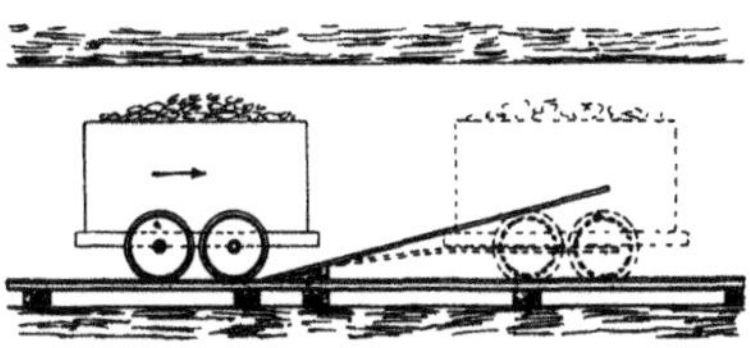

Fig. 171. Bremsbohle.

der beladenen Wagen mit Hilfe der Kernschen Schienenklemme (Fig. 170). Sie besteht aus einer Eisenstange *a*, die in eine dem Schienenprofil angepaßte Backe *b* endigt. Eine zweite Backe *c* ist um ein Gelenk *d* drehbar; mit Hilfe der Schraube *e* werden beide Backen auf die Schiene aufgepreßt. Der Haken *f* wird in eines der hinteren Wagenräder eingehakt.

Um die Geschwindigkeit freilaufender Wagen zu verlangsamen, bringt man an den Streckenstößen oder aber zwischen dem Gestänge auf der Sohle federnde Bohlen (Fig. 171) an. Sie werden durch den in der Pfeilrichtung darüber wegfahrenden Wagen niedergedrückt und halten ihn durch Reibung auf.

Denselben Zweck erreichte man auf Friedenshoffnunggrube bei Waldenburg mittels einer Bremsschiene *a* (Fig. 172a und b), die auf

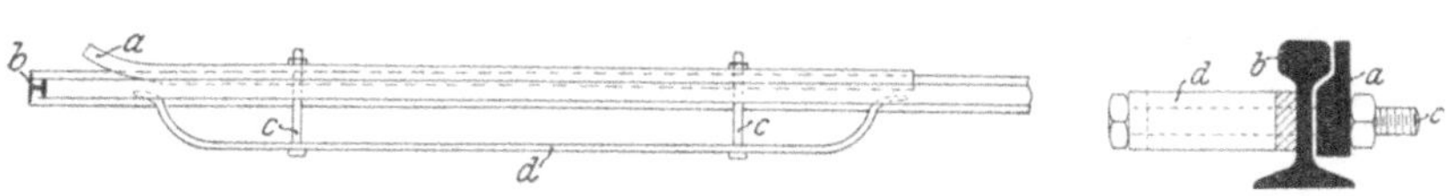

Fig. 172a und b. Bremsschiene.

der Innenseite der Gestängeschiene *b* liegt. Sie steht durch zwei Bolzen *c* in Verbindung mit der Feder *d*, von der sie fest gegen die Schiene angezogen wird. Die Bremsung erfolgt am Spurkranze des vorbeifahrenden Wagens. Je nach dem Neigungswinkel der Förderbahn baut man von diesen Bremsvorrichtungen mehrere hintereinander ein. Außerdem kann man durch Anziehen oder Lüften der Schraubenmuttern die Bremsfeder verschieden stark anspannen.

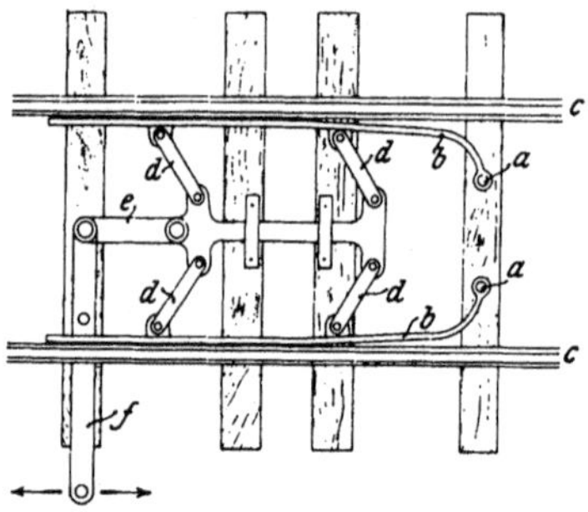

Fig. 173. Wagenhemmvorrichtung von Mathildegrube.

Soll ein Förderwagen auf geneigter Bahn, z. B. auf den Zulaufebenen zwischen einer Seilbahn und dem Füllorte des Förderschachtes, einige Zeit stillgestellt werden, so empfiehlt sich der Einbau der auf Mathildegrube-Westfeld bei Lipine in Gebrauch stehenden Feststellvorrichtung (Fig. 173). Die um die Bolzen *a* drehbaren Zwangsschienen *b* müssen, um den Wagen festzuhalten, an die Innenseiten der Schienen *c* angedrückt werden. Dies geschieht mit Hilfe der Streben *d*, Zugstange *e*, des zweiarmigen Hebels *f* und eines zum Stellbocke führenden Gestänges.

Fünfter Teil.

Die maschinelle Streckenförderung.

Benutzte Literatur.

A. Stein, Die verschiedenen Methoden der mechanischen Streckenförderungen. Gelsenkirchen.

E. Braun, Die Seilförderung auf söhliger und geneigter Schienenbahn.

E. Braun, Die Kettenförderung auf horizontaler und geneigter Schienenbahn.

Dr. Heimann, Die maschinellen Streckenförderungen auf den oberschlesischen Steinkohlengruben. „Preußische Zeitschrift" 1900 (Band 48).

R. Remy, Die Anwendung der Kettenförderung auf der Abteilung Kohlwald der fiskalischen Steinkohlengrube König bei Neunkirchen (Saarbrücken). „Preußische Zeitschrift" 1885 (Band 33).

P. Hartmann, Zusammenstellung der bei Anlage von Streckenförderanlagen zu berücksichtigenden Punkte. „Glückauf" 1898, Nr. 21.

Ernst Heckel, Wie soll der Antrieb einer maschinellen Seilförderung mit Rücksicht auf die Schonung des Seiles konstruiert sein? Bis zu welchen Streckenlängen ist die Verwendung eines endlosen Seiles aus rein technischen Gründen zulässig?

J. Treptow, Die Ketten- und Seilbahnen, über Tage und in der Grube, in dem Grubenfelde des Zwickau-Oberhohndorfer Steinkohlenbauvereins. „Sächsisches Jahrbuch" 1899.

J. Kirschniok, Seil- oder Kettenförderung? „Bergbau" XIV, Nr. 41.

Fr. Koepe, Maschinelle Streckenförderung mit elektrischem Antrieb der Zeche Ewald bei Herten i. Westf. „Glückauf" 1896, Nr. 13.

W. Bentrop, Die maschinelle Streckenförderung mit überliegendem glattem Seile ohne Ende im Hauptquerschlage der III. Sohle der Zeche „Roland" bei Oberhausen (Rheinland). „Glückauf" 1896, Nr. 21.

Fr. Stolz, Die neue Seilförderanlage auf dem kons. Steinkohlenbergwerk Fuchs bei Weißstein in Niederschlesien. „Glückauf" 1896, Nr. 23.

M. Dickmann, Maschinelle Streckenförderung mit elektrischer Kraftübertragung auf Zeche Eintracht bei Steele. „Glückauf" 1896, Nr. 36.

W. Haarmann, Förderung auf Zeche Prosper, Schacht II. „Bergbau" XX, Nr. 7, 8.

A. Allgemeines.

Zur Fortschaffung des Fördergutes werden feststehende oder ihren Platz verändernde Maschinen (Lokomotiven) verwendet, wenn es sich um Massentransporte handelt. Namentlich bei Mineralien mit geringem Handelswerte ist es sehr wichtig, daß die Kosten des Transportes recht niedrig gehalten werden, zumal da die bis zum Schachte zurückzulegenden Wege häufig sehr lang sind. Aber auch auf sehr kurzen Förderwegen wird die mechanische Weiterbewegung der Wagen gern und mit Vorteil angewendet, z. B. in den Umbruchsörtern der Hauptförderschächte, zwischen Hängebank und Rätterwerk usw. Im allgemeinen wird, wenn es sich um lange Förderwege handelt, angegeben, daß sich eine maschinelle Fördereinrichtung verzinst, wenn zur Bewältigung des Wagenverkehrs 6—7 Pferde erforderlich sind, bzw. die Weglänge 500—600 m beträgt. Es ist dies jedoch eine nur sehr oberflächliche Angabe; denn die Ersparnisse, die man mit mechanischer Förderung erzielen kann, hängen von einer großen Zahl von Umständen ab, die nicht nur in den verschiedenen Bergbaubezirken sehr voneinander abweichen, sondern sich auch im Laufe der Zeit innerhalb desselben Bezirkes ändern. Solche Einflüsse sind die Löhne für Arbeiter, die Preise der Pferde und Futtermittel, die Tiefe der Schächte und damit zusammenhängend die Größe der ihnen zugewiesenen Baufelder usw. Es wird also immer vor Einrichtung einer maschinell angetriebenen Streckenförderung durch sehr eingehende Berechnungen ermittelt werden müssen, ob sich diese auch verzinsen wird.

Die jetzt üblichen Fördereinrichtungen mit feststehenden Antriebsmaschinen besitzen als Zugmittel, mit dem die Förderwagen verbunden werden, entweder ein endloses Seil oder eine endlose Kette. Je nachdem, ob diese über den Wagen oder unter ihnen laufen, spricht man von

Förderung mit Oberseil (Oberkette) oder
Förderung mit Unterseil (Unterkette).

Als Vorläufer von ihnen seien im folgenden zunächst einige ältere Verfahren kurz beschrieben.

B. Die Streckenförderung mit offenem Seil.

I. Die Förderung mit Seil und Gegenseil. (Fig. 174.)

An jedem Ende der Förderstrecke ist bei der Förderung mit Seil und Gegenseil eine Seiltrommel mit Antriebsmaschine aufgestellt. Die

Fig. 174. Förderung mit Seil und Gegenseil.

Wagen werden zu Zügen von beliebiger Länge (bis 120 Wagen) zusammengesetzt. Dadurch, daß die beiden Maschinen abwechselnd in Gang gesetzt werden, werden einmal die vollen Züge in der einen, dann die leeren Züge in der anderen Richtung befördert. Das Verfahren hat den Nachteil, daß man zwei Antriebsmaschinen aufstellen muß und zu jeder einen Wärter braucht.

II. Die Förderung mit Vorderseil und Hinterseil. (Fig. 175.)

Die Antriebsmaschine steht bei diesem Förderverfahren an dem einen Ende der Förderstrecke und hat zwei Seiltrommeln, die eine für

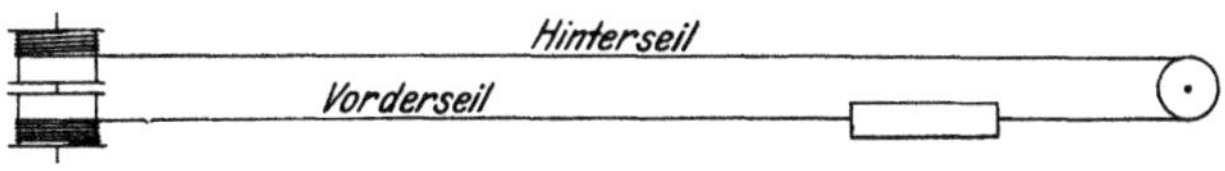

Fig. 175. Förderung mit Vorderseil und Hinterseil.

das Vorderseil, die andere für das Hinterseil. Die Züge müssen immer eine gleichbleibende Länge haben, wenn man nicht bei kürzeren Zügen entsprechende Seilstücke einschalten will. Die Maschine läuft abwechselnd in der einen und dann in der anderen Richtung. Die Länge des Vorderseiles entspricht der einfachen, die des Hinterseiles der doppelten Bahnlänge. Das Hinterseil hat nur die Leerzüge zu ziehen, kann also wesentlich schwächer sein. Es wird am Streckenstoße oder unter der Firste über Rollen geleitet.

III. Die Förderung mit zwei Vorderseilen und einem Verbindungsseile. (Fig. 176.)

Die Förderbahn ist zweigleisig. Die Fördergefäße stehen auf Gestellwagen, die ständig an ihr Vorderseil und an das Verbindungsseil angeschlagen bleiben.

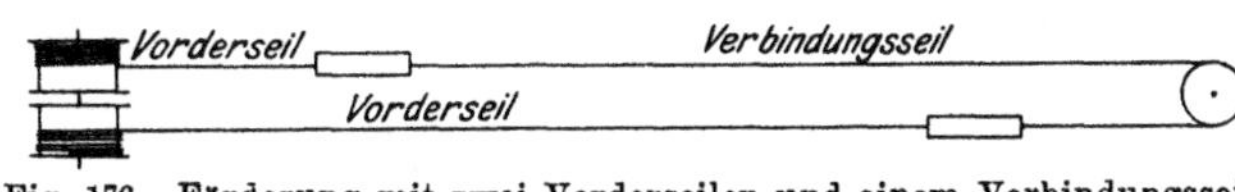

Fig. 176. Förderung mit zwei Vorderseilen und einem Verbindungsseil.

C. Die Streckenförderung mit geschlossenem Seil und geschlossener Kette.

I. Die Förderung mit Oberseil und Oberkette.

a) Die Lage der Antriebsmaschine.

Der Antrieb für eine maschinelle Seil- oder Kettenförderung soll am besten in der Verlängerung der Förderstrecke liegen. Jede andere Lage bedingt eine Ablenkung und somit eine schädliche Beeinflussung des Seiles. Als erschwerender Umstand kommt hinzu, daß der Förderschacht ebenfalls am zweckmäßigsten so angelegt wird, daß die Förderwagen aus der Strecke in gerader Richtung auf die Schale zulaufen. Dadurch ergeben sich folgende drei Möglichkeiten:

1. Die Antriebsmaschine und der Schacht liegen in der Verlängerung der Seilförderstrecke;
2. die Antriebsmaschine liegt in der Verlängerung der Seilförderstrecke, der Schacht aber abseits;
3. der Schacht liegt in der Verlängerung der Seilförderstrecke, die Maschine aber abseits.

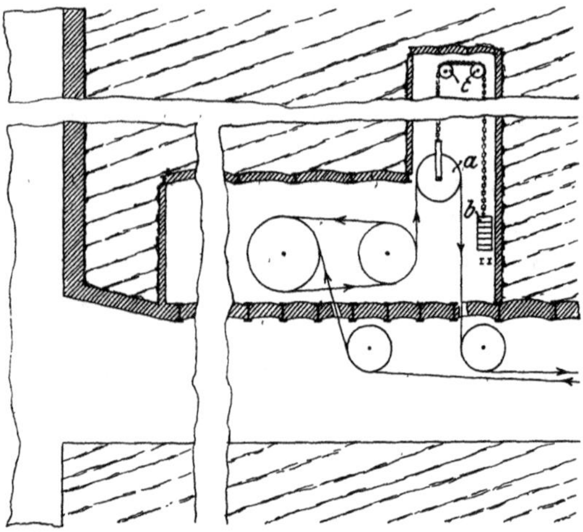

Fig. 177. Antriebsmaschine in der Firste einer Seilförderstrecke.

Im ersten dieser drei Fälle kann die Antriebsmaschine vor den Schacht oder auch hinter ihn gelegt werden. Das erstere wird nicht gern gemacht, weil dann der Maschinenraum in der Streckenfirste ausgeschossen

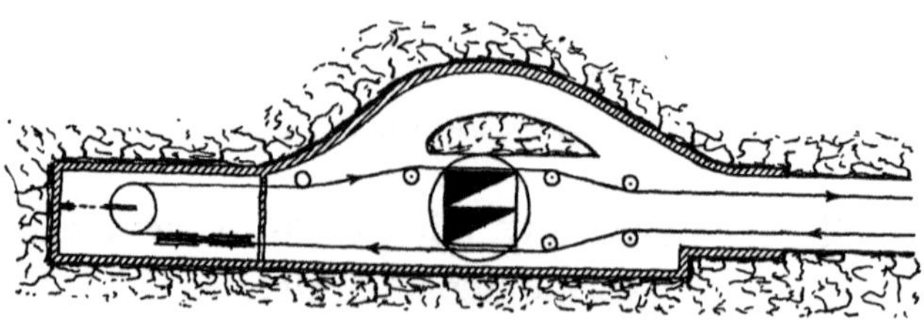

Fig. 178. Lage von Schacht und Antriebsmaschine in der Verlängerung der Seilförderstrecke.

und die Maschine selbst auf starken Querträgern verlagert werden muß; die Förderwagen laufen somit unter ihr durch dem Schachte zu (Fig. 177). Wird dagegen die Antriebsmaschine hinter den Schacht verlegt, so müssen die beiden Seilstränge durch diesen hindurch (Fig. 178) oder um ihn herum (Fig. 179) geführt werden.

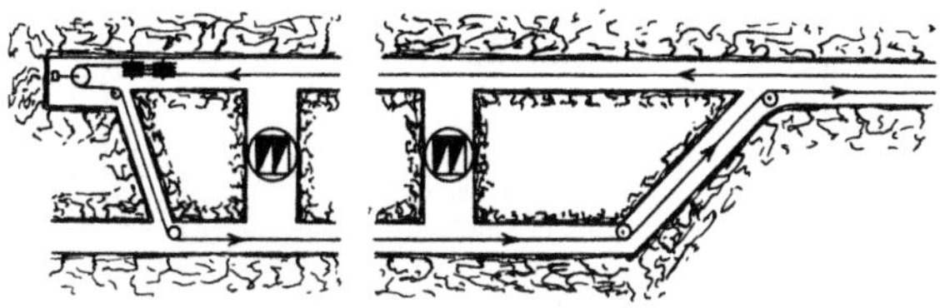

Fig. 179. Umführung des Förderseiles um den Schacht.

Liegt der Schacht seitlich neben der Förderstrecke, so müssen die Fördergefäße eine Krümmung durchlaufen (Fig. 180).

Fig. 180. Lage des Schachtes neben der Seilförderstrecke.

Wird dagegen die Antriebsmaschine seitlich neben der Strecke aufgestellt (Fig. 181), so muß das Seil um Leitscheiben dorthin ab-

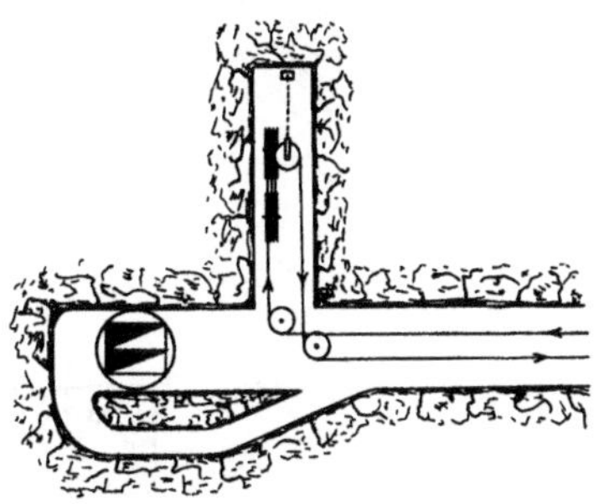

Fig. 181. Lage der Antriebsmaschine neben der Seilförderstrecke.

gelenkt werden; dadurch wird aber die Zahl der schädlichen Seilbiegungen vermehrt. Auf Konkordiagrube bei Zabrze ist dem dadurch abgeholfen worden, daß die Antriebsscheiben in der Förderstrecke unter der Firste eingebaut wurden; die Antriebsmaschine dagegen steht etwas abseits und überträgt ihre Kraft nach den Antriebsscheiben durch mehrere Zahnradvorgelege (Fig. 182 a und b).

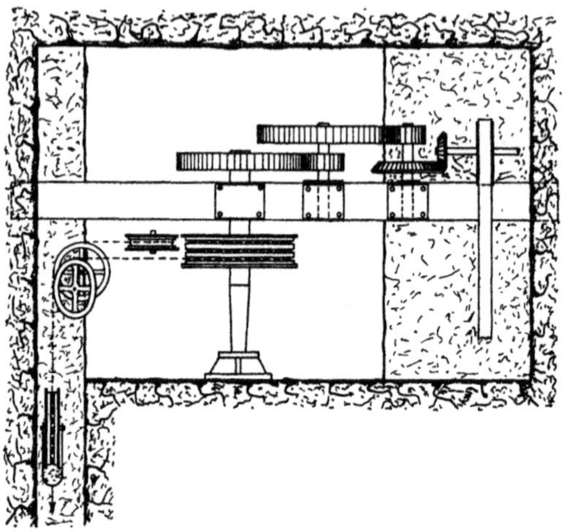

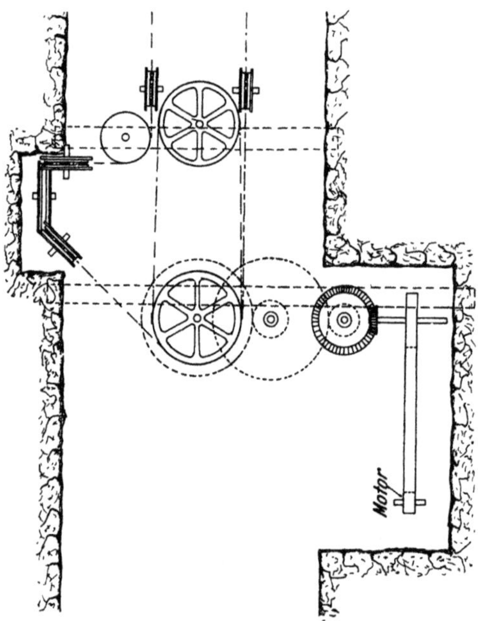

Fig. 182 a und b.
Lage der Antriebsmaschine neben der Strecke,
Lage der Antriebsscheibe in der Streckenfirste.

Auf Ferdinandgrube bei Kattowitz mußte die Antriebsmaschine einer Streckenförderung etwa 30 m weit vom Schachte entfernt aufgestellt werden. Um trotzdem mit dem Seile bis an den Schacht heran fördern zu können, wurden, wie Fig. 183 zeigt, zwei tote Seilstränge bis zu diesem hingeführt.

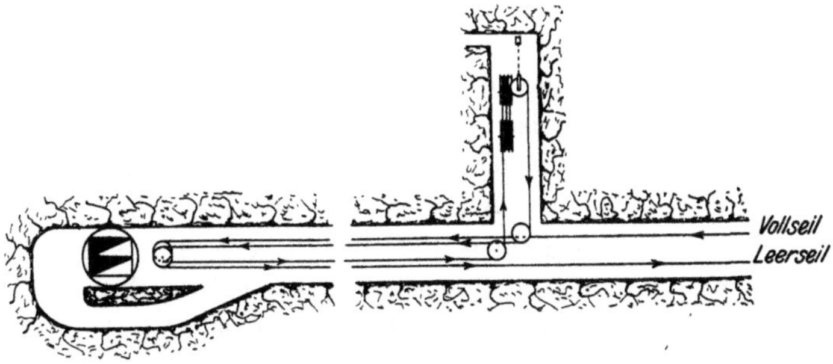

Fig. 183. Führung des Förderseiles von der Antriebsmaschine bis zu dem entfernt liegenden Schachte.

b) Die Antriebsmaschinen.

Die Kräfte, mit deren Hilfe die Seil- und Kettenförderungen in Gang gesetzt werden, sind sämtliche im Bergbau zur Verwendung kommenden Elementarkräfte. Dies war bisher in erster Reihe der Dampf. Dieser wird aber mehr und mehr durch die Elektrizität verdrängt. Außerdem werden auch hier und da Druckwasser oder Preßluft angewendet.

Das Druckwasser wird den Steigerohren der unterirdischen Wasserhaltungen entnommen oder besser in höher gelegenen Bauen aufgefangen und der Maschine in Rohrleitungen zugeführt. Als Maschinen werden sehr gern die Peltonräder gewählt.

Die Preßluft hat den Vorteil, daß sie nach geleisteter Arbeit noch die Grubenwetter auffrischt. Ein ihr anhaftender Nachteil ist, daß sie sich während der Expansion (Ausdehnung) stark abkühlt und dadurch die Auspufföffnung zum Einfrieren bringt. Um sich dagegen zu schützen, muß man sie vorher gut abtrocknen oder vor dem Eintritt in die Maschine vorwärmen, oder man vermeidet das Arbeiten mit starker Expansion.

Die Maschinen sollen, soweit sie mit Dampf oder Druckluft betrieben werden, zwei Zylinder besitzen, weil diese sich besser in Gang setzen lassen als die einzylindrigen. Eine Umsteuerung ist bei Seilförderungen nicht erforderlich, wohl aber bei Kettenförderungen. Bei den ersteren kommen Seilbrüche, gute Beaufsichtigung vorausgesetzt, nicht vor. Eine Kette dagegen reißt, namentlich wenn sie älter geworden ist, immer, ohne daß man es vorher merkt. Die gerissenen Kettenenden fliegen dann sehr weit auseinander und können oft nur dadurch wieder zusammengebracht werden, daß man die Maschine erst vorwärts laufen läßt und mit ihrer Hilfe das eine Kettenstück wieder straff spannt und dann mit rückwärtsgehender Maschine auch das andere Kettenstück anspannt.

Soll die Maschine schnell stillgestellt werden können, so muß sie mit einer Bremse versehen sein. Diese kann eine Handbremse sein oder aber eine selbsttätige; die letztere tritt in Wirksamkeit, sobald der Dampf oder der elektrische Strom abgesperrt wird.

Von Vorteil ist auch die Anbringung eines selbstschreibenden Geschwindigkeitsmessers, z. B. desjenigen von Karlik. Er zeichnet stets die Fördergeschwindigkeit und die Pausen auf. Auf Schlesiengrube bei Beuthen, O.-S., muß der Maschinenwärter über jede Pause einen Vermerk in ein besonderes Heft eintragen mit Angaben über den Grund und die Dauer der Pause. Dadurch wird vermieden, daß die Bedienungsmannschaften der verschiedenen Anschlagspunkte die Schuld von sich auf andere abwälzen.

1. Die Antriebsscheiben für Seilförderungen.

Um das Seil in Bewegung zu setzen, wird es mehrere Male um zwei oder mehr Scheiben gewickelt. Man hat oft versucht, mit nur einer Scheibe auszukommen; wenn dies auch in verschiedenen Fällen gelungen ist, so haben sich doch derartige Nachteile, meistens für das Seil, ergeben, daß man immer wieder zu den mehrrilligen und aus mehreren Scheiben zusammengesetzten Antriebsvorrichtungen zurückkehrte.

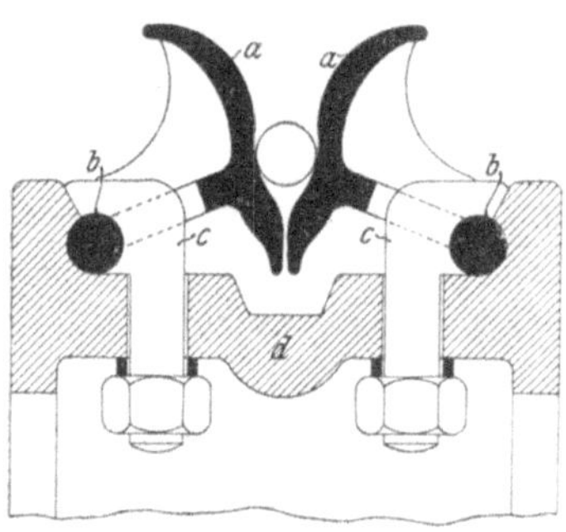

Fig. 184. Klemmbackenscheibe. (Aus Stein, Die verschiedenen Methoden der mechanischen Streckenförderungen.)

Ein derartiger Versuch war beispielsweise die Klemmbackenscheibe (Fig. 184). Die Klemmbacken *a* haben am Fuße Drehzapfen *b*; diese werden von den Hakenschrauben *c* gehalten, die durch den Kranz *d* der Antriebsscheibe durchgesteckt werden. Der hauptsächlichste, den Klemmbacken anhaftende Nachteil ist, daß sie das Seil um so stärker quetschen, je größer der Zug ist, und daß sie es nicht rechtzeitig loslassen. Das Seil braucht hier nur mit etwa einer halben Umschlingung aufzuliegen.

Nach J. Treptow ist beim Zwickau-Oberhohndorfer Steinkohlenbauverein die Saarbrückener Kettentrommel (Fig. 199), auf der sich das Seil in mehreren nebeneinander liegenden Windungen aufwickelte, mit gutem Erfolge zur Anwendung gekommen.

Das am häufigsten sich findende Verfahren des Seilantriebes ist das mit einer mehrrilligen Antriebsscheibe *a* und einer ebensolchen

Gegenscheibe *b*. Das Seil schlingt sich in Form einer 0 (Fig. 185) oder einer 8 (Fig. 186) abwechselnd um die eine und dann wieder um die andere von ihnen, indem es von der ersten Rille der Antriebsscheibe *a* nach der ersten Rille der Gegenscheibe *b*, von dieser auf die zweite Rille der Antriebsscheibe *a* und wieder nach der zweiten Rille der Gegenscheibe *b* usw. läuft.

Die Kreuzung der Seilstränge zwischen Haupt- und Gegenscheibe vergrößert zwar den Umschlingungsbogen, bedingt aber, daß das Seil wiederholt nach entgegengesetzten Richtungen gebogen wird.

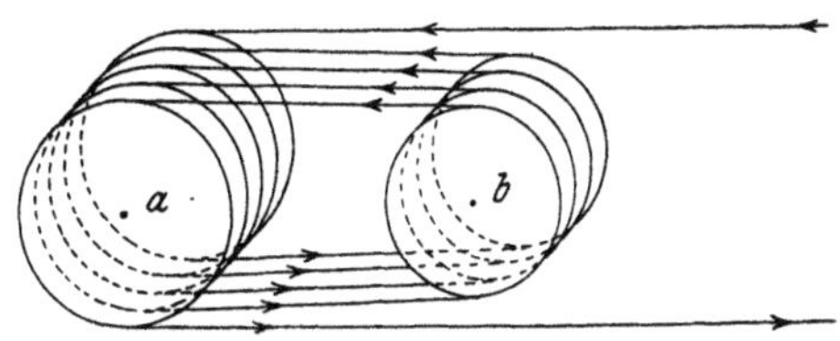

Fig. 185. 0-Führung des Seiles.

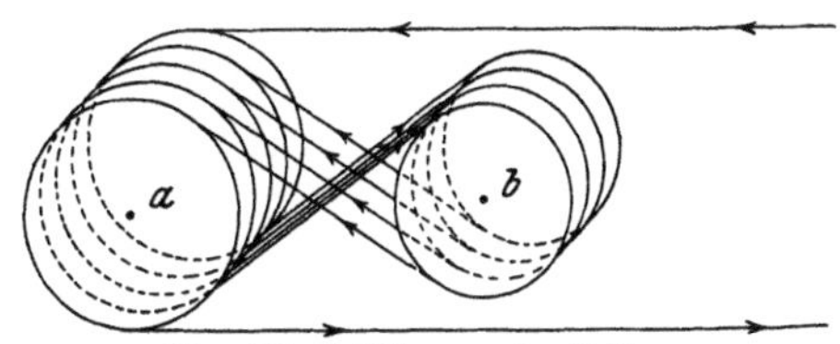

Fig. 186. 8-Führung des Seiles.

Liegt die Gegenscheibe zu nahe an der Antriebsscheibe, so ist die Folge, daß die zwischen beiden Scheiben laufenden Seilstücke mit den Rillenebenen schiefe Winkel bilden. Die Rillen werden dadurch schnell ausgeschliffen. Besteht die Gegenscheibe aus den weiter unten angeführten Gründen aus lauter Einzelscheiben, so brechen diese um so leichter, je größer der Ablenkungswinkel des Seiles gegen die von den Rillen gebildete Ebene ist. Dies hat man beispielsweise auf Deutschlandgrube, O.-S., erst dadurch beseitigen können, daß man die Gegenscheibe auf 4 m Abstand von der Hauptscheibe abrückte (Fig. 210).

Ein anderes Vorbeugungsmittel ist, daß die Welle der Gegenscheibe geneigt verlagert wird (Fig. 187). Der Neigungswinkel ist so zu bemessen, daß das Seil in gerader Richtung von einer Rille nach der anderen übergeht.

Der Durchmesser der beiden Scheiben soll mit Rücksicht auf die Schonung des Seiles möglichst groß genommen werden; er soll nach S t e i n nicht unter dem 1250—1500fachen der Drahtstärke sein. Die Gegenscheibe ist fast stets kleiner als die Antriebsscheibe. Mit der Größe der Scheiben gewinnt man auch den Vorteil, daß der Normaldruck des Seiles verringert wird und sich die Rillen infolgedessen weniger schnell abnutzen.

Die Rillen für das Seil können mit den beiden Scheiben sofort mitgegossen werden. Es läuft dann also Eisen auf Eisen. Der Grund einer jeden Rille muß den Abmessungen des Seiles genau entsprechen, also rund sein. Doch werden die Rillen auch ab und zu so gegossen, daß sie sich nach unten keilförmig verengen (Fig. 188). Dadurch wird zwar die Reibung zwischen Seil und Seilscheibe wesentlich erhöht, aber das Seil stark gequetscht. Diese Gestalt brauchen nur die Rillen der Antriebsscheibe zu haben, nicht aber auch die der Gegenscheibe; denn diese letztere ist ja nur dazu da, das Seil nach jeder neuen Rille der Hauptscheibe hinüberzuleiten, ohne selbst antreibend auf dieses zu wirken.

Will man das Seil und die Seilscheiben mehr schonen und gleichzeitig eine größere Reibung erzielen, so füttert man die Scheiben mit

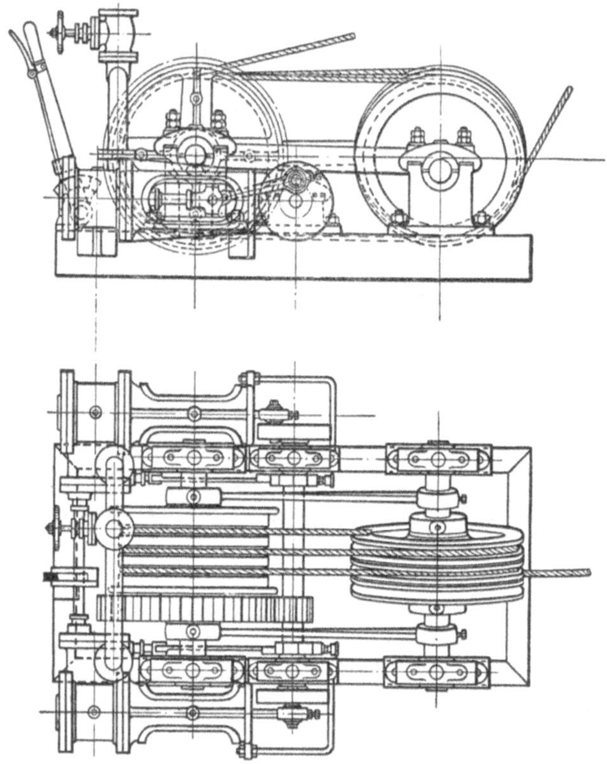

Fig. 187. Antriebsmaschine von Beien mit geneigter Gegenscheibe.

Holz, Leder oder Hanf aus. Letzterer wird in Gestalt von Zöpfen oder Tauen in die keilförmige Rille eingelegt.

Das Lederfutter besteht aus einzelnen Lederscheiben *a* (Fig. 189), die auf ein dünnes Drahtseil *b* aufgereiht werden. Die Enden dieses Seiles gehen durch schräge Löcher im Scheibenkranze nach den Armen und sind dort in Ösen *c* eingehakt.

Zum Holzfutter wird Eiche, Akazie oder Weißbuche genommen. Im Scheibenkranze ist eine seine ganze Breite einnehmende Nut vorhanden, in welche die Futterklötze eingesetzt werden (Fig. 190). Jeder einzelne Klotz wird durch Schraubenbolzen mit versenkten Köpfen festgehalten. Alsdann werden in dieses Futter die Rillen eingedreht.

Eine andere Art der Befestigung, D.R.P. 164825, führt die Gewerkschaft Eisenhütte Westfalia zu Lünen a. d. Lippe aus. Die Futterklötze werden durch die übergreifenden Flanschen *a* (Fig. 191) des Scheibenkranzes festgehalten. Dieser Rand hat nur an der Stelle, wo das Futter eingeschoben wird, eine Lücke. In dieser muß der Schlußklotz *b* durch zwei Schrauben befestigt werden.

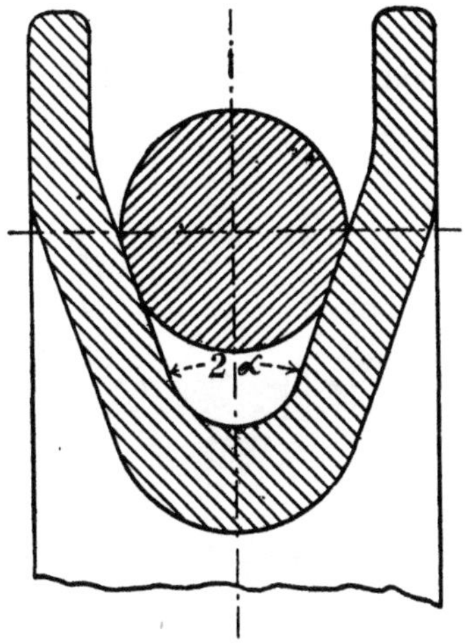

Fig. 188. Seilscheibe mit keilförmiger Rille. (Aus Ernst, Die Hebezeuge.)

In den einzelnen Rillen der Antriebsscheibe ist der Seildruck verschieden groß. Er ist in der ersten, der Auflaufrille, am stärksten, weil von dieser das gesamte, in der Förderstrecke laufende Seil herangeholt werden muß. In jeder folgenden Rille wird der Seilzug und infolgedessen auch sein Druck geringer. Damit hängt unmittelbar zusammen, daß sich die Auflaufrille am schnellsten vertieft, jede folgende aber weniger schnell. Dieses Vertiefen der Rillen geht bei Holzfutter schneller vor sich, als wenn das Seil unmittelbar auf Eisen laufen würde.

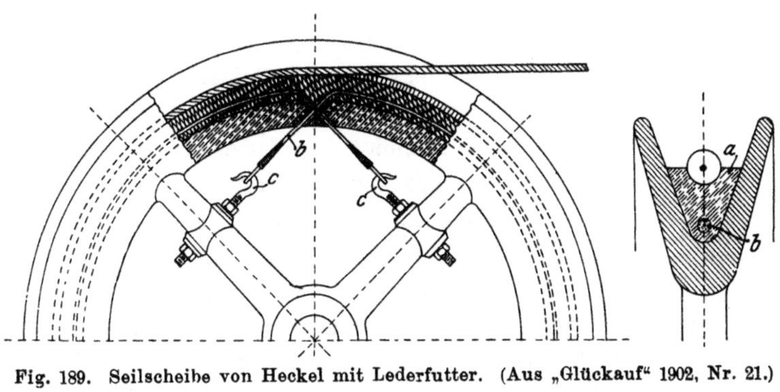

Fig. 189. Seilscheibe von Heckel mit Lederfutter. (Aus „Glückauf" 1902, Nr. 21.)

Weil nun sämtliche Rillen dieser einen Scheibe, der Antriebsscheibe, verschiedenen Halbmesser haben, sich aber mit der gleichen Winkelgeschwindigkeit drehen, wird von der Scheibe weniger Seil herangeholt wie von der letzten Rille abläuft. Infolgedessen rutscht das Seil sowohl auf der Hauptscheibe als auch auf der Gegenscheibe.

Diesem Rutschen des Seiles kann man nur teilweise vorbeugen. So dreht man beispielsweise von Anfang an jede einzelne Rille mit verschiedenem Durchmesser ein (Stufenscheibe), und zwar erhält die Auflaufrille den größten, jede folgende Rille einen um einige Millimeter geringeren Durchmesser als die ihr vorhergehende. Zwar wird dadurch auch anfänglich ein Rutschen des Seiles bewirkt, doch tritt bald Ruhe ein; denn man will beobachtet haben, daß die Rillen sich nur anfangs schnell einarbeiten, daß ihre Vertiefung aber später weit langsamer vor

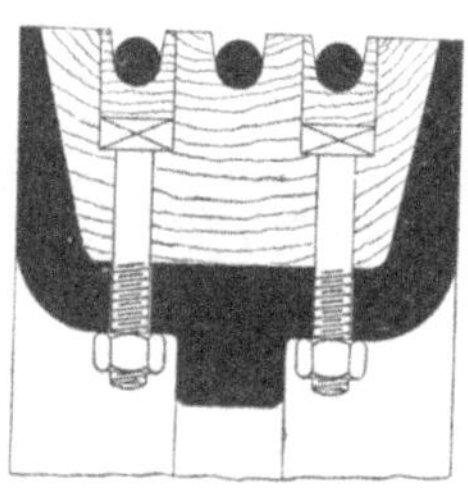

Fig. 190. Antriebsscheibe mit Holzfutter.

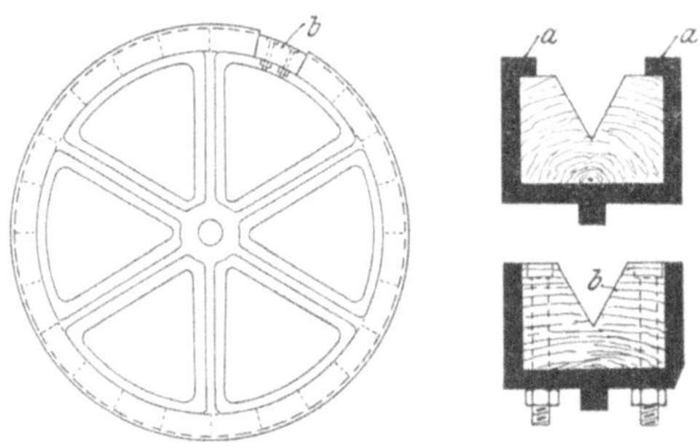

Fig. 191. Seilscheibe der Eisenhütte Westfalia.

sich geht. Die Rillen werden also längere Zeit hindurch gleichen oder doch annähernd gleichen Durchmesser behalten.

Nach einem anderen, häufiger angewendeten Verfahren wird die Gegenscheibe nicht aus einer mehrrilligen, sondern aus mehreren einrilligen Scheiben zusammengesetzt (Differenzialscheibe). Von diesen ist nur eine einzige auf die Welle fest aufgekeilt, die anderen sitzen auf der Welle lose drehbar. Der Erfolg davon ist, daß sich jede von diesen Einzelscheiben mit der Geschwindigkeit dreht, welche das Seil an dieser Stelle besitzt. Tatsächlich kann man auch beobachten, daß sich die gegenseitige Stellung ihrer Speichen innerhalb einer nur kurzen Zeit ändert. Das Rutschen des Seiles in den Rillen der Hauptscheibe läßt sich dadurch nicht vermeiden.

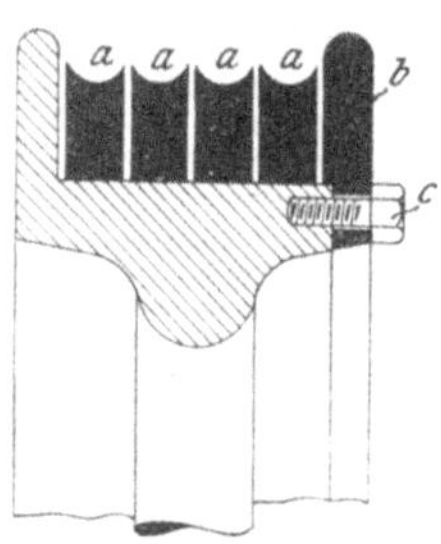

Fig. 192. Walkersche Gegenscheibe.

Ein diesen Einzelscheiben anhaftender Nachteil ist, daß sie verhältnismäßig zierlich ausfallen und daher leicht brechen. Um dies zu vermeiden, ist auf Königsgrube, O.-S., die Walkersche Scheibe (Fig. 192) in Gebrauch. Sie hat einen breiten Kranz, in den so viele mit Rillen versehene Stahlringe *a* eingesetzt sind wie Seilumwindungen erfordert werden. Um sie auswechseln zu können, ist der eine Flansch *b* lose und mit Schrauben *c* am Kranze befestigt.

Nach denselben eben angeführten Grundsätzen ist der Seilantrieb

(Fig. 193) von J o r i s s e n & C o., Düsseldorf, ausgeführt. Die Antriebsscheibe *a* ist eine Stufenscheibe, d. h. die Auflaufrille hat den größten, die Endrille den kleinsten Durchmesser. Die als Ersatz für die Gegenscheibe dienenden Einzelscheiben *b*, *c* und *d* sitzen auf zwei verschie-

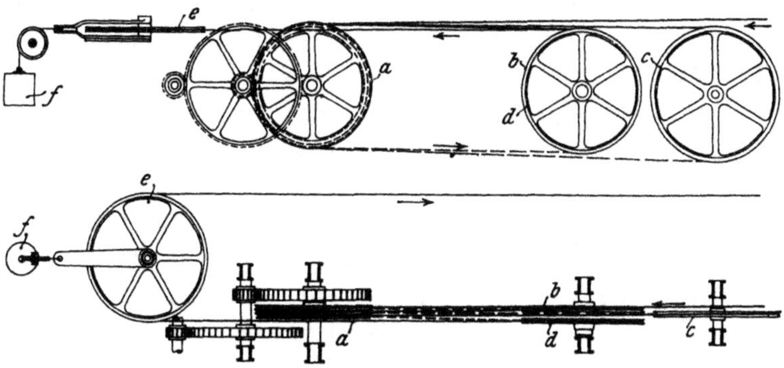

Fig. 193. Seilantrieb von Jorissen.

denen Wellen. Dadurch ist es ermöglicht, sie kräftiger und haltbarer auszuführen.

Die Eintrachthütte baut neuerdings Antriebsmaschinen mit zwei hintereinander liegenden Antriebsscheiben *a* und *b* (Fig. 194). Sie werden

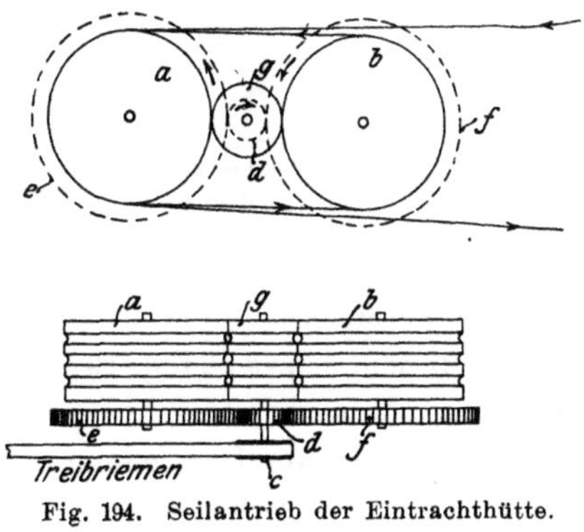

Fig. 194. Seilantrieb der Eintrachthütte.

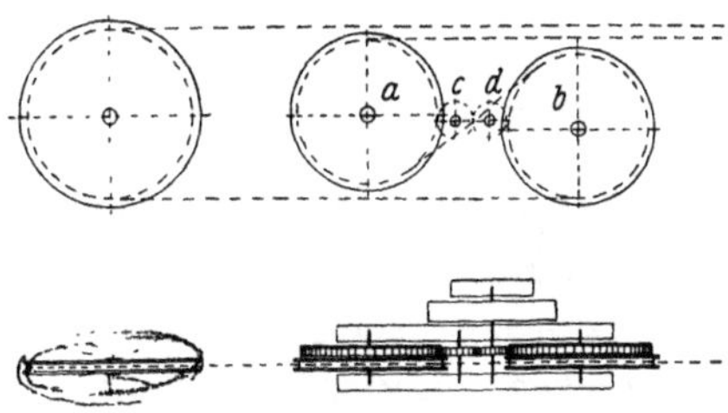

Fig. 195. Seilantrieb von Heckel.

von der Hauptwelle *c* aus durch die Zahnräder *d*, *e* und *f* in gleicher Drehrichtung getrieben. Um die Lager zu entlasten, wird zwischen beiden Antriebsscheiben die Druckrolle *g* angebracht; es ist das eine Vorsichtsmaßregel, die sich auch bei den Maschinen mancher anderen Fabriken findet.

Die Firma G. H e c k e l in St. Johann-Saarbrücken verwirft bei den von ihr gebauten Seilförderanlagen die mehrrilligen Scheiben vollständig. Die beiden hintereinander stehenden Antriebsscheiben *a* und *b* (Fig. 195) erhalten nur je eine Rille. Der Scheibendurchmesser beträgt bei einer

Stärke der Antriebsmaschine von ca. 40 PS 3 m, bei solchen von ca. 80 PS 4 m und darüber. Weil sich die beiden Scheiben nach entgegengesetzten Richtungen drehen, sind zu ihrem Antriebe zwei kleine Zahnräder *c* und *d* erforderlich.

Eine von der Wilhelmshütte, Waldenburg, gebaute Streckenfördermaschine von Kleophasgrube bei Kattowitz hat ebenfalls eine nur einrillige Antriebsscheibe *a* (Fig. 196); von der Gegenscheibe *b* geht das Seil nach der Spannvorrichtung *c* und von dort aus über eine Scheibe *d*, die neben der Gegenscheibe liegt, ins Feld.

2. Die Antriebsscheiben für Kettenförderungen.

Zum Antriebe von Kettenförderungen wird gern, ähnlich wie bei den Seilförderungen, eine mehrrillige Antriebsscheibe und eine aus mehreren Einzelscheiben zusammengesetzte Gegenscheibe verwendet.

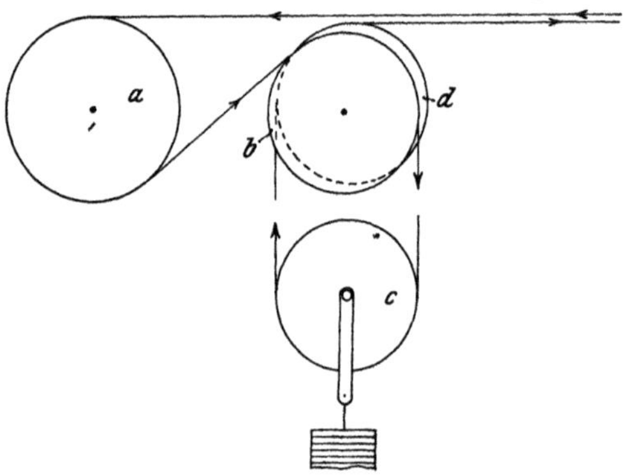

Fig. 196. Seilantrieb der Wilhelmshütte.

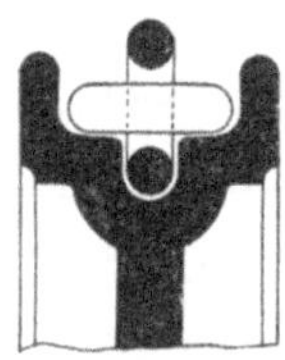

Fig. 197. Kettenscheibe. (Aus Reuleaux, Der Konstrukteur.)

Der einzige Unterschied gegenüber den Seilförderungen besteht in der Form der Rillen, die der Kettengestalt angepaßt sein müssen (Fig. 197).

Fast ebenso häufig findet sich als Antriebsvorrichtung die konische oder Saarbrückener Kettentrommel (Fig. 198). Sie hat einen Durchmesser bis zu 2 m; die Holzklötze, mit denen der Laufmantel belegt ist, sind konisch abgedreht. Die Kurve, nach der dies geschieht, wird am besten von Fall zu Fall durch praktische Versuche ermittelt. Auf den Werken des Zwickau-Oberhohndorfer Steinkohlenbauvereins erhielt der Holzbelag einen Beschlag *a* von Blech, um der zu schnellen Abnutzung und besonders auch der Rillenbildung vorzubeugen. Abgegossene Einsatzstücke *b*, die auch versucht wurden, nutzten sich schnell ab, namentlich nachdem sich die harte Gußkruste durchgerieben hatte.

Die Kette läuft immer auf dem größten Durchmesser der Trommel auf und auf dem kleinsten Durchmesser wieder ab. Da eine Gegenscheibe fehlt, muß die Kette auf dem Trommelmantel nach diesem kleinsten Durchmesser hin ruckweise abrutschen. Die Zahl der Kettenumschlingungen hängt von der Länge der Kette und von ihrer Belastung ab; sie beträgt für gewöhnlich $1^1/_2 - 3^1/_2$ Windungen.

Ein Überklettern der Kette oder ein Herunterfallen wird durch breite seitliche Flanschen oder kräftige Pratzen *c* (Fig. 198) verhindert.

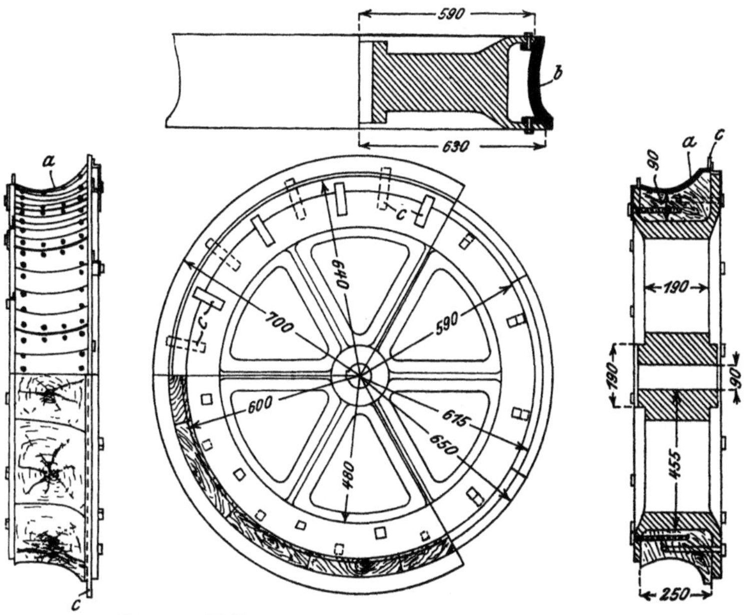

Fig. 198. Kettentrommel. (Aus „Sächs. Jahrbuch" 1899.)

Die Kettentrommel kann jede beliebige Lage erhalten; ihre Welle kann also sowohl senkrecht stehen als auch wagerecht liegen. Bei stehender Welle kann wiederum der größte Durchmesser oben oder auch unten liegen. In beiden Fällen muß jeder Kettenstrang dicht vor

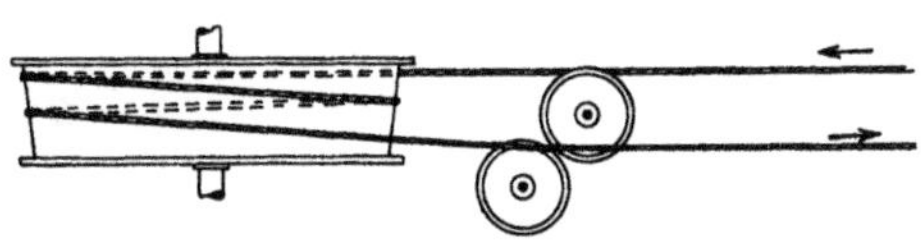

Fig. 199. Kettentrommel.

der Antriebstrommel durch Tragerollen (Fig. 199) in der richtigen Höhenlage erhalten werden.

Bei nur kurzen Förderbahnen lassen sich einfachere Kettenscheiben verwenden. Da ihr Kranz mit Vorsprüngen bzw. mit Vertiefungen versehen ist, die sich der Form der Kettenglieder anpassen, braucht die Förderkette nur eine halbe Umschlingung zu machen. Solche Scheiben wären beispielsweise die Dornenscheibe und die B r i a r t sche Scheibe.

Die Dornenscheibe (Fig. 200) hat für jedes zweite Kettenglied in ihrem Kranze Dornen eingekeilt, die sich in die Öffnungen der liegenden Kettenglieder einschieben und so die Kette mitnehmen.

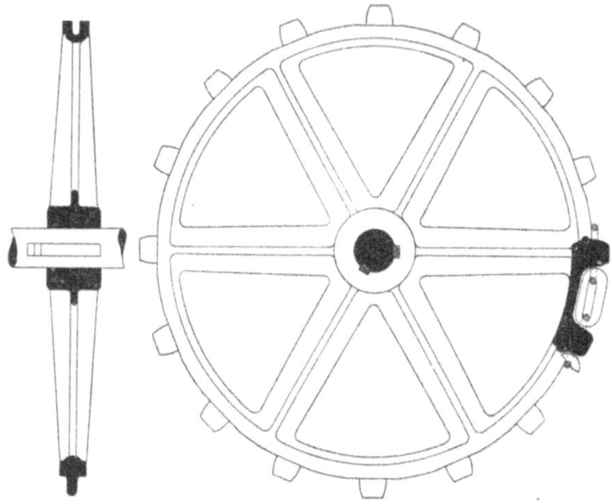

Fig. 200. Dornenscheibe.

Die Briartsche Scheibe (Fig. 201) nimmt darauf Rücksicht, daß sich die Kettenglieder im Laufe des Betriebes längen. Die Klauen *a* sind im Scheibenkranze festgeschraubt und können entsprechend der Längung der Kettenglieder nachgestellt werden.

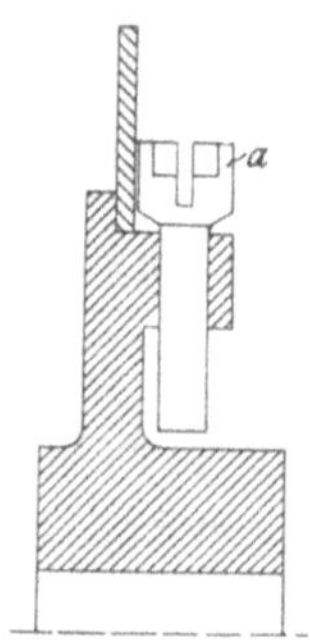

Fig. 201. Briartsche Kettenscheibe. (Aus Stein, Die verschiedenen Methoden der mechanischen Streckenförderungen.)

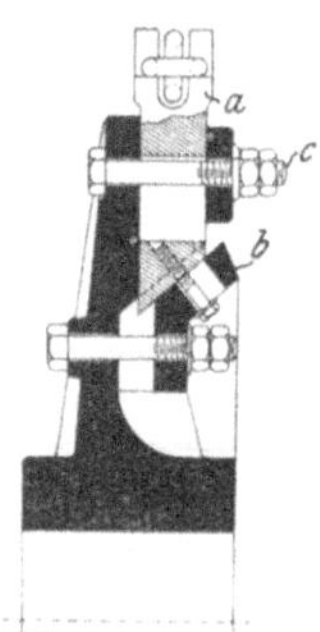

Fig. 202. Kettenscheibe von Heckel.

Bei der Heckelschen Kettengreiferscheibe (Fig. 202 und 203) sitzen die einzelnen Klauen *a* mit abgeschrägtem Fuße auf einem kegelförmigen Scheibenkranze *b*. Wird dieser in achsialer Richtung angezogen, so verstellen sich die Greifer gleichmäßig in radialer Richtung. Außerdem kann jede Klaue noch mit Hilfe der Schraube *c* für sich allein verstellt werden.

c) Die Spannvorrichtungen.

Jedes Seil und jede Kette längt sich im Laufe der Aufliegezeit. Dies gilt namentlich für die Förderketten, weil sich ihre Glieder an den Berührungsstellen gegenseitig abschleifen. Außerdem strecken sich die Glieder auch noch infolge der Belastung. Die gleiche Beobachtung kann man an Seilen machen. Bei ihnen ist die Längung namentlich in der ersten Zeit des Aufliegens groß und läßt nachher wesentlich

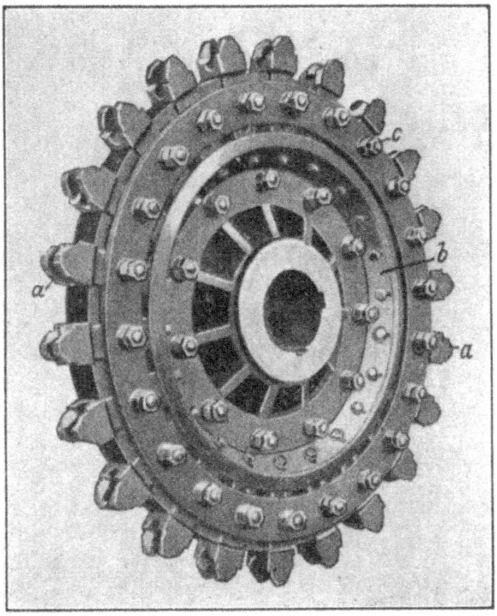

Fig. 203. Kettenscheibe von Heckel.

nach. Auf Florentinegrube, O.-S., ist sogar beobachtet worden, daß sich die Seile gar nicht mehr längen, nachdem sie die erste Dehnung durchgemacht haben.

Um diese Längungen auszugleichen, muß in jedes Förderseil (Förderkette) eine Spannvorrichtung eingeschaltet werden; diese gibt dem Seile die für den Betrieb erforderliche Spannung wieder.

Außerdem muß noch eine zweite Spannvorrichtung da sein, die selbsttätig wirkt und das Seil (Kette) vor dem Zerreißen bewahrt, wenn infolge von Wagenentgleisungen oder sonstigen Störungen die Seilspannung übermäßig groß wird.

Es wird zwar häufig die Forderung aufgestellt, die Antriebsmaschine gerade nur so stark zu wählen, daß sie die stärkste Förderung flott zu bewältigen imstande ist, daß sie aber bei zu großen Widerständen (Entgleisungen, Umkippen) stehen bleibt. Doch wird dies bei den großen

Längen der neueren Streckenförderungen nie zu erreichen sein, namentlich dann, wenn das Seil nicht voll belegt ist.

Aus demselben Grunde wird es sich auch nicht erreichen lassen, die Reibung des Seiles auf der Antriebsscheibe gerade nur so groß zu wählen, als es der jeweilige Betrieb erfordert. Das bei zu starker Belastung eintretende Gleiten des Seiles in der Scheibe würde ihm und dem Futter außerdem sehr schaden.

Die selbsttätige Spannvorrichtung hat auch beim Anlaufen der Maschine mitzuwirken, wie weiter unten noch ausgeführt werden soll.

1. Die Endspannvorrichtung.

Am Ende einer jeden Förderbahn befindet sich die Umkehrscheibe (Rücklaufscheibe, Endscheibe). Ihre Aufgabe ist, die Bewegungsrichtung des von der Maschine kommenden und über dem einen Gestängepaare

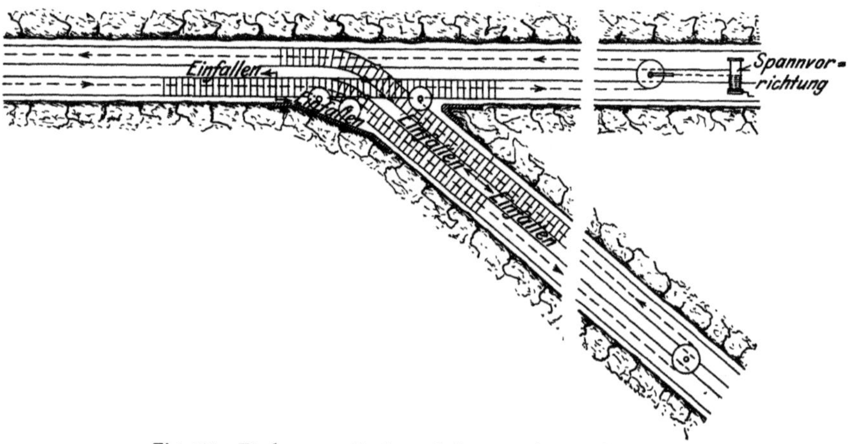

Fig. 204. Förderung mit einem Seil aus mehreren Strecken.

laufenden Seiles umzukehren, so daß es nun über dem zweiten Gestängepaare zur Maschine zurückkehrt. Das Seil liegt mit einer halben Umschlingung auf; es ist also nur eine einzige Rille notwendig.

Wird an der Endstelle der Förderstrecke eine Spannvorrichtung nicht angebracht, so kann die Umkehrscheibe fest auf Querträgern verlagert werden. Ein solcher Fall tritt ein, wenn das Seil auch in eine oder mehrere Zweigstrecken hineingeleitet wird (Fig. 204). Eine Spannvorrichtung wird dann fast regelmäßig nur an einer der Umkehrscheiben erforderlich sein.

Die Umkehrscheiben, gleichgültig ob mit oder ohne Spannvorrichtung versehen, werden am besten in solcher Höhe über dem Gestänge verlagert, daß unter ihnen durch mit Schleppern und wohl auch mit Pferden gefördert werden kann.

Der Durchmesser der Endscheibe muß gleich dem Abstande der beiden Gestängemitten sein.

Wie schon oben ausgeführt, wird mit der Rücklaufscheibe fast immer eine Spannvorrichtung verbunden, durch welche man die Seillängungen ausgleichen kann. Diesen Ausgleich erzielt man dadurch, daß man die Umkehrscheibe verschiebbar anbringt. Sie wird auf oder unter einem Wagen (Fig. 204—207) bzw. Schlitten, dem Spannwagen bzw. -schlitten, befestigt, der sich in der Richtung der Förderstrecke verschieben läßt. Die Länge des Gestänges bzw. der Schlittenführung hängt von der Länge des Seiles ab. Sie beträgt gewöhnlich 8—12 m; man kann also Seillängungen von 16—24 m einfach durch Verschieben der Umkehrscheibe ausgleichen.

Außerdem muß diese Schienenbahn gleich der halben Länge der im Seile vorhandenen Spleißungen sein. Denn nach dem Abhauen des überflüssigen Seiles werden die zu verspleißenden Seilenden nebeneinander gelegt (siehe Seite 43); dabei wird der Spannwagen von hinten nach vorn vorgezogen.

Überschreiten die Drehungen das eben genannte Maß, so muß aus dem Seile ein Stück herausgehauen werden. Dies nimmt man an einer schon vorhandenen Spleißstelle vor, oder aber man benutzt diese Seilverkürzung, um ein besonders schlechtes und gefährliches Stück aus dem Seile zu entfernen.

Das Zurückziehen des Spannwagens kann mit einem Flaschenzuge vorgenommen werden. Ist dies geschehen, so muß die Umkehrscheibe in der neuen Stellung unverrückbar festgelegt werden. Zu diesem Zwecke geht vom Spannwagen aus eine Kette, die mehrere Male um einen Querträger geschlungen wird. Der Zug dieser Kette und der in entgegengesetzter Richtung wirkende Seilzug bringen aber den Spannwagen leicht zum Umkippen nach vorn. Darum ist es vorzuziehen, diese Kette nicht vom Spannwagen, sondern von einer Gabel (Fig. 205 bis 207) ausgehen zu lassen, die an der Achse der Umkehrscheibe angreift.

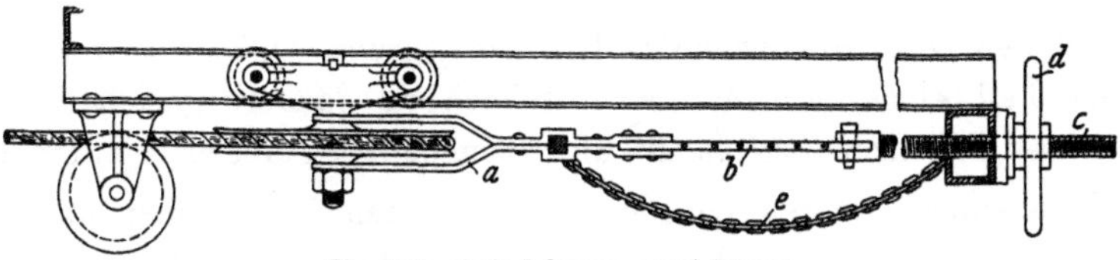

Fig. 205. Spindelspannvorrichtung.

Die Verwendung eines Flaschenzuges zum Anspannen eines Seiles ist umständlich, weil er zu jedesmaligem Gebrauche neu herbeigeschafft und aufgelegt werden muß. Darum wird fast stets am Ende der Haltekette eine Triebvorrichtung angebracht, mit der man den Spannwagen ohne weiteres zurückziehen kann.

Eine Anspannvorrichtung, die sich sehr häufig findet, ist in Fig. 205 abgebildet. Von der Gabel *a* aus geht eine Laschenkette *b*; an diese schließt sich die Schraubenspindel *c* an. Durch Drehen des Handrades *d* wird der Spannwagen zurückgezogen. Ist dies um den Betrag der Spindellänge geschehen, so wird die Schraube wieder vorgeschoben und

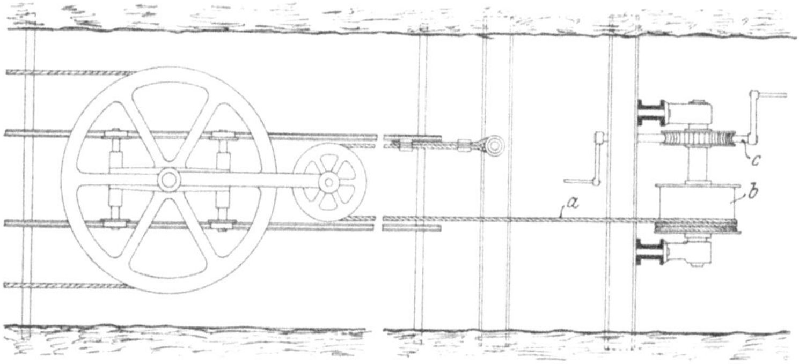

Fig. 206. Haspelspannvorrichtung.

aus der Laschenkette ein entsprechendes Stück entfernt. Dies wiederholt sich so oft, bis der Spannwagen am hinteren Ende seines Gestänges angekommen ist. Dann wird aus dem Seile so viel herausgehauen, als nötig ist, um den Spannwagen wieder an das vordere Ende seiner Führung zu bringen, und die ganze Laschenkette *b* wieder eingesetzt.

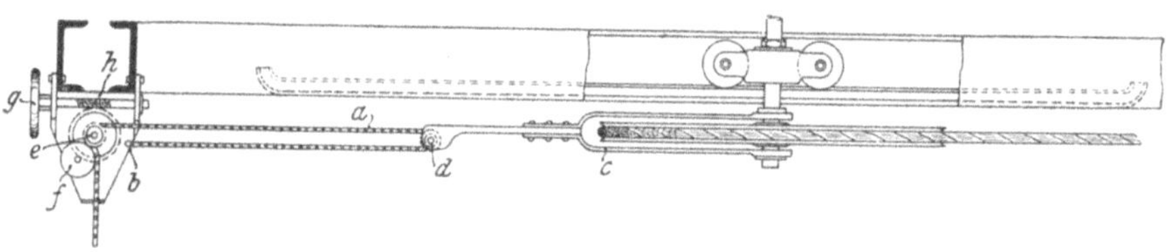

Fig. 207. Spannvorrichtung von Schlesiengrube.

Auf dem Bismarckschachte der Königsgrube, O.-S., hat man sich für den Fall eines Bruches der Laschenkette dadurch gesichert, daß man außer ihr noch zwei leicht durchhängende Notketten *e* anbrachte.

Nach einem anderen Verfahren besorgt man das Spannen mit Hilfe des Seiles *a* (Fig. 206), das sich auf dem Haspel *b* aufwickeln läßt. Dieser wird durch eine Schraube ohne Ende *c* in Gang gesetzt.

An verschiedenen Seilförderungen der Deutschlandgrube und der Schlesiengrube, O.-S., ist folgende einfache Vorkehrung eingebaut. Die Gallsche Kette *a* (Fig. 207) ist bei *b* sicher festgelegt. Sie läuft von dort aus über die an der Gabel *c* angebrachte Kettenscheibe *d* und über die zweite Kettenscheibe *e*. Das hier lose herunterhängende Kettenstück wird von der Rolle *f* in die Zähne der Scheibe *e* hineingedrückt. Diese letztere wird durch das Handrad *g* und die Schnecke *h* gedreht.

Manchmal ist es nicht möglich, die Umkehrscheibe verschiebbar einzurichten. Ein solcher Fall tritt beispielsweise ein, wenn auf der Welle der Endscheibe *a* (Fig. 208) noch die Antriebsscheibe *b* einer

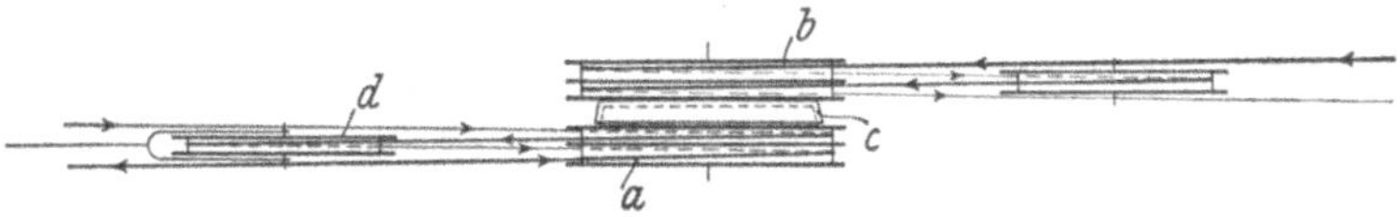

Fig. 208. Umkehrscheibe mit Gegenscheibe an einer Kuppelstation.

neuen Seilförderung sitzt. Dies wird gern dann gemacht, wenn die zweite Seilförderung nur geringe Mengen von Förderung heranschafft und darum öfters durch Ausrücken einer Kuppelung *c* stillgestellt wird. Man behilft sich dann in der Weise, daß die Endscheibe *a* zwei Rillen erhält und mit einer einrilligen Gegenscheibe *d* versehen wird. Diese letztere ist dann verschiebbar und mit der Spannvorrichtung ausgestattet.

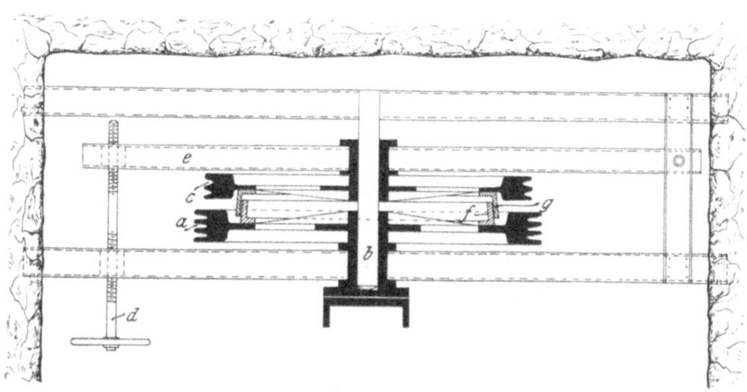

Fig. 209. Reibungskuppelung.

Eine der Kuppelungen, die an solchen Stellen üblich sind, ist in Fig. 209 gezeichnet. Die Antriebsscheibe *a*, zur neuen Seilförderung gehörig, ist auf die Welle *b* fest aufgekeilt; die Endscheibe *c* sitzt auf ihr lose. Sie kann mit Hilfe der Schraubenspindel *d* und des Hebels *e* gehoben und gesenkt werden. Dadurch wird gleichzeitig die aus zwei Kegelscheiben *f* und *g* bestehende Reibungskuppelung geöffnet bzw. geschlossen.

Ab und zu wird wohl auch die Gegenscheibe an der Antriebsmaschine verschiebbar gemacht, so daß die Längungen des Seiles an dieser Stelle ausgeglichen werden.

2. Die selbsttätigen Spannvorrichtungen.

Die selbsttätigen Spannvorrichtungen sollen bewirken, daß das Seil während des Betriebes nicht zu sehr und namentlich nicht plötzlich übermäßigen Zugbeanspruchungen ausgesetzt wird. Diese können länger andauern, wenn ausnahmsweise einmal viele Wagen unter dem Seile laufen; sie können aber auch z. B. infolge von Entgleisungen oder anderen Störungsursachen plötzlich auftreten.

Die älteste und einfachste Ausführungsform einer solchen Spannvorrichtung ist in Fig. 210 angegeben. Das von der Maschine kommende Seil geht über die beiden festen Rollen *a* und *b*, zwischen denen die bewegliche Scheibe *c* angebracht ist. Diese ist durch ein Gewicht *d* belastet und kann den verschiedenen, im Seile auftretenden Zugspannungen nachgeben; sie wird also sinken, wenn das Seil nur gering belastet ist, aber steigen, wenn die Seilspannung wächst.

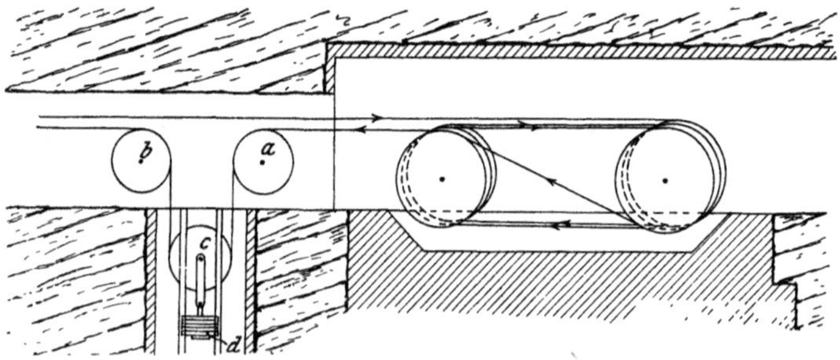

Fig. 210. Lose Spannvorrichtung in einer Duckel.

Damit diese Spannvorrichtung auch jederzeit und in richtiger Weise arbeitet, muß sie an der richtigen Stelle im Seile angebracht werden und das Seil stets in der erforderten Weise anspannen.

Zu dem letzteren Zwecke muß das Belastungsgewicht immer den jeweiligen Betriebsverhältnissen angepaßt werden; d. h. es muß bei schwacher Förderung leichter, bei stärkerer Belegung des Seiles aber schwerer sein. Sein Gewicht kann zwar nach den von Braun (siehe Verzeichnis der benutzten Literatur) angegebenen Formeln berechnet werden; doch wird es in der Praxis fast durchweg durch Ausprobieren ermittelt.

An welcher Stelle diese Spannvorrichtung im Seile angebracht werden muß, kann man durch folgende Erwägungen feststellen.

Steht während einer Pause die Maschine und somit auch das Seil still, so herrscht allenthalben im Seile dieselbe Spannung. Wird nun die Maschine wieder angelassen, so kann man beobachten, daß sich das Seil nicht sofort in seiner ganzen Länge in Bewegung setzt, sondern daß sich diese Bewegung allmählich von der Auflaufrille durch den auflaufenden Seilstrang über die Endscheibe und durch den ablaufenden Seilstrang wieder bis zur Antriebsmaschine hin fortpflanzt. Am deutlichsten ist diese Wahrnehmung bei Kettenförderungen zu machen, in denen die Wagen nur durch das Kettengewicht mitgenommen werden. Die Folge davon würde sein, daß das Seil (die Kette) in den Rillen der Antriebsscheibe zu rutschen beginnt, wohl auch daß das Seil überhaupt aus dieser Scheibe herausspringt. Denn es wird zu Beginn wohl schon Seil von der Maschine herangeholt, aber noch nicht von ihr abgewickelt. Um das Seil zum Ablaufen von der Antriebsscheibe zu bringen, muß die selbsttätige Spannvorrichtung im ablaufenden Seilstrange dicht vor der Antriebsmaschine angebracht werden. Tatsächlich läßt sich auch stets beim Ingangsetzen der Maschine beobachten, daß sich das Spanngewicht senkt und erst dann wieder hebt, wenn das Seil im vollen Gange ist.

Das Spanngewicht etwa im auflaufenden Seilstrange dicht vor der Fördermaschine anzuordnen wäre ganz zwecklos; denn infolge der straffen Seilspannung an dieser Stelle würde das Gewicht stets in der höchsten Stellung verbleiben.

Vereinzelt kommt es wohl auch vor, daß die Stelle mit der geringsten Seilspannung weiter ab von der Maschine liegt; dann muß auch die Spannvorrichtung dorthin verlegt werden.

Vielfach hat man, namentlich in früheren Jahren, die selbsttätige Spannvorrichtung mit der Umkehrscheibe verbunden. Doch ist dies nicht nachahmenswert; denn der Zug des Spanngewichtes verteilt sich in diesem Falle gleichmäßig auf beide Seilstränge; im auflaufenden Seilstücke würde er dem von der Maschine ausgeübten Zuge entgegenwirken; dagegen würde der auf den ablaufenden Strang ausgeübte Zug nur selten ausreichen, um nach einer Pause das Seil von der Antriebsscheibe herunterzuholen.

Als solche Anlage sei hier die Kettenförderung von Mathildegrube-Westfeld bei Lipine genannt. Trotz bedeutender Länge der Förderbahn ist hier die selbsttätige Spannvorrichtung ebenfalls mit der Endscheibe verbunden. Dies geschah aus dem Grunde, weil an der Antriebsmaschine kein Platz zum Anbringen einer Spannvorrichtung vorhanden war.

Nur bei kurzen Seillängen ist es erlaubt, eine einzige Spannvorrichtung anzubringen; diese muß natürlich selbsttätig sein und wird mit der Umkehrscheibe vereinigt.

Die selbsttätigen Spannvorrichtungen können vor oder über der Antriebsmaschine angeordnet werden.

Liegen sie vor der Maschine, so wird für das auf- und niedergehende Gewicht eine Duckel abgeteuft. Das Gewicht besteht am besten aus einer an der losen Rolle angehängten kleinen Schale, einem Kübel oder dergleichen und läuft in hölzernen oder eisernen Führungen (Fig. 210).

Eine Umkehrung dieser Einrichtung wäre, wenn das Spanngewicht in einem Überbrechen hängt. Das Seil läuft dabei über die lose Rolle *a* (Fig. 177); das zwischen ihr und dem Spanngewichte *b* angebrachte Seil muß über ein oder zwei Rollen *c* geleitet werden.

Fig. 211. Lose Spannvorrichtung über der Antriebsmaschine.

Ein Nachteil der vor der Maschine angebrachten Spannvorrichtung ist, daß bei einem Seil- oder Kettenbruche das Gewicht hochgezogen werden muß. Es ist dies namentlich in den engen Duckeln eine schwierige Arbeit. Darum zieht man es neuerdings vor, die Spannvorrichtung im Maschinenraume selbst und zwar über der Antriebsmaschine unterzubringen (Fig. 193). Die Spannscheibe *e* sitzt auf einem Spannwagen oder -schlitten, der ebenso eingerichtet ist wie bei der Endscheibe. Das Spanngewicht *f* greift vermittels einer Spannkette an der Gabel der Spannscheibe an. Das Seil wird von der letzten Rille der Gegenscheibe *d* nach der Spannvorrichtung geführt. Damit es auf dieser ohne schrägen Zug aufläuft, wird gern vor der Spannscheibe eine Tragerolle eingebaut. Häufiger wird aber der letzten Scheibe der Gegenscheibe ein solcher Durchmesser gegeben, daß das Seil beim Ablaufen von ihr schon in der Höhe der Spannscheibe liegt (Fig. 211).

Von den eben beschriebenen Arten weichen die in den Fig. 195 und 196 dargestellten Spannvorrichtungen ihrer Lage nach ab; sie bedürfen aber keiner weiteren Erklärung.

d) Die Seile und Ketten.

1. Die Förderseile.

Die Streckenförderseile werden aus Tiegelgußstahldraht von 100 bis 125 kg/qmm Bruchfestigkeit hergestellt; weichere Drähte nutzen sich zu schnell ab, härtere brechen bald. Die Drahtstärke schwankt zwischen 1,2—**1,6**—1,8 mm. Stärkere Drähte brechen ebenfalls zu schnell.

Bei der Wahl der Flechtmethode muß auf die starke Abnutzung Rücksicht genommen werden, der gerade die Streckenförderseile unterworfen sind. Dieser Verschleiß rührt zum Teil von den Mitnehmern her, durch die die Förderwagen mit dem Seile verbunden werden, zum Teil daher, daß das Seil an den Anschlagspunkten über stehen gebliebene Förderwagen schleift oder bei zu großem Wagenabstande auf der Sohle gleitet.

Aus diesem Grunde sind Gleichschlagseile oder solche mit flachen Litzen am empfehlenswertesten.

Werden die Förderwagen durch eine Zugkette mit dem Seile verbunden, so muß letzteres drallfrei sein. Anderenfalls würde der Wagen mit dem vorderen Räderpaare aus dem Gestänge gehoben werden.

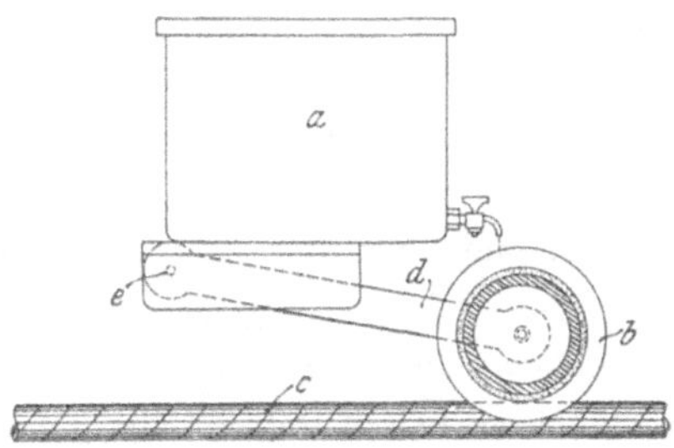

Fig. 212. Seilschmierapparat.
(Aus Stein, Die verschiedenen Methoden der mechanischen Streckenförderungen.)

Ein regelmäßiges Schmieren trägt zur Schonung des Seiles wesentlich bei; um das Auftragen der Schmiere von Hand zu vermeiden, nimmt man diese Arbeit mit selbsttätigen Schmierapparaten vor. Ein einfacher derartiger Apparat ist in Fig. 212 abgebildet. Seine Hauptteile sind der Schmierbehälter *a* und die Schmierrolle *b*. Letztere besteht aus einer starken Filzscheibe, die zwischen zwei Seitenblechen sitzt. Das dünnflüssige Schmieröl wird von der Filzeinlage aufgesaugt und gleichmäßig auf das Seil *c* übertragen. Die Schmierrolle sitzt auf der Druckstange *d*, die um das Gelenk *e* schwingen kann.

Zu demselben Zwecke dient auch der Seilschmierapparat von Weinmann & Lange (Fig. 25a und b), der das Seil zugleich reinigt.

Die Geschwindigkeit, mit der man das Seil laufen lassen soll, beträgt 0,5—1 m in der Sekunde.

Es werden zwei verschiedene Sorten von Seilen zum Förderbetriebe benutzt: die glatten Seile und die Knotenseile. Die letzteren sind dadurch gekennzeichnet, daß sie in regelmäßigen Abständen mit Verdickungen, den Knoten, versehen sind.

Es gibt zwei Arten von Knotenseilen: solche, bei denen der Knoten gleichzeitig mit dem Seile hergestellt wird, und solche, deren Knoten erst nachträglich angebracht wird.

Im ersteren Falle erhält das Seil eine eichelähnliche Metalleinlage, die bewirkt, daß die Seildicke an dieser Stelle zunimmt. Durch den Druck der Mitnehmergabel werden die Seildrähte schnell durchgerieben; darum schützt man diese Stelle gern dadurch, daß man den Knoten mit dünnem Draht umwickelt.

Die Seile mit nachträglich angebrachten Knoten sind weit zahlreicher. Es sind sehr viele Knoten erfunden und im Betriebe ein-

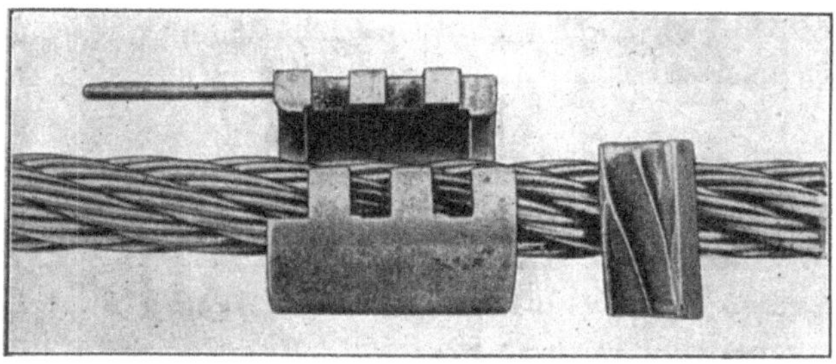

Fig. 213. Patentmuffe von Bleichert.

geführt oder auch nur versucht worden; der Idealknoten ist bis jetzt aber noch nicht erfunden worden. Es seien daher hier nur einige Konstruktionen angeführt, die allgemeinere Verbreitung gefunden haben.

Die Bleichertsche Patentmuffe (Fig. 213) besteht aus zwei Halbzylindern, die mit Verzahnung ineinander greifen und mittels durchgesteckter Stifte aneinander befestigt werden. Zwischen diese Muffe und das Seil werden zur Schonung desselben zwei Lagerschalen aus Gelbmetall eingelegt; ihre Innenflächen sind entsprechend der Seiloberfläche gerieft.

Ein billigerer und ebenso haltbarer Knoten wird dadurch erhalten, daß man einfach Ringe aus weichem Eisen kalt oder warm aufschmiedet. Es genügt eine $1^1/_2$ malige Umwicklung.

Im Gegensatze zu diesen harten Knoten stehen die weichen und die, welche zum Teil aus weichem Material, zum Teil aus hartem verfertigt sind. Ein durchweg weicher Knoten ist der Hanfknoten. Er wird hergestellt, indem man mit Teer getränkten Hanf um das Seil herumwickelt.

Der Hanfmetallknoten von Jorissen (Fig. 214) ist ein Hanfknoten *a*, auf den die Metallmuffe *b* aufgezogen ist. Diese hat auf der dem Hanfe zugewendeten Seite eine trichterförmige Vertiefung.

Fig. 215 zeigt einen auf Zeche Prosper eingeführten Knoten. Die beiden Eisenringe *a* und *b* sind kalt auf das Seil aufgezogen. Der zwischen ihnen verbleibende freie Raum ist mit Hanf ausgefüllt. Vor dem ersten und hinter dem zweiten Ringe ist je ein Nagel *c* durch das Seil getrieben, um das Verschieben der Ringe zu verhüten.

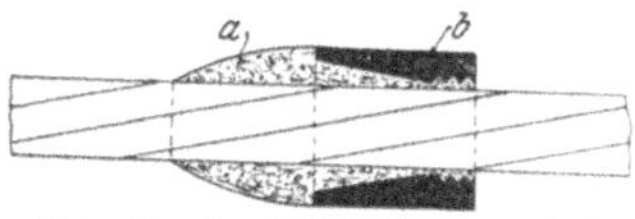

Fig. 214. Hanfmetallknoten von Jorissen.

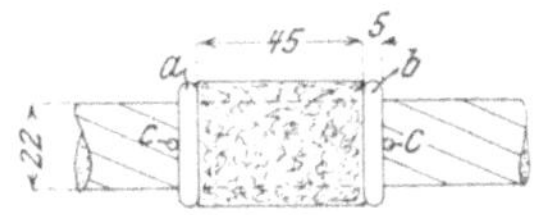

Fig. 215. Hanfmetallknoten von Zeche Prosper. (Aus „Bergbau“ XX, Nr. 7.)

Ein brauchbarer Seilknoten hat folgende Bedingungen zu erfüllen. Er muß, abgesehen vom möglichst niedrigen Preise:

1. fest am Seile sitzen, und
2. darf er die Biegsamkeit des Seiles nicht beeinträchtigen.

Die erste Bedingung erfüllen die Metallknoten ganz entschieden; aber das Seil leidet sehr dadurch, daß es sich im Knoten selbst nicht biegen kann. Namentlich zeigt sich dieser Übelstand beim Laufe über die Seilscheiben; das Seil wird durch den Knoten etwas aus der Rille herausgehoben; die Drähte werden darum vor und hinter diesem ganz besonders scharf geknickt. Auf Florentinegrube, wo weiches Eisenband kalt auf das Seil aufgezogen wird, ist ein Nachteil für dasselbe nicht beobachtet worden.

Bei der Verwendung von Hanfknoten bleibt die Biegsamkeit des Seiles vollständig gewahrt. Doch sitzen diese nicht fest. Stein führt an, daß für etwa 1500 m Seillänge allnächtlich zwei Arbeiter erforderlich waren, um die lose gewordenen Knoten zu erneuern. Allein die für diese Leute zu zahlenden Löhne bedeuten eine starke Mehrbelastung des Förderbetriebes.

Die Hanfmetallknoten stehen in ihrer Brauchbarkeit ziemlich in der Mitte zwischen den weichen und den harten Knoten.

Welcher Knotenart man den Vorzug geben muß, wird stets von Fall zu Fall besonders entschieden werden müssen. Es spielen hier die örtlichen Verhältnisse — viele Krümmungen, starker Seilzug usw. — eine bedeutende Rolle; die Brauchbarkeit der einzelnen Knotenarten wird durch Versuche ermittelt werden müssen, indem man am besten an demselben Seile verschiedene Knoten anbringt. Es wird ferner zu berücksichtigen sein, daß nicht immer der Knoten der beste ist, der das Seil am meisten schont. Bereitet z. B. die Ausbesserung weicher

Knoten zu hohe Kosten, so wird sich ein harter Knoten vielfach im Betriebe billiger stellen, auch wenn das Seil selbst zeitiger abgelegt werden muß.

Ausführlichere Auskunft über dieses Gebiet gibt das Steinsche Werk: „Die verschiedenen Methoden der mechanischen Streckenförderungen".

Bei steiler ansteigender Förderbahn, wo ein einfacher Knoten den Druck des Mitnehmers nicht aushalten würde, wird ein Doppelknoten angefertigt, indem man hinter jeden Knoten noch einen zweiten setzt.

Wechselt auf der Förderstrecke Ansteigen und Einfallen, so muß einem Durchgehen der Förderwagen durch Verwendung von Knoten und Gegenknoten vorgebeugt werden; es werden nämlich zwei Knoten mit so geringem Abstande voneinander am Seile befestigt, daß die Mitnehmergabel zwischen ihnen gerade Platz findet.

2. Die Förderketten.

Bei Streckenförderungen mit Oberkette werden nur Gliederketten verwendet; denn diese allein lassen sich nach jeder Richtung hin biegen, namentlich also, wie es bei Streckenförderungen stets vorkommt, in senkrechter und wagerechter Ebene.

Es gibt zwei verschiedene Arten der Förderung mit Oberkette, nämlich:

1. die mit loser und
2. die mit straffer Kette.

Bei der Förderung mit loser Kette hängt diese zwischen den einzelnen Förderwagen durch; sie bildet ein Kettental. Die Wagen werden nur durch das Ketten*gewicht* mitgenommen; es ist also eine schwere Kette nötig; der Wagenabstand muß so groß bemessen werden, daß das Kettenstück, welches von Mitte Kettental bis Mitte Kettental reicht, den Wagen in Gang setzen kann. Meistens wird dies dadurch unterstützt, daß sich ein liegendes Kettenglied auf eine der Kastenstirnwände auflegt; die letztere wird also von den benachbarten stehenden Gliedern wie von einer Mitnehmergabel gefaßt.

Bei straff gespannter Förderkette werden die Wagen mit Hilfe von Mitnehmern angeschlagen. Am einfachsten bestehen diese aus einem kurzen Dorn in der Mitte einer jeden Stirnwand. Auf ihn wird ein liegendes Kettenglied aufgeschoben, um den Wagen weiter zu bewegen.

Weil man bei diesem Verfahren die Förderwagen nicht gehäuft füllen kann, werden Mitnehmergabeln (Fig. 216) vorgezogen. Diese halten die Kette in angemessener Höhe über dem Kasten. Gabeln sind unbedingt nötig bei Förderung mit straffer Kette oder bei geneigter Förderbahn.

Die straff gespannte Kette kann leichter sein als die lose, weil es auf ihr Gewicht nicht mehr ankommt. Darum kann man mit ihr längere Förderwege bedienen als mit der losen Kette.

Man kann aber auch mit einer straffen Kette nicht gut über 1000 m Förderlänge bzw. 2000 m Kettenlänge hinausgehen. Denn mit zunehmender Länge der Kette muß sie wesentlich größere Gliedstärke erhalten, um noch die erforderliche Betriebssicherheit zu gewährleisten. Damit wächst aber ihr Gewicht, und es wird eine stärkere Antriebsmaschine notwendig; abgesehen von dem höheren Preise einer solchen wachsen aber auch der Dampfverbrauch und somit die Betriebskosten.

In Oberschlesien beträgt die Fleischstärke der Kettenglieder im allgemeinen 20 mm; ein laufender Meter Kette wiegt im Durchschnitt 8,5 kg.

Die Geschwindigkeit, mit der sich eine Förderkette bewegt, schwankt zwischen 0,5—2 m; die eines flotten Marschtempos ist vorzuziehen, weil dabei das Beharrungsvermögen der Kette günstig auf den Gang der Antriebsmaschine einwirkt.

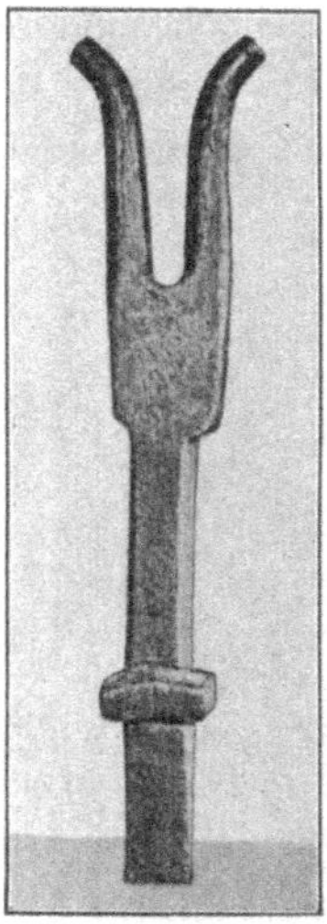

Fig. 216. Kettengabel.

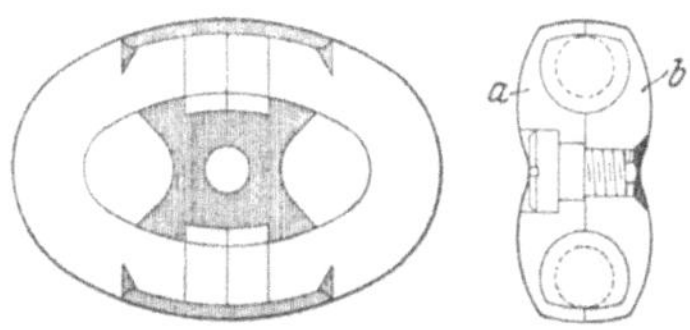

Fig. 217. Notglied.

Ein Vorteil der Kettenförderung ist, daß sie nur wenig Bedienungsmannschaften erfordert. Dies ist ganz besonders der Fall bei Verwendung einer losen Kette; denn die Wagen brauchen hier nur untergeschoben zu werden, während bei jeder Art von Mitnehmerförderung, namentlich aber bei Seilförderung, das Anschlagen mehr Zeit und bei flotter Förderung infolgedessen mehr Leute erfordert.

Ein Nachteil ist außer ihrer Schwere, daß die Kette plötzlich reißt. Um dem vorzubeugen, muß man an Feiertagen stets einige hundert Meter Kette aushauen und über Tage durch geübte Schmiede untersuchen lassen; gefährdete Stücke werden dabei gegen neue ausgewechselt.

Um bei einem Kettenbruche Zeitverluste durch das Schweißen zu vermeiden, werden häufig besondere Verbindungsglieder eingesetzt und erst nach der Schicht gegen ein Schweißstück ausgewechselt.

Ein solches Notglied (Fig. 217) besteht aus den beiden Hälften *a* und *b*, die mit bundartigen Verstärkungen versehen sind. Diese Bunde greifen in entsprechende Aussparungen zweier Verbindungsplatten. Eine Schraube hält diese beiden Platten und die beiden Gliedhälften zusammen.

e) Die Mitnehmer.

Es ist bereits im vorigen Abschnitte ausgeführt worden, unter welchen Bedingungen die Förderwagen von der Oberkette einzig und allein durch deren Gewicht mitgenommen werden können.

Wo man mit straffer Kette fördern will, muß man besondere Mitnehmer verwenden. Diese sind entweder Dorne oder Gabeln. Die Dorne sind stets am Wagenkasten fest angebracht. Die Gabeln können

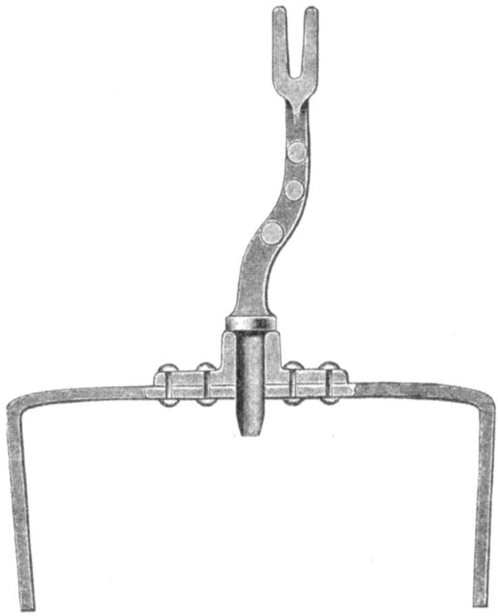

Fig. 218. Mitnehmerbrücke.

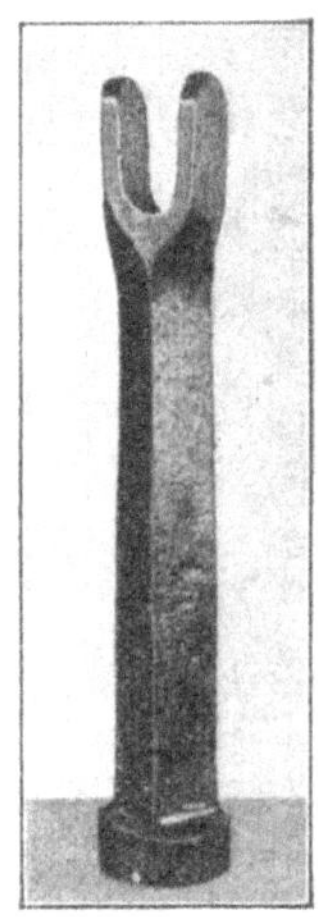

Fig. 219. Seilgabel für Knotenseile.

fest oder lose sein; das letztere ist besonders dann vorzuziehen, wenn die Strecken niedrig sind, weil nun der Wagenkasten um das Maß der Gabel höher sein kann.

Eine solche lose Mitnehmergabel (Fig. 216) hat einen vierkantigen Schaft, der in eine entsprechende Büchse oder Tülle des Wagenkastens eingesteckt wird.

Die Tülle muß in der Mitte des Oberrandes einer jeden Kastenstirnwand angebracht sein; in der Mitte, um die Kette immer über der Gestängemitte zu halten und dadurch einem seitlichen Umkippen des Wagens vorzubeugen. Es müssen beide Wagenstirnwände damit versehen sein, um die Gabel je nach der Fahrtrichtung immer in die Hinterwand einstecken zu können. Würde man sie nämlich an der Vorderwand anbringen, so würde der Wagen beim Anziehen (nach einem Stillstande) vorn überkippen.

Neuerdings werden die Mitnehmer gern in einen besonderen Bügel, die Brücke, eingesteckt, der sich über dem Schwerpunkte des Wagens befindet und an beiden Seitenwänden befestigt ist (Fig. 218).

In gleicher Weise werden die Mitnehmer bei Seilförderungen am Wagen angebracht. Die Art dieser Mitnehmer ist sehr verschieden. Zunächst sind solche für Knotenseil und für glattes Seil zu unterscheiden.

Bei Förderung mit Knotenseilen werden einfache Gabeln (Fig. 219) verwendet. Der Knoten läuft gegen sie an und setzt dadurch den

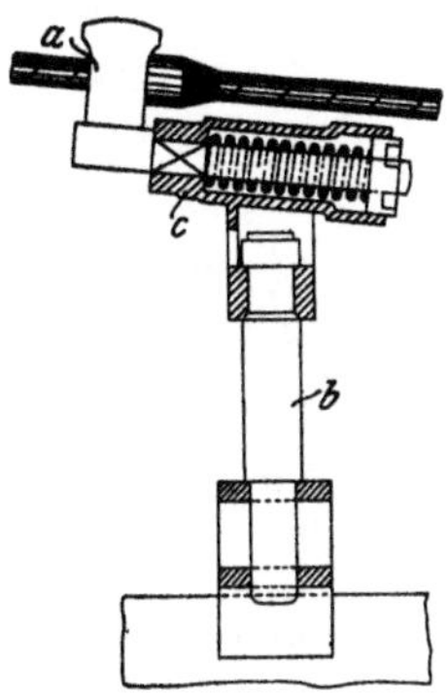

Fig. 220. Seilgabel von Jorissen.

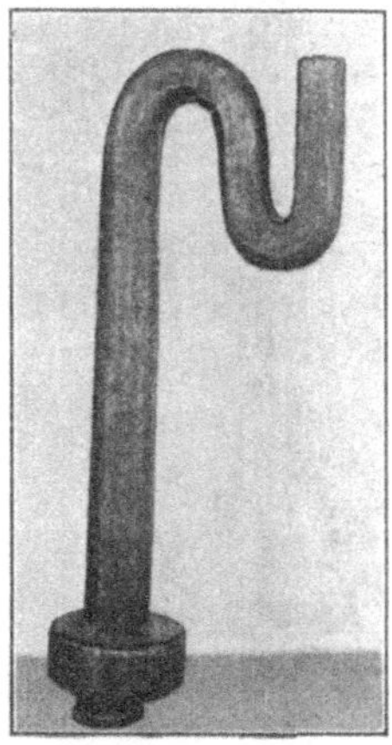

Fig. 221. Klemmende Seilgabel.

Wagen in Bewegung. Weil dies mit einem scharfen Stoße erfolgt und das Seil darunter sehr leidet, muß streng darauf geachtet werden, daß die Arbeiter in diesem Augenblick dem Wagen noch einen Anstoß geben. Weil dies aber nur so lange geschieht, als die Arbeiter einen Aufsichtsbeamten in der Nähe wissen, sind stoßfrei wirkende Mitnehmergabeln gebaut worden.

Hierher gehört z. B. der Mitnehmer von Jorissen (Fig. 220). Die Gabel *a* und der senkrechte Schaft *b* bestehen aus zwei getrennten Stücken. In der Hülse *c* ist eine Spiralfeder untergebracht. Sobald der Knoten an die Gabel anläuft, wird diese Feder zusammengedrückt; der Wagen kommt also allmählich in Bewegung.

Bei glattem Seile stehen Mitnehmer in Anwendung, die sich am Seile festklemmen, dieses aber dabei auch quetschen, sowie solche, die nur durch Reibung vom Seile mitgenommen werden.

Die erstere Art sind die sogenannten klemmenden Mitnehmer. Die Fig. 221—223 zeigen hiervon verschiedene Ausführungsformen. Sie stimmen alle darin überein, daß die das Seil aufnehmende Gabel nicht genau über der Gestängemitte sitzt, sondern etwas seitlich daneben, also auch neben dem genau über der Gestängemitte laufenden Seile. Um letzteres in die Gabel einzulegen, muß man es etwas zur Seite ziehen. Es hat das Bestreben, sich wieder gerade zu strecken, dreht den Mitnehmer um seinen senkrechten runden Schaft und klemmt sich so in ihm fest. Ein Nachteil ist, daß das Seil dabei geknickt wird.

Fig. 222. Klemmende Seilgabel.

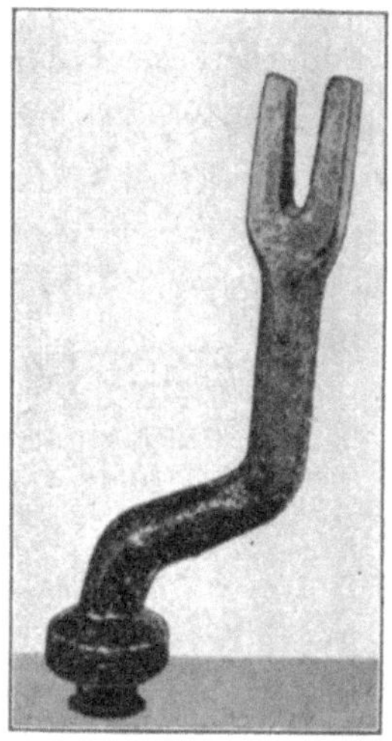

Fig. 223. Klemmende Seilgabel.

Bei den im folgenden beschriebenen Mitnehmern wird das Seil nicht zur Seite gebogen, also auch nicht geknickt, wohl aber gequetscht.

Die Baumannsche Seilklemme (Fig. 224) hat eine Gabel *a*, in der zwei Scheiben *b* drehbar gelagert sind. Sie haben die Form von flachen Kegeln, deren Mantel durch kleine Zähne gerauht ist. Die Drehachse dieser beiden Scheiben fällt nicht mit der Kegelachse zusammen, sondern geht nur durch die Kegelspitze. Das Seil wird zwischen beide Scheiben eingelegt, dreht sie etwas herum und klemmt sich dadurch von selbst fest.

Die Gabel des Mitnehmers Fig. 225 besteht aus zwei eigenartig gestalteten Hälften *a* und *b*; sie sind um die Achsen *c* drehbar. Teil *b* wird in seiner Mittellage durch zwei Federn gehalten.

Bei dem in Fig. 226 a und b abgebildeten Mitnehmer wird das Seil zwischen die beiden Teile *a* und *b* eingelegt; der letztere wird durch die beiden Verschlußhebel *c* und *d* fest auf das Seil aufgedrückt. Dieser

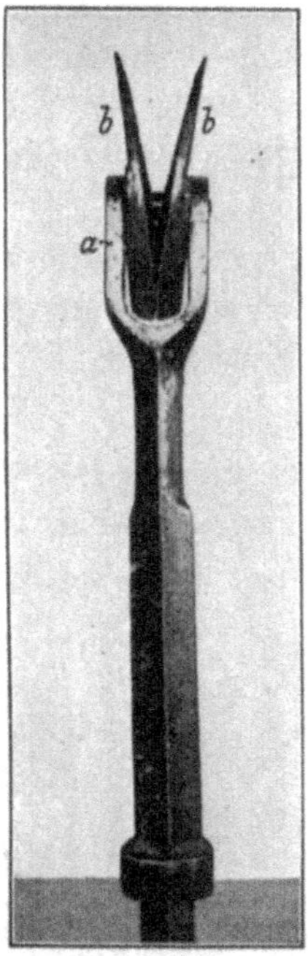

Fig. 224. Seilklemme von Baumann.

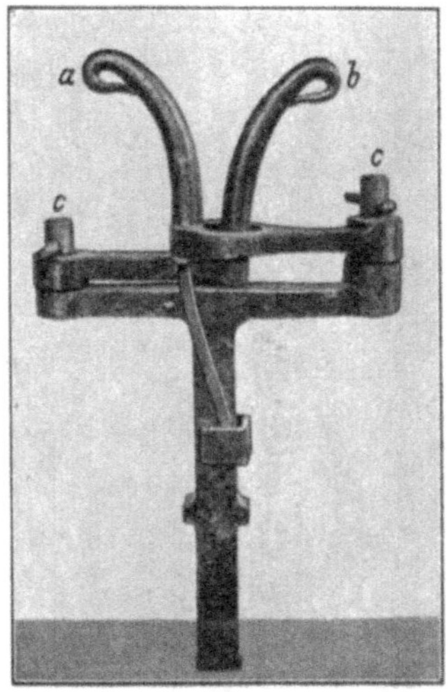

Fig. 225. Klemmende Seilgabel.

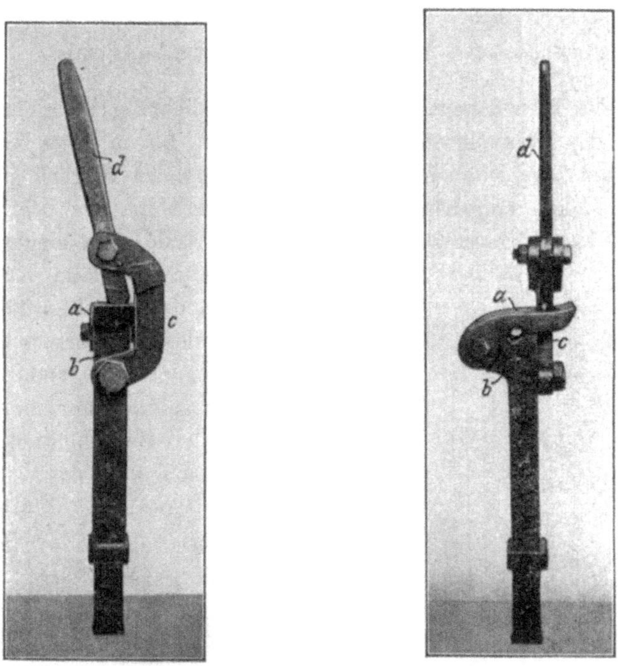

Fig. 226 a und b. Selbstlösender Mitnehmer.

Mitnehmer gestattet auch ein selbständiges Lösen der Verkuppelung; es braucht nur an der dazu bestimmten Stelle eine Spreize in der Höhe des Hebels *d* eingebaut zu sein, gegen die er anstößt. Selbstredend muß der Mitnehmer in der richtigen Lage aufgesteckt worden sein.

Bei dem zangenartigen Mitnehmer (Fig. 227) ist die Sicherheit der Verkuppelung einzig von der Stärke der Feder *f* abhängig.

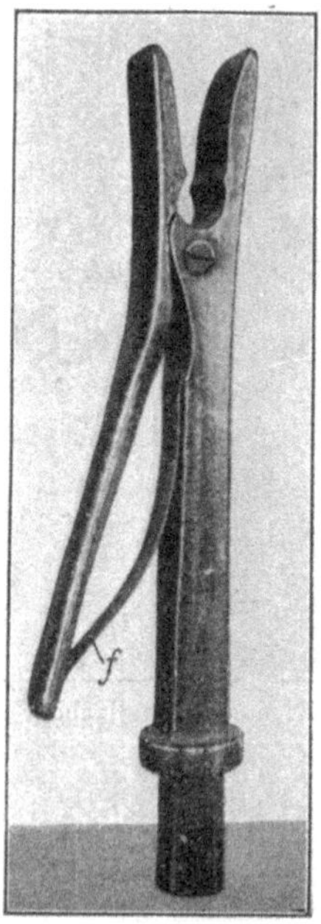

Fig. 227. Seilklemme.

Fig. 228. Kettchenanschlag.

Zu den Mitnehmern, die fast ausschließlich durch Reibung wirken, gehören die Kuppelkettchen. Es sind etwa 2,5 m lange Ketten; sie werden mit dem einen Ende in die Zugstange des Wagens oder besser in einen Haken eingehängt, der sich in der Höhe des Schwerpunktes an der Wagenstirnwand befindet; das freie Ende wird einige Male um das Seil geschlungen und dann der daran befindliche Haken in der aus Fig. 228 ersichtlichen Weise um das Kettchen gelegt.

Anstatt die Kuppelkette unmittelbar mit dem Seile zu verbinden, kann man auch an dieser Stelle besondere Seilschlösser anbringen.

Ein gutes Seilschloß ist das von Laurie in Bothwell (Schottland) (Fig. 229). Es besteht aus der hakenförmig gebogenen Platte *a*, die über das Seil gehängt wird. Der mit exzentrischem Kopfe versehene Hebel *b* wird durch das Kuppelkettchen in der Pfeilrichtung angezogen, wodurch sich sein Kopf nach oben

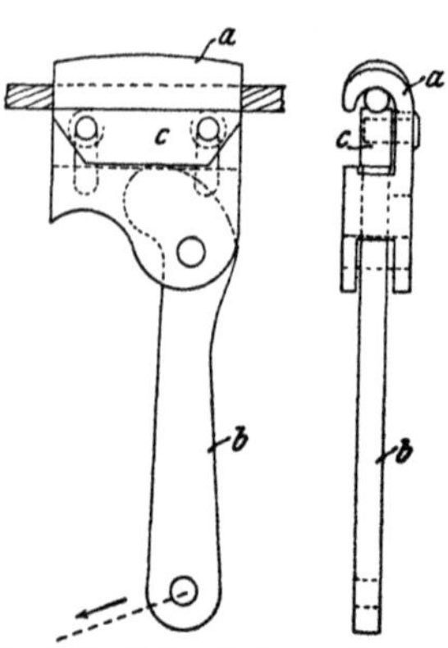

Fig. 229. Seilschloß von Laurie.

bewegt. Dieser drückt dabei gegen die in senkrechten Schlitzen verschiebbare Backe *c* und preßt sie von unten gegen das Seil. Zum Lösen der Verbindung braucht der Hebel *b* nur nach der der Pfeilrichtung entgegengesetzten Seite bewegt zu werden.

Dieses Seilschloß stellt eine Verbesserung einer schon seit Jahren bekannten Klemme dar, bei der die verschiebbare Backe *c* fehlt, so daß der Kopf des Hebels unmittelbar gegen das Seil drückt.

Wechselt in der Förderbahn Steigen und Fallen miteinander, so werden die Förderwagen mit Vorder- und Hinterkette versehen.

Vergleicht man die verschiedenen Anschlagsarten miteinander, so kommt man zu folgenden Ergebnissen:

Die Kettenförderung erfordert die wenigste Bedienung, solange als die Förderwagen einfach durch das Kettengewicht mitgenommen werden. Der Anschläger braucht nur den Wagen unter die Kette zu schieben und aufzupassen, daß er den erforderlichen Abstand der Wagen voneinander wahrt. Dieser kann durch besondere Läutewerke angegeben werden.

Bei Kettenförderung mit Gabelanschlag und bei Verwendung von Knotenseilen erfordert die Bedienung bereits etwas mehr Arbeit. Bei der ersteren muß auch noch der Wagenabstand beachtet werden, damit die Kette nicht überlastet wird; beim Knotenseile ist der Wagenabstand ohne weiteres durch den der Knoten gegeben.

Auch bei den meisten klemmenden Mitnehmern ist der Anschlag ein recht einfacher. Es ist gut, auch hier auf einen gleichmäßigen Wagenabstand zu achten, und zwar nicht allein mit Rücksicht auf die Schonung des Seiles, sondern auch damit der Wagenzulauf am Förderschachte sich stets gleich bleibt.

Die längste Zeit erfordert das Ankuppeln der Wagen mit Kettchen. Doch fällt dies nicht so sehr ins Gewicht, weil es hier möglich ist, Züge von 4—5 Wagen an das Seil anzuhängen. Dabei wird nur der vorderste Wagen angeschlagen.

Die Zugförderung wird übrigens auch bei Gabelanschlag ab und zu angewendet; doch ist sie hier nicht so empfehlenswert, namentlich bei Knotenseilen; denn die Knoten werden durch die größere Belastung leicht verschoben

Eine besondere Art des Anschlages ist in solchem Falle auf Zeche Prosper, Schacht II, eingeführt. Das Seil ist auf dieser Anlage mit den schon bekannten Knoten (Fig. 215) versehen. Von der Gabel (Fig. 230) aus geht eine Kette durch den ersten Zugring des zweiten Wagens und dann durch den hinteren Ring am ersten Wagen. Schließlich wird ein am freien Kettenende angebrachter Haken in eins der Kettenglieder eingehängt. Es werden bis zu 12 Wagen zu einem Zuge vereinigt. Durch die Kette wird der Mitnehmer weniger auf Biegung beansprucht und der vorderste Wagen, namentlich beim Anfahren, vor dem Hochkippen bewahrt. Man glaubt beobachtet zu haben, daß die

Fig. 230. Gabel-Kettchenanschlag von Zeche Prosper. (Aus „Bergbau" XX, Nr. 7.)

Lebensdauer des Seiles durch die geringere Zahl von Knoten günstig beeinflußt wird.

f) Die Förderbahn.

Die Förderbahn soll möglichst gleichmäßiges Ansteigen erhalten. Ganz besonders sind kurze Mulden zu vermeiden, weil sich in ihnen das Seil aus der Gabel heraushebt.

Folgt auf einen söhligen Teil ein solcher mit ansteigender Bahn, so muß das Seil durch eine Druckrolle (Fig. 231) in der richtigen Höhe über dem Gestänge erhalten werden.

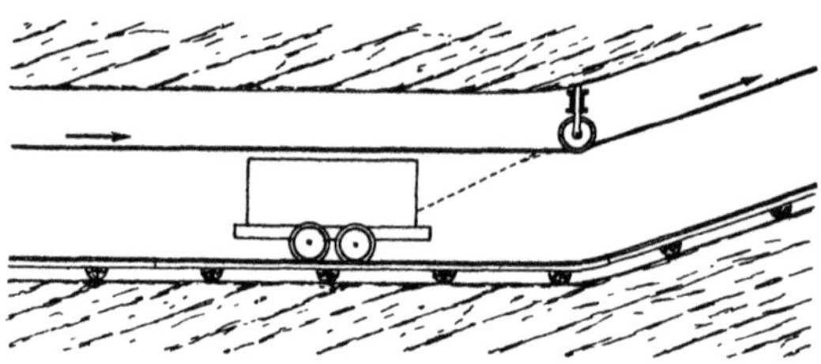

Fig. 231. Druckrolle.

Eine für Gabelanschlag geeignete Druckrolle ist die von Heckel (Fig. 232); sie besteht aus einer größeren Rolle, innerhalb welcher ein System kleinerer Rollen auf einem Kreise angeordnet ist. Die Gabel stößt gegen eine dieser kleinen Rollen, schiebt sie vor sich her und dreht dadurch die große Rolle herum.

Werden bei Seilförderung mit Kettchenanschlag einfache Druckrollen nach Art von Fig. 231 angewendet, so kommt es sehr häufig vor, daß der Kettchenknoten auf dem Seile rutscht, weil diese Rolle ihn nicht vorbei läßt. Eine Druckrolle, die dies vermeidet, ist auf Schlesiengrube bei Beuthen, O.-S., eingebaut. Sie besteht aus einem Rahmen *a* (Fig. 233), der um die durch seine Mitte gehende Welle *b* schwingen kann. Auf dieser Welle sitzt das Zahnrad *c*, welches in die ebenso großen Zahnräder *d* und *e* eingreift. Die mit diesen verbundenen Rollen *f* und *g* drehen sich somit in gleicher Richtung und mit derselben Geschwindigkeit. Stößt nun ein Kettenknoten gegen die Rolle *f*, so drückt er sie nach oben und hebt sie vom Seile ab. Dadurch kommt aber Rolle *g* in Berührung mit dem Seile, wird von diesem in Umdrehung erhalten und überträgt seine Drehung durch die Zahnräder *e*, *c*, *d* auf die Rolle *f*. Infolge der Drehung von Rolle *f* wird aber auch der Kettenknoten nicht angehalten.

Fig. 232. Druckrolle von Heckel.

Die Richtung der Förderbahn soll immer eine geradlinige sein. Krümmungen sollen nach Möglichkeit vermieden werden. Sind solche dennoch vorhanden, so muß die Bahn zwischen ihnen in gerader Richtung verlaufen. Ganz besonders ist darauf zu achten, daß das

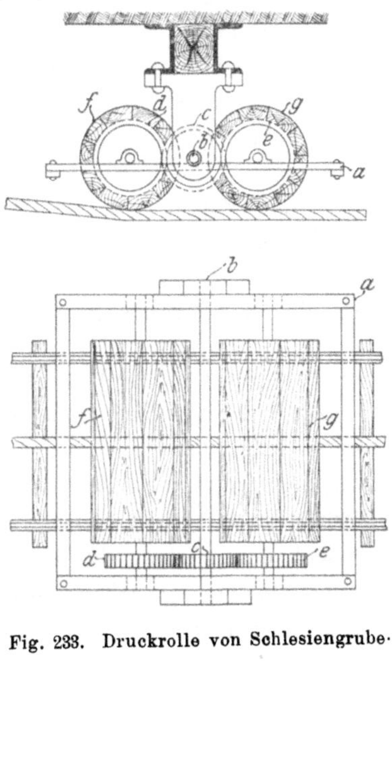

Fig. 233. Druckrolle von Schlesiengrube.

Gestänge genau nach einer ausgespannten Schnur verlegt ist. Abweichungen rächen sich dadurch, daß die Förderwagen seitlich umgeworfen werden. Nur bei Seilförderung mit Kettchenanschlag und bei Förderung mit aufliegender loser Kette ist dies nicht so unbedingt nötig, weil das Kuppelkettchen eine lose Verbindung zwischen Wagen und Seil darstellt, und weil die Förderkette zwischen den einzelnen Wagen nicht straff ausgespannt ist. Trotzdem soll man sich darauf nicht verlassen, sondern auch hier das Gestänge mit größter Genauigkeit verlegen; denn es ist nie ausgeschlossen, daß die Kette später einmal gegen ein Seil oder die Kuppelkettchen gegen ein anderes Kuppelverfahren ausgewechselt werden.

Die Schienen müssen mindestens 7 kg je laufendes Meter wiegen, bei einer Profilhöhe von mindestens 72 mm. Je schwerer und höher sie sind, um so besser ist es für den Betrieb. Natürlich müssen sie verlascht sein.

Zwangsschienen sind bei gut verlegtem Gestänge in gerader Bahn überflüssig und zum Teil sogar schädlich, weil sich das Seil zwischen ihnen und den Schienenköpfen einklemmen kann, wenn es einmal auf der Sohle schleift. Höchstens können sie in Krümmungen eingebaut werden.

g) Die Anschlagspunkte.

Es gibt bei den Seil- und Kettenförderungen zwei Arten von Anschlagspunkten: die an den beiden Endpunkten der Bahn und die, welche in der Mitte der Förderstrecke liegen, die sogenannten Zwischenanschlagspunkte.

An den Endanschlagspunkten sind besondere Vorkehrungen für das Unterschieben der Wagen nicht erforderlich. Das Seil muß sowieso hochgehoben werden, um auf die Antriebsscheibe bzw. die Endscheibe zu gelangen. Dadurch wird das Unterschieben oder Abziehen der leeren und vollen Wagen sehr erleichtert.

An Zwischenanschlagspunkten ist die Art der Hilfsvorkehrungen von der Art der Mitnehmer abhängig, sowie auch davon, ob man mit Seil oder Kette fördert.

1. Die Zwischenanschlagsorte in Seilförderstrecken.

Bei Gabelanschlag, gleichgültig ob man mit glattem Seile oder mit Knotenseil fördert, sind besondere Vorrichtungen, mit denen man an Zwischenanschlagspunkten das Seil vom Wagen abhebt, für gewöhnlich überflüssig. Das Seil hängt fast immer zwischen den einzelnen Wagen schwach durch; denn das Seilgewicht kommt in solchem Falle sehr gut zu statten, um den Wagen fester in das Gestänge zu drücken und so vor Entgleisungen zu bewahren. Aus demselben Grunde ist der Anschläger aber auch leicht imstande, das Seil etwas anzuheben, um den Wagen ab- oder anzuschlagen.

Liegt ein solcher Anschlagspunkt dagegen an Stellen, wo ein besonders starker Zug im Seile herrscht, z. B. in Krümmungen, so kann man den Heckelschen Seilhebeapparat (Fig. 234) verwenden. Er besteht aus einem nach allen Richtungen drehbaren Arme *a* mit der Seiltragerolle *b*. Ist diese Rolle unter das Förderseil gelegt, so kann man sie mittels der Winde *c* und des Zugseiles *d* anheben.

Fig. 234. Seilheber von Heckel.

Bei Seilförderung mit Kettchenanschlag ist dagegen fast immer ein Anheben des Seiles an den Zwischenanschlagspunkten erforderlich, ganz besonders aber dann, wenn man das Seil auf dem Wagen aufliegen läßt, um ihn fest ins Gestänge zu drücken.

In Oberschlesien, wo der Kettchenanschlag die weiteste Verbreitung gefunden hat, steht am häufigsten folgende Tragevorrichtung in Gebrauch. Beide Seilstränge, das Vollseil und das Leerseil, werden von einer gemeinschaftlichen Tragescheibe *a* (Fig. 235a und b) hochgehalten und durch vier Druckrollen *b* vor dem Abgleiten bewahrt. Häufig behilft man sich auch nur mit je einer Druckrolle für jedes Seil; diese wird dann in seiner Bewegungsrichtung vor der Tragescheibe angebracht.

Der wagerechte Flansch der Tragescheibe ist schwach nach außen geneigt, weil auch das Seil sich von ihr nach beiden Seiten hin senkt. Der senkrechte Flansch hängt etwas über, um zu verhüten, daß das Seil nach obenhin abrutscht. Der Durchmesser ist etwas größer als der Abstand der beiden Seile, um ein Abrutschen nach außen zu verhüten; aus demselben Grunde werden die Druckrollen gern etwas nach innen geschoben.

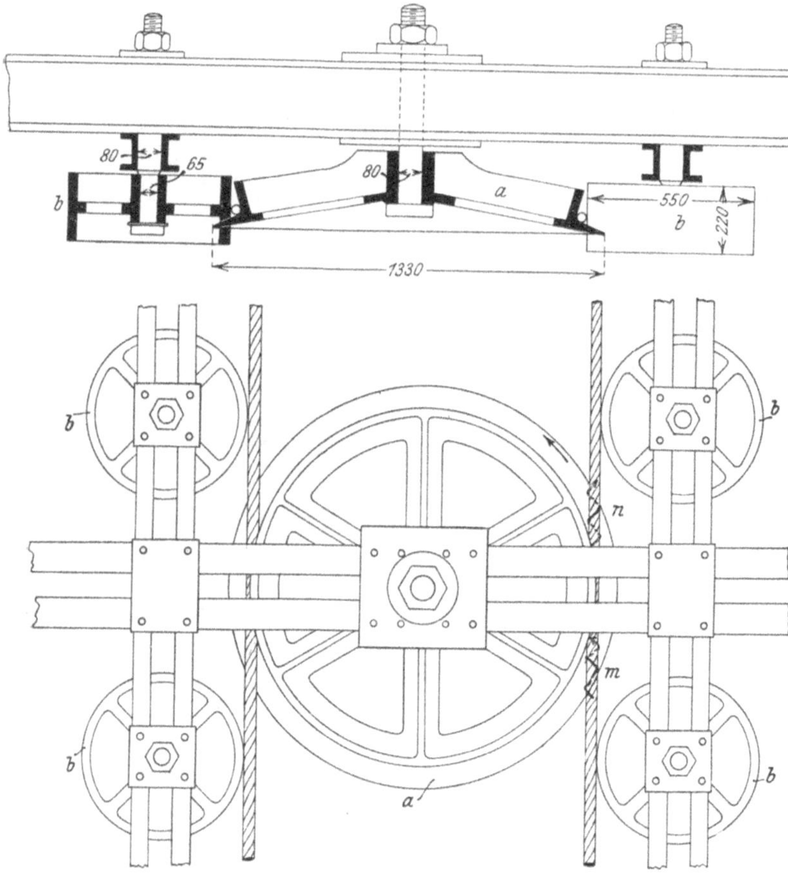

Fig. 235 a und b. Tragescheibe.

Es ist sehr wichtig, daß diese Tragescheiben recht genau eingebaut werden, nämlich so, daß das Seil nur auf dem senkrechten Flansch läuft, ohne den wagerechten zu berühren. Geschieht dies nicht, so stellt sich im Seile kurz vor der Tragescheibe Drall ein, der sich erst in einiger Entfernung hinter ihr verliert. Die Kuppelkette wickelt sich dann auf dem Seile auf und bringt den Wagen zum Entgleisen. Die Ursache für die Entstehung des Dralles liegt wahrscheinlich darin, daß das auf dem wagerechten Flansch voll aufliegende Seil von ihm eine schraubende Bewegung erhält; denn bei *m* (Fig. 235 b) wird es von ihm Linksdrehung, bei *n* aber Rechtsdrehung erhalten.

Eine andere Tragevorrichtung besteht darin, daß jedes Seil zwei eigene Tragescheiben (Fig. 236) erhält; auch von diesen wird jede häufig so eingebaut, daß sie das Seil etwas aus der Bahnmitte herausdrängt.

Eine sehr einfache Art von Tragerollen ist die in Fig. 237 dargestellte. Sie ist eine gewöhnliche Rillenscheibe *a*, über die das Seil hinwegläuft. Damit das Anschlagkettchen nicht auf diese Rolle aufläuft und den Wagen aus dem Gestänge hebt, ist seitlich ein Abstreifer *b*

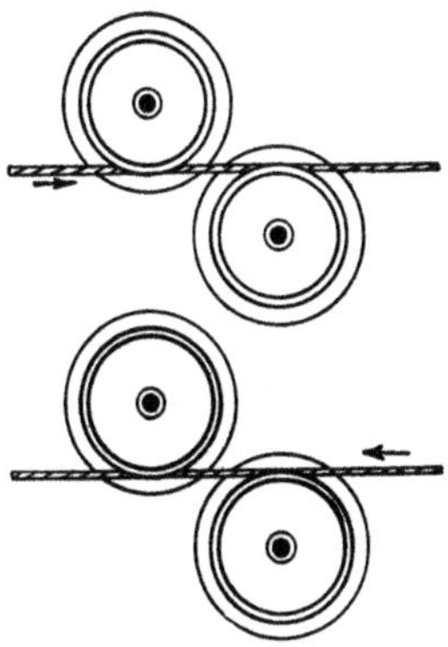

Fig. 236. Tragescheiben.

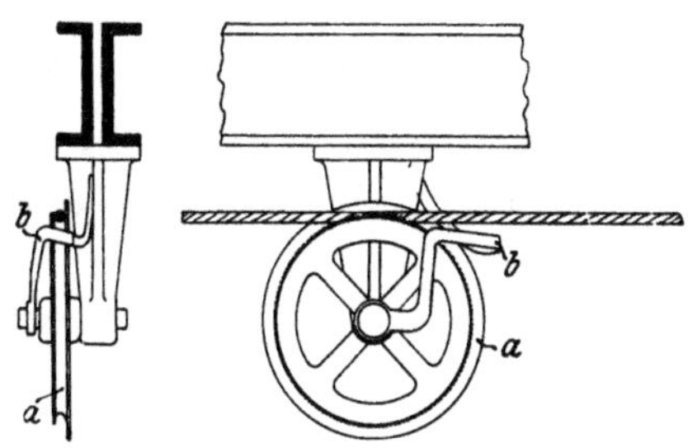

Fig. 237. Tragerolle.

angebracht; er ist so nach vorn gebogen, daß er das herankommende Kettchen seitlich ablenkt. Die beiden Flanschen von *a* haben verschiedenen Durchmesser; der kleinere liegt auf der Seite, nach welcher das Kettchen abgelenkt wird. Er ist gezahnt, um ein Stehenbleiben des Knotens zu verhüten.

2. Die Zwischenanschlagspunkte in Kettenförderstrecken.

In Kettenförderungen muß unbedingt an den Anschlagspunkten für Vorrichtungen gesorgt werden, die dem Anschläger das Abheben der

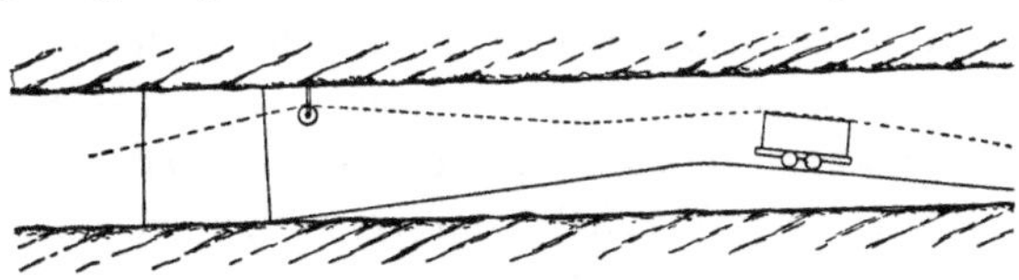

Fig. 238. Katzenbuckel.

schweren Förderkette ersparen. Es sind dies durchweg Tragerollen (Fig. 238), über die die Kette laufen muß. Die vollen und leeren Förderwagen, die an diesem Anschlagsorte vorbeigehen sollen, hätten demzufolge ein längeres Stück Weges zurückzulegen, ohne daß sie hier von der Kette mitgenommen werden. Besondere Wagenstößer würden den Betrieb zu sehr verteuern. Um die Wagen dennoch frei durchlaufen lassen zu können, bringt man in jedem Gestänge, sofern in ihm Wagen an- oder abgeschlagen werden, schiefe Ebenen, auch „Ablaufebenen“ oder „Katzenbuckel“ genannt, an. Sie müssen in der Fahrtrichtung des Wagens stets vor dem Anschlagspunkte liegen. Der Wagen wird von der Kette den ansteigenden Teil des Katzenbuckels hinaufgezogen; ist er auf dessen Scheitel angekommen oder besser noch 1—2 m über diesen hinaus gezogen worden, so hebt sich die Kette von ihm ab, um über die Tragerolle zu gehen. Der Abstand dieser Tragerolle vom Scheitel der ansteigenden Bahn sowie ihre Höhenlage über dem Gestänge wird am besten durch Versuche ermittelt.

3. Die Bedienung an den Zwischenanschlagsorten.

Die Lage des Anschlagsortes seitlich neben der Förderstrecke bringt es mit sich, daß das eine Gestänge stets gekreuzt werden muß.

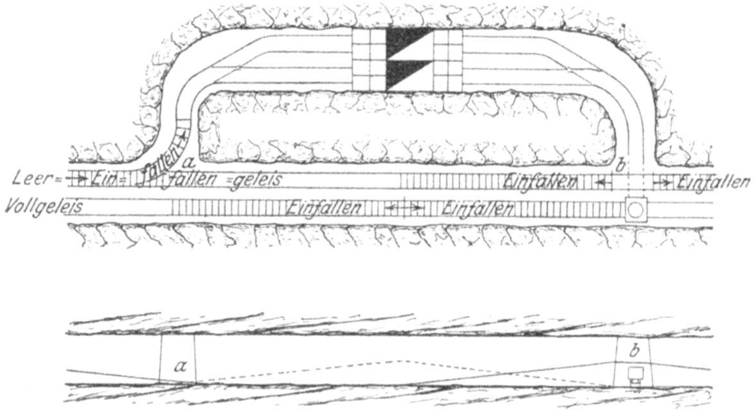

Fig. 239. Katzenbuckel mit Unterführung.

Darum soll man es möglichst immer so einrichten, daß es auf der Seite des Vollgleises liegt. Der Anschläger muß dann dieses nur mit dem leeren Wagen kreuzen, den er weit leichter handhaben kann wie den vollen. Die Gefahr einer Verunglückung ist somit wesentlich geringer.

Will man vermeiden, daß der Wagenstößer die Gleise kreuzt, so muß man eine Unterführung nach dem Muster von Fig. 239 herstellen. Das Leergleis liegt auf der Seite des Anschlagspunktes. Es hat eine Ablaufebene vor dem zum Gesenk führenden Wechsel *a* und eine zweite bei der Unterführung *b*. Die vom Gesenk kommenden vollen Wagen werden bei *b* unter dem Leergleise durchgeschoben.

Ein anderes, recht beliebtes Aushilfsmittel ist die „Umförderung". Es werden dabei die leeren und vollen Wagen nur auf dem Gestänge an- und abgeschlagen, welches unmittelbar am Anschlagsorte liegt. Ist dieses das Leergleis, so müssen die vollen Wagen mit den leeren zusammen bis zur Umkehrscheibe laufen und dort in das Vollgleis hinübergeschoben werden. Mündet dagegen die Zuführungsbahn in das Vollgleis, so müssen wiederum die hier benötigten leeren Wagen an der Umkehrscheibe auf das Vollgleis umgesetzt werden.

Das Verfahren ist zwar sehr betriebssicher, hat aber den Nachteil, daß die Wagen unnötig unter dem Seile laufen, daß dadurch die Betriebsmaschine erheblich belastet wird, daß mehr Förderwagen gebraucht werden, und daß an der Endscheibe besondere Wagenstößer für das Umsetzen der Wagen vorhanden sein müssen.

Zur Verbindung des Seilbahngestänges mit der Zuführungsbahn können in einfachster Weise Wechsel benutzt werden. Für das Abziehen der leeren Wagen sind am besten die selbsttätigen Weichen geeignet (Fig. 149), die die Zufahrt in das Nebengleis ständig geöffnet halten.

Auch Nutenplatten sind an diesen Stellen recht beliebt, weil sie die vorbeifahrenden Wagen nicht so leicht zum Entgleisen bringen wie Kranzplatten.

h) Das Durchfahren von Krümmungen.

Krümmungen sollen in Seil- und Kettenbahnen nach Möglichkeit vermieden werden, weil das Seil und die Kette durch jede Biegung nachteilig beeinflußt werden. Auch treten gerade an diesen Stellen leicht Entgleisungen der Förderwagen ein. Schließlich wird infolge der größeren Bewegungswiderstände eine Erhöhung der Antriebskraft erforderlich.

Um das Seil und die Kette in die neue Bewegungsrichtung hinüberzulenken, sind mit Ausnahme einiger weniger Fälle besondere Scheiben, die Leitscheiben, nötig. Bei Kettenbahnen genügt zumeist eine einzige solche Scheibe; bei Seilförderungen wird eine größere Anzahl eingebaut.

Außerdem kann das Durchfahren noch ohne Auslösen des Wagens vom Seile (Kette) erfolgen, oder man läßt den Wagen die Krümmung frei durchfahren. Im letzteren Falle, der in der Regel nur bei Kettenförderungen vorkommt, wird die Kette durch Tragerollen vom Wagen abgehoben.

1. Krümmungen in Seilförderstrecken.

Eine Krümmung ohne jede Leitscheibe zu durchfahren, ist nur bei schlaff gespanntem Seile und geringem Ablenkungswinkel — 10 bis

14° — möglich. (Unter dem Ablenkungswinkel [Fig. 240] versteht man denjenigen Winkel, den die neue Bahnrichtung mit der Verlängerung der alten bildet.) Vorausbedingung ist, daß ein recht großer Krümmungshalbmesser gewählt wird. Der Seilzug hat das Bestreben, den Förderwagen nach der Richtung des Krümmungsmittelpunktes hin umzuwerfen. Dem wirkt man dadurch entgegen, daß in jedem Gestängepaare die innere Schiene Überhöhung erhält. Es sucht nun das Eigengewicht des Wagens, diesen nach außen hin umzukippen und wirkt dadurch

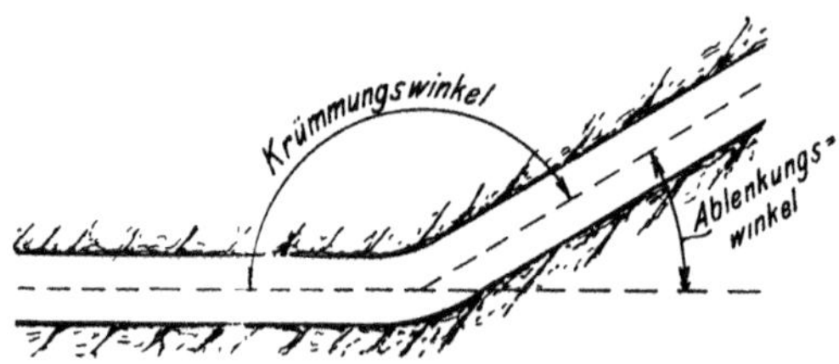

Fig. 240. Krümmungswinkel, Ablenkungswinkel.

dem Seilzuge entgegen. Die Überhöhung muß so bemessen werden, daß sie eine zwei- bis dreifache Sicherheit gegen Umwerfen bietet. Sie läßt sich auch durch Berechnung ermitteln; die erforderlichen Formeln sind in den eingangs genannten Werken von Braun und Stein über Seil- und Kettenförderung zu finden.

Die nachstehende Tabelle enthält die diesbezüglichen Werte von der Fuchsgrube bei Waldenburg.

Kurve Nr.	Halbmesser m	Ablenkungs-winkel	Überhöhung der inneren Schiene im Vollgleis mm	im Leergleis mm
a)	600	2° 1″	45	—
b)	600	1° 30″	35	—
c)	400	8° 45″	90	75
d)	400	21° 20′	30	90
e)	500	16° 5′	25	85

(Zusammengestellt aus „Glückauf“ 1896, Nr. 23.)

Zumeist ist aber der Krümmungshalbmesser ein wesentlich kleinerer und ganz besonders der Ablenkungswinkel ein größerer. Es werden dann immer besondere Leitscheiben eingebaut werden müssen, die das Seil in die neue Richtung hinüberlenken. Damit es aus ihren Rillen nicht herausfällt, muß es stets recht straff gespannt sein.

Die Zahl dieser Leitscheiben ist von der Größe des Krümmungswinkels abhängig. Stein gibt an, daß man auf jede 12—15° dieses

Krümmungswinkels eine solche Scheibe einbauen soll. Der Krümmungshalbmesser spielt hierbei nur eine untergeordnete Rolle. Ist er klein (Fig. 241), so werden die Leitscheiben näher aneinander rücken und wohl auch eine dicht an der anderen liegen. Bei großem Radius dagegen (Fig 242) werden sie weiter voneinander entfernt liegen; man

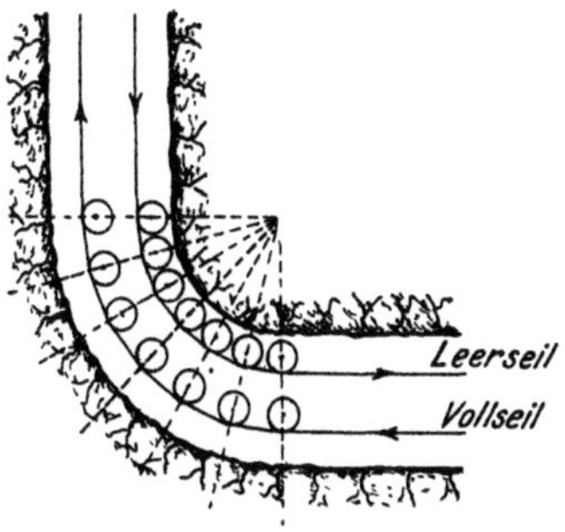

Fig. 241. Leitscheiben.

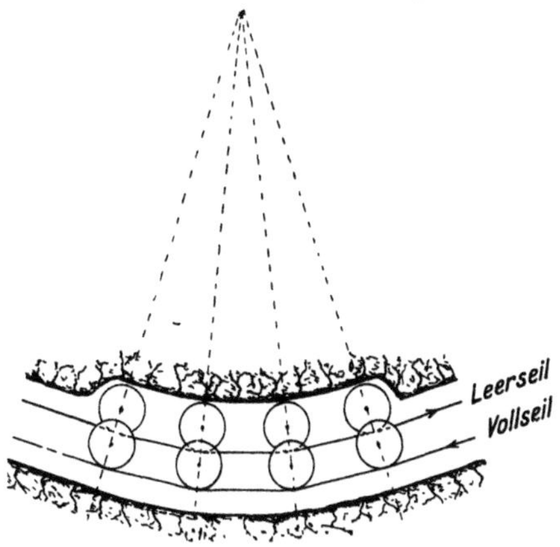

Fig. 242. Leitscheiben.

ist dadurch imstande, sie größer zu machen und in größerer Zahl einzubauen (auf je 12° eine Scheibe).

Ihrer Gestalt nach unterscheidet man Rillenscheiben mit flacher (Fig. 243 a) oder mit gerundeter (Fig. 243 b) Seilnute und walzenförmige Scheiben. Diese letzteren können hoch (Fig. 244) oder niedrig (Fig. 245)

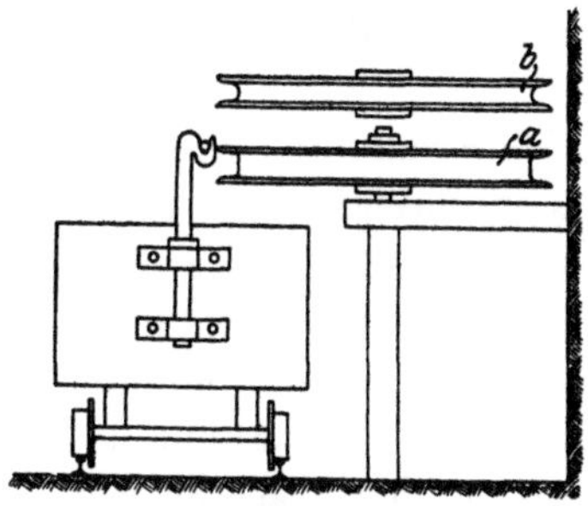

Fig. 243. Leitscheiben.

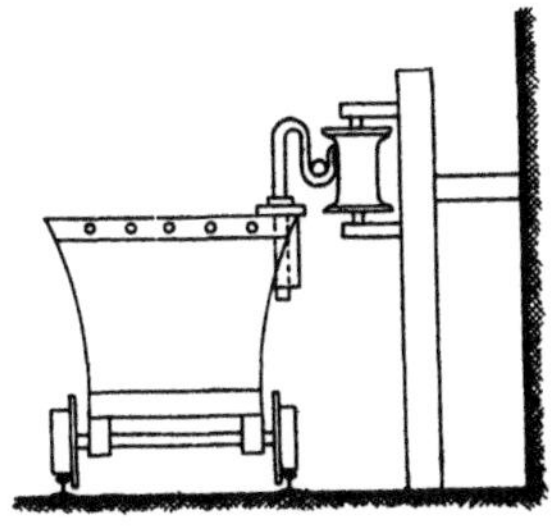

Fig. 244. Leitrolle.

(Aus Stein, Die verschiedenen Arten der mechanischen Streckenförderungen.)

sein und nur einen oder zwei Flanschen besitzen. Der untere von diesen muß immer vorhanden sein, weil er das Seil trägt. Der obere kann fehlen; er soll nur verhüten, daß das Seil nach oben hin abrutscht.

Zur Schonung des Seiles werden die Rillen in einem Holzfutter ausgedreht. Die einzelnen Futterklötze befestigt man in den Scheiben ähnlich wie bei den Antriebsscheiben der Fördermaschinen oder von der Seite her mittels Holzschrauben oder Schraubenbolzen, die durch die beiden Flanschen der Scheibe hindurchgehen (Fig. 246).

Auch ein Holzbelag mit Zinkeinguß (Fig. 247) hat sich nach Treptow auf einem sächsischen Steinkohlenwerke gut bewährt.

Der Durchmesser dieser Rollen soll nicht unter 500 mm betragen. Je größer er ist, um so mehr wird das Seil geschont; jedoch werden die Rollen selbst dadurch schwerer und sind nicht mehr so leicht auszuwechseln; auch werden die Querträger, an denen die Rollen hängen, dann um so stärker belastet, weil der Seilzug an einem größeren Hebelarme, dem Scheibenhalbmesser, angreift.

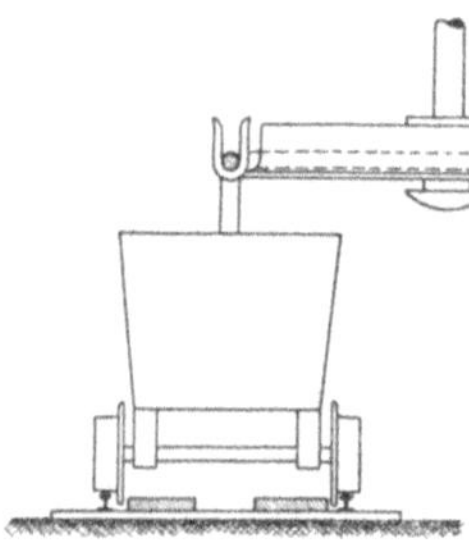

Fig. 245. Leitscheibe.
(Aus Stein, Die verschiedenen Arten der mechanischen Streckenförderungen.)

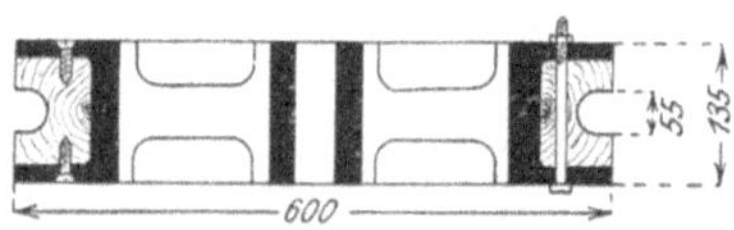

Fig. 246. Leitscheibe mit Holzfutter.

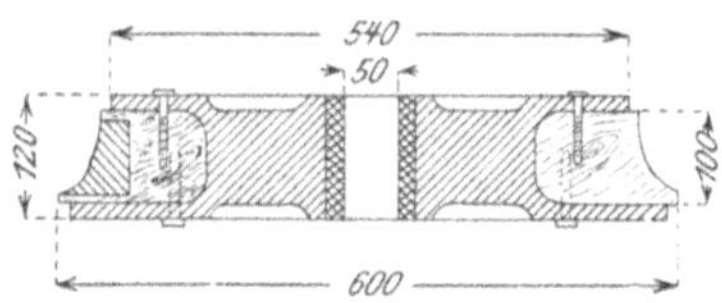

Fig. 247. Leitscheibe mit Holzfutter und Zinkeinguß. (Aus „Sächs. Jahrbuch“ 1899.)

Ein Nachteil des Holzfutters ist, daß es sich schnell abnutzt und dann das Seil beim Vorübergehen einer Gabel weiter als anfangs aus der Rille herausgehoben wird. Damit zusammenhängend wird es auch stärker geknickt.

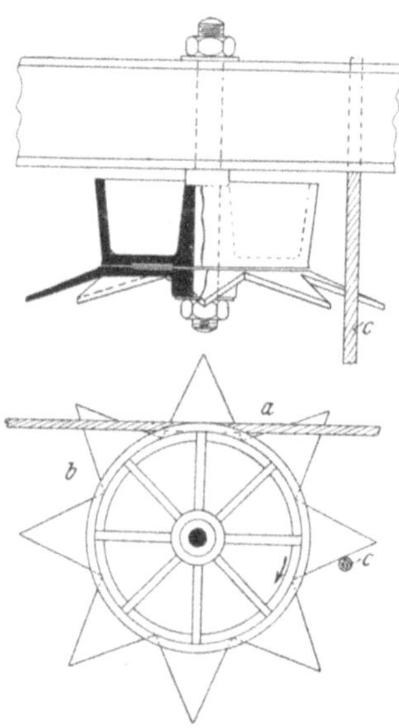

Fig. 248. Leitscheibe mit Sternscheibe.

An beiden Enden einer Krümmung sind Tragerollen anzubringen; sie verhüten, daß das Seil herunterfällt. Diese Tragerollen müssen die Mitnehmergabel ungehindert vorbeilassen; sie müssen ihr also ausweichen können. Von den vielen Ausführungsarten solcher Tragescheiben seien hier nur einige häufiger vorkommende angeführt.

Die Sternscheibe (Fig. 248) wird unter der ersten und letzten Leitscheibe angebracht. Anfangs wurde sie mit dieser aus einem Stück gefertigt, indem der untere Flansch, der Trageflansch, entsprechend vergrößert wurde. Die Gabel, die im Vorbeigehen in eine der Lücken eintreten sollte, stieß aber sehr häufig auf eine Zackenspitze und verursachte so Entgleisungen. Darum ging man

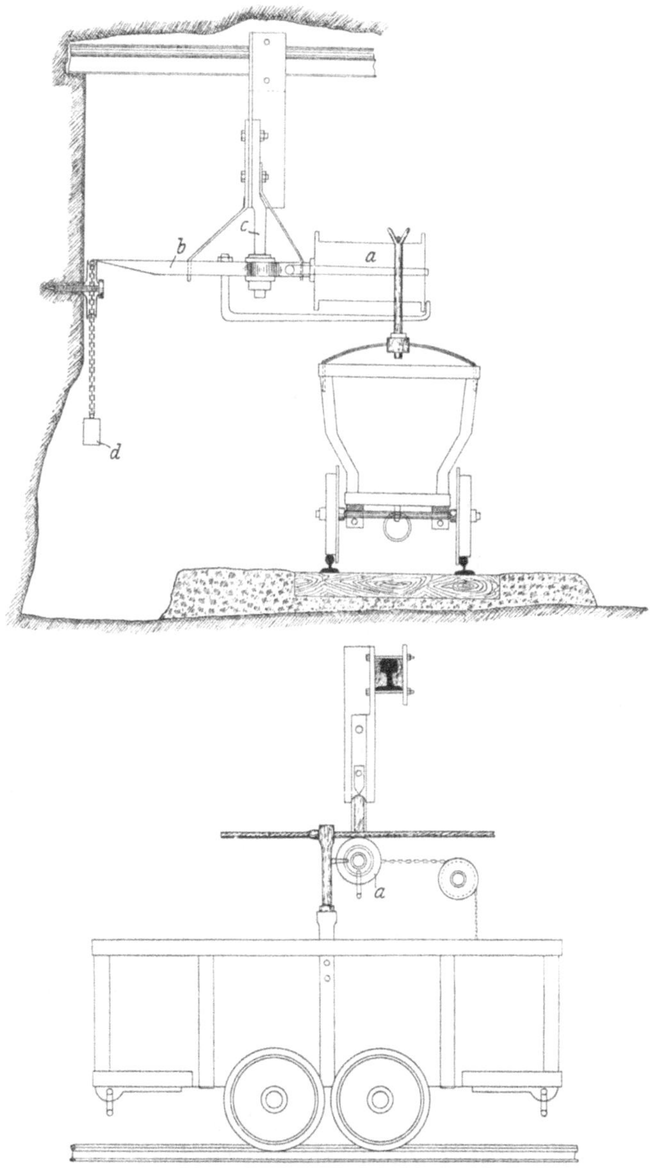

Fig. 249 a und b. Schwenkbare Tragerolle. (Aus „Vers. und Verb. im Jahre 1904“.)

bald dazu über, beide Scheiben getrennt anzufertigen. Die Zahl der Zacken muß so bemessen sein, daß beim Austreten der Gabel aus der Lücke *a* eine andere Lücke *b* zur Aufnahme der nächsten Gabel bereit steht. Die Sternscheibe dreht sich aber gern mit der Leitscheibe zusammen weiter und läßt dann die Gabel doch wieder auf eine Spitze stoßen; man verhindert diese selbständige Drehung durch ein kurzes Seilstück *c*, welches von der Firste herabhängt und durch eine der Lücken hindurchgeht.

Die in Fig. 249a und b abgebildete Tragewalze *a* ist auf einem Gestell *b* verlagert, welches um die senkrechte Welle *c* schwingen kann. Der herankommende Förderwagen schiebt die Tragerolle nebst dem Gestelle

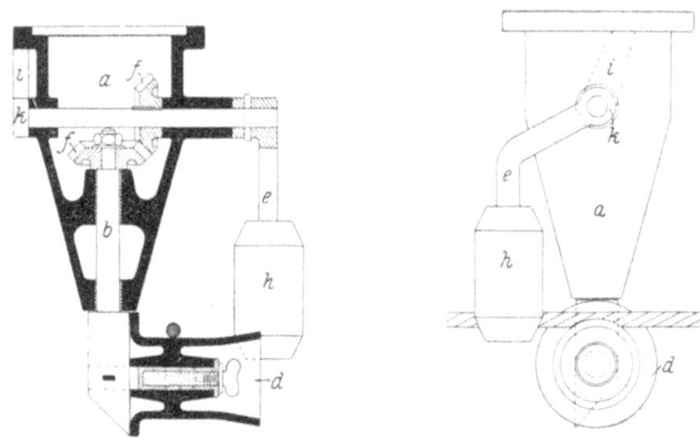

Fig. 250. Tragerolle von Grimberg.

zur Seite; das Gegengewicht *d*, welches dabei hochgezogen wird, geht nachher wieder nach unten und dreht die Rolle in die Arbeitsstellung zurück.

Die Tragerolle von G r i m b e r g (Fig. 250) beruht auf einem ähnlichen Grundsatze wie die vorstehend beschriebene Tragescheibe. Es dreht sich nämlich die Rolle *d* um die wagerechte Welle *o* und diese wiederum um die senkrechte Welle *b*. Durch das Kegelräderpaar *f* wird das Gewicht *h* angehoben, wenn ein vorbeifahrender Wagen die Rolle *d* beiseite schiebt. Ist der Wagen fort, so senkt sich das Gewicht und führt die Rolle in die Querstellung zurück.

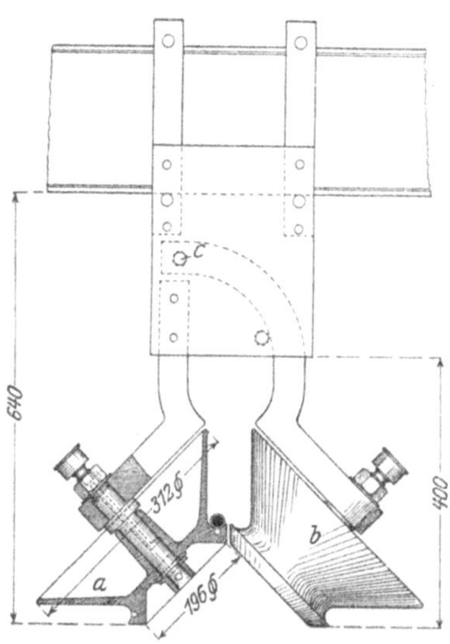

Fig. 251. Doppeltragerolle von Hasenclever.

Die Tragerolle von H a s e n c l e v e r (Fig. 251) besitzt zwei Tragescheiben *a* und *b*. Die Welle der ersteren sitzt fest, während die von *b* um das Gelenk *c* schwingen kann. Kommt eine Gabel, so drückt sie diese Rolle beiseite; darauf fällt sie durch ihr Eigengewicht wieder zurück.

Mit den Hasencleverschen Doppeltragerollen hat man auf Zeche Ewald Ablenkungen bis zu 12° ohne besondere Leitscheiben durchfahren; denn diese Rollen können auch gleichzeitig vermöge ihrer besonderen Gestalt als Leitscheiben dienen.

Auf Zeche Prosper, Schacht II, sind selbstgefertigte Tragerollen (Fig. 252) in Gebrauch. Sie bestehen aus alten Förderwagenrädern *a* (Fig. 253) mit aufgesetzten Holzkegeln *b*. Sie drehen sich um die Achsen *c*. Geht ein Mitnehmer zwischen ihnen durch, so drückt er die Tragerollen auf den schräg liegenden Achsen nach oben.

Es ist vielfach üblich, Tragerollen für das Seil nicht allein an den beiden Enden einer

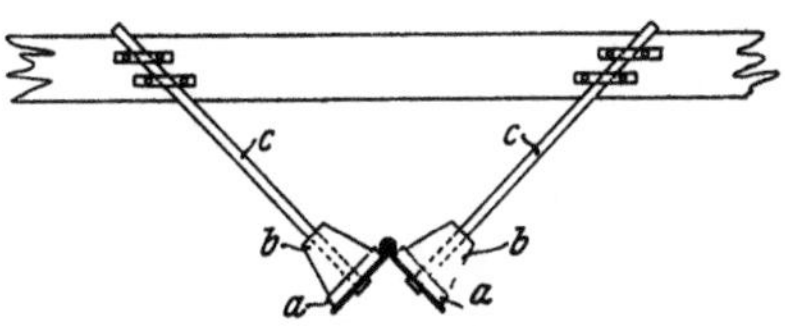

Fig. 252.

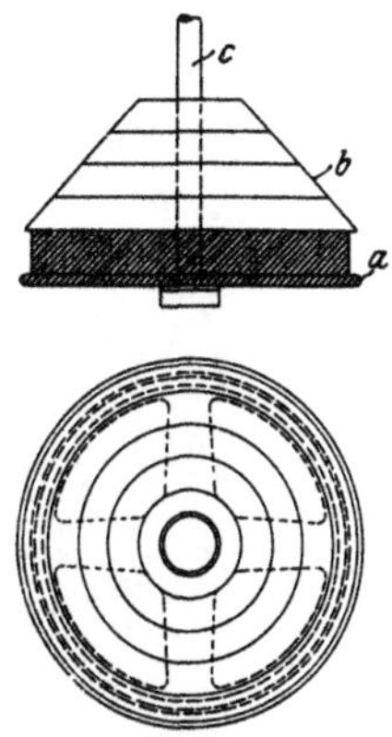

Fig. 253.

Tragerolle von Zeche Prosper. (Aus „Bergbau" XX, Nr. 7.)

Krümmung, sondern auch gleichmäßig verteilt in gerader Strecke einzubauen. Ihr gegenseitiger Abstand beträgt dann 30—50 m. Durch diese Einrichtung soll das Schleifen des Seiles auf der Streckensohle vermieden werden. Anstatt dessen kann man auch zwischen den Schienen besondere Tragerollen (Fig. 254) anbringen. Doch klemmt sich das Seil gern zwischen ihnen und ihren Haltern ein.

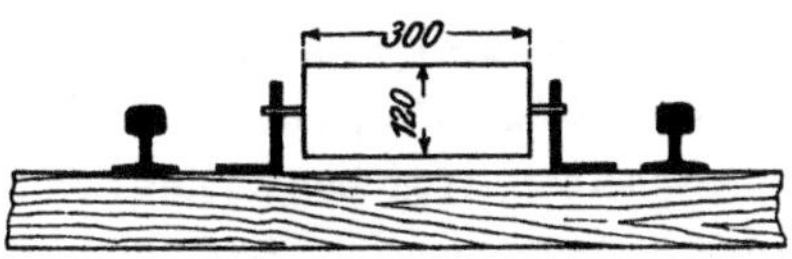

Fig. 254. Tragerolle.

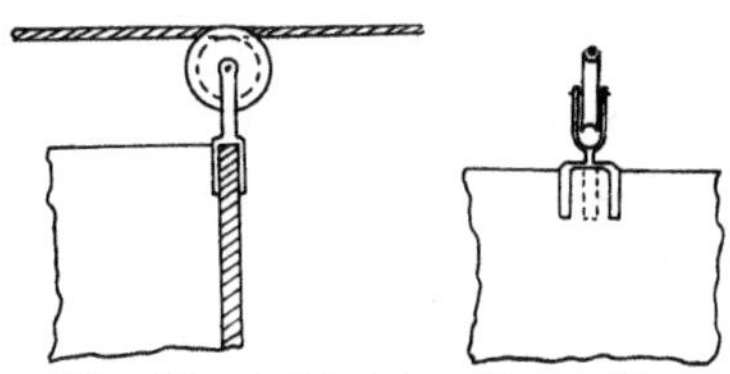

Fig. 255. Aufsteckbare Tragerolle.

In Oberschlesien zieht man es vor, an Stelle solcher Rollen für einen gleichmäßigen Wagenabstand zu sorgen. Sollten einmal in der Vollbahn Wagen fehlen, so schiebt man an der Endscheibe leere Wagen unter. Sammeln sich die letzteren trotzdem an dieser Stelle an, so werden sie mit Aufsteckrollen (Fig. 255) versehen, um zu verhindern, daß das Seil auf dem Kastenrande schleift.

Die Forstersche Kurvenführung (Fig. 256) ist derart eingerichtet, daß jede Krümmung nur mit einer einzigen Leitscheibe überwunden wird; dies gilt auch bei Umförderung für das Vorbeifahren an der Umkehrscheibe. Weil dabei die Förderwagen scharfe Wendungen machen müssen, wird das Gestänge dementsprechend hergestellt. Man gibt ihm nämlich in diesem Falle eine so große Spurweite, daß die Wagenräder nicht auf den Schienen, sondern zwischen ihnen auf einer besonderen Plattenausfutterung laufen. Derselbe Zweck wird auch dadurch erreicht, daß bei gleichbleibender Spurweite an Stelle der Schienen

Fig. 256. Forstersche Kurvenführung.

U-Eisen verlegt werden. Der Wagen kann sich alsdann in der Krümmung so drehen, daß er in die für das Durchfahren günstigste Stellung kommt.

Wird mit Kettchenanschlag gefördert, so wird zum Durchfahren der Krümmung ebenfalls nur eine Leitscheibe verwendet; nur bei großem Ablenkungswinkel werden zwei solche Scheiben eingebaut, und zwar eine am Anfang, die andere am Ende der Krümmung. Der Krümmungshalbmesser braucht nur wenige Meter zu betragen. Entgleisungen kommen so gut wie gar nicht vor; denn das Kettchen bildet zwischen dem Wagen und dem Seile eine nachgiebige Verbindung, so daß der Seilzug keinen Einfluß auf den Gang des Wagens ausüben kann.

Das Durchfahren von Krümmungen mit „Katzenbuckel" kann natürlich bei Seilförderungen ebenfalls zur Anwendung kommen; doch ist dies im allgemeinen nicht nötig. Nur an Stellen, wo das Seil noch in Nebenstrecken hineingeführt wird (Fig. 204), wo also der Wagen sowieso vom Seile gelöst werden muß, führt man ihn auf schiefer Ebene bis zu der Stelle, wo er wieder an das Seil angeschlagen werden kann.

Sollte es einmal vorkommen, daß das Seil in einer Krümmung von den Leitscheiben herunterfällt, so wird es infolge seiner großen Spannung stets gegen den dem Krümmungsmittelpunkt näheren Streckenstoß geschleudert werden. Leute vom Bedienungspersonal, die sich zufällig an dieser Stelle aufhalten, geraten dadurch in größte Gefahr. Um in

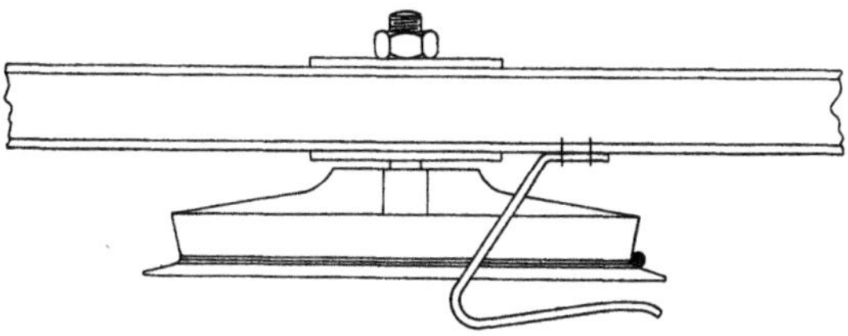

Fig. 257. Leitscheibe mit Fanghaken.

solchem Falle das Seil aufzufangen, baut man vor der Leitscheibe eiserne Fanghaken (Fig. 257) oder außerhalb des Gestänges Sicherheitsstempel ein.

2. Krümmungen in Kettenförderstrecken.

Auch in Kettenförderstrecken kann eine Krümmung mit kleinem Ablenkungswinkel ohne besondere Leitscheiben durchfahren werden. Die Voraussetzungen sind dieselben wie bei Seilförderanlagen. Werden die Förderwagen ohne besondere Mitnehmer nur durch das Kettengewicht in Gang gesetzt, so muß man dafür sorgen, daß die Kette in der Krümmung nicht von dem Wagen abrutscht. Man erreicht dies mittels zweier Anschlagdorne, die auf der Wagenstirnwand nahe den beiden Enden sitzen. Zwischen ihnen kann sich die Kette nach Belieben seitwärts verschieben.

Im übrigen wird bei einer Kettenförderung jede Krümmung frei durchfahren; man hebt die Kette vom Wagen ab und lenkt sie mit Hilfe einer einzigen Leitscheibe in die neue Richtung. Der Wagen läuft auf einer schiefen Ebene durch die Krümmung, bis er wieder von der Kette mitgenommen wird. Das Durchfahren ohne Lösen des Wagens hat bis jetzt immer bedeutenden Kettenverschleiß mit sich gebracht.

Die Leitscheiben *a* (Fig. 258) werden so weit außerhalb des Gestänges eingebaut, daß die beiden Kettenrichtungen an ihrem Umfange tangential anliegen. Vor und hinter den Leitscheiben wird je eine Tragerolle *b*, *c* angebracht, damit die häufig recht lose durchhängende Kette nicht aus der Rille herausspringt. Die eine dieser Tragerollen muß außerdem noch die Kette von den Förderwagen abheben.

Der Durchmesser der Leitrollen soll 1—1,5 m, der der Tragerollen 0,5—0,6 m betragen. Mit Rücksicht auf geräuschlosen Gang sind sämtliche Scheiben mit Holzfutter zu versehen. Weil es sich schnell ausarbeitet, würde die Kette nicht mehr in gerader Linie von den Tragerollen nach der Leitscheibe hinüberlaufen; darum werden die Achsenhalter der Tragerollen verstellbar eingerichtet, so daß man imstande ist, diese Rollen entsprechend der Vertiefung der Leitscheibenrillen nachzustellen.

Der „Katzenbuckel" ist so einzurichten, daß der aufsteigende Teil in der Laufrichtung der Kette vor der Krümmung, der Scheitel 1—2 m vor Beginn der Krümmung und der abfallende Teil in dieser selbst liegt. Die Höhenlage der Leit- und Tragescheiben über der Förderbahn ist so zu bemessen, daß der Wagen von der Kette sicher über den Scheitel

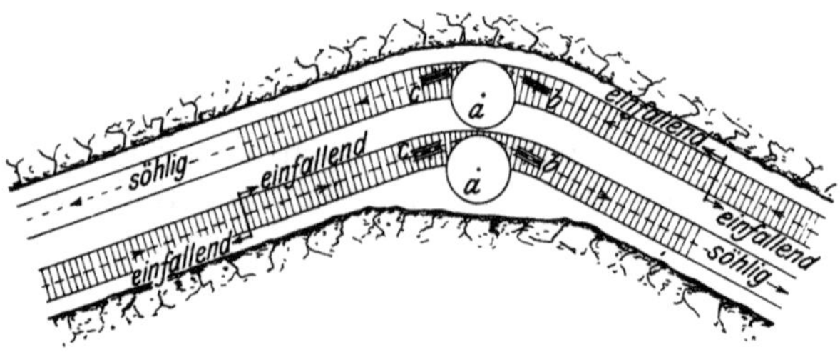

Fig. 258. Krümmung in einer Kettenförderstrecke.

der ansteigenden Bahn hinweggezogen wird, daß er dann frei unter ihnen hindurchlaufen kann, und daß sich die Kette schließlich wieder auf den Wagen auflegt, bevor er zum Stillstande gekommen ist.

i) Die Signalvorrichtungen.

In erster Reihe müssen in jeder Seil- oder Kettenförderstrecke Signale vorhanden sein, die gestatten, daß von jedem Punkte der Bahn aus Signale nach der Maschine gegeben werden können. Außerdem kommen noch verschiedene andere Arten von Signalen in Betracht, nämlich die Abstandssignale, die das Einhalten eines gleichmäßigen Wagenabstandes ermöglichen, und die Ankunftssignale, die an Zwischenanschlagsorten das Nahen eines leeren oder auch vollen Wagens anzeigen.

Als Streckensignale werden neuerdings stets elektrische Apparate verwendet, sofern unter Tage Elektrizität zur Verfügung steht. Diese Signaleinrichtungen bestehen fast allgemein aus zwei blanken Leitungsdrähten, die unter der Streckenfirste in geringem Abstande nebeneinander herlaufen, und aus einem Läutewerke in der Maschinenstube. Als Stromerzeuger werden Elemente oder Akkumulatoren nur selten benutzt; vielmehr wird die Klingelanlage an die zur Arbeitsleistung dienende Stromleitung unter Vorschaltung von Widerständen angeschlossen. Durch Zusammendrücken der beiden Leitungsdrähte mit der Hand wird der Stromkreis geschlossen und die Glocke zum Ertönen gebracht.

Außerdem ist es zweckmäßig, die einzelnen Anschlagspunkte unter sich und mit dem Maschinenraume durch eine Fernsprechanlage zu verbinden. Auf Deutschlandgrube, O.-S., hat sich ein tragbarer Fernsprecher sehr bewährt; er kann an jeder beliebigen Stelle der Förderbahn durch Klemmen mit der Telephonleitung verbunden werden.

Außer diesen elektrischen Signalen sollen als Aushilfe für den Fall des Versagens noch Zug- oder Stangensignale vorhanden sein. Die letzteren werden von runden Schmiedeeisenstangen gebildet, die entlang der ganzen Förderstrecke laufen und untereinander verschweißt oder verschraubt sind. Durch Anschlagen mit einem eisernen Gegenstande wird die Stangenleitung zum Ertönen gebracht. Um den Schall gut leiten zu können, dürfen die Stangen nirgends anliegen. Die Befestigung erfolgt an der Zimmerung mit Hilfe von eisernen Haken, die die Signalstangen am besten nicht mit einer Fläche, sondern nur mit einer Schneide berühren.

In sehr langen Förderstrecken benutzt man diese Stangensignale am besten nur, um das Signal bis zum nächsten Anschlagspunkte zu geben; dieser befördert es dann mittels des Zugsignales zur Maschine.

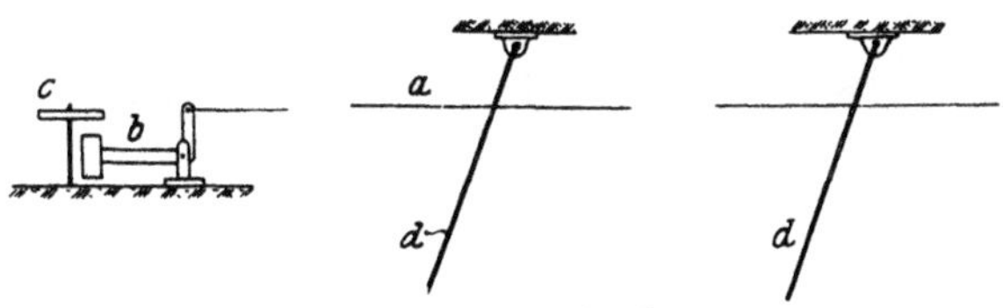

Fig. 259. Zugsignal.

Das Zugsignal besteht aus einem dünnen Zugseile *a* (Fig. 259), dem Hammer *b* und der Glocke *c*. Durch Ziehen an einem Hebel *d* wird der Hammer zum Anschlagen gebracht. Soll mit Hilfe dieser Signalvorrichtung von jedem Punkte der Strecke aus signalisiert werden können, so muß man die Signalhebel in gleichmäßigen Abständen in das Zugseil einschalten.

Die Abstandssignale werden an allen Anschlagspunkten angebracht, wenn großer Wert darauf gelegt wird, daß die Wagen in gleichmäßigen Abständen unter das Seil geschoben werden. Sie beruhen alle auf dem Grundgedanken, daß eine Glocke *a* (Fig. 260) zum Ertönen gebracht wird, wenn der Förderwagen am Hebel *b* vorbeistreicht. Dieser Hebel muß vom Anschlagsorte so weit entfernt liegen, als der Wagenabstand betragen soll. Der neue Wagen darf also erst angeschlagen werden, wenn die Glocke erklingt.

Ein anderes Abstandssignal ist in Fig. 261 abgebildet. Das eine Ende *a* der Welle *b* ist gekröpft und wird vom Laufkranze der Wagenräder nach unten gedrückt. Der auf ihr sitzende Hebel *c* bringt die Glocke *d* zum Ertönen. Gleichzeitig wird auch das Gegengewicht *e* gehoben.

Das Abstandssignal Fig. 262 ist ohne weiteres verständlich.

Die Ankunftssignale sind an allen Zwischenanschlagsorten einzubauen, wenn die Förderwagen unter dem Seile in gleichen Abständen

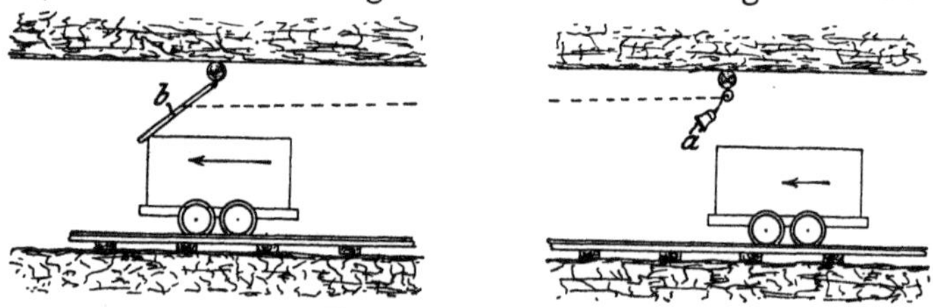

Fig. 260. Abstandssignal.

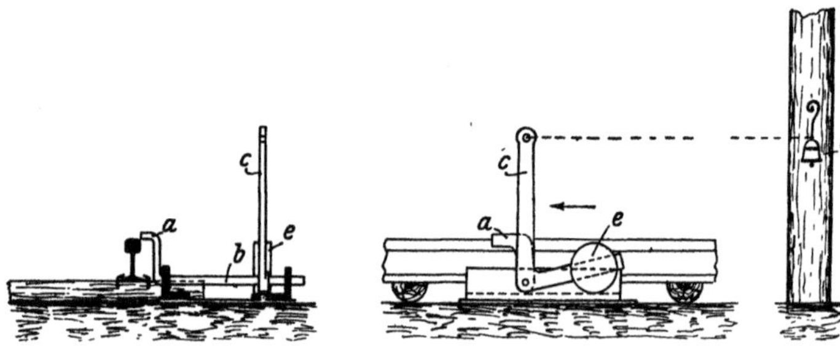

Fig. 261. Abstandssignal.

laufen sollen. Sie liegen jedoch nicht wie die Abstandssignale h i n t e r dem Anschlagsorte, sondern in der Laufrichtung des Seiles gesehen, v o r ihm. Ihre Entfernung entspricht dem Wagenabstande. Ertönt also dieses Signal, während gleichzeitig ein Wagen am Anschlagsorte vorbeiläuft, so ist dies ein Zeichen, daß im vorgeschriebenen Abstande ein neuer Wagen folgt; es darf also nicht angeschlagen werden. Bleibt es dagegen still, so darf der Anschläger seinen Wagen unter das Seil schieben.

Fig. 262. Abstandssignal.

Bei Umförderung sind solche Signale nicht erforderlich; denn es wird hier an Stelle eines leeren Wagens ein voller angeschlagen.

Dagegen ist es gut, in diesem Falle eine Vorkehrung anzubringen, die dem Anschläger anzeigt, ob ein voller oder ein leerer Wagen herankommt. Ein solches Signal hat sich auf Deutschlandgrube bei Schwientochlowitz sehr gut bewährt. Der Anschlagsort war hier ein für Durchschiebeförderung eingerichtetes Gesenk, ähnlich wie in

Fig. 239. Das Vollgleis lag aber an der Seite des Anschlagsortes. Die vollen Wagen wurden bei *b* an das Vollseil angeschlagen, während die leeren dem Gesenke durch den Umbruch *a* auf geneigter Bahn zuliefen. Damit in ihm ein besonderer Wagenstößer und Weichensteller erspart würde, brachte man vor der Weiche *a* in der Förderstrecke eine Ablaufebene an; die Weiche wurde von *b* aus gestellt, wenn das Signal die Ankunft eines leeren Wagens anmeldete. Kam dagegen ein voller gefahren, so schlug die Glocke nicht an. Dies wurde auf folgende Weise erzielt:

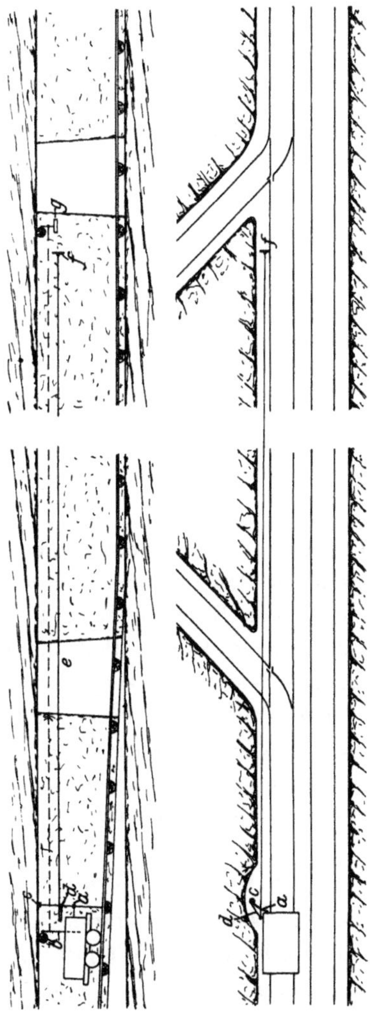

Fig. 263. Anmeldesignal für leere Wagen.
(Im Grundrisse sind der Hammer und sein Hebelwerk fortgelassen worden.)

Die zwei Hebel *a* und *b* (Fig. 263) ragen, der eine von der Seite, der andere von der Firste her, in die Förderbahn hinein. Hebel *a* sitzt an einer senkrechten Welle *c*; wird er vom herankommenden Förderwagen beiseite geschoben, so dreht sich die Welle *c*, und es wird mittels des Hebels *d* und der Verbindungsstange *e* die Glocke *f* vorgeschoben. Der von der Streckenfirste herabhängende zweiarmige Hebel *b* setzt, wenn er zu schwingen beginnt, den Signalhammer *g* in Bewegung. Dieser kann die Glocke *f* aber nur dann treffen, wenn sie sich in der vorgeschobenen Stellung befindet. Geht ein leerer Förderwagen am Signalapparat vorbei, so wird Hebel *b* und mit ihm Signalhammer *g* zweimal ausschlagen, nämlich das erste Mal, sobald die Vorderwand, das zweite Mal, wenn die Hinterwand des Kastens am Hebel *b* vorbeistreicht. Beim ersten Male wird der Hammer auf die Signalglocke aufschlagen; beim zweiten Male trifft er sie nicht mehr, denn Hebel *a* ist kürzer als *b*; die Glocke ist also schon zurückgegangen, wenn der Hammer zum zweiten Male niederfällt. Wird der Apparat durch einen vollen Wagen in Tätigkeit gesetzt, so schlägt der Hammer nur einmal, trifft aber die bereits zurückgegangene Glocke nicht mehr.

k) Die Förderung mit Kettenseil.

Die Kettenseilförderung nach Patent Glinz wird von der Firma Heckel in St. Johann-Saarbrücken ausgeführt. Das Eigentümliche dieses Förderverfahrens besteht darin, daß ein Seil verwendet wird, in welches in gleichmäßigen Abständen, entsprechend dem Wagenabstande, Kettenstücke von 1—2 m Länge eingespleißt sind (Fig. 264).

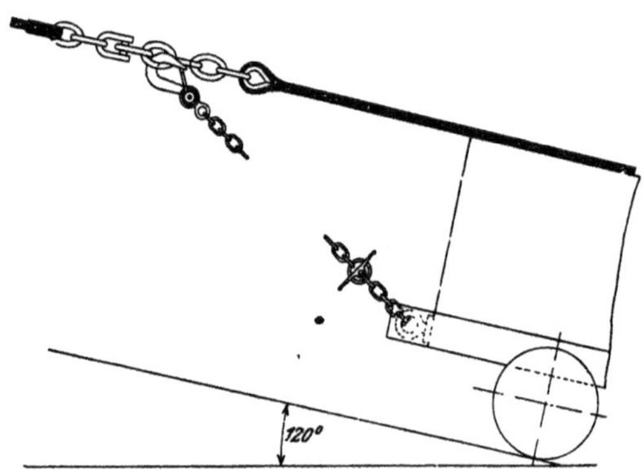

Fig. 264. Kettenseil.

Die Vorteile des Kettenseiles sind, daß man ein Zugmittel von dem geringen Gewichte und der größeren Betriebssicherheit des Seiles hat und an den Kettenstücken die Wagen mit einer einfachen Kettengabel anschlagen kann. Soll die Fördermenge vermehrt werden, so werden die Wagen zu Zügen vereinigt. Als Nachteil hat sich auf Deutschlandgrube, wo diese Kettenseilförderung vorübergehend angewendet wurde, herausgestellt, daß die Arbeiter beim Anschlagen unachtsam vorgehen. Sie legen nicht die Kette, sondern das Seil in die Gabel ein; dadurch wird die Spleißstelle bald beschädigt.

II. Die Förderung mit Unterseil und Unterkette.

Die Unterseil- und Unterkettenförderung eignet sich nicht besonders für große Förderlängen. Weil das Seil und die Kette über die Streckensohle hingleiten, würde die Reibung eine zu große werden; es müssen viele Tragerollen eingebaut werden; dazu kommt, daß namentlich unter Tage die Streckensohle nie hinreichend sauber gehalten werden kann, um ein gutes Arbeiten der Förderanlage zu sichern, und daß insbesondere bei quellender Sohle ständig Betriebsstörungen eintreten. Darum eignet sich dieses Förderverfahren hauptsächlich nur für solche Fälle, wo große Fördermengen auf kurzem Wege weitergeschafft werden müssen, wo es sich also um Ersparung von Arbeitern handelt. Es wäre dies der Fall bei dem Wagenverkehr zwischen der Hängebank und den Wippern, in den Schachtumbruchsörtern unter Tage; ferner eignet es sich als Zubringeförderung zu einer solchen mit Oberseil und Oberkette.

Diese Förderungen sind im großen und ganzen in gleicher Weise betrieben wie die mit Oberseil. Sie besitzen also eine Antriebsscheibe und eine Endscheibe, aber im Gegensatz zu diesen meist nur eine Spannvorrichtung. Diese wird mit der Endscheibe verbunden; sie muß naturgemäß selbsttätig wirken. Es ist zwar ein Nachteil, dieß diese Spannvorrichtung nicht unmittelbar an der Antriebsmaschine liegt; doch kommt er nicht so sehr zur Geltung, weil die Förderlänge immer eine verhältnismäßig kurze ist.

Förderungen mit Unterseil werden nicht so häufig ausgeführt wie mit Unterkette. Es rührt das in der Hauptsache daher, daß die Wagen an das Seil nicht so gut einzeln angeschlagen werden können wie an die Unterkette. An der letzteren lassen sich leicht Mitnehmerdorne oder andere Vorkehrungen anbringen, durch welche die Wagen weiterbewegt werden; bei Verwendung eines Unterseiles wird dagegen eine umständlichere Verkuppelung nötig, die mehr Bedienung erfordert. Um diese zu vereinfachen, wird daher hier in Zügen gefördert; diese verlangen aber in manchen Fällen das Mitfahren eines Zugführers; dies ist namentlich der Fall, wenn es sich um das Durchfahren von Krümmungen und das Vorbeiführen des Zuges an Zwischenanschlagspunkten handelt, weil diese Stellen mittels schiefer Ablaufebene überwunden werden und somit die Verbindung mit dem Seile gelöst werden muß.

a) Die Antriebsmaschine.

Die über Tage in Verwendung stehenden Unterketten laufen fast immer auf einer Brücke oder Rampe oder in einem höheren Stockwerke des Schachtgebäudes. Denn sie befördern die Wagen von der Hängebank weg und wieder zu ihr hin oder bringen sie nach der Berge- oder Kohlenhalde usw.

Die Antriebsmaschine liegt darum immer in der Höhe der Tagessohle; ist die Antriebsscheibe unmittelbar mit ihr verbunden, so muß die Kette (das Seil) von der Rampe her über Leitscheiben nach unten geführt werden. Eine andere Möglichkeit ist, daß die Antriebsscheibe unter die Bahnsohle verlegt wird (Fig. 265). Sie wird von der Maschine her durch einen Treibriemen oder durch ein anderes Übertragungsmittel in Gang gesetzt. Es muß dann zwischen ihr und der Riemenscheibe eine ausrückbare Kuppelung angebracht sein, um das wiederholte Stillstellen und Anlassen der Maschine zu vermeiden.

Die Antriebsscheibe muß unter der Bahnsohle liegen, damit sie den Förderwagen nicht den Weg versperrt. Die Kette wird mit Hilfe von Druckrollen von ihr aus nach oben geführt.

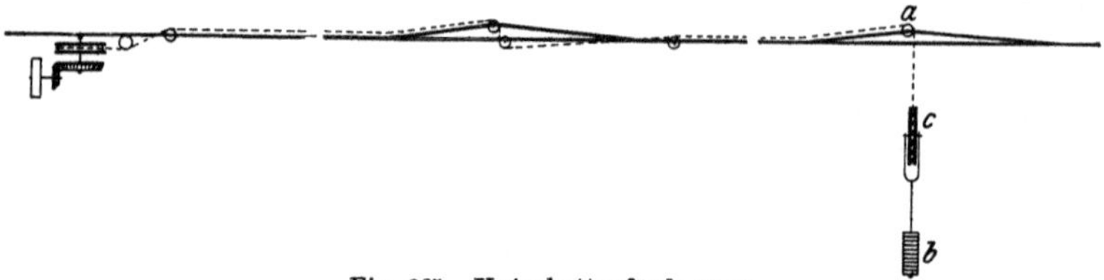

Fig. 265. Unterkettenförderung.

Es kann jede Art von Antriebsscheiben benutzt werden; am häufigsten finden sich bei Unterkettenförderungen die Dornenscheiben mit einer halben Umschlingung.

b) Die Seile, Ketten und Mitnehmer.

Bezüglich der Machart des Seiles gilt hier dasselbe wie für ein Oberseil. Die Verkuppelung der Wagen, die meistens in Zügen fahren, erfolgt mittels zangenartiger Mitnehmer. Fährt ein Zugführer nicht mit und ist die Seilgeschwindigkeit eine geringe, so ist die in Fig. 266 dargestellte Mitnehmerzange verwendbar. Der Spiralhaken wird in die Zugstange des Wagens eingehängt und dann das Seil durch Herunterschieben des Ringes in der Zange festgeklemmt. Eine Feder bewirkt das selbsttätige Öffnen beim Hochschieben des Ringes.

Fig. 266. Zange für Unterseil.

Der Heckelsche Seilgreifer (Fig. 267) ist auf einem besonderen Zugführerwagen angebracht. Er besteht aus einer Zange *a*, die durch eine Schraubenspindel *b* mit Rechts- und Linksgewinde geöffnet und geschlossen werden kann.

Bei Kettenförderungen kommen Gliederketten und Gelenkketten zur Anwendung. Die ersteren können in dem Vollgleise hin- und im Leergleise zurücklaufen; sie brauchen also nur eine Antriebsscheibe und eine Endscheibe.

Die Gelenkketten lassen sich nur in einer Ebene, und zwar in der senkrechten, biegen. Man kann also eine solche Kette nicht zur Bedienung zweier Gleise brauchen, sondern muß für jedes eine besondere Kette anschaffen. Diese geht in der Bahnsohle geradeaus und kehrt unter ihr wieder zum Ausgangspunkte zurück. Jede Kette beansprucht je eine besondere Antriebs- und Endscheibe. Diese müssen senkrecht stehen. Bei kurzer Bahnlänge ist eine besondere Spannvorrichtung nicht erforderlich; denn die unter der Bahn zurückkehrende Kette kann

Fig. 267. Seilgreifer von Heckel.

mehr oder weniger schwach durchhängen und bewirkt die Anspannung durch ihr Eigengewicht.

Zur Herabminderung der Reibung werden die Unterketten mit Laufrollen versehen; diese können in den Kettengliedern selbst (Fig. 33)

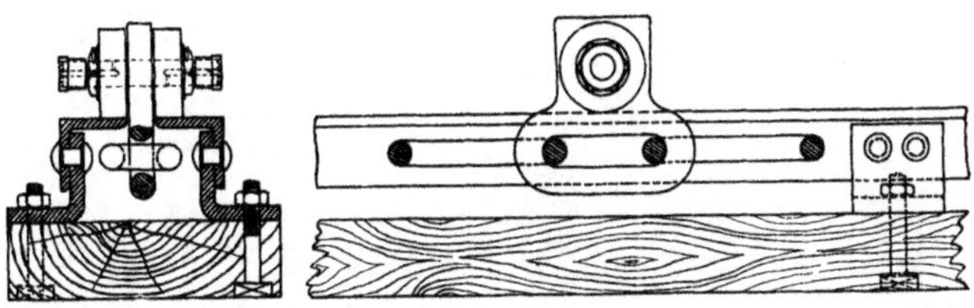

Fig. 268. Unterkette.

oder an den über diese hinausragenden Mitnehmern (Fig. 268) angebracht sein. Die ersteren laufen auf einem Beschlage von Flacheisen, mit dem die Bahnsohle versehen ist. Die letzteren werden von einer Schienenbahn getragen, die aus Winkeleisen zusammengesetzt ist. In ihrem Innern hängt die Kette vollkommen abgesperrt, so daß niemand mit dem Fuße hineingeraten kann.

Die Mitnehmer können bei den Unterketten senkrecht stehende und nach vorn gerichtete Haken sein; sie greifen in ein Kettenglied ein, welches von der Zugstange des Wagens herunterhängt. Man nennt solche Ketten darum auch Hakenketten (Fig. 269).

Auch einfache Mitnehmerdorne können an den Kettengliedern angebracht werden. Sie stoßen gegen die Wagenachse bzw. Schmierbüchse. Sie gewähren den Vorteil, daß die Kette auch außerhalb der Bahnmitte laufen kann.

c) Die Endscheibe und die Spannvorrichtung.

Wie schon oben erwähnt, wird mit der Endscheibe gern die selbsttätige Spannvorrichtung verbunden. Auch die Umkehrscheibe muß unter

Fig. 269. Hakenkette von Heckel.

der Bahnsohle liegen, um den Förderwagen nicht im Wege zu sein. Man braucht aber darum die Kette nicht mittels Druckrollen nach unten zu leiten wie bei der Antriebsscheibe (Fig. 265), sondern kann sie in wagerechter Lage weiter führen. Denn auf dem einen Gleise laufen die Wagen der Kette auf schiefer Ebene zu; die auf dem anderen Gleise ankommenden Wagen werden kurz vor der Umkehrscheibe etwas ansteigend geführt, um dann die Kettenbahn auf einer Ablaufebene zu verlassen.

Lassen sich solche Einrichtungen nicht treffen, so wird die Gliederkette mittels zweier Leitrollen *a* (Fig. 265) senkrecht nach unten geführt. Die mit dem Spanngewichte *b* belastete Umkehrscheibe *c* kann sich zwischen besonderen Führungen auf und ab bewegen.

d) Die Zwischenanschlagspunkte.

An Zwischenanschlagspunkten muß die Kette ebenfalls so weit unter die Bahnsohle gedrückt werden, daß es möglich ist, Förderwagen an- und abzuschlagen. Wagen, die durchlaufen sollen, bewirken dies mittels Katzenbuckels (Fig. 265).

e) Die Krümmungen.

In Förderbahnen mit Krümmungen kann man keine Gelenkketten benutzen, sondern nur Gliederketten. Man baut entweder nur e i n e Leitscheibe ein und läßt die Wagen auf schiefen Ebenen frei durchlaufen, oder baut ebenso wie bei Seilförderungen eine größere Zahl von Leitrollen ein; die Wagen bleiben dann angeschlagen.

D. Die Lokomotivförderung.

Benutzte Literatur.

F. S c h u l t e, Die Grubenbahnen.

S. S c h a u b e r g e r, Betriebsergebnisse bei der Förderung mit Grubenlokomotiven. „Österreichische Zeitschrift" 1906, Nr. 13.

B e y l i n g, Die Feuergefährlichkeit der Benzinlokomotiven. „Glückauf" 1907, Nr. 4.

R u s s e l l, Die Verhütung der Brandgefahr bei Benzol-Grubenlokomotiven. „Glückauf" 1907, Nr. 17.

W e x, Versuche mit Grubenlokomotiven verschiedener Systeme. „Glückauf" 1907, Nr. 18, 19.

H i l d e b r a n d, Die elektrisch betriebene Lokomotivstreckenförderung auf der Zeche Minister Achenbach bei Dortmund. „Glückauf" 1906, Nr. 46.

B ö h m, Die elektrische Streckenförderung mit Akkumulatorenlokomotiven auf Zeche Monopol, Schacht Grillo, Kamen i. W. „Glückauf" 1907, Nr. 15.

R i e d e l, Die Anlagen auf Hillebrandschacht in Antonienhütte. „Kohle und Erz" 1907, Nr. 13.

B a u m, Die Fortschritte der Lokomotivförderung. „Glückauf" 1902, Nr. 4, 6, 7.

Beyling, Sicherheitsvorrichtungen zum Umfüllen des Brennstoffs für Benzin- und Benzollokomotiven unter Tage. „Glückauf“ 1907, Nr. 38.
Müller, Aufschlußanlage und Förderung mit Benzinlokomotiven auf der Grube Fentsch. „Bergbau“ XVI (1903), Nr. 14.
Explosionssichere Lagerung feuergefährlicher Flüssigkeiten auf Zechen, Teerkokereien usw. „Bergbau“ XVI (1903), Nr. 41.
Baum, Kohle und Eisen in Nordamerika. „Glückauf“ 1908.
A. Káš, Die Grubenlokomotive mit besonderer Berücksichtigung der Benzinlokomotive. „Österreichische Zeitschrift“ 1908, Nr. 6 und 7.
Franz Stiller, Vergleich einer Pferde- und einer Benzinlokomotivförderung am Michaelschacht der Kaiser Ferdinands-Nordbahn in Michalkowitz. „Österr. Zeitschrift“ 1908, Nr. 30.
Beyling, Versuche mit einem Benzinlokomotivmotor und Erprobung von Schutzvorrichtungen gegen die Feuers- und Explosionsgefahr beim Betriebe solcher Motoren. „Glückauf“ 1908, Nr. 24.
Genehmigung zur Verwendung flüssigen Brennstoffs beim Lokomotivbetriebe unter Tage. „Glückauf“ 1908, Nr. 24.

I. Allgemeines.

Die Lokomotivförderung findet neuerdings im Grubenbetriebe immer weitere Verwendung. Sie wurde in den letzten Jahrzehnten öfters versuchsweise auf einzelnen Gruben eingeführt, aber stets wieder abgeworfen, weil die Maschinen nicht sicher genug arbeiteten und die Antriebskräfte dafür zu teuer waren. Die Antriebsmittel, die in der letzten Zeit hauptsächlich bei den Grubenlokomotiven angewendet werden, sind die Elektrizität und explosionsfähige Gasgemische, wie Benzin, Benzol, Spiritus, Petroleum, Ergin usw. Außerdem kommen noch Preßluft und Dampf als Antriebskräfte in Betracht. Nächst der Vervollkommnung der elektrischen und Explosionsmotoren verdanken die Lokomotiven ihre immer zunehmende Verbreitung den Vorteilen, welche sie gegenüber den Seil- und Kettenförderungen aufweisen; diese wären:

1. Die Lokomotiven können ohne weiteres in jede Nebenstrecke hineinfahren, sofern diese geräumig genug ist und das geeignete Gestänge besitzt. Man kann also auch von abgelegenen Betriebspunkten mit verhältnismäßig schwacher Belegung maschinell fördern.

2. Krümmungen sind kein so bedeutendes Hindernis wie bei Seilförderung. Während also auf vielen alten, aber auch auf manchen neuen Werken die Einrichtung einer Seil- oder Kettenbahn große Kosten durch Geraderichten von Strecken verursachen würde, fällt dies bei Lokomotivbahnen fort.

3. Es braucht nicht gleich von Anfang an eine für die Höchstleistung berechnete Anlage geschaffen zu werden, die sich bei unvorhergesehenen Betriebserweiterungen schließlich auch noch als zu schwach

erweist. Man kann vielmehr die Zahl der Lokomotiven mit der Förderung wachsen lassen und später wieder vermindern.

4. Zu Beginn und Ende der Förderschicht können die Lokomotivzüge zur Beförderung der Arbeiter benutzt werden.

5. Wird eine Maschine schadhaft und arbeitsunfähig, so kann die Förderung mit Hilfe der anderen Maschinen immer noch ganz oder teilweise aufrecht erhalten werden, während sie bei einer Seil- oder Kettenförderung vollständig eingestellt werden müßte.

Den genannten Vorteilen stehen aber auch Nachteile gegenüber; als solche wären anzuführen:

1. Die vollen Wagen laufen dem Schachte und die leeren den Verteilungsbahnhöfen nicht einzeln und beständig, wie bei Seil- und Kettenbahnen, sondern periodisch und dann in großer Zahl zu.

2. Dies erfordert große Füllörter sowie lange und breite Verschiebebahnhöfe.

3. Für je zwei, höchstens drei Betriebsmaschinen muß eine Ersatzmaschine bereit gehalten werden.

4. Die Lokomotiven mit Explosionsmotoren verschlechtern durch ihre Auspuffgase die Wetter. Dieser Einwand, der recht häufig erhoben wird, ist aber nicht stichhaltig. Es laufen Motorlokomotiven auf vielen Gruben im Einziehstrome, ohne daß die Belegschaft durch die Abgase belästigt wird. Denn diese schlagen sich zum Teil unterwegs aus den Wettern nieder, zum Teil werden sie in den Auspufftöpfen durch einen Teil des Kühlwassers kondensiert. Schließlich ist noch zu bemerken, daß bei Pferdeförderung diese Tiere auch sehr bedeutend zur Wetterverschlechterung beitragen.

Von Dr. Hohmann ist festgestellt worden, daß eine Lokomotive je Stundenpferdestärke aus 0,4 cbm Benzin 0,62 cbm CO_2 erzeugt, während ein Pferd von 500 kg Eigengewicht bei einer Leistung von 75 kg/sec stündlich 0,57—0,76 cbm CO_2 entwickelt.

5. Auf verschiedenen Gruben ist beobachtet worden, daß durch das ausfließende Kühlwasser nicht nur die Strecken verschmutzen, sondern auch die Luft in diesen Strecken wesentlich feuchter wird und dadurch das Gestein an manchen Stellen mehr zum Nachfall neigt.

Das Lokomotivgewicht ist für die Bewältigung des Förderbetriebes von großem Einfluß; es verhält sich mit diesen Maschinen ähnlich wie mit den Grubenpferden; nämlich je schwerer die Lokomotive ist, eine um so größere Last kann sie auch auf einmal fortschaffen. Nach Schulte soll die Lokomotive bei den unreinen Schienen in der Grube immer ein Adhäsionsgewicht von mindestens der 10—12fachen Zugkraft haben. Diese letztere beträgt in geraden Strecken ohne Krümmungen für je 1 t der zu bewegenden Last 9—15 kg; in Steigungen wächst sie bis zu 20 kg und mehr.

Die Zugkraft läßt sich nach der Formel

$$Z = (w + a)(Q + G)$$

berechnen; es bedeutet hierin: Z = Zugkraft in Kilogramm, w = Reibungswiderstand in Kilogramm, a = größte Steigung in ‰, Q = Zuglast in Tonnen, G = Gewicht der Lokomotive in Tonnen.

Die Abmessungen der Lokomotiven sollen möglichst so gewählt werden, daß man die Maschinen im ganzen auf den Schachtförderschalen ein- und aushängen kann. So beträgt beispielsweise die:

	Länge mm	Breite mm	Höhe mm
von Benzinlokomotiven . . .	3350	750—1220	1250—1750
„ elektrischen Lokomotiven	3250—3900	920	1300—1360
„ Preßluftlokomotiven . . .	5000	2000	—

Das Gewicht ist naturgemäß zum Teil auch von den Abmessungen abhängig.

Leichte Lokomotiven erhalten zwei Achsen, schwere drei oder auch vier Achsen, um ihr Gewicht auf eine größere Grundfläche bzw. auf eine größere Zahl von Berührungspunkten zu verteilen. Wäre dies nicht der Fall, so würden sich die Schienen zwischen den Lagern zu stark durchbiegen und leicht Brüchen ausgesetzt sein.

Die Förderbahn muß mit Rücksicht auf die langen Züge, die Schwere der darübergehenden Lasten, die heftigen Stöße bei der Förderung usw. besonders sorgfältig hergestellt werden. Das Schienengewicht soll nicht unter 16 kg je laufenden Meter betragen. Dies gilt namentlich für den Betrieb mit elektrischen Lokomotiven; denn hier dient das Gestänge auch noch zur Rückleitung, und es würden Schienen mit geringerem Querschnitte dem Strome einen zu großen Widerstand bieten.

Die Lager erhalten einen Abstand von 800—950 mm; an den Schienenstößen werden sie auf 500—650 mm aneinander gerückt.

In Krümmungen darf der Halbmesser mit Rücksicht auf die große Fahrgeschwindigkeit nicht unter 10 m betragen.

Die Fahrgeschwindigkeit sollte mit Rücksicht auf die Schonung des rollenden Materials nicht über 15 km/Stunde steigen; indessen wird man zwecks Vermeidung von Entgleisungen und deren Schäden höchstens mit einer Geschwindigkeit von 9 km/Stunde fahren können. Wird die Lokomotivförderung in alten Abbausohlen neu eingeführt, so lohnt es sich meistens nicht mehr, oder es ist wohl auch mit Rücksicht auf quellende Sohle unmöglich, das Gestänge so peinlich genau zu legen wie bei der Einrichtung dieses Betriebes in einer neuen Sohle; in diesem Falle darf man eine Geschwindigkeit von 6 km/Stunde nicht überschreiten.

II. Die Dampflokomotiven.

Die allgemein üblichen Lokomotiven, bei denen der Dampf mittels offenen Feuers erzeugt wird, sind für den Grubenbetrieb nicht geeignet, weil der Rauch, der Funkenauswurf und der Auspuffdampf unter Tage sehr stören, ja sogar schädlich wirken. In einigen Fällen, wo man diese Lokomotiven außer zur Arbeit über Tage auch noch bei der Stollenförderung verwendete, gab man ihnen einen großen Dampfraum, um diese Nachteile möglichst zu vermeiden. Man war darum schon frühzeitig bemüht, feuerlose Lokomotiven zu bauen, die als Ersatz dienen sollten. Man hat mit ihnen zum Teil recht gute Erfahrungen gemacht. Hierher gehören die folgenden Maschinen.

1. Die Ätznatronlokomotive von Honigmann; sie ist nie aus dem Versuchsstadium herausgekommen. Der Auspuffdampf wird bei dieser Maschine in einen mit Ätznatron gefüllten Kessel geleitet. Die Natronlauge nimmt das Wasser in sich auf und erhitzt sich dabei stark; diese Wärme gibt sie wieder an das im Dampfkessel befindliche Wasser ab, wodurch neuer Dampf erzeugt wird.

2. Die Lokomotive nach dem System Lamm-Francq arbeitet mit Dampf von 3—4 Atm. Spannung. Er wird in einem Kessel erzeugt, der zu $^3/_4$ mit heißem Wasser gefüllt ist. In dieses Wasser wird aus einer feststehenden Anlage so lange Frischdampf eingeleitet, bis der Druck 15 Atm. beträgt und das Wasser also auf etwa 200° C erhitzt ist. Darauf ist die Maschine betriebsbereit.

3. Der Lokomotivkessel enthält gar kein Wasser, sondern wird nur mit Dampf von z. B. 6 Atm. Spannung gefüllt. Derartige Maschinen sind in den letzten Jahren vielerorts angeschafft, aber nur zum Verschiebedienst auf den Grubenbahnhöfen über Tage verwendet worden.

Die unter 2. und 3. genannten Lokomotiven haben den Nachteil, daß sie mit abnehmender Kraft laufen, nach Erschöpfung des Dampfvorrates neu gefüllt werden müssen und Auspuffdampf haben. Sie werden darum fast nur über Tage verwendet.

III. Die Preßluftlokomotiven.

Die mit Druckluft betriebenen Lokomotiven sind nach Schauberger für tägliche Leistungen von 500—5000 tkm in zwei Förderschichten recht geeignet. Sie sind im Pittsburger- und Anthrazit-Revier von Nordamerika sehr zahlreich vorhanden, während in Europa, besonders aber in Deutschland, für sie keine Stimmung herrscht. Sie arbeiten nicht ökonomisch, weil durch die Druckumsetzung 30—40 % verloren gehen.

Zum Laden von zwei größeren Lokomotiven genügt ein Kompressor von 7 - 8 cbm angesaugter Luft. Die Verdichtung erfolgt auf 40—60, manchmal auch auf 100 Atm. Die Ladestellen befinden sich unter Tage an den dazu geeigneten Punkten, also namentlich an den Bahnhöfen. Zu diesem Zwecke läuft vom Kompressor aus der ganzen Förderstrecke entlang eine Preßluftleitung, die an den Ladestellen und wohl auch in der freien Bahn mit Abzweigstutzen versehen ist. Das Laden dauert nur 1—1,5 Minuten; es wird immer dann vorgenommen, wenn die Luftspannung im Preßluftbehälter der Lokomotive auf 15 Atm. gesunken ist.

Die „offene Strecke", d. h. der Weg, den die Lokomotive von einer Füllung bis zur nächsten zurücklegen kann, beträgt 1000—2000 m. Sie hängt von den Abmessungen der an der Maschine angebrachten Hauptkessel ab.

Jede Preßluftlokomotive hat ein oder zwei Hauptkessel, die aus der Luftleitung gefüllt werden. Außerdem ist noch ein Zwischenkessel vorhanden; diesem strömt die Luft durch ein Reduzierventil aus den Hauptkesseln zu; in ihm herrscht immer eine Betriebsspannung von 10—11 Atm. Von dort aus strömt die Luft nach dem Motor, der die Lokomotive in Gang setzt.

In Amerika sind zwei verschiedene Typen von Druckluftlokomotiven eingeführt: eine kleinere für Erzbergwerke und eine größere für die Steinkohlengruben mit ihren weiten Stollen und Querschlägen. Über die Maße, Bauart und hauptsächlichsten Eigenschaften dieser amerikanischen Grubenlokomotiven gibt die auf Seite 183 befindliche Tabelle Aufschluß.

IV. Die Benzinlokomotiven.

a) Bauart und Arbeitsweise.

Die in diesem Kapitel zu beschreibenden Maschinen besitzen Explosionsmotoren, d. h. es wird in einem Arbeitszylinder ein Gemisch von Benzindämpfen und Luft zur Explosion gebracht und so Kraft erzeugt. Anstatt mit Benzin kann eine solche Maschine teils ohne weiteres, teils mit geringen Abänderungen auch mit Benzol, Spiritus, Petroleum, Ergin usw. gespeist werden. Ergin ist ein von den Rütgerswerken hergestelltes Teerprodukt und besonders für den Betrieb von Explosionsmotoren bestimmt. Ab und zu werden auch Mischungen der

	Große Type	Kleine Type
Länge . . . . mm	5200—7200	3600—5400
Breite . . . . „	900—1100	850—1000
Höhe. . . . . „	1400—1960	1400
Spurweite . . . . . . „	—	450—600
Gewicht . . . . t	8—23	4,5—9
Zugkraft . . . . kg	1400—4800	800—1800
Kesselinhalt . . . . . cbm	3,64	1,75
Geschwindigkeit in 1 Stunde km	—	15—20
Luftverbrauch je 1 tkm Nutzlast . . . . cbm	3,2	—
Kosten für 1 tkm Nutzlast Pf.	4 (vorher mit Maultieren 13,6)	—
Kleinster Krümmungshalbmesser . . . . m	15	8 (bis herab zu 5)

genannten Stoffe benutzt, so z. B. 50 Teile Ergin mit 100 Teilen Spiritus, 80 % Spiritus mit 20 % Benzin, 95 % Spiritus mit 5 % Petroleumäther.

Insbesondere ist es möglich, Benzinmaschinen ohne weiteres mit Benzol arbeiten zu lassen; dies letztere ist leichter entflammbar und hat eine höhere Verbrennungstemperatur. Daher kommt es, daß Benzol mehr Kraft abgibt als Benzin und somit z. B. eine achtpferdige Benzinlokomotive bei Benzolbetrieb zur zehnpferdigen Maschine wird.

Es ist aber behauptet worden, daß Benzol die Motorenzylinder im Laufe von 1—2 Jahren zerstört. Die Ursache hiervon ist ein Gehalt an Thiophen (C_4H_4S) und Schwefelkohlenstoff, der sich nur mit hohen Kosten daraus entfernen läßt. Im Stahl der Motorenzylinder ist Mangan enthalten, welches sehr empfindlich gegen diese schwefelhaltigen Verbindungen ist. Trotzdem soll aber der Benzolbetrieb immer noch billiger sein als wie der mit Benzin.

Außerdem sollen die Vergasungsprodukte dieser schwefelhaltigen Verunreinigungen giftig sein.

Auch in den Auspuffgasen von Benzinmotoren kann sich bei unrationellem Betriebe nach den Untersuchungen von Prof. Hopkinson und Morse CO, also ein giftiges und gleichzeitig explosibles Gas, bilden. Darum sollen diese Moteren so eingerichtet sein, daß mit der Änderung der Brennstoffzufuhr auch gleichzeitig die Zuführung der nötigen Verbrennungsluft vergrößert bzw. verringert wird.

Als Fundament für den Motor dient ein kräftiger Rahmen aus U-Eisen. Die Hauptteile des Motors (Fig. 270 u. 271) sind: der Benzinbehälter, der Benzinzuflußregler (Schwimmer oder Benzinpumpe), der Vergaser (meistens ein Spritzvergaser), der Arbeitszylinder mit dem

Kolben und dem Triebwerke, die Kühlvorrichtung (Kühlwasserbehälter, Kühlleitung und Wasserpumpe) und die Magnetzündvorrichtung.

Der Benzinkessel besteht aus verzinktem Eisenblech und kann den Brennstoff für einen 10—15stündigen Betrieb fassen. Er ist abnehmbar, um über Tage gefüllt werden zu können. Das Einhängen der gefüllten Behälter muß unter ähnlichen Vorsichtsmaßregeln wie bei Sprengstoffen erfolgen. Es ist recht gut, an den Benzinkesseln einen Benzinstandzeiger (Schwimmer oder Schauglas) anzubringen.

Der Benzinzuflußregler, dessen Tätigkeit schon durch seinen Namen bezeichnet ist, hat dem Arbeitszylinder stets nur so viel Benzin zuzuführen, als dort zur Explosion gelangen soll. Will man also die Lokomotive langsam laufen lassen, so muß er die Benzinzufuhr zum Zylinder verringern, im anderen Falle aber vergrößern. Als solcher Regler kann eine kleine, vom Motor angetriebene Pumpe verwendet werden. Meistens jedoch ist es ein Schwimmer. Dieser ist ein hohler Metallkörper *a* (Fig. 270) und sitzt in der Schwimmerkammer *b*. Das Nadelventil *c* geht achsial durch ihn hindurch. Zwischen den zwei an der Ventilstange angebrachten Ringen *r* sitzen die inneren Enden der um *d* drehbaren zweiarmigen Hebel *e*; an ihren äußeren Hebelarmen sitzen die Belastungsgewichte *f*. Sinkt in der Schwimmerkammer der Benzinstand, so sinkt auch der Schwimmer; die Gewichte *f* senken sich ebenfalls und heben das Nadelventil. Dadurch wird dem Benzin, das im Rohre *g* vom Kessel her kommt, der Zutritt zur Schwimmerkammer frei gegeben. Nun steigt der Benzinstand und mit ihm der Schwimmer, wobei durch Vermittelung der beiden zweiarmigen Hebel das Nadelventil nach unten verschoben wird, bis der Benzinzufluß vollständig unterbrochen ist.

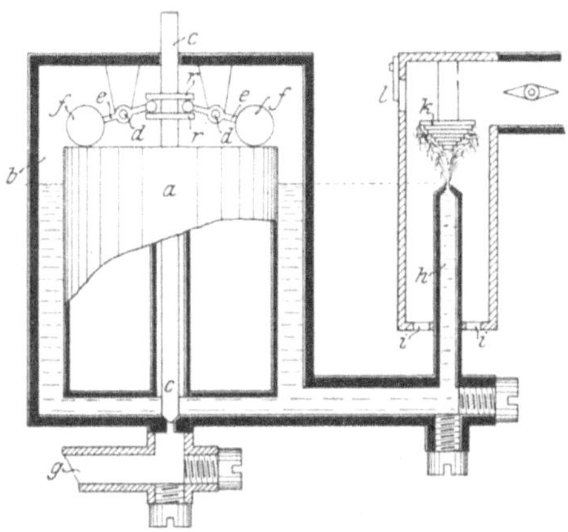

Fig. 270. Schwimmer und Vergaser. (Aus Vogel, Das Motorrad.)

Aus der Schwimmerkammer gelangt das Benzin zum Vergaser, der stets ein sogenannter Spritzvergaser ist. Die Zerstäuberdüse *h* steht mit der Schwimmerkammer in unmittelbarer Verbindung; sie ist so hoch als der höchste Benzinstand in jener Kammer beträgt. Der Brennstoff kann also nie überlaufen. Infolge der saugenden Wirkung des Kolbens wird durch die Öffnungen *i* Luft und gleichzeitig aus der Düse Benzin angesaugt. Dieses spritzt in feinem Strahle gegen die pilzförmige Zerstäubungsplatte *k*; die sich dabei bildenden allerfeinsten Benzintropfen verdunsten und vermengen sich mit der Luft. Nach Bedarf kann bei *l* noch Luft zugesetzt werden. Man ist dadurch imstande, den Gehalt des Gas-Luftgemenges an Benzindämpfen so zu regeln, daß man ein gasreicheres (6 %) oder gasärmeres (2,5 %) erhält.

Nach Professor Káš liegt

die obere	Explosionsgrenze	für	Luft	u.	Benzindampf	bei	2,4 %	des	letzteren
„ untere	„	„	„	„	„	„	4,7 %	„	„
„ obere	„	„	„	„	Benzoldampf	„	2,3 %	„	„
„ untere	„	„	„	„	„	„	5,9 %	„	„

Anstatt mit einer nur einstrahligen Düse kann der Vergaser auch mit einer solchen versehen werden, die eine größere Zahl von Strahlen liefert.

Fig. 271 ist die Dispositionszeichnung einer Benzinlokomotive von der Ruhrtaler Maschinenfabrik H. Schwarz & Co. in Mülheim (Ruhr). Auf sie ist in den folgenden Beschreibungen stets Bezug genommen. Die Lokomotive unterscheidet sich von den sonst üblichen Fabrikaten dadurch, daß der Vergaser fehlt. Das Benzin wird unmittelbar in den Explosionsraum des Motors eingespritzt und vergast erst dort.

Die Zahl der Arbeitszylinder beträgt ein oder zwei; diese können liegend oder stehend angeordnet sein. Sie sind von einem Kühlmantel umgeben, innerhalb dessen das Kühlwasser strömt. Es kommt aus dem Kühlwasserbehälter, der meistens unter dem Benzinbehälter liegt. Eine vom Motor angetriebene Pumpe hält die Wasserströmung aufrecht. Mit Rücksicht auf die während der Arbeit eintretenden Wasserverluste muß die Maschine nach jeder Fahrt neues Kühlwasser aufnehmen.

Bei der Ruhrtaler Lokomotive wird Kühlwasser auch direkt in den Zylinder eingespritzt. Der Gang des Motors wird dadurch wesentlich sanfter und gleichmäßiger.

Jeder Zylinder ist mit zwei Ventilen, nämlich einem Saug- und einem Auspuffventil, versehen; sie sind am besten zwangläufig gesteuert, damit sie nur die vorgeschriebene Zeit offen bleiben und sich auch im richtigen Zeitpunkte öffnen bzw. schließen.

Die Motoren arbeiten im Viertakte; d. h. von vier Kolbenhüben ist immer nur der vierte ein Arbeitshub. Der Arbeitsvorgang hierbei ist der folgende:

1. Takt. Der Kolben geht vor; das Saugventil wird geöffnet; das Gasgemisch wird angesaugt.

2. Takt. Der Kolben geht zurück; beide Ventile sind geschlossen; das Gasgemisch wird zusammengepreßt.

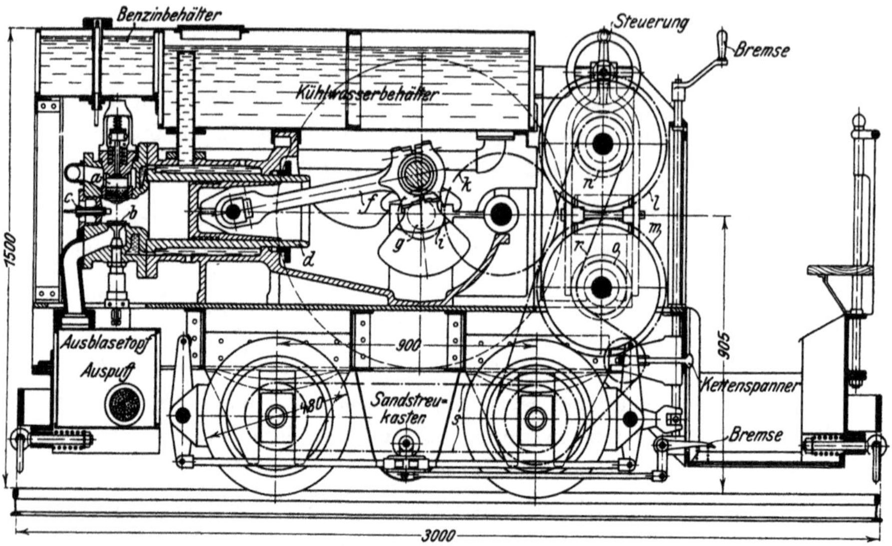

a

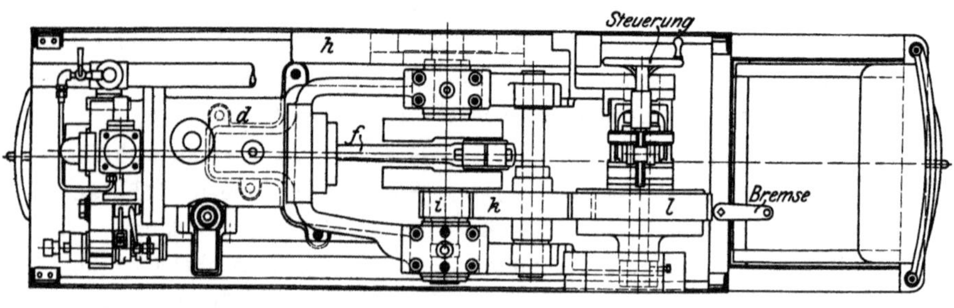

b

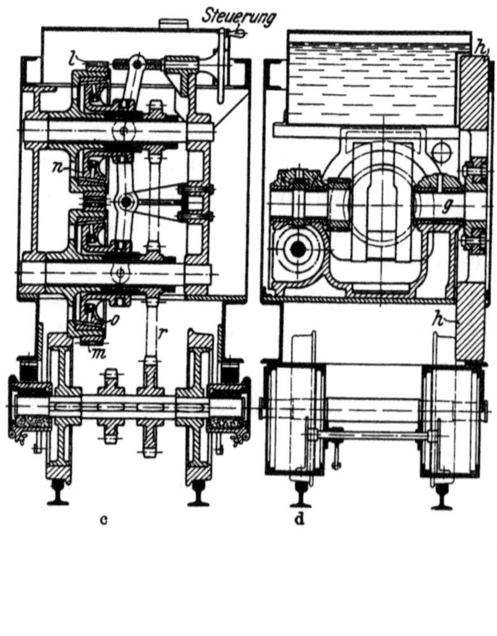

c d

Fig. 271 a—d.
Benzin-Lokomotive der Ruhrtaler Maschinenfabrik H. Schwarz & Co. in Mülheim (Ruhr).

a = **Saugventil.**
b = **Auspuffventil.**
c = **Zündkerze.**
d = **Arbeitszylinder.**
e = **Kolben.**
f = **Kolbenstange.**
g = **Schwungradwelle.**
h = **Schwungrad.**
i, k, l, m = **Zahnräder.**
n, o = **Reibungskuppelungen**
r, s = **Gall'sche Ketten.**

3. Takt. Das Gasgemisch wird mittels der elektromagnetischen Zündvorrichtung entzündet und treibt den Kolben wieder vor; beide Ventile sind geschlossen.

4. Takt. Der Kolben geht zurück; das Auspuffventil wird geöffnet; die Verbrennungsgase werden ausgestoßen.

Bei Zweizylindermotoren werden die Takte in der Weise gegeneinander versetzt, daß jeder zweite Hub ein Arbeitshub ist. Die Arbeitsvorgänge wären also die folgenden:

Zylinder I.	Zylinder II.
1. Takt (Saughub); der Kolben geht vor.	3. Takt (Arbeitshub); der Kolben geht vor.
2. Takt (Verdichtungshub); der Kolben geht zurück.	4. Takt (Auspuffhub); der Kolben geht zurück.
3. Takt (Arbeitshub); der Kolben geht vor.	1. Takt (Saughub); der Kolben geht vor.
4. Takt (Auspuffhub); der Kolben geht zurück.	2. Takt (Verdichtungshub); der Kolben geht zurück.

Die Mehrzylindermaschinen haben den einzylindrigen gegenüber den Vorteil, daß sie ruhiger laufen, daß man bei Betriebsstörungen mit dem gesund gebliebenen Zylinder weiter fahren kann, und daß wegen der größeren Zylinderoberfläche die Gefahr des Heißlaufens geringer ist als bei gleichstarken Motoren mit nur einem Zylinder.

Im Gegensatz zu den Automobilmotoren, mit denen sie im Prinzip übereinstimmen, sind die der Grubenlokomotiven Langsamläufer; die Kurbelwelle macht in der Minute etwa 300 Umdrehungen. Aus diesem Grunde ist ein großes Schwungrad von 1 m Durchmesser vorhanden, welches dem Motor über die drei Nebentakte hinweghilft.

Zur Kühlung wird immer Wasser benutzt, weil Luftkühlung bei der geringen Fahrgeschwindigkeit nicht ausreichen würde. Der Kühlwasservorrat wird in einem besonderen Behälter mitgeführt, der unter oder neben dem Benzinkessel liegt. Von hier strömt das Wasser in den den Arbeitszylinder umgebenden Kühlmantel und gelangt von dort wieder in den Wasserbehälter zurück. Dieser Wasserumlauf wird durch eine kleine Pumpe bewerkstelligt, die aber bei der Ruhrtaler Maschine ebenfalls fortgelassen werden konnte. Ein Teil des Kühlwassers gelangt nicht in den Wasserbehälter zurück, sondern wird in die Auspufftöpfe geleitet, um die Abgase niederzuschlagen. Dadurch wird einer Verschlechterung der Wetter vorgebeugt.

Zur Zündung des Gasluftgemenges ist ein Magnetapparat vorhanden, der ebenfalls vom Motor angetrieben wird.

Die beiden Laufachsen sind durch eine Gallsche Kette miteinander gekuppelt. Durch eine zweite Gallsche Kette wird die Bewegung des

Motors von der Kolbenwelle aus auf die beiden Laufachsen übertragen. Zur Ingangsetzung und Umsteuerung dient ein mit Spindel und Mutter in Verbindung stehendes Handrad; mit seiner Hilfe wird eine der für Vor- und Rückwärtsgang bestimmten Kuppelungen eingeschaltet.

Die Fahrgeschwindigkeit der Grubenlokomotiven wird nach Riedel am besten auf 6 km in der Stunde festgesetzt; schneller soll man sie nicht laufen lassen, weil die Förderwagen nicht für größere Geschwindigkeit gebaut sind und dann namentlich deren Geläuf arg mitgenommen wird. Durch Verminderung der Umdrehungszahl des Motors kann der Führer von seinem Stande aus nach Belieben die Geschwindigkeit bis auf 4 km in der Stunde herabsetzen. Sollten noch geringere Fahrgeschwindigkeiten verlangt werden, so muß man diese durch einschaltbare Vorgelege erzielen.

Um bei nassen Schienen das Anziehen zu erleichtern, müssen Sandstreuvorrichtungen sowohl für Vorwärts- als auch für Rückwärtsgang vorhanden sein.

Für steile Steigungen sind auch schon Zahnradlokomotiven gebaut worden. In einem anderen Falle konnte der Motor nach Einschalten einer Kuppelung einen kleinen Haspel in Gang setzen; auf diesem wurde ein Seil aufgewickelt, dessen freies Ende man vorher am Kopfe der Steigung festgelegt hatte.

b) Die Brandgefahr.

Bei den älteren Lokomotiven befand sich die Luftansaugetrompete im oberen Teile des Lokomotivgehäuses, welches aus Blech besteht und den ganzen Motor zu seinem Schutze einschließt. Die Verbrennungsluft wurde also aus dem Innern dieses Gehäuses entnommen. Wenn man dadurch auch den Vorteil erzielte, daß die Luft wesentlich staubfreier und außerdem vorgewärmt war, so mußte man andererseits dabei mit in den Kauf nehmen, daß leicht falsche Gasluftgemische gebildet wurden. Namentlich hat sich ergeben, daß solche falsche Gemenge entstanden, wenn der Benzinbehälter oder die Benzinleitung undicht war. Es sammelten sich dann im Gehäuse Benzindämpfe an, und der Motor saugte aus ihm nicht reine Luft, sondern bereits ein Gasluftgemenge an; dazu kamen dann noch die aus dem Vergaser angesaugten Benzindämpfe. Weil dieses Gasgemisch zu arm an Luft war, gingen die Explosionen im Arbeitszylinder zu langsam vor sich und zwar oft so langsam, daß die Gase noch beim Beginn des nächsten Saughubes brannten. Weil nun bei geöffnetem Saugventile die Saugleitung eine Verbindung zwischen dem Arbeitszylinder und der Außenluft bildete, konnte die Flamme der frischen Luft entgegen ins Freie schlagen.

Nach dem dabei entstehenden Geräusche nennt man diesen Vorgang das „Knallen“.

Das Knallen tritt übrigens auch ein, wenn das Gasgemisch an Luft zu reich ist. Auch in diesem Falle ist die Verbrennung eine zu langsame, und es tritt eine Stichflamme aus der Luftansaugetrompete aus.

Kennzeichen für eine zu große Benzinzufuhr sind schleppender Gang des Motors und das Ausströmen von Qualm aus dem Auspufftopf.

Die Art der beim Knallen entstehenden Explosionen kann verschieden sein. Dieselben sind nämlich entweder heftig mit nur kurzer, aber hell leuchtender Stichflamme, oder der Knall ist nur schwach und die Stichflamme bläulich, aber von längerer Dauer.

In jedem Falle kann durch die Stichflamme ein im Lokomotivgehäuse vorhandenes Gasluftgemisch zur Explosion gebracht werden, wenn besondere Begleitumstände dies begünstigen. Diese wurden bis jetzt immer dadurch gegeben, daß der Maschinist das Lokomotivgehäuse öffnete, um nach der Ursache für den schleppenden Gang des Motors zu forschen. Infolge der damit verbundenen reichlichen Zufuhr frischer Luft wurde das im Gehäuseraume eingeschlossene Gemenge explosiv; vorher hatte es nicht zur Entzündung gebracht werden können, weil Gas im Überschuß bzw. zu wenig Verbrennungsluft vorhanden war. Daß dieses selbe Gasgemisch, das im geschlossenen Gehäuse nicht zur Entzündung gelangte, im Arbeitszylinder doch noch zur Explosion gebracht wird, ist damit zu erklären, daß es infolge der mit der Kompression verbundenen Erwärmung wieder explosibel wird.

Als Schutzmittel gegen das Austreten von Stichflammen aus der Ansaugetrompete hat die Gasmotorenfabrik Deutz diese mit einem Drahtgewebeschutz (Fig. 272) versehen.

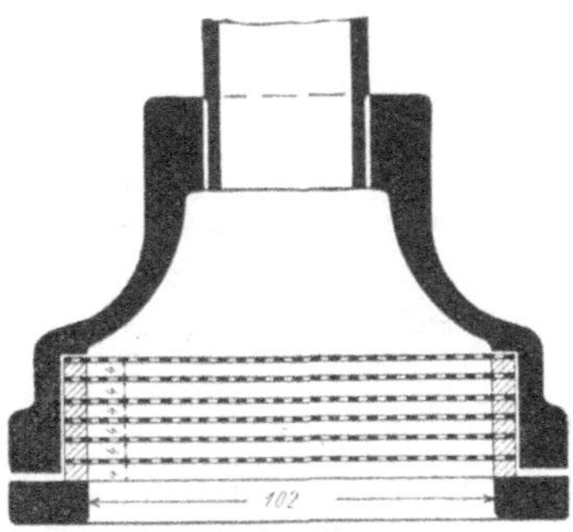

Fig. 272. Drahtgewebeschutz für die Ansaugetrompete der Deutzer Motorlokomotive. (Aus „Glückauf“ 1907, Nr. 4.)

Die Motorenfabrik Oberursel hat in die Ansaugeleitung einen durch gelochte Bleche (Fig. 273) in drei Kammern geteilten gußeisernen Kasten eingeschaltet, dessen mittlere Kammer mit Eisendrehspänen gefüllt ist.

Die Ruhrtaler Maschinenfabrik hat diese Sicherung am Saugventile des Arbeitszylinders angebracht. Es kann also hier die Stichflamme nicht einmal in die Benzinleitung hineinschlagen; ein Brand in dieser Leitung ist übrigens schon aus dem Grunde unmöglich, weil Benzin und Luft erst im Zylinder zusammentreffen.

Nach Beyling soll ferner die Ansaugetrompete außerhalb des Gehäuses angebracht werden und möglichst tief liegen, damit nicht etwaige Schlagwetteransammlungen entzündet werden. Bei Versuchen, die er in der berggewerkschaftlichen Versuchsstrecke anstellte, arbeitete ein Motor — ohne Zuführung von Benzindämpfen — anstandslos weiter, als man ihn durch die Luftsaugetrompete ein explosibles Schlagwettergemenge ansaugen ließ. Als man ihn zum Knallen brachte, erfolgte sofort in der Strecke eine Schlagwetterexplosion. Saugt nun eine

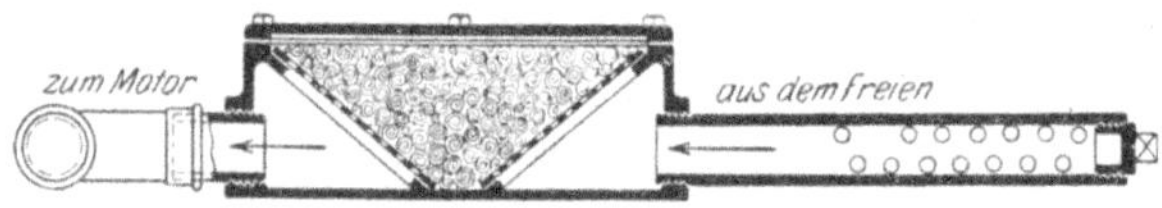

Fig. 273. Schutz für die Ansaugetrompete der Oberurseler Motorlokomotive. (Aus „Glückauf“ 1907, Nr. 17.)

regelmäßig arbeitende Maschine anstatt Luft Schlagwetter an, so sind im Grubenbetriebe alle Vorbedingungen zum Knallen und zur Entzündung äußerer Schlagwettergemenge gegeben. Das Motorengehäuse ist mit Luftöffnungen zu versehen. In Nordamerika laufen nach Baum die Lokomotiven überhaupt ohne Gehäuse; die Brandgefahr ist dadurch sehr herabgemindert.

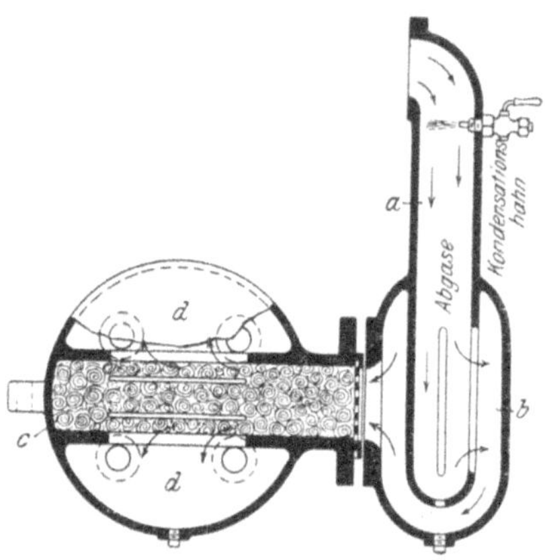

Fig. 274. Schutz für den Auspufftopf der Oberurseler Motorlokomotive. (Aus „Glückauf“ 1907, Nr. 17.)

Desgleichen muß der Ausblasetopf mit einem Schutze gegen Stichflammen versehen sein. Setzt nämlich einmal eine Zündung aus, dann gelangt das unverbrannte Gasgemisch in die Auspuffleitung und entzündet sich hier an den heißen Wandungen oder an den nachfolgenden heißen Auspuffgasen. Eine solche Sicherung des Auspuffs nach dem System Oberursel ist in Fig. 274 abgebildet. In das Auspuffrohr *a* wird durch den Kondensationshahn Wasser gespritzt; die hierdurch schon abgekühlten Auspuffgase treten durch Schlitze in die leere Vorkammer *b* über; von dieser aus durchstreichen sie die mit Drehspänen gefüllte Kammer *c* und gelangen durch Schlitze in den Auspufftopf *d*.

Am sichersten erwies sich bei den Beylingschen Versuchen der „Raumgitterschutz“ an der Saugtrompete und am Auspufftopfe. Er besteht aus einem Hohlzylinder mit einer dichten Packung von geraden, runden, dicken Eisendrähten. Da sie eng aneinander in der Richtung der Zylinderachse liegen, verbleiben zwischen ihnen feine Kanäle, durch welche die Luft bzw. die Explosionsgase hindurch müssen.

c) Das Füllen der Benzinbehälter.

Um die Brandgefahr zu vermindern, verwirft Russell die abnehmbaren Benzinbehälter. Denn Lokomotivbrände sind bisher fast immer durch Undichtigkeiten zwischen diesen und dem Zuleitungsrohre entstanden. Er füllt auf Zeche König Ludwig die Lokomotiven unter Tage und benutzt dazu einen Tankwagen von 255 l Inhalt, entsprechend dem Bedarfe von 16 Lokomotiven in einer Schicht. Die Abmessungen dieses Wagens entsprechen denen der Förderwagen. Oben hat er drei Öffnungen: eine für einen Schwimmer, der den Benzinstand angibt, eine für die Benzolleitung und eine für die Kohlensäureleitung.

Das Abfüllen geschieht mittels Kohlensäure, die in einer Flasche hinuntergeschafft wird. Diese und der Tankwagen stehen in einem besonderen verschlossenen Raume neben dem Lokomotivschuppen, der nicht von diesem, sondern nur vom Querschlage aus zugänglich ist. Die im Tankwagen auf dem Benzolvorrate stehende Kohlensäureschicht verhütet außerdem eine Entzündung desselben in vortrefflicher Weise. Die Füll- und Zapfhähne sind in einem verschließbaren Schrank untergebracht, der im Lokomotivraume steht.

Beyling verwirft dieses Gasdruckverfahren, weil bei nicht genügender Aufmerksamkeit des Personals Benzin überlaufen kann. Auch ist es möglich, daß Benzinluftgemische aus dem Benzinbehälter in den Umfüllraum, den Lokomotivschuppen, entweichen. Er empfiehlt das Deutzer Verfahren; der Brennstoff wird hier mit einer Flügelpumpe durch einen Schlauch übergepumpt; etwaige Gasluftgemenge oder ein Benzinüberschuß werden durch einen zweiten Schlauch in das Transportgefäß, den Tankwagen, geleitet. Dieses Zurückpumpen kann aber nicht durch den Gasdruck bewerkstelligt werden.

Die Bewetterung des Vorratsraumes erfolgt mittels einer verschließbaren Lutte. Den Zugang bildet eine wetterdichte und feuersichere eiserne Tür. Ist diese geschlossen und die Bewetterung unterbrochen, dann erstickt ein in diesem Raume ausgebrochener Brand ohne weiteres. Wie außerdem durch Versuche festgestellt wurde, treten Brandgase nicht aus.

V. Die elektrischen Lokomotiven.

Die elektrischen Lokomotiven sind entweder solche, denen der Strom von außen durch einen Draht, den Fahrdraht, zugeleitet wird (Fahrdrahtlokomotiven, Kontaktlokomotiven), oder aber solche, die die Stromquelle in Gestalt einer Akkumulatorenbatterie ständig bei sich tragen (Akkumulatorlokomotiven). Außerdem gibt es noch ein Mischsystem von diesen beiden Arten, welches sowohl für Kontakt- als auch für Akkumulatorenbetrieb eingerichtet ist. Die Akkumulatoren geben die Betriebskraft her, wenn es sich um das Befahren von Nebenstrecken ohne Stromzuleitung handelt. In Strecken dagegen, in denen eine Leitung liegt, wird der Strom dieser entnommen; zu gleicher Zeit sollen die Akkumulatoren wieder aufgeladen werden. Diese Lokomotiven sind dort verwendbar, wo eine Leitung nur in der Hauptstrecke liegt, die Lokomotive aber die Förderung aus vielen Nebenstrecken holen muß, in denen das Verlegen einer besonderen Leitung sich nicht lohnt.

a) Die Kontaktlokomotiven.

Die Kontakt- oder Fahrdrahtlokomotiven werden am häufigsten mit Gleichstrom betrieben; seine Spannung beträgt bis zu 500 Volt. Drehstrom steht wohl auch in Anwendung; indessen bereitet das Verlegen der Leitungen in den Wechseln und Streckenkreuzungen viele Schwierigkeiten.

Die Oberleitung besteht bei Gleichstrombetrieb aus Hartkupfer. Mit Rücksicht auf die Haltbarkeit darf der Durchmesser des Leitungsdrahtes nicht unter 8 mm betragen. Die Aufhängung erfolgt in Abständen von 5—6 m.

Auf Hohenzollerngrube bei Beuthen, O.-S., besteht die Leitung aus eisernen Schienen; zur Verbindung mit der Lokomotive ist ein Schleifkontakt und ein Zuleitungsseil vorhanden.

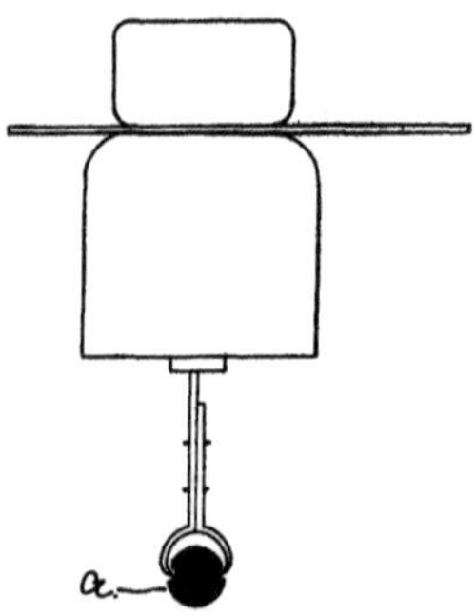

Fig. 275. Aufhängung des Rillendrahtes.

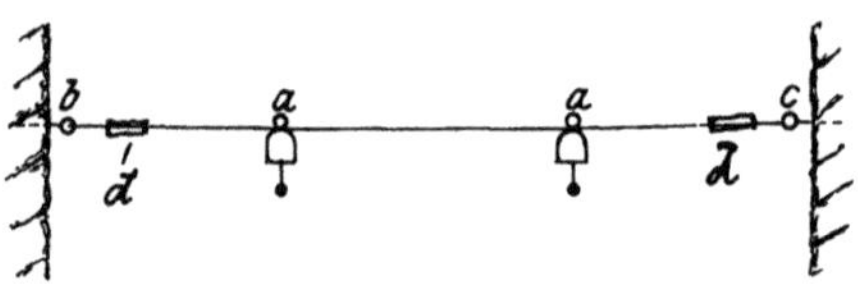

Fig. 276. Aufhängung der Fahrdrähte an den Streckenstößen.

Eine einfache und gute Befestigungsweise für den Zuleitungsdraht ist unter anderen auf Radzionkaugrube zu finden. Der Draht besitzt zwei seitliche Rillen und wird von Klammern gehalten, die in diese eingreifen (Fig. 275).

Bei schlechtem Hangenden oder bei hohen Strecken kann man die Aufhängungsweise von Grube Bleiberg wählen (Fig. 276). Die beiden Isolatoren *a* sind dort unter sich starr verbunden und an Glocken oder Haltern *b* und *c* angehängt, die nicht in der Firste, sondern an den Streckenstößen befestigt sind.

Anstatt die Leitungsdrähte unmittelbar an den Isolatoren zu befestigen, kann man sie an einem Fangdrahte aufhängen und befestigt diesen an den Isolatoren. Der Fangdraht ist ein verzinkter Stahldraht von 4—5 mm Durchmesser; die Leitung wird an ihm in Abständen von 1—1$^1/_2$ m mittels Klammern angehängt, um zu verhüten, daß sie bei einem Bruche in langen Stücken herabhängt. Doch gibt Schulte an, daß der Fangdraht häufiger reißt als der Fahrdraht.

Der Querschnitt der Oberleitung muß mit der Länge des Leitungsweges wachsen. Beträgt der Spannungsabfall mehr als 10 %, dann ist es gut, eine besondere Speiseleitung zu verlegen, die man etwa alle 100 m durch Querdrähte mit dem Fahrdrahte verbindet. Das Speise kabel kann am Stoße oder auch in der Streckensohle liegen.

Die Höhe der Oberleitung über der Schienenoberkante beträgt am besten 1800 mm.

Es ist nicht unbedingt nötig, daß der Fahrdraht über der Gestängemitte liegt; man kann ihn ebensogut seitlich anbringen. Dies gewährt den Vorteil, daß die Streckenhöhe frei bleibt und die Fahrung ungefährlicher wird. Im Simplontunnel wurden die Kontaktdrähte im Zickzack geführt, um die Bildung von Rillen im Stromabnehmerbügel zu verhindern. Zum besseren Schutze der fahrenden Belegschaft versieht man die Oberleitung mit zwei seitlichen (Fig. 280 a), die Seitenleitung mit einer oberen und einer unteren Schutzleiste, die 40—50 mm vorstehen müssen.

Als Rückleitung wird das Gestänge benutzt. Die Schienen desselben werden alle 30—50 m, die beiden Gestängepaare der Strecke alle 100—150 m durch kupferne Querstücke verbunden.

An den Schienenstößen werden besonders ausgebildete Laschen oder kupferne Bügel benutzt, um den Strom von einer Schiene zur anderen zu leiten. Nach einem von der Firma Brown, Boveri & Co. eingeführten Verfahren wurden im Simplontunnel die Schienenstöße nur mit gewöhnlichen Laschen verbunden. Jedoch wurden die Schienenenden zunächst mit einem Sandstrahlgebläse blank geputzt und dann mit einer der Gesellschaft patentierten Paste dünn bestrichen, die eine Oxydation der Oberflächen ganz ausschließt; darauf wurden die Laschen in der gewöhnlichen Weise angeschraubt.

Der Strom wird den Motoren von der Leitung aus durch die Stromabnehmer zugeführt. Hiervon sind hauptsächlich drei verschiedene Arten in Gebrauch: die Schleifbügel, die Rollenkontakte und die Parallelogramme.

Der Schleifbügel (Fig. 277) nützt die Oberleitung sehr ab, gestattet aber ein gutes Durchfahren von Krümmungen und Wechseln.

Der Rollenkontakt (Fig. 278) schont die Leitung weit mehr, entgleist aber leicht.

Das Parallelogramm (Fig. 279) ist dort mit Vorteil anzuwenden, wo ein häufiges Hin- und Herfahren erfordert wird, wie z. B. beim Verschieben; die Kontaktstange müßte hier immer umgestellt werden.

Fig. 277. Lokomotive der Allgemeinen Elektrizitätsgesellschaft mit mittlerem Führersitz und Bügelabnehmern.

Die Motoren *a* (Fig. 280 a und b) werden ebenso wie bei den Straßenbahnen innerhalb der Radsterne angebracht; ihre Wellen gehen den Radachsen parallel und treiben diese mittels Zahnradvorgeleges *b* an. Am besten ist es, zwei Motoren zu verwenden, von denen jeder eine Achse bedient. Bei den Lokomotiven der A.-E.-G. wird das Motor-

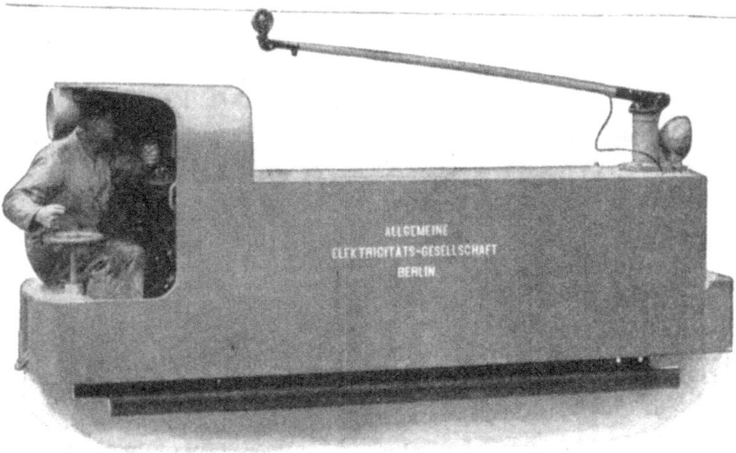

Fig. 278. Grubenlokomotive der Allgemeinen Elektrizitätsgesellschaft mit Rollenabnehmer.

Fig. 279. Grubenlokomotive der Allgemeinen Elektrizitätsgesellschaft mit Parallelogramm.

gehäuse einerseits an der getriebenen Welle, andererseits pendelnd an einer kräftigen Feder aufgehängt.

Die Regelung der Fahrgeschwindigkeit wird mit Hilfe von Widerständen bewirkt sowie dadurch, daß man die Motoren neben- oder hintereinander schaltet. Ebenso ist man imstande, einen der Motoren auszuschalten, um im Falle einer Beschädigung nur mit einem weiter zu fahren.

Ein großer Vorteil der elektrischen Motoren ist, daß sie bis zur Zeitdauer von einer Stunde eine Überlastung von 25—30 % vertragen. Infolge dieser Eigenschaft entwickeln die Lokomotiven namentlich auch beim Anfahren eine hohe Zugkraft.

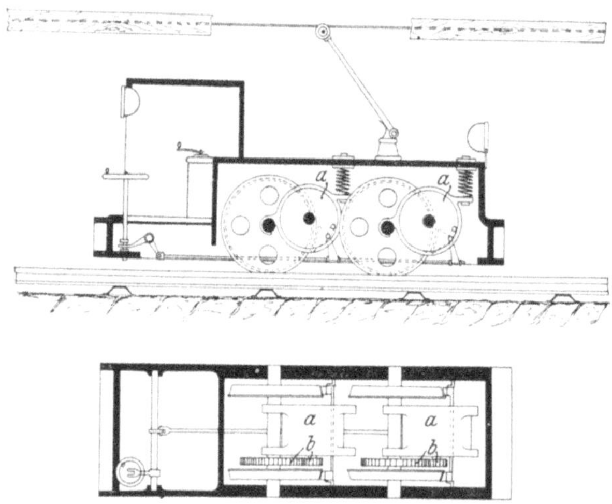

Fig. 280a und b. Elektrische Grubenlokomotive.

Mit Rücksicht auf die Lage des Führersitzes hat man drei verschiedene Anordnungen zu unterscheiden; dieser kann nämlich angebracht sein:

1. in der Mitte der Lokomotive (Fig. 277);

2. nur an einer Stirnseite, aber erhöht, so daß der Führer auch bequem über die Maschine wegsehen kann (Fig. 278);

3. es wird an jeder Stirnseite ein besonderer Sitz angebracht; der Führer wechselt seinen Platz je nach der Fahrtrichtung so, daß er immer vorn sitzt.

Der Sitz des Führers muß mit einem Schutzdache versehen sein, um den Mann vor der Berührung mit dem Fahrdraht, namentlich in niedrigen Strecken, zu schützen. Desgleichen ist es gut, nach vorn zu eine Schutzwand anzubringen (Fig. 281); bei Zusammenstößen ist das Fehlen einer solchen Wand schon von üblen Folgen begleitet gewesen.

Die Einrichtungen zum Vor- und Rückwärtsgang, die Bremsen, Sandstreuer usw. sind hier ebenso unerläßlich wie bei den Benzinlokomotiven.

Fig. 281. Führersitz mit Schutzwand von einer Grubenlokomotive der Allgemeinen Elektrizitätsgesellschaft.

b) Die Akkumulatorlokomotiven.

Bis jetzt sind die bekanntesten Systeme von Akkumulatorlokomotiven die auf Zeche Monopol eingeführten von Böhm und von den Felten & Guilleaume-Lahmeyer-Werken. Die Batterie wird bei ihnen wie überhaupt bei allen moderneren Lokomotiven dieser Gattung auf der Maschine selbst in einem Kasten mitgeführt. Bei einigen älteren Akkumulatorlokomotiven wurde sie dagegen in einem besonderen Tenderwagen untergebracht, der mit der Maschine durch ein Kabel verbunden war. Dieses Verfahren hatte den Vorteil, daß die Batterie leicht ausgewechselt werden konnte.

Auf Zeche Monopol befinden sich die Batterien in starken Kästen. Sowohl die Plattform der Lokomotive als auch die der Ladetische sind mit Walzen versehen (Fig. 282), die am einen Ende Kettenräder besitzen. Zum Zwecke der Auswechselung wird über diese Räder eine endlose Kette gelegt und mittels eines Handrades gedreht. Da sich

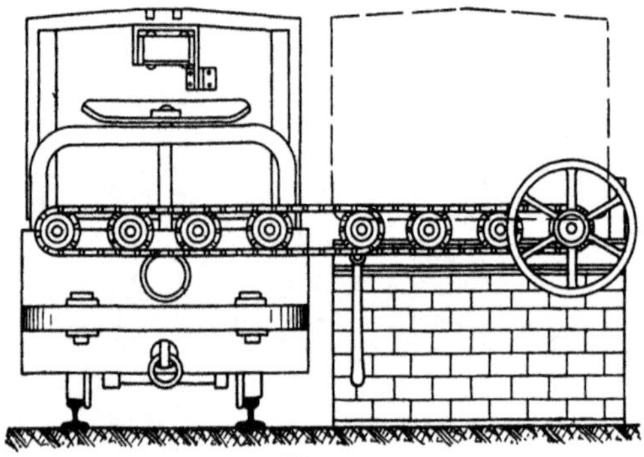

Fig. 282.

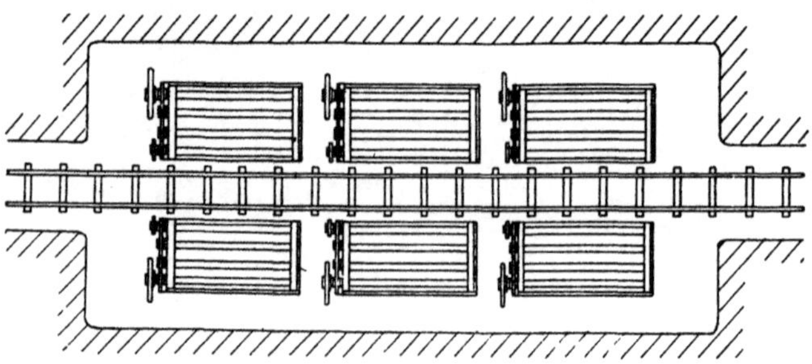

Fig. 283.
Auswechselung der Akkumulatoren einer Grubenlokomotive.
(Aus „Glückauf" 1907, Nr. 15.)

die Ladetische, die in der Nähe des Schachtes untergebracht sind, zu beiden Seiten der Förderstrecke befinden (Fig. 283), wandert gleichzeitig die verbrauchte Batterie von der Lokomotive auf den leeren Ladetisch und die frischgeladene vom gegenüberliegenden Tische nach der Lokomotive. Die Lokomotive ist imstande, mit einer Ladung 15 Wagen 8000 m weit zu ziehen. Die Umwechselung wird immer nach einem Wege von 5000—6000 m vorgenommen. Jeder der beiden Motoren leistet 4 PS., so daß also die Lokomotive eine Gesamtstärke von 8 PS. aufweist.

Eine Lokomotive von den Felten & Guilleaume-Lahmeyer-Werken läuft auf Zeche Ver. Magarethe bei Sölde i. W. Sie wiegt mit Batterie

5,5 t, leistet 19 PS., schleppt Züge von 25—30 Wagen und kann mit einer Ladung bequem 6000 m Strecke zurücklegen.

Eine Lokomotive nach dem Mischsystem (Kontakt- und Akkumulatorlokomotive) läuft unter anderen auf Grube Eduard bei Zielenzig. Sie hat sich dort nach den Angaben von Baum gut bewährt. Schulte wirft diesem System vor, daß das Laden während des Fahrens am Drahte unmöglich ist, weil die Stromspannung in der Leitung nicht genügend konstant bleibt.

VI. Die Verwendbarkeit der einzelnen Lokomotivsysteme.

Mit Rücksicht darauf, daß in Deutschland fast ausschließlich elektrische und Benzinlokomotiven in Verwendung stehen, sollen im folgenden auch nur diese Systeme in Betracht gezogen werden.

Die elektrischen Fahrdrahtlokomotiven erfordern hohe Anlagekosten; man muß nämlich in vielen Fällen für den Lokomotivbetrieb eine eigene Primäranlage über Tage schaffen. Es hängt dies damit zusammen, daß der Stromverbrauch der Lokomotiven naturgemäß ein sehr schwankender ist, und daß infolgedessen auch die übrigen an das Netz angeschlossenen Motoren einen sehr unruhigen Gang erhalten würden. Dagegen ist eine besondere Primäranlage unnötig, wenn die Zentrale sehr groß und der Strombedarf der Lokomotiven im Verhältnis hierzu nur ein kleiner Bruchteil ist.

Von einer etwaigen Lokomotivzentrale können übrigens auch noch einige schwache Arbeitsmaschinen (Ventilatoren, Förderhaspel, Bohrmaschinen) betrieben werden, um die Primärmaschine auch zu Tageszeiten, wo die Förderung steht oder nur schwach betrieben wird, einigermaßen in Anspruch zu nehmen.

Bei Einführung des Lokomotivbetriebes muß man sich die Frage vorlegen, ob mit Rücksicht auf die hohen Anlagekosten auch eine Rentabilität der Anlage wahrscheinlich ist. In neu aufgeschlossenen oder noch aufzuschließenden Sohlen wird dies für die Hauptförderstrecken bei starker täglicher Förderung zutreffen. Muß dagegen diese Förderung erst aus vielen Seitenstrecken zusammengeholt werden, so wird das Leitungsnetz zu lang; namentlich muß dabei auf Ausbesserungen der Zimmerung usw. Rücksicht genommen werden. Andererseits ist aber auch zu berücksichtigen, daß eine elektrische Kontaktlokomotive bei gleichen Abmessungen wesentlich kräftiger ist wie eine Benzinmaschine; so entspricht z. B. einer Benzinlokomotive von 8—10 PS eine gleich große elektrische Maschine von 24 und auch mehr PS.

In Nebenstrecken, die eine nur geringe Fördermenge liefern, verwendet man zweckmäßiger besondere schwache Akkumulator- oder

Benzinlokomotiven als Zubringer zur Hauptförderung, die übrigens auch eine Seil- oder Kettenförderung sein kann.

Benzin- eventuell auch Akkumulatorlokomotiven soll man in den Hauptstrecken alter Sohlen laufen lassen, wenn bei großer Fördermenge der Betrieb hier nur noch wenige Jahre vorhalten wird. Die Legung eines Kabels verlohnt sich dort nicht mehr; dazu kommt, daß der große Druck, der in solchen alten Strecken regelmäßig herrscht, ein häufiges Auswechseln der Zimmerung und somit auch ein Umlegen der Leitung bedingt.

Das Urteil über die Verwendbarkeit von Benzin- bzw. Benzollokomotiven lautet nach Riedel kurz:

1. Große Benzollokomotiven für Abbausohlen, für welche sich die Einstellung größerer elektrischer Lokomotiven nicht verlohnt;
2. kleine Zubringer-Benzollokomotiven in den Nebenstrecken, gleichgültig, ob die Hauptstrecken mit großen Benzol- oder großen elektrischen Lokomotiven ausgerüstet sind.

Die Vorteile des elektrischen Betriebes gegenüber dem mit Benzinlokomotiven bestehen ganz besonders darin, daß man sich die Kraft selbst erzeugt, während man Benzin, Benzol usw. kaufen muß, also von der Marktlage abhängig ist.

Dagegen kann man die Förderung mit Benzinmaschinen jederzeit nach Bedarf einfach durch Vermehrung des Lokomotivparkes erweitern, während bei elektrischer Förderung in vielen Fällen auch die Primäranlage wird erweitert werden müssen.

Ein wesentlicher Vorteil des Lokomotivbetriebes im allgemeinen liegt in der Ersparnis an Leuten. So wurden beispielsweise auf Radzionkaugrube mit 8 Lokomotiven 60 Pferde, mithin 52 Personen erspart. Hierzu kommt noch die Ersparnis an Schwellen, Schlämmungskosten, Wetterverbrauch der Pferde u. a.

VII. Die Kosten der Lokomotivförderung.

Im folgenden sei nur das Ergebnis der maschinellen Förderung auf den in Oberschlesien belegenen Gräfl. Henkelschen Steinkohlengruben zusammengestellt.

Auf einer 1600 m langen Seilförderstrecke des Aschenbornschachtes kostete 1 tkm 3,5—4 Pf. einschließlich 10 % Amortisation und Verzinsung des Anlagekapitals für den maschinellen Teil (nicht Geradelegung der Strecke!).

Die Gesamtförderkosten dieser Seilbahn einschließlich der Zubringerpferde stellen sich auf 6—8 Pf/tkm.

Bei Einführung des Lokomotivbetriebes fallen diese Zubringerpferde fort; es stellt sich dann

die Förderung mit elektrischen Lokomotiven	auf	5—7	Pf/tkm,
„ „ „ Benzinlokomotiven	„	8	„
„ „ „ Benzollokomotiven	„	6—7	„
„ „ „ Pferden in den Hauptstrecken	„	15—16	„
„ „ „ „ „ „ Nebenstrecken	„	20—26	„

VIII. Der Förderbetrieb.

a) Der Förderbetrieb in freier Strecke.

Die Förderstrecken können ein- oder zweigleisig sein. Im ersteren Falle müssen an geeigneten Stellen Ausweichebahnhöfe vorgesehen werden, die untereinander und mit den Sammelbahnhöfen durch Signalanlagen und Fernsprecher verbunden sein müssen.

Die Züge können entweder „nach Bedarf“ oder nach einem besonderen Fahrplane fahren. Im ersteren Falle geht der Zug von dem betreffenden Sammelbahnhofe (also der Leerzug vom Schachte bzw. der Vollzug von dem betreffenden im Felde gelegenen Bahnhofe) immer erst dann ab, wenn der Zug die richtige Wagenzahl hat. Die Aufstellung eines besonderen Fahrplanes ist dagegen dann am Platze, wenn durch das Zusammenkommen vieler Lokomotiven am Schachte Stauungen und Häufungen eintreten könnten, sowie auch wenn eine große Zahl von Lokomotiven aus einer Hauptstrecke in zahlreiche Nebenstrecken abbiegen müssen. In einem solchen Fahrplane müssen naturgemäß auch Sonderzüge vorgesehen sein.

b) Der Förderbetrieb in den Füllörtern und Bahnhöfen.

Die rasche und möglichst billige Bewältigung des Wagenverkehrs ist namentlich für die Füllörter von größter Bedeutung; zum Teil gilt dies auch für die im Felde belegenen Sammelbahnhöfe, allerdings nicht in gleichem Maße, weil sie nur Bruchteile der im Füllorte zusammenkommenden Wagenzüge aufnehmen.

Ein Füllortsbahnhof soll mindestens drei Paar Gestänge besitzen; hiervon sind die beiden äußersten für den Voll- bzw. Leerzug bestimmt, während das mittlere als Verschiebegleis dient. Auf ihm fährt also insbesondere die mit dem Vollzuge eben angekommene Maschine wieder zurück, um sich vor den Leerzug setzen zu können.

Das Rangieren der Wagen selbst, d. h. das Vorschieben derselben nach dem Schachte zu, kann auf verschiedene Art und Weise bewirkt werden.

1. Die neu ankommende Lokomotive fährt gegen den vorher in den Füllortsbahnhof eingelaufenen Zug und stößt ihn entsprechend dem Gange der Schachtförderung langsam vor sich her. Dies ist aber nur möglich, wenn viele Lokomotiven in Verwendung stehen. Treten im Lokomotivbetriebe Pausen ein, dann fehlt eine Maschine, um den zuletzt gekommenen Zug vorzuschieben. Außerdem wird die gerade im Rangierdienste stehende Lokomotive während dieser Zeit der Streckenförderung entzogen. Der dadurch entstehende Ausfall kann ziemlich hoch werden; denn nach den Feststellungen von Wex beträgt für die auf den westfälischen Gruben im Betriebe stehenden Lokomotiven

die Fahrzeit 43—71 %,
der Stillstand 8,82—43,8 %,
die Rangierzeit 19,5—30,2 %.

Ist der Rangierdienst beendet, so fährt die Lokomotive über einen Wechsel in das Rangiergleis und von da in das Leergleis.

In einem besonderen Falle, nämlich auf Schacht Emscher I/II, ist der Bahnhof so schmal, daß nur zwei Gestängepaare, das Vollgleis und das Leergleis, verlegt werden konnten. Der Wechsel zwischen beiden befindet sich in der Mitte des Bahnhofes. Die ankommende Lokomotive fährt den Vollzug bis vor diesen Wechsel, fährt dann durch ihn unter Benutzung des Leergleises hinter den eben gebrachten Zug und drückt ihn so weit vor, daß sie gerade über den Mittelwechsel hinauskommt. Sie geht nun wieder durch ihn in das Leergleis und setzt sich nunmehr vor den leeren Zug.

2. Die Lokomotive verläßt sofort bei der Einfahrt in den Bahnhof das Vollgleis und fährt in das Rangiergleis ein, bleibt aber mit dem Zuge durch ein etwa 5 m langes Seil verkuppelt. Der Wechsel muß zwischen ihr und dem Zuge so schnell umgestellt werden, daß dieser auf dem Vollgleise bleibt. Mit Hilfe des Zwischengleises zieht die Lokomotive den Zug bis an den Schacht heran und setzt sich dann sofort vor den Leerzug.

Um beim weiteren Vorziehen des Zuges an Bedienungsmannschaften zu sparen, bewirkt man diese Arbeit gern maschinell. Es gibt hierfür folgende Ausführungsweisen:

a) Das Vorrücken des Zuges wird mit Hilfe eines Spills oder Haspels und eines Seiles bewerkstelligt, dessen Länge gleich vier Wagenlängen ist. Zur Bedienung ist nur ein Mann erforderlich, der nicht allzusehr in Anspruch genommen wird, weil er nur kurze Weglängen zurückzulegen braucht und keine schwere Arbeit verrichtet.

b) Die Weiterbewegung des im Füllorte stehenden Vollzuges kann mit Hilfe einer Oberseilförderung bewerkstelligt werden.

c) Anstatt des Oberseiles kann auch eine Unterkette Verwendung finden. Am besten wird für das Voll- und Leergleis je eine besondere Kette eingerichtet, die nach Bedarf mittels einer Kuppelung ein- und ausgerückt wird.

d) Auf Radzionkaugrube ist in Aussicht genommen, anstatt einer solchen Unterkette ein bewegliches kettenähnliches Gestängestück einzurichten. Es sollen nämlich in jedem Gleise an einer geeigneten Stelle die Schienen durch Laschenkettenstücke ersetzt werden. Diese Laschenketten, die nach Art der endlosen Unterketten über Rollen laufen und unter der Förderbahn wieder zurückkehren, dienen also unmittelbar als Gestänge und erteilen, solange sie im Gange sind, dem Zuge die Vorwärtsbewegung.

IX. Die Lokomotivschuppen.

Nach beendeter Schicht sind die Lokomotiven in einem verschließbaren Raum unterzubringen, der auch gleichzeitig als Werkstätte für kleinere Ausbesserungen dient. Je nach der Zahl der unterzubringenden Maschinen sind in ihm ein oder mehrere Gleise zu verlegen, wobei auf jedem auch zwei bis drei Lokomotiven hintereinander stehen können. Beschädigte Maschinen sollen auf ein besonderes Reparaturgleis gefahren werden, damit sie den anderen Lokomotiven nicht im Wege stehen, falls die Ausbesserung bis zur nächsten Förderschicht noch nicht beendet sein sollte. Damit auch unter der Lokomotive gearbeitet werden kann, werden im Reparaturgleise zwischen den Schienen ausgemauerte Arbeitsgruben angebracht, die so tief sein müssen, daß ein Mann in ihnen bequem stehend arbeiten kann.

Bei Benzinbetrieb ist es gut, in den Lokomotivschuppen und im Vorratsraume eine Sandregenvorrichtung, ähnlich wie in manchen Lampenstuben, anzubringen. In diesem Falle wird die Firste von einem mit Sand gefüllten Behälter eingenommen, aus dem man, wenn ein Brand ausbrechen sollte, durch Ziehen an einer Leine den Sand in Form eines Regens herausrieseln lassen kann. Kleine Brände erstickt man wohl auch durch Umstürzen von Fäßchen, die mit Sand gefüllt bereit stehen und zugleich als Sitzgelegenheit dienen.

Sechster Teil.

Die Bremsbergförderung.

Benutzte Literatur.

R. Mellin, Der Steinkohlenbergbau des Preußischen Staates in der Umgebung von Saarbrücken. III. Teil: Der technische Betrieb der staatlichen Steinkohlengruben bei Saarbrücken.

Eine neue Art der Bremsbergförderung. „Glückauf“ 1897, Nr. 5.

Über Bremsbergförderung. „Glückauf“ 1897, Nr. 10.

Wicke, Die Anwendbarkeit der verstellbaren Drehscheibe für Bahnen von verschiedener Neigung (Patent Best) beim Steinkohlenbergbau. „Der Bergbau“ XIV, Nr. 27, 28.

Schoppa, Kreppbühnen. „Kohle und Erz“ 1906, Nr. 19.

Tomasczewski, Bremsbergbetrieb mit Seil ohne Ende, sogenannte automotorische Bremsberge. „Kohle und Erz“ 1905, Nr. 14.

Best, Sicherheitsvorrichtung für Bremsschächte. „Glückauf“ 1904, Nr. 52.

L. Hoffmann, Bremsbergförderung mit Seil ohne Ende auf „Glückhilfschächte“ bei Hettstedt. „Glückauf“ 1907, Nr. 36, 37.

A. Allgemeines.

Ein Bremsberg kann in jeder Strecke eingerichtet werden, die ansteigend getrieben ist; hierzu gehören hauptsächlich die schwebenden Strecken und die ansteigenden Querschläge. Auf diesen schiefen Ebenen läßt man die vollen Wagen an Seilen hinunter und nutzt die überschüssige Kraft aus, um gleichzeitig oder später die leeren Wagen aufwärts zu ziehen. Da aber auch durch diese Arbeitsleistung noch nicht alle überschüssige Kraft aufgebraucht wird, vernichtet man den Rest derselben in Bremsen. Diese Bremsen dienen hauptsächlich dazu, die Fördergeschwindigkeit zu regeln und die Förderwagen zur gewünschten Zeit und am vorgeschriebenen Platze stillzustellen.

I. Die verschiedenen Arten von Bremsbergen.

Man unterscheidet je nach ihrer Einrichtung, dem Verwendungszwecke usw. verschiedene Arten von Bremsbergen, und zwar hauptsächlich die folgenden:

1. Die zweitrümigen Bremsberge haben zwei Paar Fördergestänge; beide Lasten, die volle und die leere, laufen gleichzeitig.

Die eintrümigen Bremsberge haben zwar auch zwei Gestängepaare; von diesen ist aber nur eins das Fördergleis; denn auf dem anderen läuft ein Gegengewicht. Die volle und die leere Last laufen abwechselnd auf dem Fördergestänge. Wegen der Verwendung des Gegengewichtes nennt man diese Bremsberge auch Gewichtsbremsberge.

2. Laufen die Förderwagen unmittelbar auf dem Bremsberggestänge, so spricht man von einem Laufbremsberge.

Im Gegensatz dazu steht der Gestellbremsberg, bei dem die Wagen auf ein besonderes Fördergestell aufgeschoben werden.

3. Ein Abbaubremsberg liegt mitten in einem Baufelde und erhält die Förderung unmittelbar von den Gewinnungsorten, meistens von den Abbauen, zugeführt.

Ein Förderbremsberg, Transportbremsberg oder Zwischenbremsberg nimmt die Förderung von mehreren Abbaubremsbergen auf, um sie von Mittelsohle zu Mittelsohle und schließlich nach der tiefsten Fördersohle zu schaffen.

4. Ein Bremsberg mit offenem Seile ist jeder Bremsberg, auf welchem für jedes Gestängepaar, sowohl Fördergestänge als auch Gewichtsgestänge, ein besonderes Seil vorhanden ist. Die Förderwagen werden hier an die freien Seilenden angeschlagen. Jedes Seil geht immer wechselweise einmal aufwärts und dann wieder bergab; diese Bremsberge sollen im folgenden der Kürze wegen Pendelbremsberge genannt werden.

Die Bremsberge mit endlosem Seile oder mit geschlossenem Seil werden wohl auch automotorische Bremsberge genannt. Sie entsprechen in ihren Betriebseinrichtungen vollständig den maschinellen Seil- bzw. Kettenförderungen; der Hauptunterschied liegt darin, daß keine besondere Antriebskraft erforderlich ist und somit die Antriebsscheibe durch eine Seilscheibe mit Bremsvorrichtung ersetzt ist. Bei diesen Bremsbergen ist naturgemäß ein Gestänge das Vollgleis, das andere das Leergleis.

Zwischenanschlagspunkte lassen sich hauptsächlich bei eintrümigen und automotorischen Bremsbergen einrichten, können aber auch erforderlichenfalls in jedem anderen zweitrümigen Bremsberge angelegt werden.

Die Hauptteile eines jeden Bremsberges sind der Kopf, die schiefe Ebene (= der Berg) und der Fuß. Kopf und Fuß kann man auch als oberen und als unteren Anschlagspunkt bezeichnen. Sie sollen immer söhlig liegen. Außer diesen beiden richtet man auch häufig Zwischenanschlagspunkte an verschiedenen Stellen der schiefen Ebene ein.

II. Die schiefe Ebene.

Die Länge der schiefen Ebene beträgt in Saarbrücken meistens 150—200 m. Man ist dort imstande, bei 150—250 m Länge und 10—15 ^{0} Fallen in einer achtstündigen Schicht durchschnittlich 250 Wagen einzeln abzubremsen. Bei flachen Längen bis zu 150 m ist dies auch noch bei 5—6 ^{0} Neigungswinkel möglich. Bei flacherem Einfallen oder bei wechselnder Neigung sowie in Hauptbremsbergen, die nur dem Durchgangsverkehr dienen, muß dagegen Zugförderung zur Anwendung kommen.

Der Neigungswinkel ist nach oben hin unbegrenzt; schließlich geht dann der Bremsberg in einen tonnlägigen oder seigeren Bremsschacht über.

Die untere Grenze für die Bergneigung kann bis herab zu 2 ^{0} betragen; doch darf ein so geringer Fallwinkel nur stellenweise vorhanden sein, weil sonst bei Pendelbetrieb die Förderung unmöglich werden würde. Hilfsmittel, um die Nachteile eines so geringen Fallwinkels auszugleichen, wären: künstliches steileres Einfallen am Kopfende, Zugförderung, konische Seilkörbe, Betrieb mit endlosem Seile.

III. Besondere Arten der Bremsbergförderung.

Auf Zeche Kölner Bergwerksverein hatte ein Bremsberg von 80 m flacher Höhe eine konvexe Sohle; sein Einfallen war also unten steiler (13 ^{0}) als oben (8 ^{0}). Die Förderung von drei Zwischenanschlagsorten wurde auf folgende Weise bewältigt:

1. In einem oberen Orte wurde der leere Wagen gegen einen vollen ausgewechselt. Es war nunmehr an jedem Seile ein voller Wagen angeschlagen.

2. Der im unteren, steiler geneigten Bremsbergteile stehende volle Wagen wurde abgebremst und zog den anderen vollen Wagen empor.

3. Der am Bremsbergfuße angekommene volle Wagen wurde gegen einen leeren ausgewechselt.

4. Dieser leere Wagen wurde beim nächsten Treiben bis zur Haspelstätte oder bis zu einem oberen Anschlagsorte hochgezogen.

Die Leistung betrug auf diesem Bremsberge in einer achtstündigen Schicht 100—120 Wagen.

Auch bei konkaver Sohle sind, wie das nachstehende Beispiel zeigt, Besonderheiten im Bremsbergbetriebe möglich. Die flache Länge des in Rede stehenden Bremsberges betrug 120 m, das Einfallen im oberen Teile 19°, im unteren 14°. Es waren sieben Abbaustrecken angesetzt; den oberen von ihnen wurden die leeren Wagen von oben her zugeführt. Der Arbeitsgang war folgender:

1. Der Bremser schlug oben, der Anschläger unten je einen leeren Wagen an.

2. Bei dem nun folgenden Treiben konnten die Wagen bis zur Bergmitte gebracht werden.

3. An einem der Anschlagsorte wurde der eine leere Wagen gegen einen vollen ausgewechselt.

4. Durch Abbremsen dieses vollen Wagens wurde der leere zur Haspelstätte hinaufgezogen.

Dieses Förderverfahren ist bei flacherem Einfallen nicht anwendbar, weil hier gleichzeitig zwei leere Wagen getrieben werden.

B. Die Förderbahn.

I. Die Förderbahn im Berge.

Das Gestänge muß im Bremsberge genau nach der Schnur gelegt werden, damit die Förderwagen bei scharfem Treiben nicht seitliche Stöße bekommen und dadurch zum Entgleisen gebracht werden. Auch wickelt sich das Seil nicht gleichmäßig auf dem Haspel auf, wenn es durch Krümmungen in der Förderbahn seitlich abgelenkt wird.

Die zur Verwendung kommenden Schienen sollen eine Profilhöhe von 55—65 mm in Nebenbremsbergen, in Hauptbremsbergen dagegen eine solche von 65—80 mm haben. In diesen letzteren muß das Gestänge mit derselben Sorgfalt wie in jeder anderen Hauptförderstrecke verlegt werden.

Die Lager sind beiden Gestängepaaren gemeinsam und werden, um ein Verschieben zu verhüten, gegeneinander abgespeert oder besser in beide Streckenstöße eingebühnt.

Die Bergneigung muß möglichst allenthalben die gleiche sein; denn Änderungen derselben verlangen, daß während eines Treibens die Bremse mit größter Aufmerksamkeit bedient wird. Aus diesem Grunde müssen örtliche Mulden mittels Bockgestänges oder durch seitliches Einbühnen der Lager überbrückt werden. Die Förderbahn muß außerdem an solchen Stellen unter dem Gestänge mit Bergen ausgeschüttet werden. Ist dies nicht der Fall, dann spreizen sich die Wagen bei Entgleisungen gern zwischen den Schienen und den Lagern fest und müssen außerdem auf wesentlich größere Höhen zurückgehoben werden, als wenn sie auf die Ausschüttungsmassen zu stehen kommen. Ganz besonders sind aber damit auch Kohlenverluste verbunden, sobald es sich um Entgleisungen von vollen Wagen handelt. Da Wagenentgleisungen sich gern an derselben Stelle wiederholen, sammeln sich mit der Zeit unter

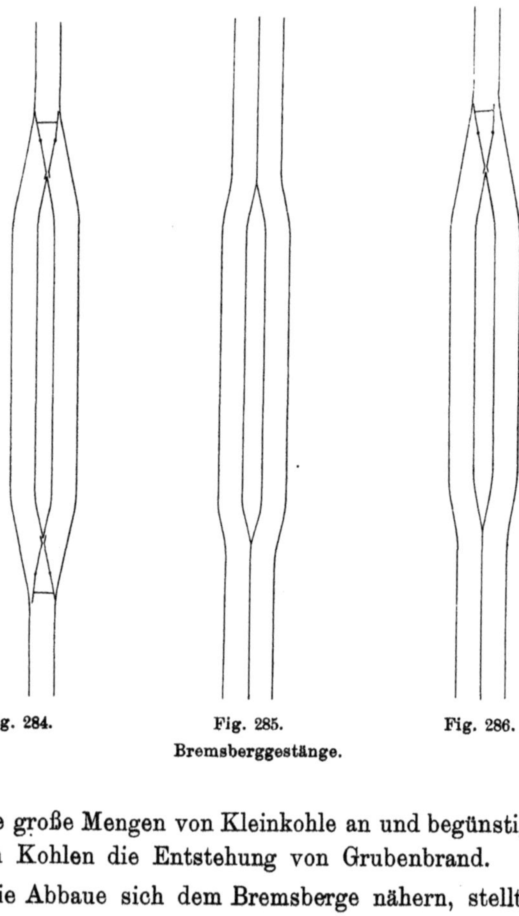

Fig. 284. Fig. 285. Fig. 286.
Bremsberggestänge.

dem Gestänge große Mengen von Kleinkohle an und begünstigen bei leicht entzündlichen Kohlen die Entstehung von Grubenbrand.

Wenn die Abbaue sich dem Bremsberge nähern, stellt sich in ihm regelmäßig bedeutender Druck ein; es ist dann wünschenswert, daß er möglichst schmal ist, um ihn besser offen halten zu können. Man kann dies dadurch erreichen, daß man nur an der Stelle, wo sich die Wagen begegnen, Doppelbahn verlegt (Fig. 284), im übrigen aber einfaches Gestänge herrichtet. Dieses mündet mittels zweier beweglichen Zweizungenwechsel in die Ausweichestelle; die Wechselzungen werden von den Wagenrädern selbsttätig umgestellt.

Um die Wechsel zu vermeiden, die nur zu leicht Veranlassung zu Entgleisungen geben, kann man auch die in Fig. 285 abgebildete Doppelbahn legen, bei der die innere Schiene beiden Gestängepaaren gemeinsam ist.

Die in Fig. 286 dargestellte Bremsbergbahn ist aus den beiden eben beschriebenen entstanden; in der oberen Hälfte, wo die Abbaue sich dem Berge nähern und somit der Druck ein bedeutenderer ist, hat sie nur einfaches Gestänge, unterhalb der Kreuzungsstelle dagegen Doppelbahn mit gemeinschaftlicher Innenschiene.

Die Nachteile der eben beschriebenen Bremsbergbahnen sind, daß man die Ausweichgleise sowohl bei der Verlängerung als auch bei der Verkürzung des Bremsberges nach oben bzw. unten verschieben muß, daß die Seile leicht unter die Wagenräder kommen, und daß bei freiem Abgehen der Wagen diese mit den entgegenkommenden Wagen zusammenstoßen.

II. Die Förderbahn an den Endanschlagspunkten.

Der Übergang von der schiefen Ebene zu den söhlig liegenden Endanschlagspunkten soll nicht mit scharfem Knick erfolgen, weil dann

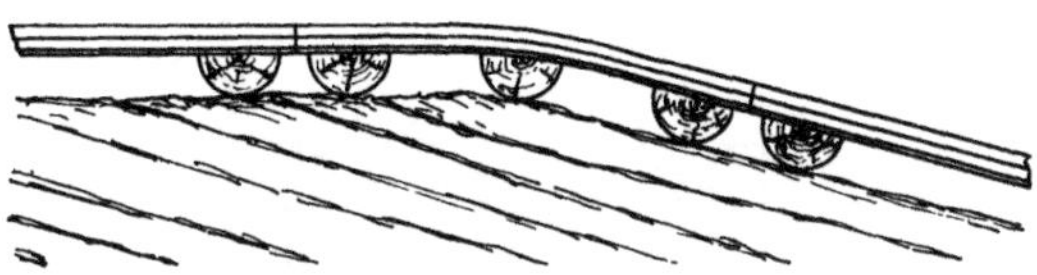

Fig. 287. Oberes Bremsbergknie aus gekröpften Schienen.

an dieser Stelle namentlich die aufwärts gehenden leeren Wagen in die Höhe springen und als Folge davon regelmäßig entgleisen. Es ist also verkehrt, an diesen Knickpunkt, das sogenannte Knie, einen Schienenzusammenstoß zu legen; man tut vielmehr besser, wenn man hier das Gestänge aus Schienen herstellt, die entsprechend in senkrechter Ebene gebogen (gekröpft), aber nicht geknickt wurden (Fig. 287).

Die Anschlagsbühnen selbst werden mit Gestänge oder mit Platten belegt. Plattenbühnen sind vorzuziehen; denn sie beanspruchen weniger Platz, das Wechseln der Wagen geht leichter und schneller vor sich, und man kann überzählige Wagen (Wechselwagen) bequem beiseite schieben. Werden dagegen die Anschlagsbühnen mit Gestänge versehen, so sind auch viele Wechsel erforderlich; diese verursachen aber durch beständig notwendige Ausbesserungen viel Arbeit. Außerdem müssen besondere Sackgleise für die Wechselwagen gelegt werden, die ebenfalls Platz beanspruchen.

Die Bühnen müssen, wie schon oben bemerkt, genau söhlig liegen. Zu diesem Zwecke muß für sie am Bremsbergkopfe Strosse nachgerissen werden. Bei großer Flözmächtigkeit kann diese Gesteinsarbeit unterbleiben. Man verlegt dann vielmehr die Bühne auf einen hölzernen Unterbau von folgender Bauart (Fig. 288 a und b). Die drei Längsunterzüge *a* werden so durch Bolzen *b* unterfangen, daß sie genau söhlig und in einer Ebene liegen. Sie dienen zum Tragen der Halbholzlage *c*. Diese Halbhölzer erhalten beschlagene Kanten, um sicher und unverrückbar nebeneinander zu liegen. Die eisernen Belagplatten werden auf ihnen mittels der eisernen Plattennägel (Fig. 289) befestigt. Der Raum unter dieser Bühne kann auch noch mit Bergen ausgeschüttet werden.

Ein wesentlicher Vorteil einer solchen gezimmerten Bühne ist, daß sie sich bedeutend billiger stellt als eine durch Strossennachreißen her-

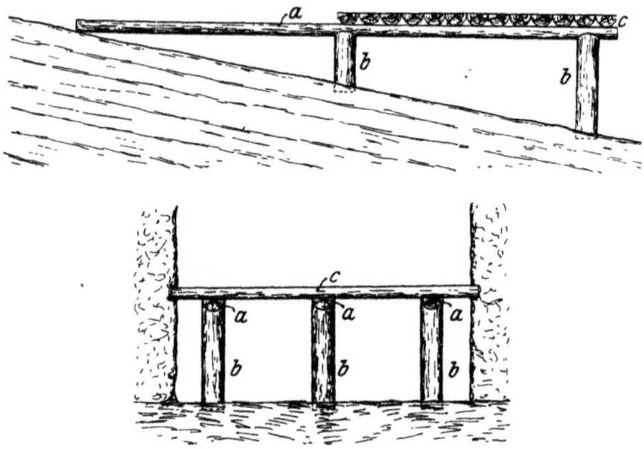

Fig. 288 a und b. Obere Bremsbergbühne.

gestellte, sowie auch daß der Berg unmittelbar unter diesem Anschlagsorte steileres Einfallen erhält; dadurch wird aber die Ingangsetzung der Förderwagen zu Beginn eines Treibens erleichtert.

Der Vorderrand der Plattenbühne soll nicht unmittelbar bis an das Bremsbergknie reichen, sondern schon ein geraumes Stück davor endigen. Die Länge dieses Zwischenraumes soll sein = der Länge der abzubremsenden Züge + ca. 1 m. Das Gestänge, welches hier gelegt wird, erhält bereits eine geringe Neigung nach dem Berge hin. Man erzielt dadurch folgende Vorteile:

1. Die abzubremsenden einzelnen Wagen oder Wagenzüge werden nicht auf der Plattenbühne, sondern auf diesem Zwischengestänge zusammengestellt; es fällt also vor Beginn eines jeden Treibens das lästige und häufig zu Entgleisungen führende Einschieben der Wagen von der Bühne in das Gestänge fort.

2. Das Anschieben der Wagen am Beginne eines Treibens ist wegen der Neigung des Gestänges wesentlich leichter und darum die Gefahr eines Unglücksfalles geringer. Damit der an dem Knie eingebaute Bremsbergverschluß leicht geöffnet werden kann, dürfen die Wagen nicht so weit vorgeschoben werden, daß sie ihn berühren; sie werden vielmehr durch ein vor die Räder des ersten Wagens gelegtes Holzscheit etwa 0,5 m davor aufgehalten.

Beim Abbremsen von Zügen ist es gut, um etwas mehr als Zuglänge unter dem Knie im Berggestänge eine Schleppweiche (Fig. 290) anzubringen, die durch ein Gewicht oder eine Feder ständig nach einem Sackgleise eingestellt wird. Gehen also Wagen von der Bühne frei ab, so laufen sie in den Stoß. Gleichzeitig mit dem Lüften der Bremse kann der Anschläger mittels eines besonderen Stellhebels diese Weiche so umstellen, daß die Wagen in das Berggestänge einlaufen; haben sie den Wechsel überschritten, so kann der Bremser den Weichenstellhebel wieder loslassen.

Bei der Bremsbergförderung mit gekreuzten Seilen laufen die vollen und die leeren Wagen immer auf demselben Gestänge. Es sind dann am Bremsbergkopfe und -fuße weder Wendeplatten noch irgendwelche Wechsel nötig. Die Seile wechseln nach jedem Treiben das Gestänge; es werden daher am besten Scheibenbremsen mit senkrechter Seilscheibe verwendet, weil hierbei die beiden Seile gar nicht miteinander in Berührung kommen.

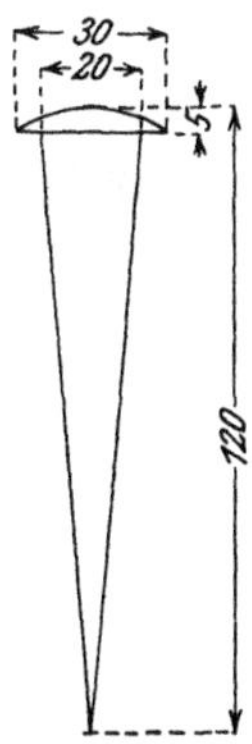

Fig. 289. Plattennagel.

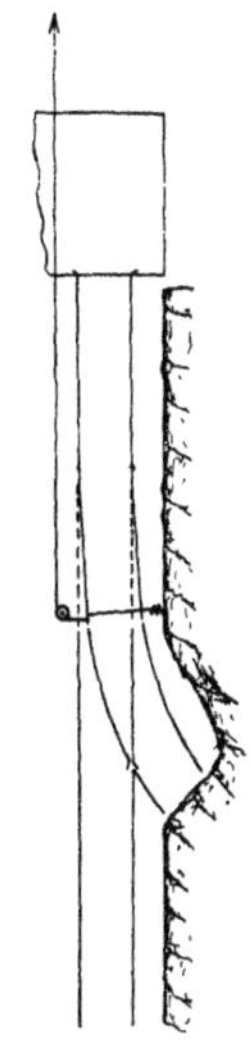
Fig. 290. Sicherheitswechsel unter dem Bremsbergknie.

III. Die Förderbahn an den Zwischenanschlagspunkten.

Um einen Förderwagen aus dem Bremsberge in eine Abbaustrecke und umgekehrt zu bringen, stehen folgende Mittel zu Gebote:

1. Das Streckengestänge wird mit dem des Bremsberges durch einen Wechsel verbunden. Der volle Wagen muß schon an das Seil angeschlagen werden, während er noch in der Strecke steht. Dieses Verfahren ist nur bei flachem Fallen anwendbar, weil bei steilerem der Wagen leicht in der Krümmung umkippt.

2. Bei Bergneigungen bis zu 12^0 wird an der Einmündung des Streckengestänges in den Bremsberg eine Nutenplatte oder Bohlenbühne

mit einem Klotz *a* (Fig. 291) verlegt. Beim Einschieben des vollen Wagens in den Bremsberg stößt das eine Rad gegen den Klotz. Wird nun das Seil angeschlagen und die Bremse gelüftet, so läuft das am anderen Seile hängende Gegengewicht ab und dreht den Wagen in das Bremsberggestänge bzw. es unterstützt den Schlepper bei dieser Arbeit. Dann überwiegt das Gewicht des vollen Wagens über das des Gegengewichtes, so daß er abwärts geht.

3. Bei Neigungen bis zu 8° verlegt man am Zusammenstoße beider Gleise eine schwach geneigte Wendeplatte (Fig. 292). Zu diesem

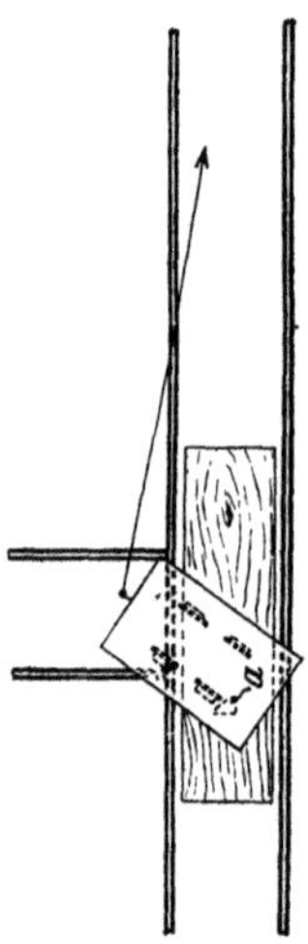

Fig. 291. Sprungbühne. (Aus „Bergbau" XIV, Nr. 27.)

Fig. 292. Zwischenanschlagsort mit geneigt liegender Kranzplatte.

Fig. 293. Zwischenanschlagsort mit Einlegeschienen.

Zwecke muß in der Bremsbergsohle Strosse nachgerissen werden; es entsteht dadurch ein Knick, der Stöße und Sprünge des durchlaufenden Wagens veranlaßt. Da außerdem das Bremsberggestänge hier unterbrochen ist, treten leicht Entgleisungen ein.

4. Es wird ebenfalls, so wie unter Nr. 3 beschrieben worden ist, eine Wendeplatte oder Nutenplatte, aber söhlig liegend, in das Gestänge eingefügt. Wird an dem Anschlagsorte vorbeigefördert, so wird diese Stelle durch Einlegeschienen überbrückt (Fig. 293).

Auch kann man das Überbrückungsgestänge um ein wagerechtes Gelenk nach oben klappen. Doch ist dies nur durchführbar, wenn die Streckenhöhe ziemlich bedeutend ist.

5. Diese zuletzt beschriebene Art der Überbrückung mit Hilfe eines schwenkbaren Gestänges kann als Übergang zu den Schwenkbühnen betrachtet werden. Eine solche Schwenkbühne besteht in ihrer einfachsten Form aus einer mit Gestänge oder mit einer Kranzplatte versehenen Klappe; mittels eines Gelenkes an ihrem Unterrande kann sie wagerecht oder geneigt eingestellt werden. Da bei diesem Schwenken immer ein Wagen auf der Bühne steht, ist hierzu eine ziemlich bedeutende Kraft erforderlich, die man z. B. auf Friedenshoffnungsgrube mittels einer hydraulischen Pumpe erzeugte. Natürlich waren diese Apparate so teuer, daß sie schon aus diesem Grunde keine weitere Verwendung finden konnten. Außerdem zeigte sich bei ihnen eine hohe Reparaturbedürftigkeit.

Dagegen haben sich die auf Seite 112—114 beschriebenen Schwenkbühnen vollkommen bewährt.

C. Die Bremsvorrichtungen.

Die Bremsvorrichtungen können Trommelbremsen oder Scheibenbremsen sein.

Die ersteren sind die von altersher im Bergbau üblichen. Sie haben den Vorteil der größeren Betriebssicherheit, weil selbst bei scharfem Bremsen kein Gleiten des Seiles eintritt, wie dies bei Scheibenbremsen sehr leicht möglich ist. Außerdem kann man sie auf der Grube selbst mit eigenen Leuten herstellen. Sie haben aber den Nachteil, daß sie schwer und daher unhandlich sind. Auch brauchen sie viel Platz, weil sie mit Rücksicht auf die oft recht zahlreichen Seilumwickelungen ziemlich lang sein müssen. Dazu kommt, daß sie wegen ihres großen Durchmessers auch viel Platz in der Streckenhöhe beanspruchen.

Die Scheibenbremsen sind wesentlich leichter; namentlich aber beanspruchen sie wenig Raum und sind für niedrige Baue besonders gut geeignet. Sie lassen sich leicht und schnell verlegen, was beim Vortriebe von schwebenden Strecken sehr ins Gewicht fällt. Als Nachteil muß genannt werden, daß das Seil gern in der Scheibe gleitet, und daß bei einem Seilbruche beide Wagen abgehen.

I. Die Trommelbremsen.

Die Hauptteile, aus denen eine Trommelbremse besteht, sind: die beiden Seilkörbe (die Trommel), die Bremsvorrichtung und das Haspelgestell.

a) Die Trommel.

Als erstes Stück wird bei der Anfertigung einer Seiltrommel der Kern hergerichtet. Man nimmt dazu ein Vierkantholz *a* mit einer bis in seine Mitte reichenden Längsnut (Fig. 294 a und b). In diese Nut wird die genau hineinpassende vierkantige Welle *b* eingesetzt und darauf die verbleibende Öffnung durch eine Bohle *c* zugesetzt.

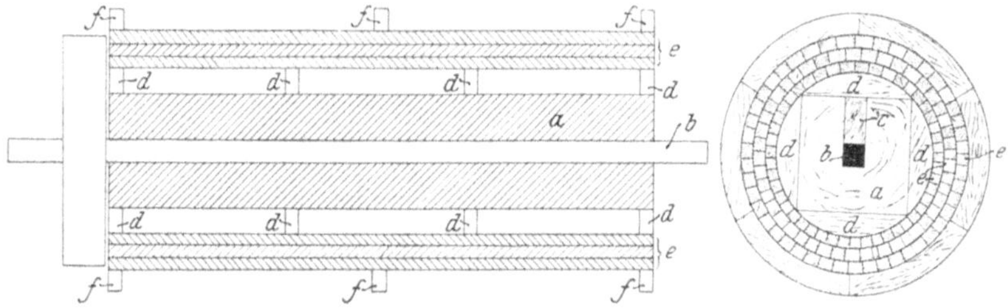

Fig. 294 a und b. Trommelhaspel.

Anstatt des Vierkantholzes kann man, wenn es sich um die Anfertigung eines leichteren Haspels handelt, auch um die Welle vier starke Bohlen nach dem Muster von Fig. 295 anordnen.

Fig. 295. Trommelhaspel.

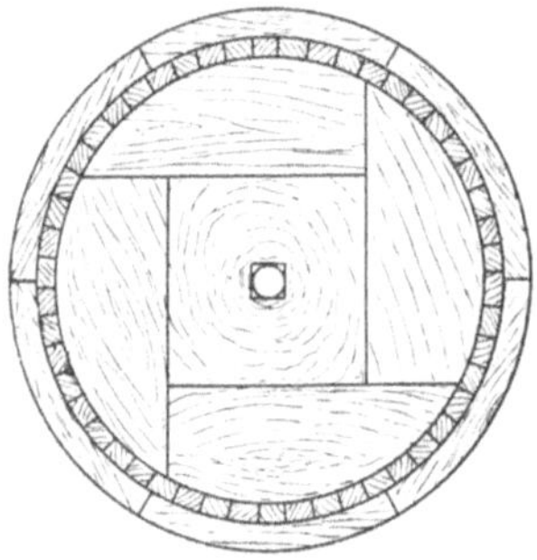

Fig. 296. Trommelhaspel.

Auf den so hergerichteten Kern werden die Innenkränze *d* aufgenagelt. Sie sind, damit der Haspel rund wird, auf der Außenseite nach der Kreisumfangslinie geschnitten. Ihre gegenseitigen Abstände betragen je 1 m.

An diesen Innenkränzen wird der Lattenbelag *e* (Fig. 294) angenagelt. Die Latten werden in so vielen konzentrischen Lagen aufgebracht, bis der Haspel den gewünschten Durchmesser hat. Damit der Haspel nicht fault, werden die Latten einer jeden Schicht nicht dicht aneinander genagelt, sondern es verbleiben zwischen ihnen kleine Zwischenräume.

Will man an Arbeit und Latten sparen, dann schneidet man die Innenkränze so zurecht wie Fig. 296 zeigt.

Die Außenkränze *f* (Fig. 294) werden nur an beiden Enden und in der Mitte der Trommel aufgenagelt. Die in der Mitte angebrachten sollen die beiden Seilkörbe voneinander trennen, damit sich die Bremsbergseile nicht ineinander wickeln. Der Zweck der beiden äußeren Kränze ist, ein Herunterfallen der Seile von den Körben zu verhüten.

Auf Hedwigswunschgrube bei Borsigwerk bestehen die beiden Seilkörbe nicht aus einem Stück, sondern werden getrennt hergestellt. In dem zwischen ihnen befindlichen freien Raume sind an ihrem Umfange Handgriffe *a* (Fig. 297) angebracht, um mit der Hand nachhelfen zu können, wenn bei geringer Bergneigung oder beim Aufwärtsziehen beladener Wagen die Förderung einmal stockt.

Bei bedeutenden Bremsberglängen benutzt man auch eiserne Seiltrommeln (Fig. 297), die denen der Schachtfördermaschinen ähnlich sind. Die Seile wickeln

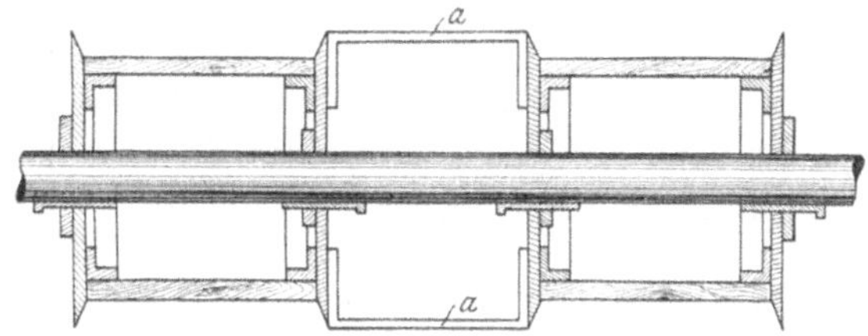

Fig. 297. Eiserner Trommelhaspel von Hedwigswunschgrube. (Aus „Versuche und Verbesserungen im Jahre 1893".)

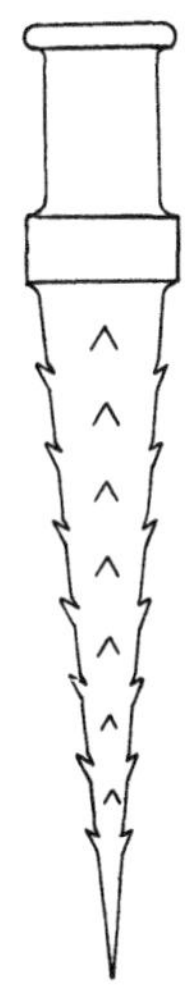

Fig. 298. Spitzhaken.

sich hier in mehreren Lagen übereinander auf. Diese Seilkörbe werden auf die Welle aufgekeilt.

Anstatt einer durchgehenden Welle, wie sie oben beschrieben wurde, kann man auch beiderseits nur kurze Zapfen (Fig. 298) in die Seiltrommeln eintreiben. Damit sie in ihnen recht sicher sitzen, werden sie mit Widerhaken versehen. Sie haben aber den Übelstand, daß sie sich bei schwerer Belastung des Haspels leicht lockern; zu ihrer Sicherheit müssen dann hölzerne, schließlich auch eiserne Keile neben ihnen eingetrieben werden, ohne daß dies auf lange Zeit hilft.

b) Die Bremsvorrichtung.

Außer den beiden Seilkörben wird an der Haspelwelle auch noch die Bremsscheibe angebracht. Sie kann an dem einen Ende des Haspels oder wohl auch in der Mitte zwischen den beiden Seilkörben liegen. Das letztere findet sich seltener, ist aber für den Haspel günstiger, weil er nicht so sehr auf Verdrehung beansprucht wird; auch ist die Herstellung eines solchen Haspels teurer. Ab und zu wird wohl auch an jedem Ende des Haspels je eine besondere Bremsscheibe *a*, *b* (Fig. 299) angebracht; die Bedienung beider Bremsen muß aber vom Bremserplatze aus mittels nur eines Handhebels *c* möglich sein.

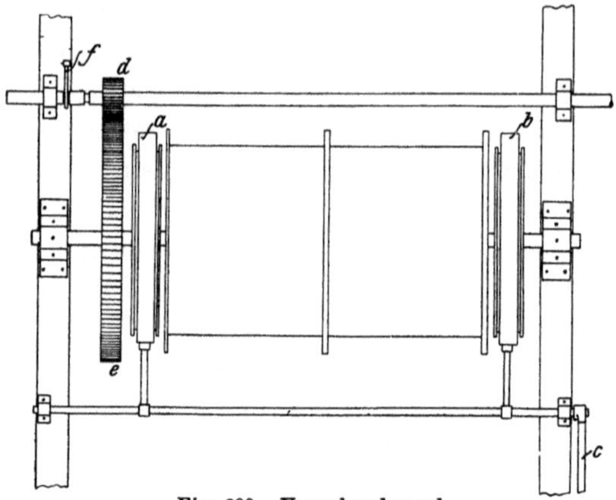

Fig. 299. Vorgelegehaspel.

Die Bremsscheibe kann unmittelbar auf der Haspelwelle sitzen (Fig. 294 und 299) und ist dann mit ihr verkeilt, oder sie wird ähnlich wie in Fig. 300 auf dem Haspelkerne angebracht. In beiden Fällen

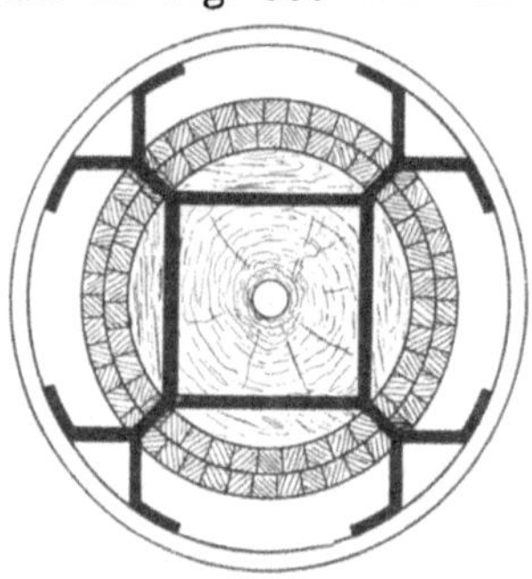

Fig. 300.

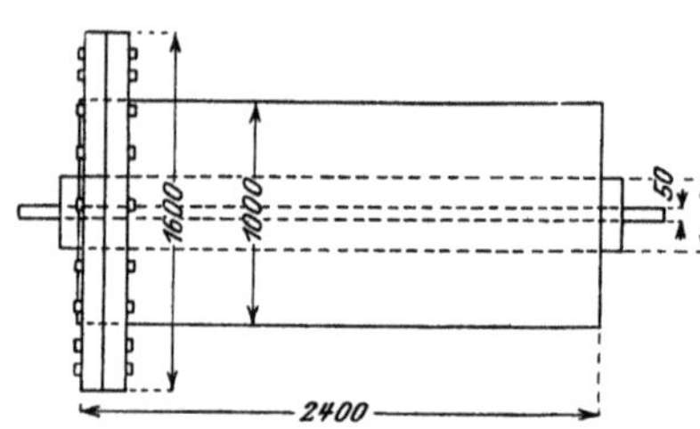

Fig. 301.

Befestigung der Bremsscheibe.

besteht sie aus Gußeisen. Fig. 301 stellt eine hölzerne Bremsscheibe dar, die aus verschraubten Holzklötzen besteht und seitlich auf die Seiltrommel aufgesetzt wird.

Als Bremsorgane benutzt man Backenbremsen oder Bandbremsen. Namentlich die letzteren werden in neuester Zeit immer mehr bevorzugt.

Die Backenbremsen sind Einbacken- oder Zweibackenbremsen. Die ersteren kann man nur bei geringen Lasten, kleinen Berglängen und schwachem Neigungswinkel der schiefen Ebene verwenden. Die Doppelbackenbremsen (Fig. 302) sind in jedem Falle vorzuziehen. Die Bremsklötze *a* sind auf den Bremsarmen *b* befestigt; von diesen wird beim Niederdrücken des Bremshebels *c* durch Vermittlung des Zwischengestänges *d*, *e*, *f*, *g* der obere nach oben, der untere nach unten bewegt und so die Bremse gelüftet. Sie schließt, wie es die Bergpolizeiverordnungen

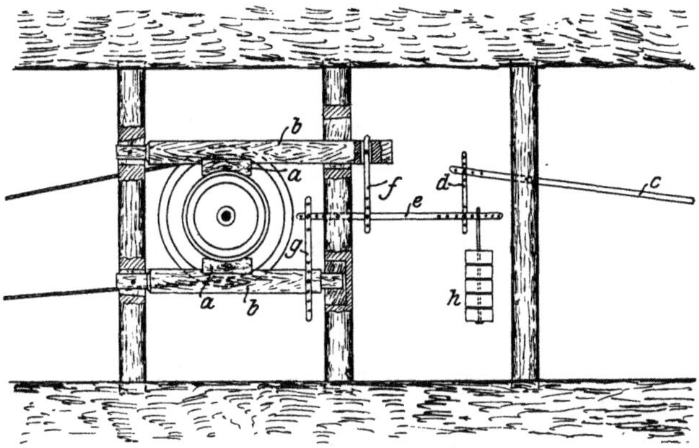

Fig. 302. Backenbremse.

vorschreiben, selbsttätig infolge der Belastung durch das angehängte Gewicht *h*. Um die Bremsbacken nachstellen zu können, wenn sie sich abgenutzt haben, sowie auch um Änderungen im Übersetzungs-

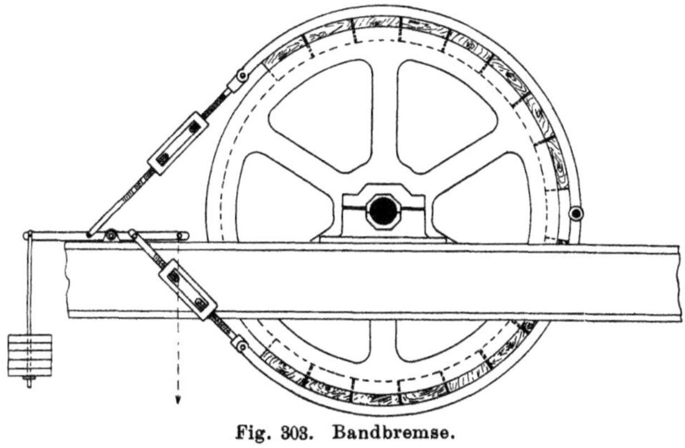

Fig. 303. Bandbremse.

verhältnisse der einzelnen Hebelarme vornehmen zu können, sind sämtliche Bremsgestänge mit einer größeren Zahl von Öffnungen versehen.

Die Bandbremsen umspannen fast die ganze Bremsscheibe; zwecks besserer Bremswirkung füttert man sie, namentlich bei Förderung schwerer Lasten, mit Holzklötzen aus (Fig. 303).

Die Bremsen müssen bei jeder Umlaufsrichtung des Haspels gleichmäßig sicher und zuverlässig wirken. Dies erreicht man dadurch, daß man sie als Differentialbremsen herstellt.

Bei regem Betriebe laufen die Bremsen sich leicht heiß. Um einer Selbstentzündung, ganz besonders aber dem Ausbruche von Brand nach beendeter Schicht vorzubeugen, muß man die Bremsscheiben und -backen bzw. die Bremsbänder künstlich kühlen. Zu diesem Zwecke leitet man aus einer Wasserleitung ein Zweigrohr gegen die Bremse oder führt auch nur etwaiges Rieselwasser von der Firste mittels eines Traufbrettes dagegen. Lassen sich derartige Einrichtungen nicht treffen, so muß man zeitweilig, mindestens aber zu Ende der Schicht, Wasser aus einer Kanne auf die Bremse gießen.

c) Das Aufstellen des Bremshaspels.

Die Trommelwelle muß genau wagerecht liegen und mit der Bremsbergachse einen rechten Winkel bilden. Anderenfalls wickeln sich die Seilwindungen übereinander bzw. sie erhalten zu großen gegenseitigen Abstand.

Die Lager, in denen die Haspelwelle läuft, werden an der Rückseite von zwei Haspelsäulen *m* und *n* (Fig. 331) mittels durchgesteckter Schraubenbolzen angebracht. Diese beiden Säulen werden tief in die Firste und Sohle eingebühnt und ebenfalls von hinten eingetrieben, damit sie nicht unter der Einwirkung der schweren Förderlast aus den Bühnlöchern herausgerissen werden.

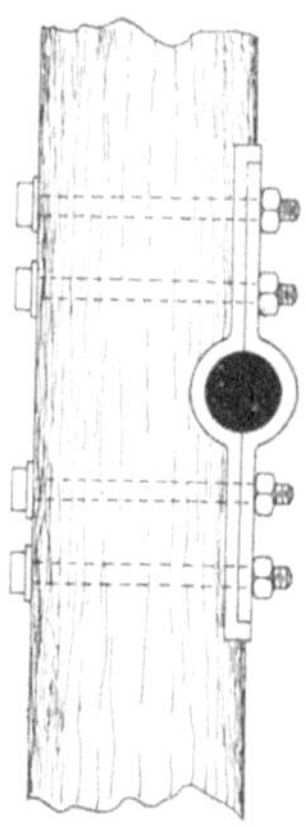

Fig. 304. Haspellager.

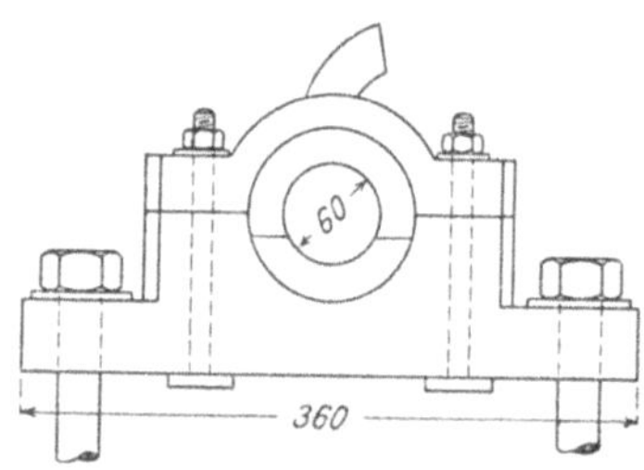

Fig. 305. Haspellager.

In den meisten Fällen genügt für den Bremshaspel ein einfaches Lager von der in Fig. 304 dargestellten Art. Für schwerere Haspel und regen Bremsbetrieb sind vollkommenere Lager (Fig. 305) empfehlenswert. Auf Fürstin Paulineschacht bei Kattowitz werden die Achsenzapfen einfach in entsprechende Einkerbungen auf der Rückseite der Haspelsäulen eingelegt (Fig. 306). Diese müssen natürlich aus feuersicher imprägniertem Holze (Verfahren von Hasselmann oder von Wolman) bestehen. Auch das in Fig. 307 abgebildete Lager eignet sich nur für leichte Bremshaspel.

Die beiden Haspelstützen müssen so eingefluchtet werden, daß ihre Verbindungslinie, mithin auch die Haspelwelle, senkrecht auf der Bremsbergachse steht. Dies ist auf verschiedene Weise möglich.

1. Auf untergeordneten und sehr kurzen Bremsbergen wird es nach dem Augenmaße bewirkt.

2. Man spannt entlang dem Bremsberge und genau in der Mitte zwischen seinen beiden Gestängepaaren eine Schnur *a—b* (Fig. 308) aus. Die der Haspelachse entsprechende Linie *c—d* wird mit Hilfe eines an *a—b* angelegten eisernen Winkelmaßes *e* von 90° ebenfalls durch eine Schnur vermerkt. Von dem Schnittpunkte beider Schnuren aus wird auf *c—d* nach rechts und nach links hin die halbe Haspellänge abgemessen; auf der einen Seite wird zu dieser halben Haspellänge noch die Dicke der Bremsscheibe zugefügt, vorausgesetzt, daß die Bremsvorrichtung an dem einen Haspelende angebracht ist. Die Enden des Haspels werden auf *c—d* durch Querlinien angedeutet, die man auf der Streckensohle mit Kreide zieht. In den hinteren Außenwinkeln zwischen diesen beiden Linien und *c—d* werden die Bühnlöcher für die Haspelsäulen hergestellt.

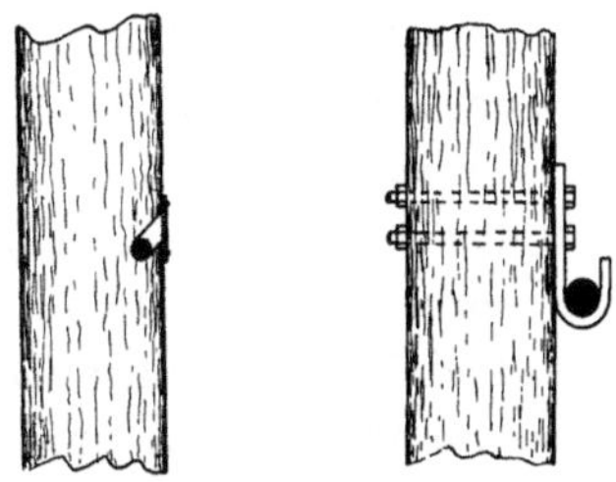

Fig. 306. Fig. 307.
Haspellager.

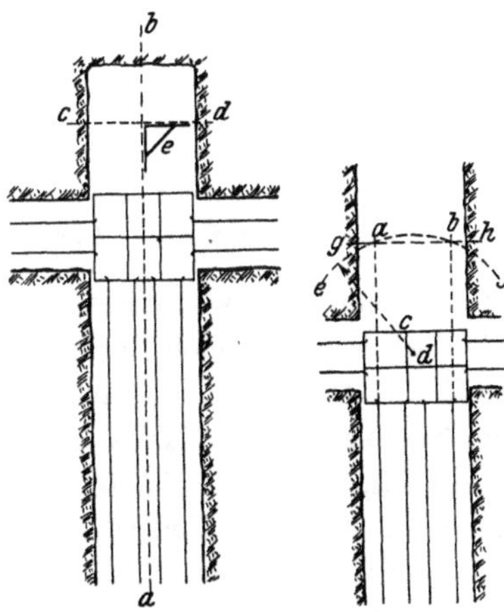

Fig. 308. Fig. 309.
Aufstellen einer Trommelbremse.

3. Es werden entlang den beiden äußeren Schienen des Bremsberges die Schnuren *a* und *b* (Fig. 309) bis über die Haspelstätte hinweg ausgespannt. Mit einer dritten Schnur *c* wird um den Nagel *d* als Mittelpunkt ein Kreisbogen *e—f* geschlagen. Die Schnittpunkte dieses Kreises mit den Schuren *a* und *b* werden durch eine gerade Linie *g—h* verbunden, über welche die Haspelachse zu liegen kommt. Im übrigen ist die Arbeit dieselbe, wie sie unter 2. beschrieben wurde.

Steht der Haspel soweit fertig da, dann werden die Seile aufgelegt. Das eine wird oberschlägig, das andere unterschlägig aufgewickelt, d. h. sie laufen vom Oberrande bzw. vom Unterrande der Trommel ab.

d) Verschiedene Haspelarten.

Es ist unter Umständen gut, den Haspel mit einem ausrückbaren Vorgelege *d*, *e* zu versehen (Fig. 299). In der einen wie in der anderen Stellung muß dieses durch eine umlegbare Klinke *f* festgehalten werden können, um Unglücksfällen vorzubeugen. Die wesentlichsten Vorteile dieser Einrichtung sind,

daß man gelegentlich nachhelfen kann, wenn die Wagen einmal an Stellen mit zu geringer Bergneigung stehen bleiben sollten;
daß man bei der Aufwärtsförderung von Materialien ebenfalls derartigen Störungen gewachsen ist;
daß man in Bremsbergen mit Zwischenanschlagspunkten den leeren Wagen zurückleiern kann, wenn der Bremser ihn einmal aus Versehen an dem augenblicklich fördernden Anschlagsorte vorbeigetrieben haben sollte usw.

Auf einem Gewichtsbremsberge der Ferdinandgrube bei Kattowitz war die Bergneigung im unteren Teile wesentlich geringer als am Kopfende, d. h. die Bremsbergsohle war konkav. Anfangs, nämlich solange

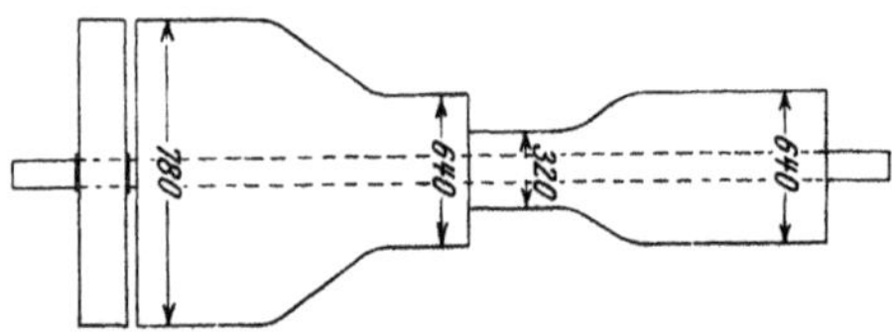

Fig. 310. Haspel für wechselnde Bergneigung.

als mit einem gewöhnlichen Haspel mit zylindrischen Seiltrommeln gefördert wurde, blieb der abwärts gehende volle Wagen meistens in der Mitte stehen; er war also nicht imstande, das Gegengewicht weiter aufwärts zu ziehen. Dies hörte aber auf, als man den Haspel gegen den in Fig. 310 gezeichneten auswechselte. Seine Seiltrommeln waren an beiden Enden zylindrisch, jedoch mit verschiedenem Durchmesser, in der Mitte dagegen kegelförmig gestaltet. Kam der volle Wagen beim Abwärtsgange auf die geringere Bergneigung, so lief das Förderseil vom größeren Trommeldurchmesser ab, während sich das Gewichtsseil gleichzeitig auf dem kleineren Haspeldurchmesser aufwickelte. Dadurch war das Verhältnis zwischen Kraftarm und Lastarm ein bedeutend günstigeres geworden.

Auf Zeche Prosper, Schacht II, werden in manchen Bremsbergen mit wechselndem Einfallen sogenannte Bobinenscheiben verwendet. Sie bestehen aus zwei gußeisernen Scheiben, die durch Schrauben miteinander verbunden sind. Zwischen ihnen ist eine tiefe Nut, in die das Rundseil genau hineinpaßt; dieses wickelt sich in übereinander liegenden Spiralwindungen auf.

II. Die Scheibenbremsen.

a) Die Bauart der Scheibenbremsen.

Die Scheibenbremsen besitzen im Gegensatze zu den Trommelbremsen anstatt der Seiltrommeln nur eine Seilscheibe. Das Seil wird also nicht durch Aufwickeln, sondern nur durch die Reibung, die es in der Seilscheibenrille findet, in Bewegung gesetzt. Außerdem wird auch nur mit einem einzigen Seile gefördert; an seine freien Enden werden die Förderwagen angeschlagen.

Neben der Seilscheibe muß auch hier eine Bremsscheibe nebst einer Bremsvorrichtung vorhanden sein. Bremsscheibe und Seilscheibe

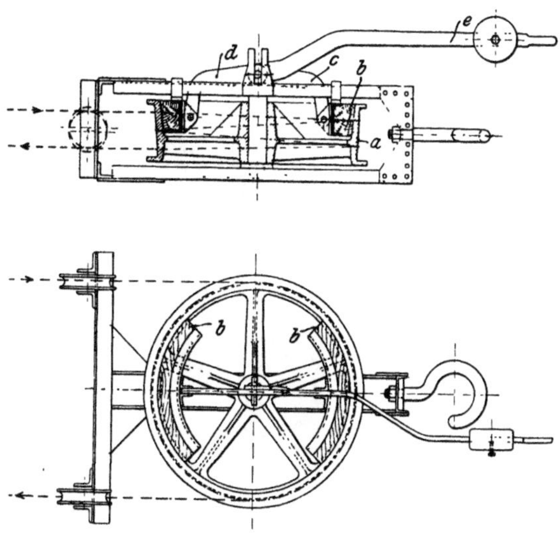

Fig. 311. Abbaubremse von Heckel.

sind zumeist aus einem Stück gegossen. Nach der Lage der Bremsscheibe wäre schließlich noch zu bemerken, daß sie nur auf einer Seite der Seilscheibe (Fig. 314) oder beiderseits (Fig. 312 und 313) angebracht sein kann. Im letzteren Falle drücken die Bremsbacken nicht nur auf die Bremsscheibe, sondern auch auf das Seil und verhindern, daß es bei zu plötzlichem Aufwerfen der Bremse ins Rutschen kommt.

Die erstere Art von Bremsen mit einseitig angeordneter Bremsscheibe wurde auf Grube Graf Beust und Ernestine bei Essen in der eigenen Zechenschmiede hergestellt. Als Bremsscheiben wurden alte Förderwagenräder benutzt; zwei seitlich aufgenietete Bleche mit zwischengelegter Holzscheibe bildeten die Seilscheibe.

Die Bremsvorrichtung besitzt meistens Bremsbacken; doch finden sich auch solche mit ausgefütterten Bremsbändern.

Beide Scheiben, die Seilscheibe und die Bremsscheibe, sind in ein schmales Gehäuse (Fig. 313) eingeschlossen, welches auch die Lager für die Achsenzapfen enthält. Am oberen Gehäuseende ist ein Haken (Fig. 312) oder auch eine Kette (Fig. 313) angebracht, um den ganzen Bremsapparat an einem Bolzen oder an einer Spreize zu befestigen.

Von einigen weiter verbreiteten Scheibenbremsen seien nur die folgenden charakteristischen Ausführungsformen beschrieben:

1. Die Scheibenbremsen (Abbaubremse) von Heckel in St. Johann-Saarbrücken hat eine konische Seilscheibe *a* (Fig. 311). Das Seil, welches auf dem größeren Durchmesser aufläuft, macht 1½ oder auch mehr Umschlingungen. Die Bremsbacken *b* wirken an der Innenseite

Fig. 312. Scheibenbremse der Köln-Ehrenfelder Maschinenbauanstalt.

des Seilscheibenkranzes *a*. Sie sitzen gelenkig an den Armen *c* und *d*, deren Welle mittels des belasteten Hebels *e* gedreht werden kann.

2. Die Laufbremse der Köln-Ehrenfelder Maschinenbau-Anstalt (Fig. 312) hat eine Seilscheibe, die zu beiden Seiten von der Bremsscheibe begrenzt wird. Das Bremsband *a* ist mit Holzklötzen ausgefüttert und sitzt an dem Rahmenstücke *b*. Dieses wird beim Anheben des Bremshebels *c* um seine Achse *d* gedreht, wobei sich das Bremsband von der Bremsscheibe abhebt.

3. Die Laufbremse von A. Beien in Herne (Fig. 313a, b) hat ein Gestell, das mit Hilfe einer Kette oder eines Hakens an einem Stempel angehängt werden kann. Durch Anheben des Bremshebels *a* wird das Zahnrad *b* gedreht; dadurch wird auch die mit ihm in Verbindung stehende Zahnstange *c*, die Gabel *d* und die Seilscheibe *e* angehoben und letztere vom Bremsklotze *f* entfernt. Läßt der Bremser den Hebel

mehr oder weniger nach, so zieht die Förderlast die Seilscheibe wieder nach unten; die Bremsung erfolgt um so kräftiger, je schwerer die Last ist.

4. Die Sommersche Bremsvorrichtung (Fig. 314 a und b) besitzt auf der Innenseite der Bremsscheibe *a* den Zahnkranz *b*. Das hierin

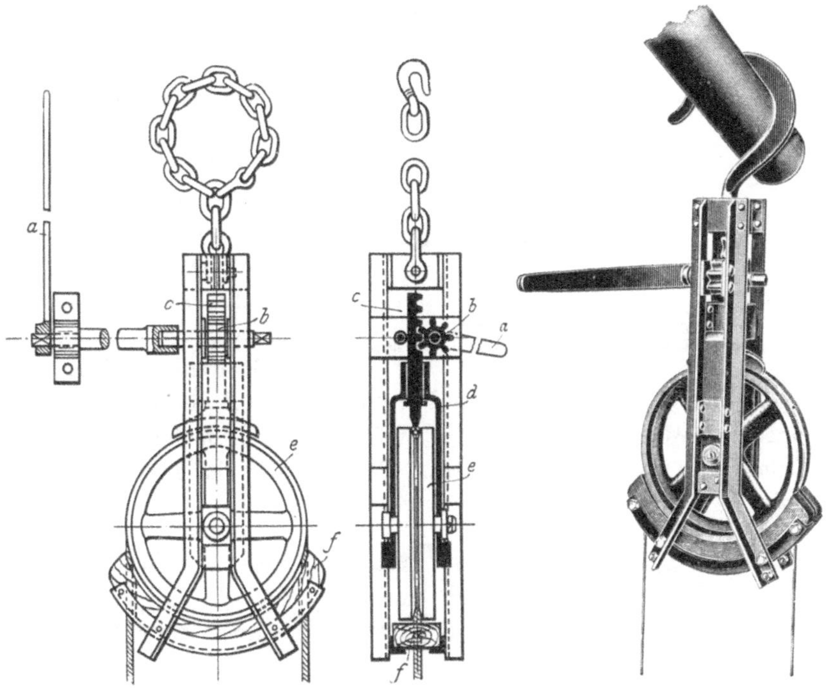

Fig. 313 a und b. Scheibenbremse von A. Beien.

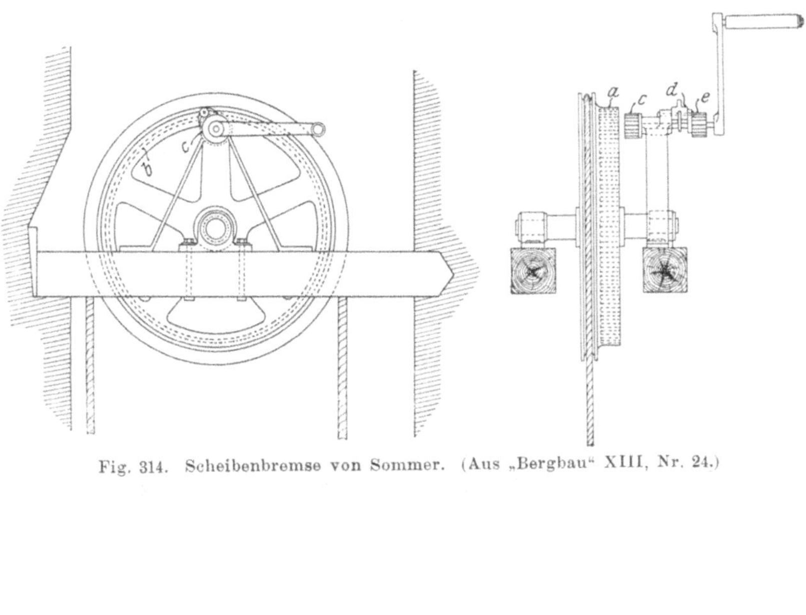

Fig. 314. Scheibenbremse von Sommer. (Aus „Bergbau“ XIII, Nr. 24.)

eingreifende Zahnritzel *c* ist ausrückbar und kann in jeder der beiden Stellungen durch eine Falle *d* festgehalten werden. Außerdem ist noch die Sperrvorrichtung *e* vorhanden. Die Vorteile des Zahnradvorgeleges sind dieselben wie bei den Trommelbremsen.

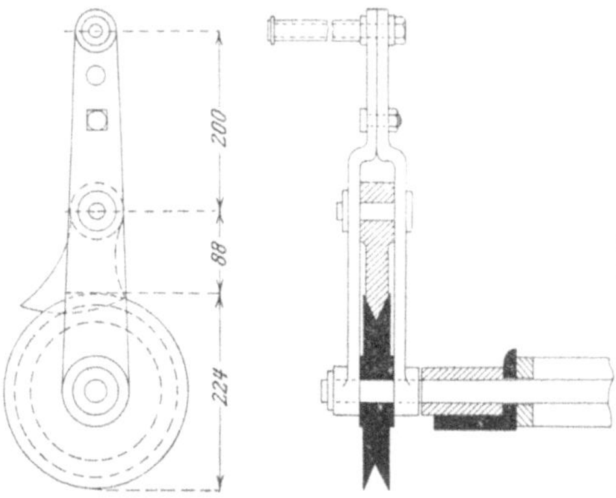

Fig. 315. Sicherheitskurbel.
(Aus „Versuche und Verbesserungen im Jahre 1903".)

5. Das Zurückschlagen der Kurbel wird in jedem Falle durch die in Fig. 315 dargestellte Sicherheitskurbel vermieden.

6. Bei der Scheibenbremse von Vanhassel (Fig. 316) wird die Seilscheibe *s* seitlich dadurch gebremst, daß die mit Backen *b* versehenen Gehäusewandungen an sie angepreßt werden. Dies geschieht mit Hilfe des Hebels *l*, der unmittelbar auf die Welle h_1 aufgesteckt wird. Die Drehung der Welle h_2 wird von ihm durch Vermittlung der Zugstange *z* bewirkt. Beide Wellen haben Rechts- und

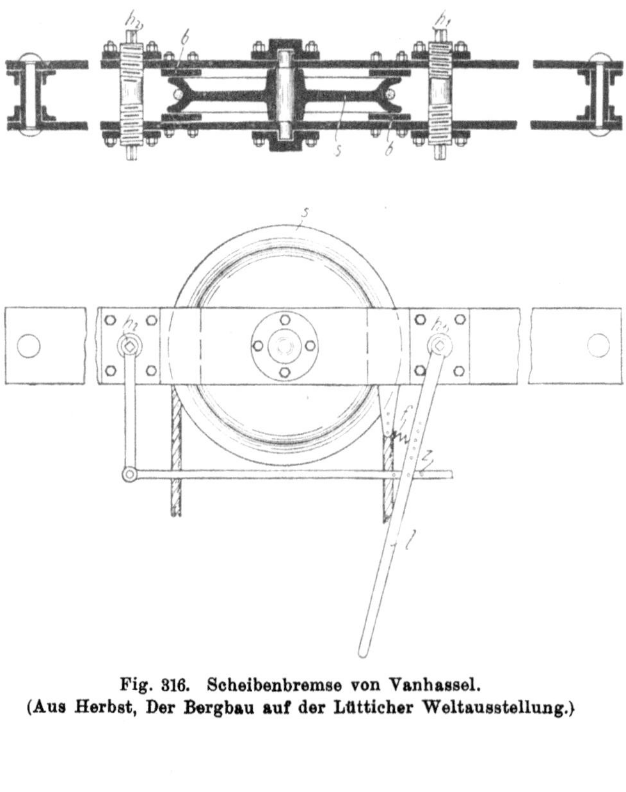

Fig. 316. Scheibenbremse von Vanhassel.
(Aus Herbst, Der Bergbau auf der Lütticher Weltausstellung.)

Linksgewinde. Der Bremshebel l ist nicht belastet, sondern wird durch die Feder f zurückgezogen.

b) Die Aufstellung der Scheibenbremsen.

Wie schon erwähnt, erfolgt die Befestigung der Scheibenbremsen an einem Stempel oder an einer Spreize mittels eines Hakens oder

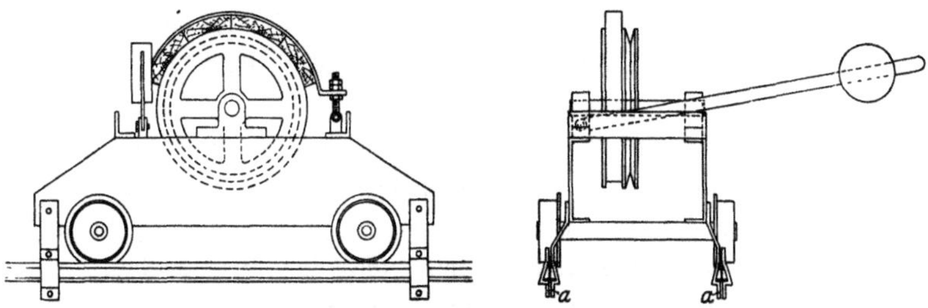

Fig. 317. Fahrbare Scheibenbremse.

einer Kette. Statt dessen kann auch ein zweiteiliger klemmender Ring (Fig. 318) benutzt werden. Außerdem ist es gut, die Bremsvorrichtung durch eine untergebaute Spreize oder durch ein Gerüst von Längs- und Querbalken zu unterfangen.

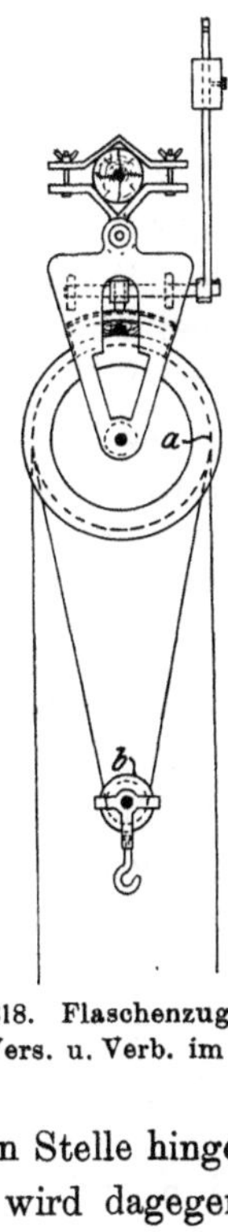

Fig. 318. Flaschenzugbremse. (Aus „Vers. u. Verb. im J. 1903".)

Eine Bremse, die leicht und schnell überall hingeschafft und festgelegt werden kann, zeigt Fig. 317. Sie ist auf einem fahrbaren Gestelle angebracht, das mit Hilfe der Klemmen a an den Schienen festgelegt wird. Zur größeren Sicherheit kann die ganze Vorrichtung wohl auch noch in der bekannten Weise mittels Hakens oder einer Kette an einem Stempel angehängt werden. Die Bremsscheibe liegt flach auf dem Gestelle, wenn es sich um einen zweitrümigen Bremsberg handelt; auf eintrümigen Bremsbergen mit unterlaufendem Gegengewichte wird sie stehend angebracht.

Außer den schon weiter oben geschilderten Vorteilen haben die Flachscheibenhaspel besonders noch den, daß sie bei der Verlängerung oder Verkürzung des Bremsberges schnell und mit nur wenig Arbeitern nach der neuen Stelle hingeschafft und dort aufgestellt werden können. Als Nachteil wird dagegen dabei empfunden, daß das Förderseil jedesmal gegen ein anderes von passender Länge ausgewechselt werden muß. Dies ist bei Trommelbremsen nicht nötig; denn man kann beim Auffahren eines Bremsberges den Seilüberschuß auf der Trommel aufgewickelt in Vorrat haben; ebenso wird bei Verkürzung eines Bremsberges das überflüssige Seilstück wieder auf die Trommel aufgewickelt.

Will man bei einer Scheibenbremse das häufige Auswechseln des Seiles vermeiden, so wickelt man das eine Seilende zu einem Ringe zusammen und hängt es am zugehörigen Wagen oder besser am Gegengewichte an.

Anstatt dessen kann auch eine Flaschenzugbremse (Fig. 318) eingebaut werden. Sie besitzt eine zweirillige Scheibe *a* und eine Gegenscheibe *b*. Diese letztere wird an einer Kappe befestigt; beim Verlängern des Bremsberges nähert man sie der Bremsscheibe; beim Verkürzen dagegen wird sie wieder in größerer Entfernung von ihr aufgehängt.

D. Die Bremsbergseile und -ketten.

Die Verwendung von Ketten findet sich häufiger auf Bremsbergen, die über Tage liegen; unter Tage werden dagegen fast allgemein Seile benutzt. Das Kettengewicht ist für große Berglängen zu bedeutend und erschwert das Ingangsetzen der Wagen. Außerdem reißen Ketten plötzlich. Darum zieht man für lange Bremsberge Seile vor. Man kann beim Bremsbergbetriebe sehr gut die noch brauchbaren Litzen abgelegter Schachtförderseile benutzen; diese brauchen nur gerade gestreckt zu werden, welche Arbeit von vielen Seilfabrikanteu übernommen wird. Mit Rücksicht auf die Abnutzung soll man die Bremsbergseile nach Möglichkeit nicht auf der Sohle schleifen lassen. Dazu kommt, daß auch die Lager schnell vom Seile durchgeschnitten werden. Man schützt diese letzteren davor, indem man sie mit Latten benagelt, die natürlich rechtzeitig ausgewechselt werden müssen. Diesen selben Zweck sucht man vielfach durch Tragerollen zu erreichen, muß aber dabei den Übelstand mit in den Kauf nehmen, daß das Seil sich wegen seines Schleuderns gern zwischen diesen Rollen und ihren Haltern festklemmt.

Ferner soll man auf den Bremsbergen nur solche Seile verwenden, die infolge ihrer Machart der Abnutzung besser widerstehen; dies wären Gleichschlagseile und wohl auch solche mit flachen oder dreieckigen Litzen.

Auf Königin Luisegrube in Zabrze hat man vor Jahren versuchsweise ein Seil verwendet, dessen einzelne Drähte mit Hanf umsponnen waren. Außerdem wurde es noch längere Zeit in einer aus Öl und Teer bestehenden Schmiermasse gekocht. Nach zweimonatlichem Aufliegen in einem lebhaft fördernden Bremsberge von 10⁰ Neigung und 160 m Länge war es noch fast unversehrt und geschmeidig, ohne inzwischen geschmiert worden zu sein.

Um die Förderwagen an das Seil anschlagen zu können, wird sein unteres, freies Ende mit einem Kuppelhaken versehen. Zu diesem Zwecke muß ein Seileinband hergestellt werden; außerdem wird zwischen diesem Einbande und dem Kuppelhaken ein Zwischengeschirr, bestehend aus einem Drehwirbel und einem längeren Kettenstücke, eingeschaltet.

In dem Drehwirbel soll sich der Drall des Seiles auslaufen. Dieser macht sich nämlich nicht in besonderem Maße geltend, solange der Förderwagen an das Seil angeschlagen ist. Dagegen kommt es vor, daß sofort nach dem Abschlagen des Wagens vom Seile der Drall wirksam wird, den Kuppelhaken mehrmals herumdreht und dem Arbeiter den Arm verrenkt, wenn kein Drehwirbel vorhanden ist.

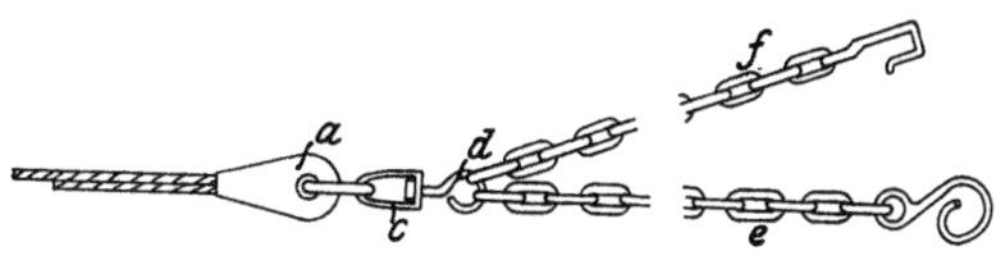

Fig. 319. Seileinband und Zwischengeschirr.

Das unterste Seilende wird leicht spröde, weil es am meisten dem Wechsel von Zugbeanspruchung und Stauchung ausgesetzt ist. Aus diesem Grunde und auch weil es an den beiden Endanschlagspunkten leicht unter die Räder der ankommenden und abfahrenden Förderwagen gerät, wird es durch ein mindestens 1 m langes Kettenstück ersetzt. Der Drehwirbel wird am besten zwischen ihm und dem Seile angebracht; liegt er zwischen dieser Kette und dem Kuppelhaken, so ist es nicht so gut für den Anschläger.

Werden ganze Züge abgebremst, so kann man wohl auch diese Kette wesentlich länger nehmen und unter dem ganzen Zuge durchführen; man hakt sie dann in die Zugstange des untersten Wagens ein und schlägt außerdem noch jeden einzelnen Wagen mittels einer kurzen Zweigkette an sie an. Dieses Verfahren verursacht zwar mehr Arbeit beim Kuppeln, vermindert aber die Gefahr, daß einzelne Wagen frei abgehen.

Als Seileinband kann man ein Herzstück *a* (Fig. 319) wählen, in dessen Nut das Seil eingelegt wird. Das zurückgebogene Seilende wird mittels Zwingen am Hauptseilstück befestigt. Durch das Herzstück geht das Ringglied *c* des Drehwirbels *d*, an dem wiederum die Kette *e* befestigt ist.

Einen anderen Seileinband zeigt Fig. 320. Das Seil ist hier durch eine Wirbelbüchse *a* gesteckt. Zwecks Befestigung wird in sein Ende ein Knoten gemacht, oder man treibt in seine Seele einen konischen Dorn ein. Die Wirbelbüchse dreht sich frei im obersten, hufeisenähnlich gestalteten Kettengliede *b*.

Bei einem Neigungswinkel von mehr als 18 ° kippen die Förderwagen leicht nach vorn über. Zur größeren Sicherheit des Förderbetriebes ist es gut, schon bei geringerer Bergneigung die in Fig. 319 dargestellte Doppelkette zu benutzen. Die untere Kette wird in die Zugstange des Wagens eingehakt, während die obere *f*, die etwas straffer gespannt, also kürzer sein muß, über den Oberrand des Kastens gehängt wird.

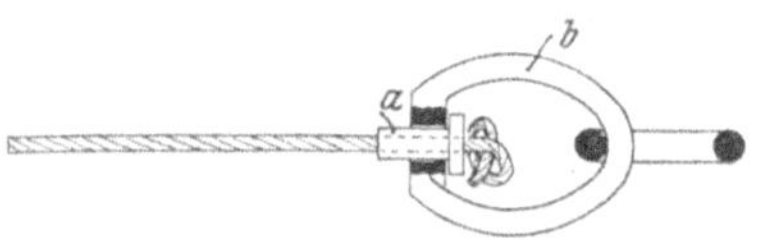

Fig. 320. Seileinband.

Anstatt dessen findet auch ab und zu eine Hakenstange (Fig. 321) Verwendung, die an beiden Enden in Haken ausläuft. Die von diesen Haken gebildeten Ebenen sind um 90 ° gegeneinander versetzt. Der obere Haken wird in die Wagenwand gehängt, in den unteren das Seil eingelegt. Die Stange muß kürzer sein als der Abstand von dem Kuppelkaken bis zum Kastenoberrande, damit der Förderwagen durch den Seilzug ins Gestänge gedrückt werden kann.

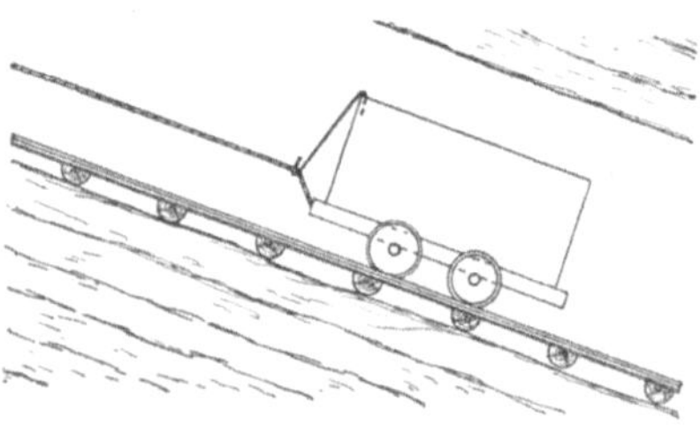

Fig. 321. Hakenstange.

Bei einer Bergneigung von mehr als 20 ° soll man Bremsgestelle benutzen. Es gibt allerdings Gruben, die von ihnen erst bei mehr als 30 ° Fallwinkel Gebrauch machen.

E. Die Bremsgestelle und -schlitten.

Die Bremsgestelle haben eine oder mehrere Plattformen zur Aufnahme der Förderwagen. Diese Plattformen werden von einem Grundrahmen getragen, der der Bremsbergsohle parallel ist. An ihm sind die Räder bzw. Achsen unmittelbar befestigt. Das obere Rahmenende ist aufwärts gebogen, damit der Seileinband möglichst hoch zu liegen kommt und somit dem Schleifen des Seiles auf der Streckensohle vorgebeugt wird, ferner aber auch, um hier das hinaufzubefördernde Zimmerungsholz unterbringen zu können (Fig. 322, 324, 328).

Die Plattform hat ein oder zwei Quergestänge zur Aufnahme von je ein oder zwei Wagen. Sie soll schwenkbar sein, damit das Bremsgestell in Bergen von verschiedener Neigung verwendet werden kann. Um sie stets wagerecht einstellen zu können, muß sie auf der einen Seite ein Gelenk *a* (Fig. 322) haben; die gegenüberliegende Seite wird mit Steckbolzen mit dem gebogenen Halter *b* verbunden.

In anderer Weise kann die Verstellbarkeit auch durch ein Wippergestell erzielt werden, das auf den Grundrahmen aufgesetzt wird und in jeder Lage unverrückbar festgelegt werden kann (Fig. 323).

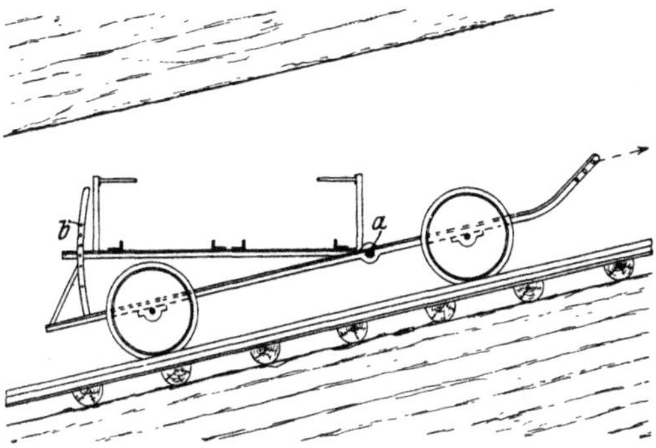

Fig. 322. Bremsgestell.

Je nach der Zahl der Wagen, die auf einmal befördert werden sollen, sind die Bremsgestelle mit nur einer oder mit mehreren Plattformen versehen. Am häufigsten findet man Gestelle mit:

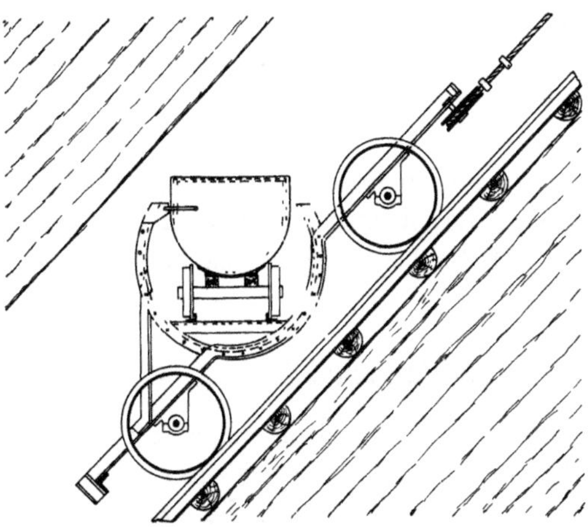
Fig. 323. Bremsgestell.

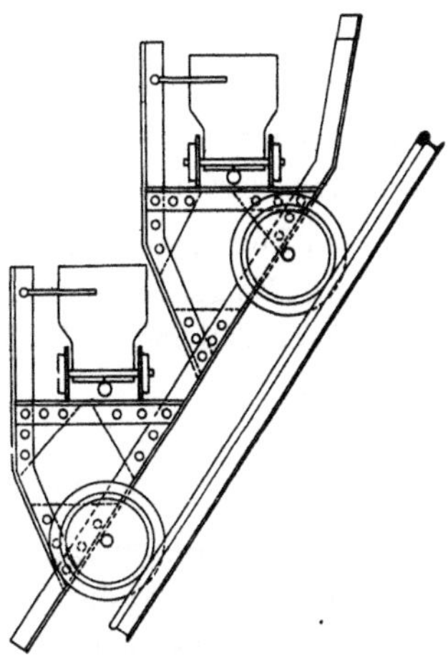
Fig. 324. Bremsgestell. (Aus „Vers. u. Verb. i. J. 1894“.)

1. einer Plattform für nur einen Wagen (Fig. 323);
2. einer Plattform für zwei nebeneinanderstehende Wagen (Fig. 322);
3. mehreren, meistens zwei Plattformen, die treppenartig übereinander angeordnet sind und je einen Wagen aufnehmen können (Fig. 324).

Die unter Nr. 2 genannten Gestelle sind nur bei größerer Streckenhöhe verwendbar, was sich besonders bei steilerer Lagerung empfindlich bemerkbar macht. Stehen die Plattformen treppenartig übereinander, so werden an den Anschlagspunkten mehrere Abzugsbühnen erforderlich, die in Stockwerkshöhe übereinanderliegen.

Da die Wagen von der Seite her auf die Gestelle aufgeschoben werden, stehen sie quer gegen die Bremsbergachse. Dadurch werden die Bremsberge unnötig breit und sind bei starkem Drucke, der sich gegen Ende des Abbaues auf jedem Bremsberge einstellt, schwer offen zu erhalten. Aus diesem Grunde versieht man die Plattformen mit Drehscheiben und ist dann in der Lage, den Wagen so zu drehen, daß er in der Bremsbergrichtung steht. Infolgedessen braucht das Bremsgestell nicht mehr so breit zu sein.

Die Befestigung der Wagen auf den Bremsgestellen wird in gleicher Weise wie auf den Gesenk- und Schachtförderschalen mit Hilfe von Bügeln oder von Riegeln bewirkt, die mit dem Fuße quer über eine der Plattformschienen geschoben werden.

Bei steiler Neigung werden für die Gestelle außer dem Gestänge hölzerne oder eiserne Leitungen eingebaut, an denen sie mittels Schuhen geführt werden. Es soll dadurch Entgleisungen vorgebeugt werden, die bei starken Stößen leicht eintreten können.

Wird das Flözfallen sehr bedeutend, so geht der Bremsberg in einen Bremsschacht über. Das Gestell, das dann auch keine Räder mehr braucht, wird zum Bremsschlitten und nähert sich in seiner Gestalt den Förderschalen.

Die Leitungen können zwecks Verminderung der Reibung geschmiert werden. Es genügt, wenn man zu diesem Zwecke das auf der Streckensohle herabfließende Wasser so leitet, daß es die Leitungen ständig naß hält.

F. Die Gegengewichte.

Gewichtsbremsberge müssen in der Regel dann eingerichtet werden, wenn es sich um die Förderung mit Zwischenanschlagsorten handelt. Immerhin ist es möglich, auch in einem gewöhnlichen zweitrümigen Bremsberge von Zwischenorten aus zu fördern, die an beliebiger Stelle des Berges einmünden können; nur muß man in diesem Falle Zwischenseile anwenden. Für jedes Zwischenort ist ein besonderes Zwischenseil vorhanden, das von der Haspelstube bis zu dem betreffenden Anschlagsorte reicht. Auf ein entsprechendes Signal des Schleppers verbindet der Bremser das gewünschte Zwischenseil mit dem Förderseile.

Um Verwechselungen der Seile vorzubeugen, ist es besser, wenn die Zwischenseile nur von Zwischenort zu Zwischenort und vom obersten bis zur Kopfbühne reichen. Sie sind mit Haken und Ösen versehen und bleiben ständig miteinander verbunden. Vor dem Abbremsen löst der Schlepper an seinem Anschlagsorte diese Verkuppelung und gibt dem Bremser das vorgeschriebene Signal, damit dieser das Zwischenseil an das Hauptseil anschlägt. Nach beendetem Treiben muß der Schlepper die Zwischenseile wieder zusammenhaken, damit im Bremsbetriebe keine Störung eintritt.

Auf einem oberschlesischen Werke betrug die Leistung eines solchen Bremsberges mit drei Zwischenorten bei 12° Fallen in zehnstündiger Schicht bis zu 300 Wagen.

Die Gegengewichte können auf einem besonderen Gestänge neben dem Fördergestänge oder auf einem solchen unter ihm laufen; man unterscheidet sie danach in nebenlaufende und unterlaufende Gegengewichte. Die ersteren eignen sich für einflügligen Abbau, die letzteren für zweiflügligen Betrieb.

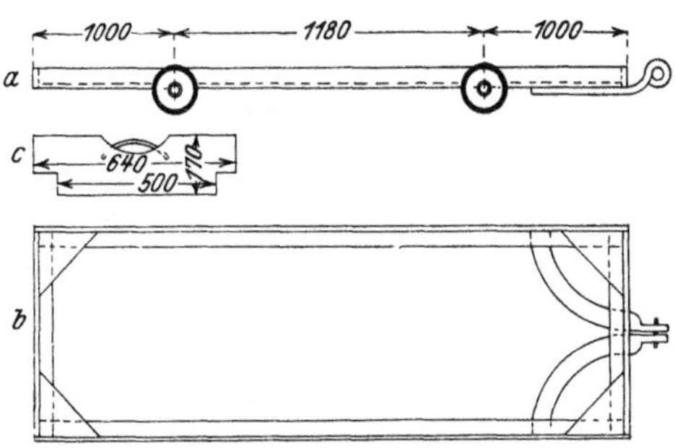

Fig. 325 a—c. Gegengewicht.

Bremsberge mit unterlaufendem Gegengewichte müssen fast immer Gestellbremsberge sein; nebenlaufende Gegengewichte können sowohl in Laufbremsbergen als auch in Gestellbremsbergen benutzt werden.

Im allgemeinen müssen die Gegengewichte schwerer sein als wie die leeren Wagen, aber leichter als wie die vollen; dies gilt namentlich dann, wenn die beiden Seilkörbe der Bremstrommel den gleichen Durchmesser haben. Man kann einen Ausgleich aber auch dadurch herbeiführen, daß die Trommel für das Förderseil größeren Durchmesser erhält als wie die des Gewichtsseiles. Aus diesem Grunde kann das Gegengewichtsgestänge kürzer sein als wie das Fördergleis.

Ein nebenlaufendes Gegengewicht schafft man sich am einfachsten aus einem entsprechend beladenen Förderwagen, oder es wird ein besonderer kleiner Wagen hierfür angefertigt.

Die unterlaufenden Gegengewichte müssen so niedrig sein, daß sie bequem unter den Gestellwagen hindurchkommen. So besteht beispielsweise das in Fig. 325 a und b dargestellte Gegengewicht aus einem einfachen Rahmen aus U-Eisen, der mit Rädern versehen ist. Zwischen die Flanschen der die Längsseiten bildenden U-Eisen werden Gußeisenblöcke (Fig. 325 c) eingeschoben, die der bequemeren Handhabung wegen mit angegossenen Handgriffen versehen sind.

Auf Grube König bei Saarbrücken wurden im Jahre 1894 vierteilige Gegengewichte (Fig. 326) eingeführt. Sie bestanden aus den vier aus der Abbildung ersichtlichen Stücken *a*, *b*, *c* und *d* und wurden

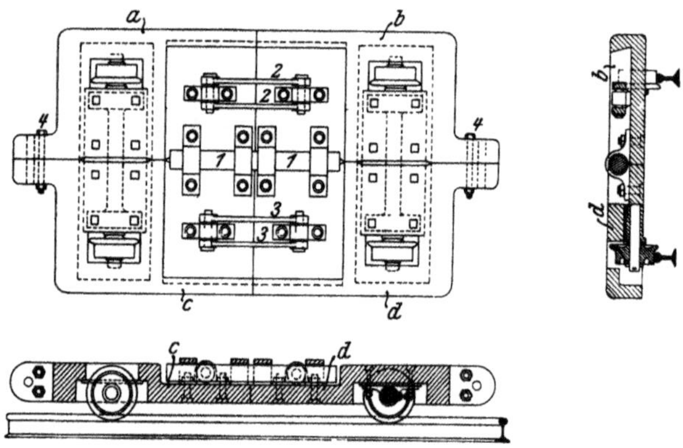

Fig. 326. Vierteiliges Gegengewicht. (Aus „Versuche und Verbesserungen im Jahre 1894".)

durch kräftige Verbindungsstücke 1—4 zusammengehalten. Als Vorteil wird angegeben, daß sie nicht so leicht entgleisen, wenn sich das Gestänge infolge von quellender Sohle verbogen hat, sondern sich allen Unebenheiten der Bahn anpassen.

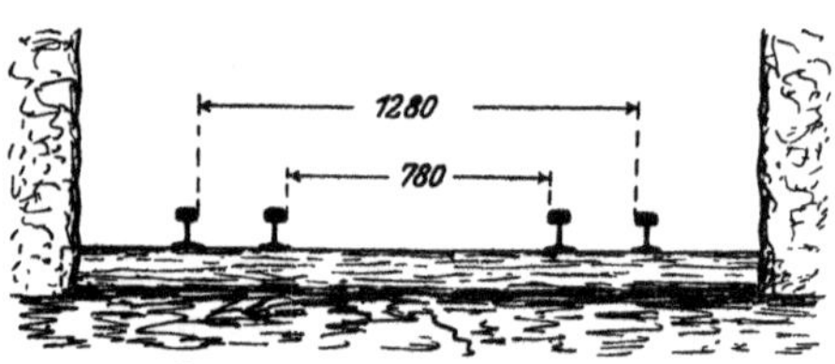

Fig. 327. Bremsberggestänge.

Das Gestänge für das unterlaufende Gegengewicht kann auf den Lagern des Fördergestänges angebracht werden (Fig. 327). Damit das Gewicht auch ohne weiteres unter dem Gestelle durchlaufen kann, muß es möglichst niedrig sein. Das Gestell selbst wird mit Rädern von ziemlich großem Durchmesser versehen oder erhält gekröpfte Achsen (Fig. 328).

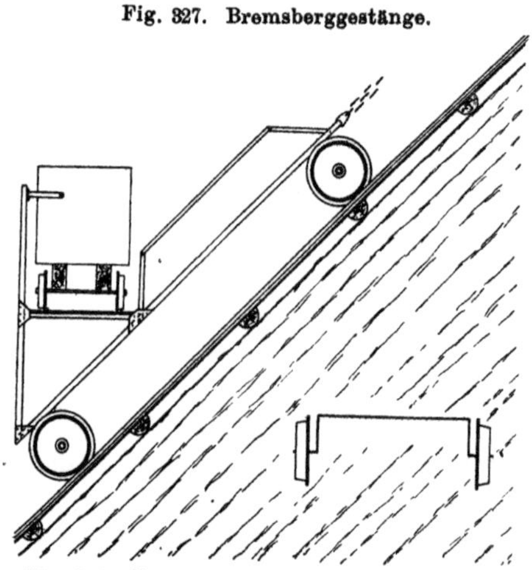

Fig. 328. Bremsgestell mit gekröpften Achsen.

Bei hinreichender Streckenhöhe kann man auch beiden Gestängepaaren verschiedene Höhenlage geben (Fig. 329), indem man die Lager des Fördergestänges in angemessener Höhe über der Streckensohle einbühnt. Eine derartige Einrichtung ist auch für Laufbremsberge möglich.

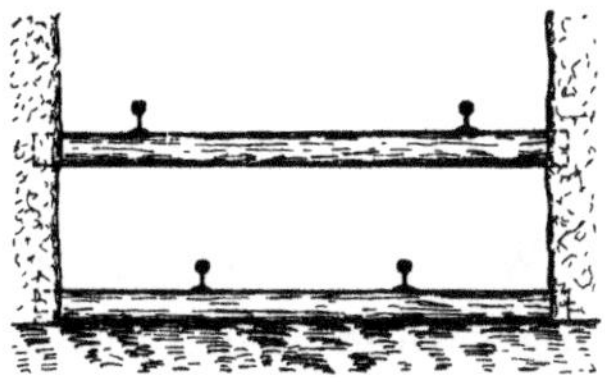

Fig. 329. Bremsberggestänge.

Schließlich kann man auch an der Kreuzungsstelle von Wagen und Gewicht einen „Katzenbuckel" im Fördergestänge herstellen, indem man die Schienen auf eine Balkenlage *a*, *b* (Fig. 330) aufnagelt.

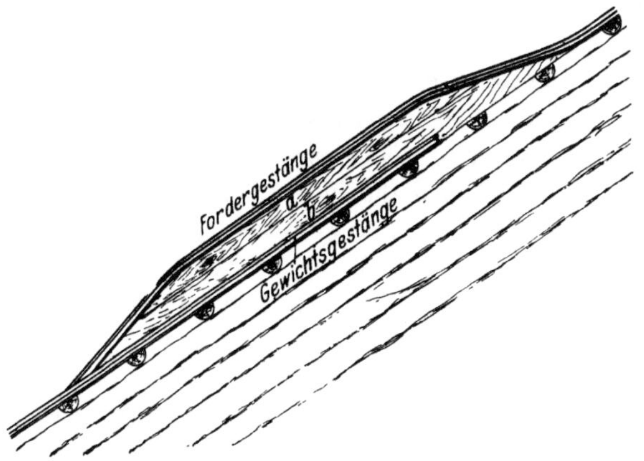

Fig. 330. Bremsberggestänge.
(Nach Volk, Geräte und Maschinen zur bergmännischen Förderung.)

G. Die Sicherheitsvorkehrungen.

Die Sicherheitsvorkehrungen sind an sämtlichen Anschlagspunkten zu treffen. Sie dienen in erster Reihe zur Wahrung von Leben und Gesundheit der Arbeiter, dann aber auch dazu, einen geregelten Förderbetrieb zu gewährleisten. Hauptsächlich sind die nachstehend beschriebenen Maßregeln zu treffen, die auch größtenteils durch die Bergpolizeiverordnungen vorgeschrieben sind.

I. Die Beleuchtung.

Jedes Anschlagsort ist so zu beleuchten, daß der Anschläger und der Bremser es gut übersehen können. Um eine möglichst große Helligkeit zu erzielen, werden die Lampen mit Scheinwerfern aus blankem Metall versehen; zur Not genügen auch angeweißte Holztafeln. Außerdem empfiehlt es sich, alle Anschlagsorte mit Kalkmilch zu tünchen.

Als Lampen stehen die üblichen Grubenlampen in Gebrauch, oder es finden Zylinderlampen für Petroleumbrand, gelegentlich wohl auch Karbidlampen und elektrisches Licht Verwendung.

II. Die Warnungs- und Signaltafeln.

Die Warnungstafeln verbieten den Aufenthalt auf den Anschlagsbühnen während des Treibens, sowie das Betreten des Berges.

Auf den Signaltafeln sind sämtliche für den Bremsbergbetrieb geltenden Signale anzuführen.

Beide Arten von Tafeln sind so aufzuhängen, daß sie nicht übersehen werden können, sondern unbedingt in die Augen fallen müssen; auch müssen sie ständig beleuchtet sein. Die Signaltafel insbesondere muß auch noch so angebracht werden, daß der Bremser von seinem Platze aus alle Signale lesen kann.

Die Signaltafeln verschmutzen sehr schnell und werden dann unleserlich, entsprechen also nicht mehr den bergpolizeilichen Bestimmungen. Bei der großen Zahl von solchen Tafeln, die auf einem größeren Bergwerke in Gebrauch steht, ist es natürlich erwünscht, sie ohne bedeutende Unkosten und schnell wieder in Stand setzen zu können. Am häufigsten finden sich wohl die folgenden Ausführungen:

1. Die Signale und Warnungen werden mit großer Schrift auf Papier oder Pappe aufgedruckt und diese Plakate auf Holztafeln geheftet. Da sie in der Grubenluft sehr schnell feucht werden und dann zerreißen, hat man sie auf Schlesiengrube mit einem wasserdichten Lacküberzuge versehen und damit gute Erfahrungen gemacht.

2. Es werden Holztafeln mit weißer Ölfarbe grundiert und dann die Buchstaben mit Hilfe von Schablonen in schwarzer Farbe aufgetragen.

3. Die Schrift wird aus einer schwarzen Blechtafel ausgestanzt; dahinter wird eine weiß angekalkte Holztafel geheftet, so daß die Schrift weiß auf schwarzem Grunde erscheint. Die Auffrischung der Farben ist hier sehr einfach.

4. Die Tafeln bestehen aus Blech mit reliefartig vorstehenden Buchstaben. Zuerst wird die Platte mit samt den Buchstaben weiß lackiert; darauf werden diese letzteren durch Überfahren mit einer Farbwalze geschwärzt.

III. Der Stand des Bremsers.

Da der Bremser während des Treibens auf der Bühne bleibt, muß sein Platz an der Bremse so geschützt werden, daß der Mann weder von den heraufjagenden leeren Wagen, noch bei einem Seilbruche von den herumgeschleuderten Seilenden getroffen werden kann. Zu diesem Zwecke wird der Bremserstand nach der Anschlagsbühne hin mit einer Versatzung *a* versehen (Fig. 331), oder es wird im Stoße eine Nische

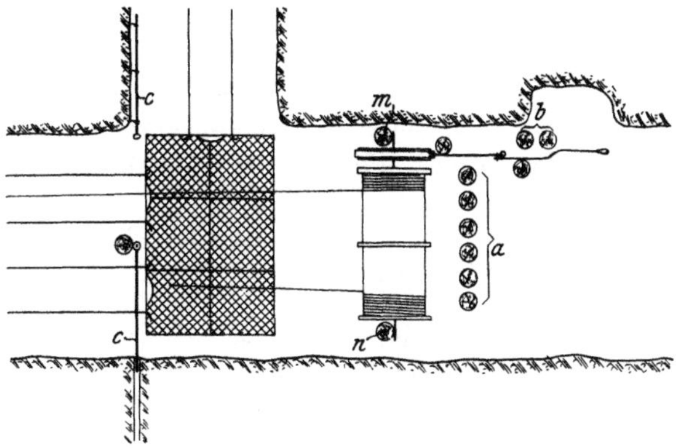

Fig. 331. Obere Anschlagsbühne.

ausgeschossen, vor der ebenfalls einige Schutzstempel *b* stehen. Auf keinen Fall dürfen diese Schutzvorrichtungen dem Bremser den freien Ausblick über die Bühne und das Bremsbergknie benehmen.

IV. Die Versatzungen und Umbruchsörter.

Am untersten Bremsbergende werden Versatzungen gestellt, um durchgehende Förderwagen aufzufangen. Sie liegen immer zwischen der Anschlagsbühne und der Förderstrecke, in die der Bremsberg einmündet.

Für kurze Berge von geringer Neigung genügt eine einfache Versatzung *a* bestehend aus einer Stempelreihe mit Schwebekappe und

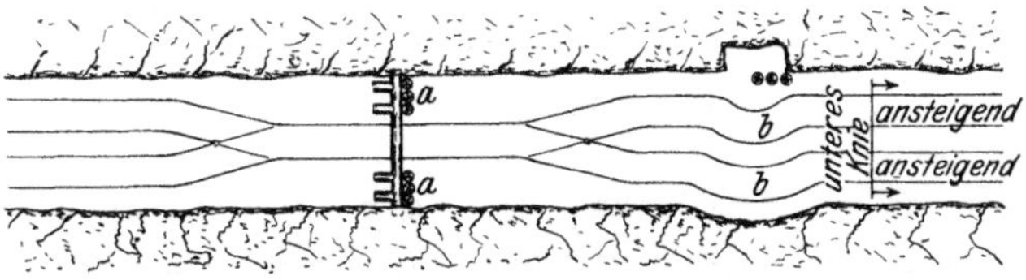

Fig. 332. Untere Anschlagsbühne.

Streben (Fig. 332). In wichtigeren Fällen wird eine doppelte Versatzung gestellt (Fig. 333). Diese hat zwei Stempelreihen *a* und *b* mit einer Bergepackung zwischen ihnen beiden und den erforderlichen Schwebekappen und Streben. Vor und hinter dieser Versatzung kann schließlich ebenfalls noch eine Bergepackung angebracht werden. Auf der dem Berge zugewendeten Seite ist es jedoch besser, vor der Versatzung weiches Material, wie Sand, Rasenstücke usw., anzuhäufen, weil frei herabkommende Wagen dadurch mehr geschont werden.

Einer Versatzung vorzuziehen ist die Verumbruchung der untersten Bremsbergbühne mittels einer oder zweier Umbruchstrecken (Fig. 334). Bei Verwendung von zwei Umbruchsörtern kann das eine als Bahnhof für die leeren, das andere als solcher für die vollen Wagen dienen. Die am Bremsberge vorbeiführende Grund- oder Mittelstrecke bleibt dann frei, so daß der Förderverkehr in ihr nicht behindert wird.

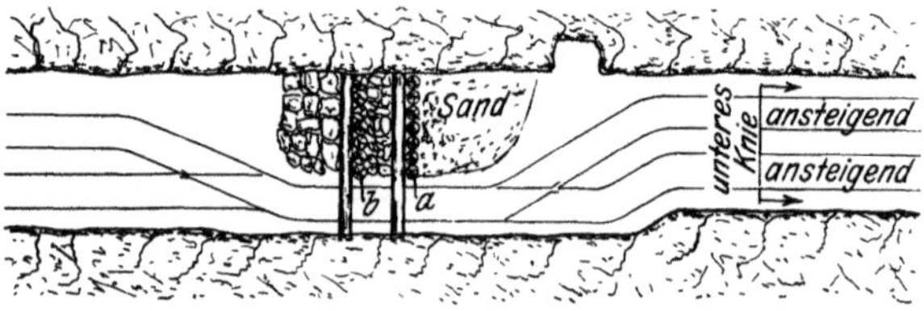

Fig. 333. Untere Anschlagsbühne.

Liegt der Bremsberg in der geraden Verlängerung der Förderstrecke, dann zieht man sein Doppelgleis an der Stelle, wo die Versatzung steht, in ein einziges zusammen (Fig. 332 und 333); die Lücke in der Versatzung wird durch eine starke Barriere beständig verschlossen ge-

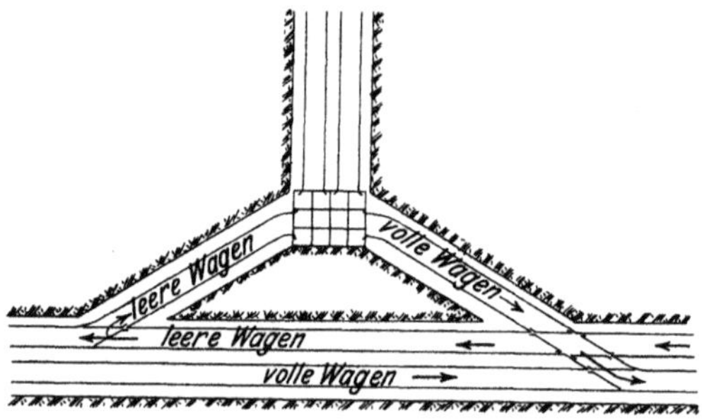

Fig. 334. Untere Anschlagsbühne.

halten. Zur ferneren Sicherung kann man in jedem Gleise zwischen dem unteren Bremsbergknie und der Versatzung scharfe Krümmungen *b* (Fig. 332) anbringen; durchgehende Wagen entgleisen dann schon an dieser Stelle, so daß die Versatzung geschont wird.

Denselben Zweck kann man auch in der Weise erreichen, wie es Fig. 333 zeigt. Neuerdings schreiben die Bergpolizeiverordnungen Gestängeunterbrechungen am Bremsbergfuße vor. Man muß dann also an diesen Stellen Plattenbühnen anbringen oder Vorrichtungen, wie sie in Fig. 290 und Fig. 363 dargestellt sind.

V. Die Verschlüsse.

Die Bremsbergverschlüsse sollen verhüten, daß die noch nicht an das Seil angeschlagenen Förderwagen infolge von unglücklichen Zufällen oder durch die Unachtsamkeit der Bedienungsmannschaften frei im Berge abgehen. Sie sollen vielmehr beim Anstoßen an den Verschluß aufgehalten oder, wenn ihre Geschwindigkeit zu groß ist, zum Entgleisen gebracht werden. Es sind hauptsächlich zwei Arten von Verschlüssen zu unterscheiden, die stets beide zusammen zur Anwendung kommen sollten. Die eine Art bilden die Verriegelungen des Gestänges, die ihren Namen daher haben, daß ein oder mehrere Riegel unmittelbar über die Schienen geschoben werden. Zur zweiten Art, die den bergpolizeilichen Bestimmungen entsprechend immer vorhanden sein muß, gehören die sogenannten Barrieren (= Verschlüsse, Schranken). Sie halten den Wagen zumeist dadurch auf, daß sie vor den Wagenkasten greifen.

a) Die Gestängeverriegelungen.

Zu den einfachsten Gestängeverschlüssen gehören die Drehknaggen, in Oberschlesien wohl auch „Hunde“ genannt. Sie bestehen aus Holz (Fig. 335) oder Schmiedeeisen und lassen sich um einen senkrechten Bolzen a drehen, der im Lager steckt. Ist der Hemmknaggen über die Schiene geschoben, der Zugang zum Bremsberge also versperrt, so darf er mit der Schiene nicht etwa einen rechten Winkel bilden, sondern muß dem aufzuhaltenden Wagen noch etwas entgegen gerichtet sein; anderenfalls könnte der Knaggen durch

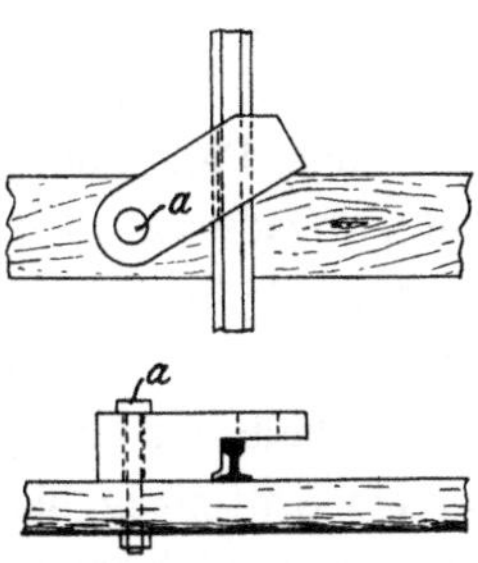

Fig. 335. Hemmknagge.

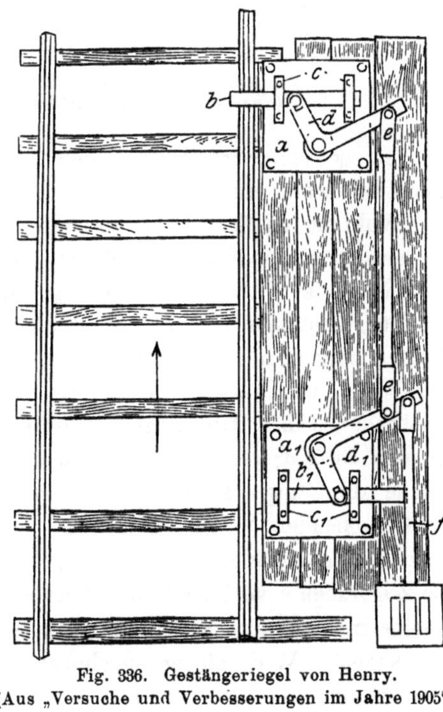

Fig. 336. Gestängeriegel von Henry.
(Aus „Versuche und Verbesserungen im Jahre 1905“.)

den an ihn anfahrenden Wagen in der Richtung nach dem Berge hin herumgedreht werden.

Auf Grube Dudweiler im Saarrevier ist vor seigeren Bremsschächten der sehr einfache Henrysche Verschluß (Fig. 336) eingeführt, der sich natürlich auch an jedem Anschlagsorte eines Bremsberges anbringen läßt. Er hat namentlich den Vorteil, daß die Einfahrt in den Berg bzw. Bremsschacht jederzeit verriegelt bleibt. Die Vorrichtung besteht aus zwei Querriegeln b und b_1, die auf ihren Grundplatten a und a_1 in Führungsbügeln c, c_1 gleiten können. Der Abstand zwischen beiden Riegeln ist gleich der Länge eines Förderwagens oder eines Zuges, falls mehrere Wagen auf einmal abgebremst werden. Die Riegel stehen untereinander mittels der Winkelhebel d und d_1 und der Zugstange e in Verbindung. f ist eine zweite Zugstange, die zu einem Handhebel führt, mit welchem der Verschluß bewegt wird. Ist Riegel b_1 zurück-

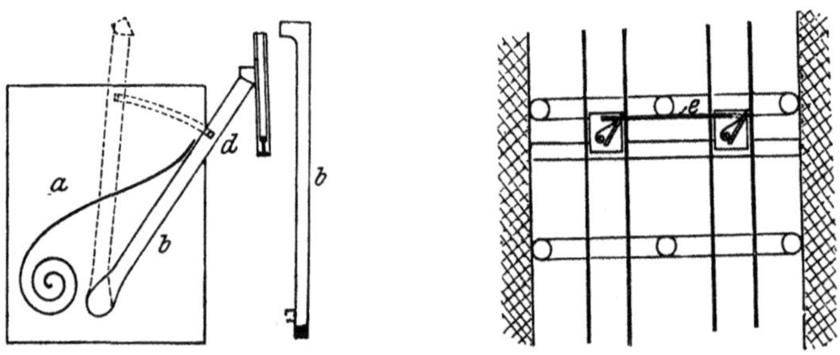

Fig. 337. Gestängesperre von den Fürstensteiner Gruben. (Aus „Versuche und Verbesserungen im Jahre 1902".)

gezogen, so versperrt Riegel b den Zugang zum Berge; dasselbe macht Riegel b_1, wenn zum Zwecke des Abbremsens b zurückgezogen wird.

Während es beim Henryschen Verschlusse vorkommen kann, daß die heraufkommenden leeren Wagen an einen der Riegel anstoßen und entgleisen, ist dies bei dem in Fig. 337 abgebildeten Verschlusse von den Fürstensteiner Gruben bei Waldenburg nicht möglich. Er ist aus Weichenzungen b hergestellt, deren Enden in der dargestellten Weise umgebogen wurden. An jedem Gestängepaare ist eine solche Zunge angebracht. Ihre Unterlagsscheibe a ist mit einem Führungsschlitze für den Stift d versehen; außerdem ist auf ihr eine Feder befestigt, welche die Zunge stets an die Schiene anpreßt. Dadurch wird dem abwärtsgehenden Wagen der Weg versperrt, während die Spurkränze des heraufkommenden Wagens die Sperrzunge selbsttätig beiseite schieben. Die Zugstange e verbindet die Führungsstifte d unterhalb der Unterlagsscheibe miteinander; außerdem geht von ihr aus ein Kettenzug bis zum Bremshebel. Wird dieser angehoben, so werden auch gleichzeitig die Sperrzungen von den Schienen weggezogen.

Der Sicherheitsriegel von Best eignet sich für Gestellbremsberge und für Gesenke mit Schalenförderung. Es ist ein gerader oder gebogener Riegel *a* (Fig. 338), der über die eine Schiene des Zufahrtgestänges geschoben wird und dadurch den Zugang zum Berge oder Bremsschachte absperrt. Um den Wagen auf das Gestell bzw. die Schale aufstoßen zu können, muß der Anschläger den Riegel wegschieben. Dabei greift er in eine Öse ein, die am Bremsgestelle angebracht ist und hält dieses fest; es kann also nicht eher gebremst werden, als bis der Riegel wieder zurückgeschoben worden ist; dadurch aber wird der Bremsbergzugang für den nächsten vollen Wagen gesperrt.

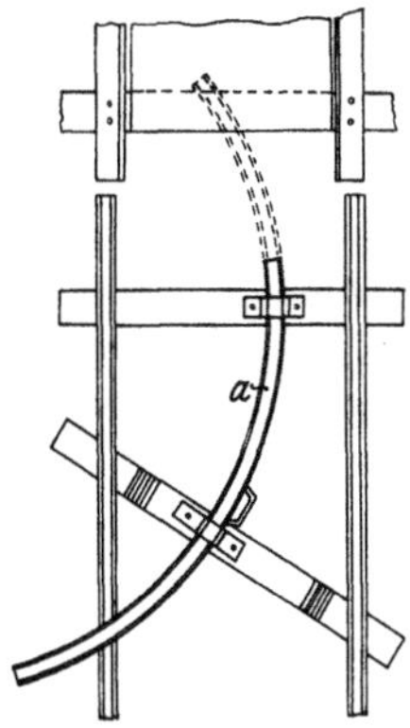

Fig. 338. Sicherheitsriegel von Best. (Aus „Glückauf" 1904, Nr. 52.)

b) Die Bremsbergschranken (= Barrieren).

Die Barrieren haben erstens einmal den Zweck, die Wagen, welche von der Bühne in den Berg geschoben werden, aufzuhalten; dann aber müssen auch noch vor den Mündungen der Strecken, die auf die Anschlagsbühnen führen, Schranken angebracht sein, damit weder Wagen noch Leute während eines Treibens auf die Bühne gelangen können.

Diese Verschlüsse werden am besten so miteinander verbunden, daß die der Zufuhrstrecken sich schließen, wenn der Bergverschluß geöffnet wird, und umgekehrt sich wieder öffnen, wenn der Anschläger den Bremsbergzugang schließt.

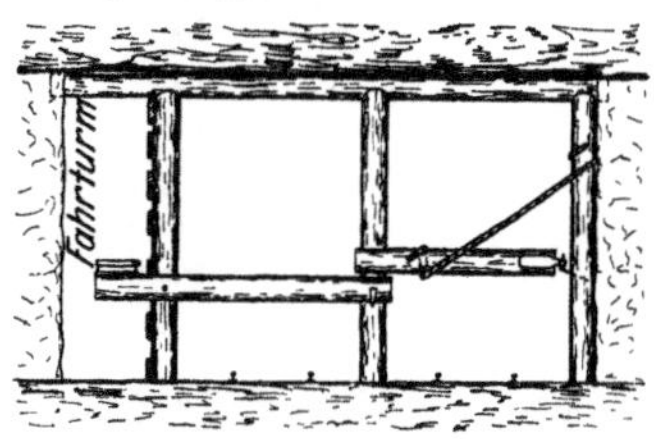

Fig. 339. Bremsbergschranken.

Ihrer Wirkungsweise nach lassen sich alle Verschlüsse einteilen in

1. solche, die vom Schlepper geöffnet und geschlossen werden müssen;
2. solche, die vom Schlepper geöffnet werden, sich aber selbsttätig schließen, und
3. solche, die nur geöffnet werden können, wenn der Wagen am Bestimmungsorte angekommen ist. Sie eignen sich fast durchweg nur für Gestellbremsberge und außerdem für seigere Bremsschächte.

1. Verschlüsse gewöhnlicher Art.

Zu den Verschlüssen, die vom Anschläger sowohl geöffnet als auch geschlossen werden müssen, gehören:

1. Die Schlagbäume (Fig. 339). Es sind Schranken, die sich um einen Bolzen drehen lassen; sie dürften aus der Zeichnung ohne weiteres verständlich sein.

2. Die Schiebeverschlüsse können nach der Seite hin oder in senkrechter Richtung verschoben werden. Ist die Verschlußstange *c* (Fig. 331) seitlich verschiebbar, dann muß für sie in jedem Stoße ein Loch gebohrt werden, oder man schiebt die Verschlußstange des einen Bremsbergtrumes vor das andere. Wenn man die Schiebestange in gleiche Höhe mit dem Unterstoße der seitlichen Zufuhrstrecken bringen kann, dann schiebt man sie in diese hinein und braucht hier nur für passende Führungen, z. B. Ösen oder eine Röhre, zu sorgen.

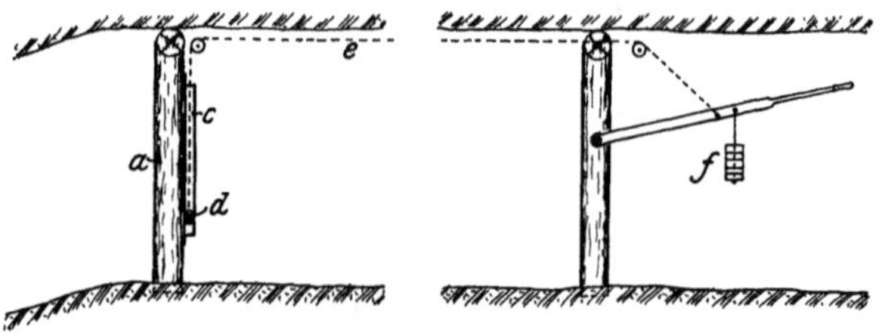

Fig. 340. Bremsbergschranken.

Werden die Schiebeverschlüsse nach oben bewegt, so bringt man an den beiden seitlichen Stempeln *a* und *b* (Fig. 340 und 341) Führungen für dieselben an. Diese bestehen aus einem Blechbeschlage, der an

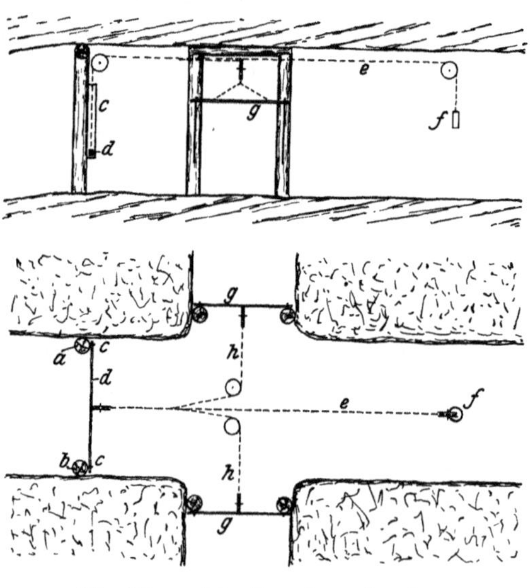

Fig. 341 a und b. Bremsbergschranken.

der Stempelstirnseite angebracht wird, und den Führungsklammern *c*. Von der Verschlußstange *d* aus geht die Zugkette *e* über Rollen, die unter der Firste angebracht sind, bis zum Bremserstande und endigt dort in einem Handhebel mit Gegengewicht *f*. Mit ihrer Hilfe kann der Bremser den Verschluß bedienen, ohne daß er seinen Platz zu verlassen braucht.

Aus dem eben beschriebenen Verschlusse ist der von Mathildegrube in Lipine entstanden. Die Einmündungen der Zufuhrstrecken sind ebenfalls mit denselben Schiebestangen *g* versehen. Die Ketten *h*, an denen sie hängen, laufen, wie Fig. 341a und b zeigen, unter der Firste ein Stück in der Richtung nach dem Bremsberge und sind dann mit der Hauptkette *e* verbunden. Wird nun der Bremsbergzugang geöffnet,

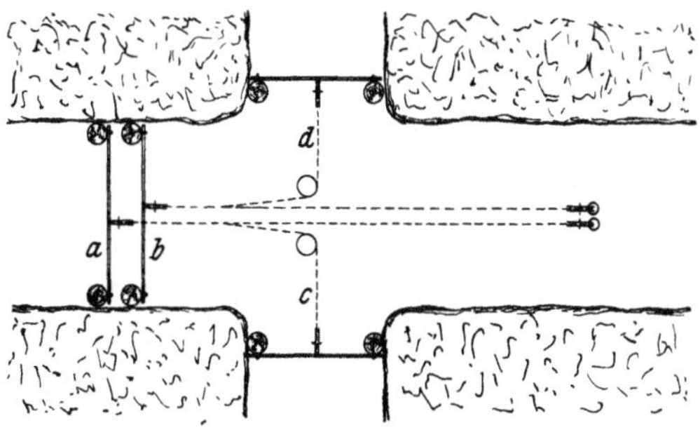

Fig. 342. Bremsbergschranken.

so schließen sich gleichzeitig die Streckenzugänge; sie werden aber freigegeben, sobald der Bremser den Bergverschluß senkt.

Um zu verhüten, daß nach einer längeren Pause im Förderbetriebe die Schlepper von allen Seiten zu gleicher Zeit auf die Anschlagsbühne

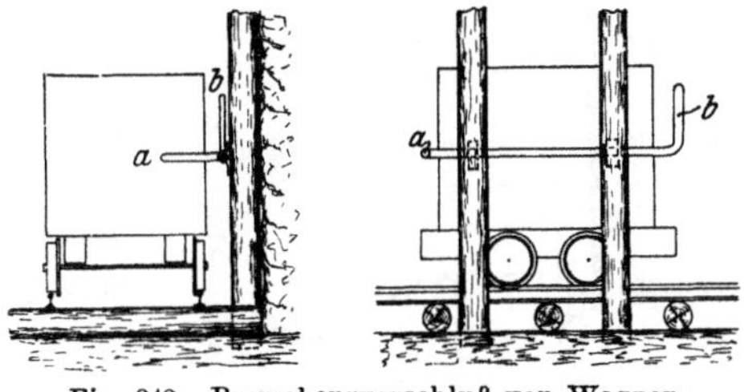

Fig. 343. Bremsbergverschluß von Wagner.

fahren und sich gegenseitig mit ihren Wagen verletzen, kann man auch den Bergzugang durch zwei parallele Schiebestangen *a* und *b* (Fig. 342) schließen, deren jede ihren eigenen zum Bremser führenden Kettenzug hat. Mit der einen verbindet man den zur linken Zufuhrstrecke führenden Kettenzug *c*, mit der anderen den Kettenzug *d*, der den Verschluß der rechten Zufuhrstrecke in Gang setzt.

Der Wagnersche Verschluß (Fig. 343) besteht ähnlich wie die Bügelverschlüsse der Förderschalen aus einer am Stoße angebrachten Rundeisenstange; sie läßt sich in einfachen Lagern um ihre Längsachse drehen. Ihre beiden Enden sind so umgebogen, daß diese beiden Stücke miteinander einen rechten Winkel bilden. Liegt also der Arm *a* wagerecht und versperrt die Strecke, so hängt Arm *b* senkrecht nach unten oder oben. Beim Vorschieben des Wagens muß der Schlepper den Arm *a* in die senkrechte Stellung drehen; dadurch wird aber Arm *b* quergestellt und versperrt seinerseits den Bergzugang. Dieser kann erst durch Rückwärtsdrehen des Verschlusses in die zuerst beschriebene Lage frei gemacht werden.

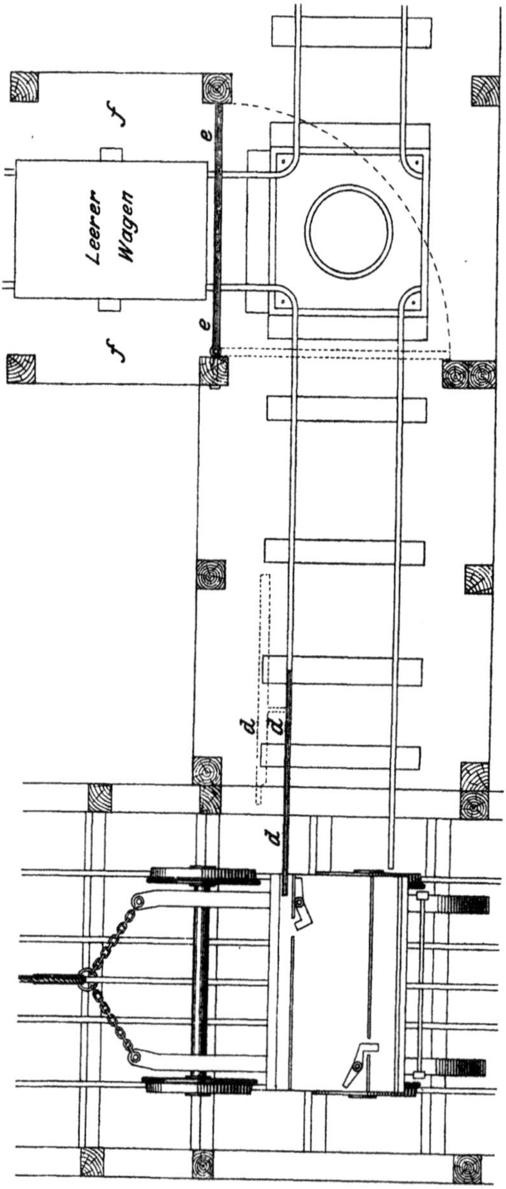

Fig. 344. Bremsbergverschluß von Zeche Hibernia. (Aus „Versuche und Verbesserungen im Jahre 1892".)

Auf Zeche Hibernia bei Gelsenkirchen werden in Gestellbremsbergen Einlegezungen *d* (Fig. 344) benutzt, um das Streckengestänge mit dem Gestelle zu verbinden. Vergißt der Schlepper, diese Schiene nach dem Aufschieben des vollen Wagens abzuheben, so wird sie beim Niedergange des Gestelles selbsttätig entfernt. Ferner wird dort für den leeren Wagen im Oberstoße der Strecke eine Nische *f* ausgeschossen, die durch die Barriere *e* versperrt ist, wenn der volle Wagen auf das Gestell aufgeschoben wird. Um den leeren Wagen aus der Nische herausholen zu können, muß der Schlepper den Verschluß in die punktierte Lage herumschwenken; dadurch wird aber der Zugang zum Berge versperrt.

2. Verschlüsse, die sich selbsttätig schließen.

Der Verschluß von Schacht Kaiserstuhl I, B.-R. Dortmund II, eignet sich nur für Bremsberge mit offenem Seile. Für jedes Gestänge-

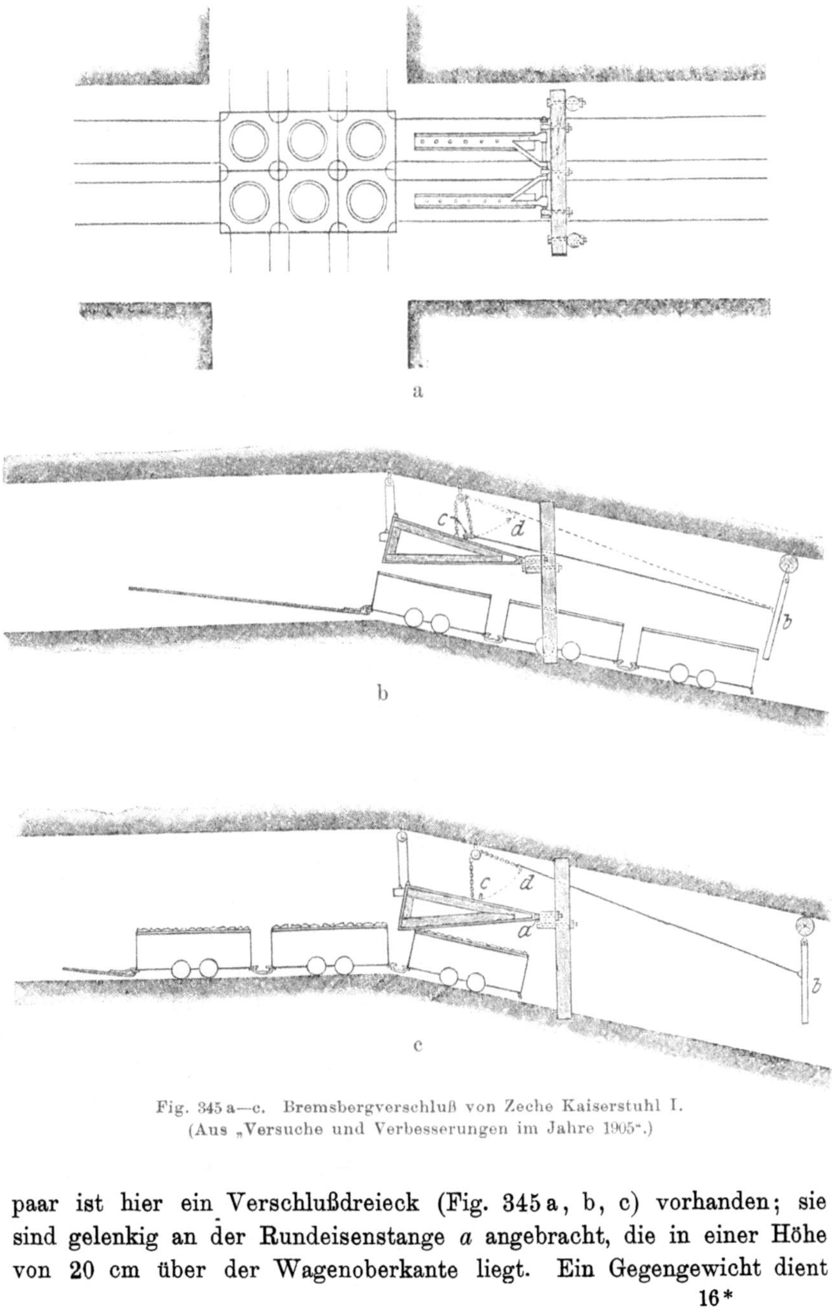

Fig. 345 a—c. Bremsbergverschluß von Zeche Kaiserstuhl I.
(Aus „Versuche und Verbesserungen im Jahre 1905".)

paar ist hier ein Verschlußdreieck (Fig. 345 a, b, c) vorhanden; sie sind gelenkig an der Rundeisenstange a angebracht, die in einer Höhe von 20 cm über der Wagenoberkante liegt. Ein Gegengewicht dient

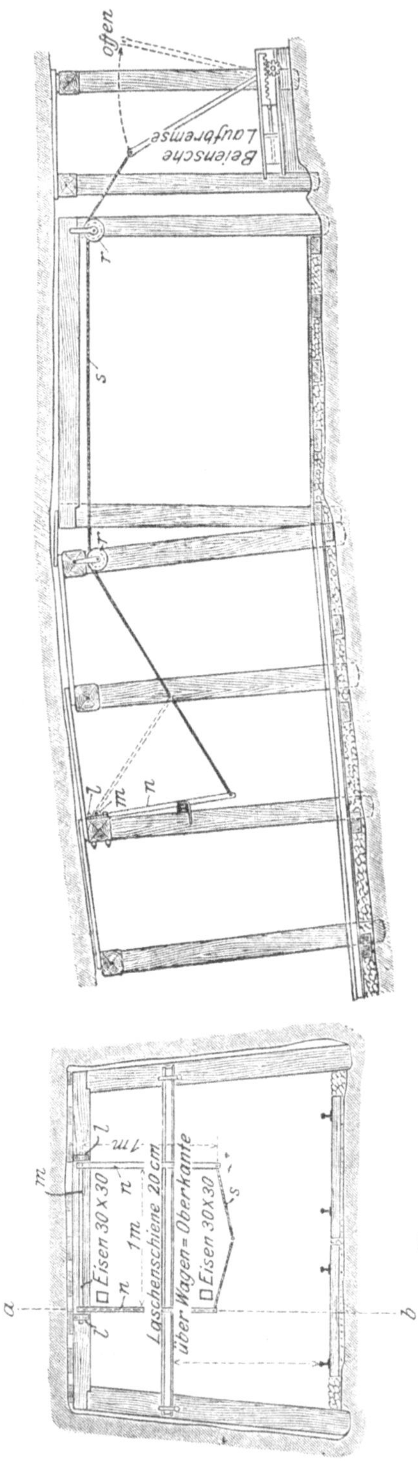

Fig. 346 a und b. Bremsbergverschluß von Zeche Julia. (Aus „Versuche und Verbesserungen im Jahre 1906“.)

zum Gewichtsausgleiche. Die Kette, die an dem einen Ende einen Haken *d* hat, steht mittels eines Seiles mit dem Hebel *b* in Verbindung. Soll ein Wagen in den Berg eingeschoben werden, so muß der Schlepper den Haken *d* in die Öse *c* einhängen; dadurch wird das Verschlußdreieck in der Schwebe gehalten. Beim Abbremsen stößt der Wagen an den Hebel *b* und löst den Haken *d* aus; infolgedessen fällt der Verschluß herab.

In flachen Bremsbergen wird auf Zeche Julia, B.-R. Herne, ein Verschluß (Fig. 346 a und b) angebracht, der ein freies Abgehen der Wagen verhüten soll, falls sie in den Berg eingeschoben werden, ohne an das Seil angeschlagen zu sein. Er besteht aus den beiden Stangen *n*, die an die Lagerstange *m* angeschweißt sind. Diese dreht sich in den zwei Lagern *l*, welche an einer Kappe befestigt sind. Die beiden Stangen *n* liegen vor einer Laschenschiene, die in 20 cm Höhe über Wagenoberkante quer durch den Bremsberg geht, und halten so jeden durchgehenden Wagen auf. Sie stehen mittels des Zugseiles *s*, das über Rollen *r* geführt wird, mit dem Bremshebel in Verbindung. Dadurch, daß dieser gelüftet wird, wird auch der Verschluß geöffnet. Die heraufkommenden Wagen schieben die Stangen *n* von selbst in die Höhe.

Bei dem Verschlusse Fig. 347 werden beide Gestängepaare durch den dreieckigen Verschlußbügel *a* gesperrt. Er dreht sich um ein am

Stempel *b* angebrachtes Gelenk. Das am Seil *c* hängende Gewicht *d* hält ihn in der Mittelstellung. Durch Ziehen an den Schnurläufen *e* und *f* kann der Bremser den Bügel nach rechts bzw. nach links drehen und somit den Zugang zu einem Gestängepaare freigeben. Dadurch wird aber auch das Gewicht *d* angehoben, dessen Seil durch eine Öse nach rechts bzw. links geführt wird. Der Niedergang dieses Gewichtes bewirkt, daß der Bügel sich wieder in die Mittellage einstellt. Auch dieser Verschluß wird von den heraufkommenden Wagen einfach beiseite gedrückt, schließt sich aber nach erfolgtem Vorbeigange wieder von selbst.

Fig. 347. Selbstschließende Bremsbergschranke.

3. Verschlüsse, die sich selbsttätig öffnen und schließen.

Die sich selbsttätig öffnenden und schließenden Verschlüsse lassen sich, soweit dies aus der vorhandenen Literatur hervorgeht, nur in Gestellbremsbergen und in seigeren oder nahezu seigeren Bremsschächten benutzen. Bei der Fülle der Konstruktionen auf diesem Gebiete fällt es schwer, hier eine Auswahl zu treffen; es möge daher nachstehend nur eine typische Ausführungsform beschrieben sein; im übrigen sei darauf hingewiesen, daß alljährlich in jeder Zeitschrift Beschreibungen von solchen Verschlüssen zu finden sind. Ihrer Wirkungsweise nach lassen sich die selbsttätigen Verschlüsse in zwei verschiedene Arten einreihen, nämlich in

1. solche, die unmittelbar vom Gestell oder der Schale geöffnet werden und sich schließen, sobald es das Anschlagsort verläßt, und
2. solche, die nur dann geöffnet werden können, wenn das Gestell vor dem Anschlagsorte steht, und das Gestell festhalten, solange sie offen stehen; es kann also erst dann gebremst werden, wenn sie verschlossen worden sind.

Zu den Verschlüssen der ersteren Art gehört der von Wittköpper, D.R.P. 160943. Der Hebel *b* (Fig. 348) ragt so weit in den Bremsberg (Bremsschacht) hinein, daß sein Anschlagsende mit dem Bremsgestelle (der Förderschale) in Berührung kommt. In der Verschlußstellung hat er die in der Fig. 348 gezeichnete schräge Lage, so daß ein heranfahrender Förderwagen von ihm aufgehalten wird. Durch das heraufkommende Bremsgestell wird *b* um Punkt *a* in die wagerechte Lage gedreht; der Zugang zum Berge ist nunmehr frei. Der längere Arm des Verschlußhebels hat einen Schlitz *c*, in welchem der um die Welle *f* drehbare Hebel *d* geführt wird. An dieser Welle sitzt außerhalb des Gestänges das Gegengewicht *g*. Beim Öffnen des Verschlusses wird es angehoben; verläßt das Gestell das Anschlagsort, so senkt sich das Gewicht und hebt so den Verschlußhebel an.

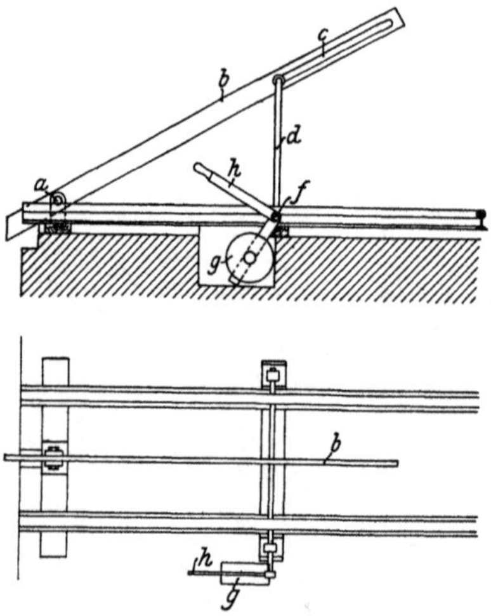

Fig. 348. Wittköppers selbsttätiger Verschluß für Gestellbremsberge.

Am Hebel *d* kann ein Quergitter angebracht werden, um auch Menschen anzuhalten, die sich auf den Bremsschacht zu bewegen.

Um den Verschluß gelegentlich öffnen zu können, wenn kein Gestell am Anschlagspunkte steht, ist an der Welle *f* der Handhebel *h* angebracht.

H. Die Signale.

Die beim Bremsbergbetriebe zur Benutzung kommenden Signale sind Schallsignale (akustische Signale) und Blicksignale (optische Signale).

Zu den ersteren gehören die schon bei den maschinellen Streckenförderungen beschriebenen Hammer- und die Stangensignale. Es sollen darum im folgenden nur einige bewährte Blicksignale beschrieben werden.

Auf den zwei nebeneinander liegenden Feldern einer Signaltafel *a* (Fig. 349) sind die Zeichen „Halt“ und „Auf“ aufgeschrieben. Am Arme *b* ist die Decktafel *c* angebracht. Zieht der untere Anschläger am Schnurlaufe *d*, so wird diese Deckplatte nach links über das Feld „Auf“ geschoben und dadurch das Signal „Halt“ sichtbar. Durch Umlegen des Handhebels *b* wird das Signal „Halt“ sichtbar. Diese Signalvorrichtung steht durch einen Seilzug mit einer gleichen am oberen Anschlagsorte in Verbindung.

Auf den Glückhilfschächten bei Hettstedt wird mittels des Zugdrahtes die Scheibe g_1 (Fig. 350) mit dem Zeiger h gedreht. Die Spannung des Zugdrahtes, der noch weiter um die Scheibe g_2 geleitet ist, wird durch das Gewicht f bewirkt. Beide Scheiben sind an einer eisernen Signaltafel angebracht, welche oben und unten die Aufschriften „Halt!“ bzw. „Auf!“ trägt.

Auf Bremsbergen mit mehreren Zwischenorten ist auf demselben Werke noch ein besonderes Signal (Fig. 351) in Anwendung, um dem Bremser anzugeben, von welchem Orte aus signalisiert wurde. Dies ist für den Fall von Wichtigkeit, daß mehrere Schlepper zu gleicher Zeit verschiedene Zeichen geben. Vor dem Bremser steht eine Tafel, an der oben das Signal „Auf!“ und unten „Halt!“ angeschrieben ist. Zwischen den beiden Aufschriften stehen so viele senkrechte Schlitze b, als Anschlagsorte vorhanden sind. In diesen Schlitzen, die mit den Nummern der einzelnen Orte bezeichnet sind, sind kleine, mit Zeigern versehene Eisenstücke geführt. Von jedem Anschlagsorte führt ein besonderer Signalzug nach dem betreffenden Zeiger; durch Ziehen an ihm stellt der Schlepper den Zeiger an der Signaltafel nach oben ein; läßt er den Zugdraht nach, so wird der Schieber durch das an ihm hängende Gewicht i nach unten gezogen und so das Signal „Halt!“ eingestellt. Damit der Bremser, dessen Aufmerksamkeit nicht immer der Signaltafel zugewendet sein kann, die Haltesignale wahrnimmt, ertönt eine elektrische Glocke, wenn der Zeiger die tiefste Stellung einnimmt. An den einzelnen Anschlagsorten ist die in Fig. 350 abgebildete Vorrichtung als Signalgeber angebracht.

Fig. 349. Blicksignal.

Die Blicksignale sind nicht allein in Bremsbergen mit vielen Anschlagsorten und großer Förderung vorteilhaft, sondern auch an solchen Stellen, wo lange Pendelbremsberge wegen zu geringer Förderung nicht einen besonderen Bremser erhalten. Sollen auf einem solchen Berge während der Förderschicht kleine Ausbesserungsarbeiten vorgenommen werden, so ersparen sich die damit beauftragten Leute gern den Weg nach oben, um die dort arbeitenden Schlepper, die auch das Bremsen besorgen, davon zu verständigen. Die Folge sind nur zu leicht Unglücksfälle, die vermieden werden können, wenn ein Blicksignal vorhanden ist, das nur auf „Halt!" eingestellt zu werden braucht. Das gleiche gilt, wenn

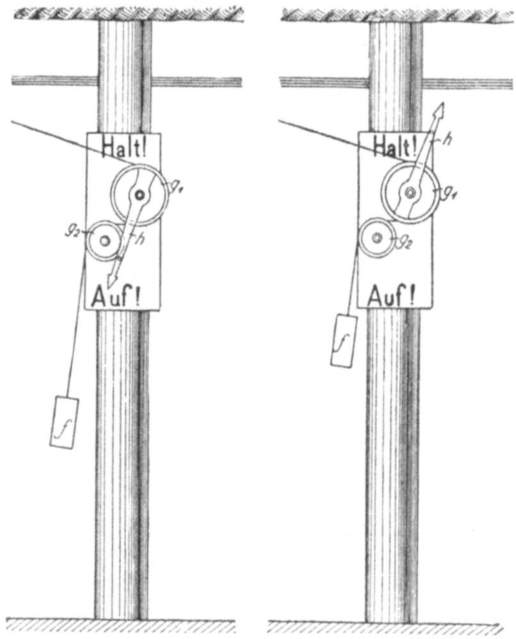

Fig. 350. Blicksignal. (Aus „Glückauf" 1907, Nr. 36/37.)

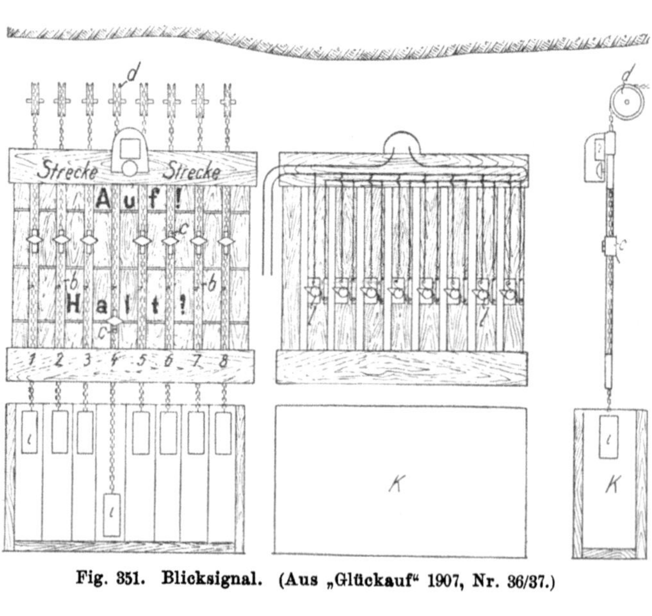

Fig. 351. Blicksignal. (Aus „Glückauf" 1907, Nr. 36/37.)

eine Aufsichtsperson den Berg in der Richtung von unten nach oben befahren will.

Ferner kann es auf einem solchen Bremsberge auch vorkommen, daß ein voller Wagen abgebremst wird, ohne daß an das andere Seil bereits ein leerer angeschlagen ist. Das ist namentlich dann der Fall, wenn der am Fußpunkte beschäftigte Anschläger gleichzeitig die Wagen bis zu einem nahe gelegenen Bahnhofe schaffen muß, und, weil er unterwegs ist, eine von oben kommende Anfrage, ob leere Wagen angeschlagen sind, nicht beantworten kann.

J. Bremsberge mit endlosem Seil (= automotorische Bremsberge).

I. Allgemeines.

Die Bremsberge mit endlosem Seile haben stets zwei Paar Gestänge; auf dem einen laufen die vollen Wagen abwärts, auf dem anderen die leeren bergauf. Das Seil ist, wie schon der Name angibt, ein endloses; die Bezeichnung „automotorisch" (selbstlaufend) ist eigentlich recht nichtssagend; denn bei ihnen ist, wie bei jedem anderen Bremsberge, die Schwerkraft wirksam.

Die wesentlichsten Vorteile der automotorischen Bremsberge sind:

1. Verwendbarkeit auch bei sehr flachem Einfallen; denn die Seilgewichte werden vollständig ausgeglichen; zudem läuft unter beiden Seilen eine große Zahl von Förderwagen, so daß der Gewichtsunterschied ein recht beträchtlicher ist.
2. Die Leistungsfähigkeit ist eine sehr große.
3. Es ist gut möglich, Mauerungs- und Zimmerungsmaterial usw. bergauf zu fördern.
4. Wegen der geringen Fördergeschwindigkeit ist die Betriebssicherheit eine hohe. Aus demselben Grunde werden die Bahn, das Seil und die Förderwagen bedeutend mehr geschont als auf gewöhnlichen Bremsbergen.
5. Die überschüssige Kraft kann in bequemer Weise nutzbringend verwertet werden.

Um im Falle irgendwelcher Störung auf solchen automotorischen Bremsbergen, die große Fördermenge zu bewältigen haben, keinen Leistungsausfall zu erleiden, werden auf Kleophasgrube rechts und links neben ihnen Pendelbremsberge betriebsbereit gehalten. Die Förderung braucht dann nur auf diese beiden verteilt zu werden, während die Bedienungsmannschaften nötigenfalls durch Hilfskräfte verstärkt werden müssen. Eine solche Einrichtung wird indessen in der Hauptsache nur bei Transportbremsbergen möglich sein, nicht aber bei solchen mit Zwischenanschlagsorten.

II. Die Bremsvorrichtungen.

Entsprechend der Antriebsscheibe und der Gegenscheibe bei Streckenförderungen mit endlosem Seile kann man auch den automotorischen Bremsbergen eine Hauptscheibe nebst Vorlegescheibe geben. Die Hauptscheibe erhält zu beiden Seiten je eine Bremsscheibe; bei starkem Fallen kann auch noch die Gegenscheibe damit versehen werden.

Die Bremsvorrichtungen können sowohl Backen- als auch Bandbremsen sein. Sie werden mittels Hebelübertragung durch eine mit

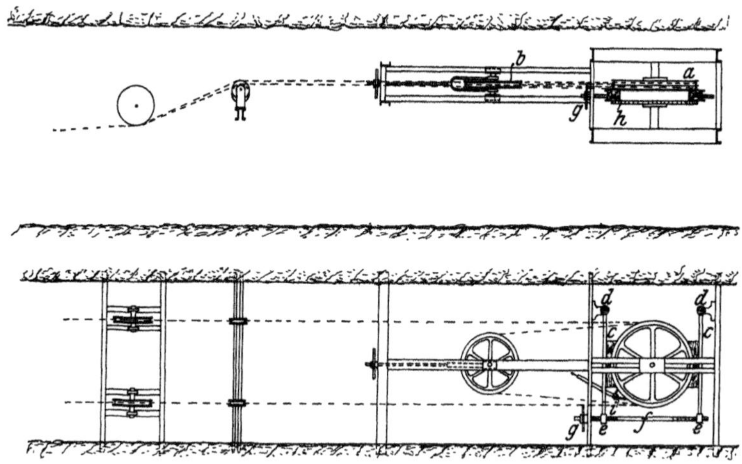

Fig. 352. Bremse für Bremsberge mit endlosem Seil.

Handrad versehene Schraubenspindel geöffnet und geschlossen. Außer einer solchen Spindelbremse ist es gut, auch noch eine Gewichtsbremse anzubringen. Diese gilt aber nur als Notbremse; das Fallgewicht ist während des Förderbetriebes unterfangen und kann durch einen Fußhebel sofort ausgelöst werden, wenn die andere Bremsvorrichtung einmal versagen sollte.

Auf Wolfganggrube bei Ruda, O.-S., hat die Hauptscheibe *a* (Fig. 352) zwei Rillen, die Gegenscheibe *b* eine. Die Bremsscheibe besteht, wie Fig. 353 zeigt, mit der Rillenscheibe nicht aus einem Stücke, sondern ist mit ihr durch Schrauben verbunden. Die Bremsbacken sitzen auf den Bremsarmen *c*, die in Gelenken *d* drehbar verlagert sind. An den freien Enden besitzen die Backenarme Muttern *e* mit Innengewinde. Durch diese Muttern geht die mit Rechts- und Linksgewinde versehene Spindel *f*, die mittels des Handrades *g* gedreht werden kann; je nach der Drehrichtung wird die Bremse geöffnet oder geschlossen. An der Bremsscheibe sitzt ferner noch das Getrieberad *h*; wenn einmal beim Aufwärtsfördern von Material oder aus anderen Ursachen das Seil stehen bleiben sollte, kann es mit seiner Hilfe und mittels der Klinkvorrichtung *i* so lange in Gang erhalten werden, bis man mehr volle Wagen angeschlagen hat.

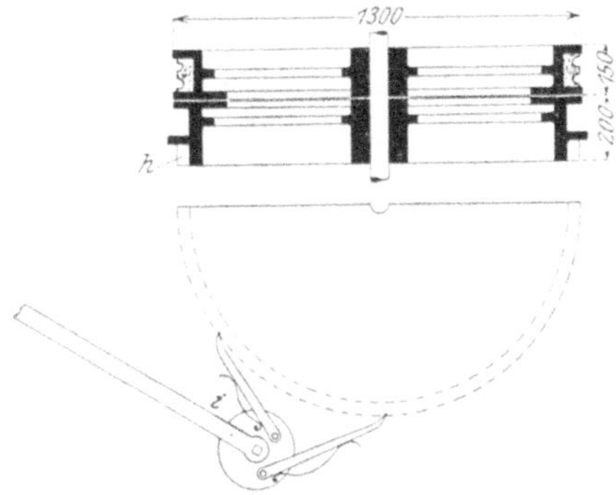

Fig. 353. Brems- und Seilscheibe.

Während die eben beschriebene Anlage nur eine Bremsvorrichtung besitzt, hat man auf Schlesiengrube an der Hauptscheibe eine Spindelbremse und eine Fußbremse angebracht. Zu diesem Zwecke ist über und unter der Rillenscheibe *a* (Fig. 354) je eine Bremsscheibe angebracht. Für gewöhnlich wird nur mit der Spindelbremse *b* gearbeitet. Sollte diese einmal versagen oder nicht ausreichen, so setzt der Bremser mittels des Fußhebels *c* die zweite Bremse in Tätigkeit, deren Wirkungsweise aus der Zeichnung ohne weiteres verständlich sein dürfte.

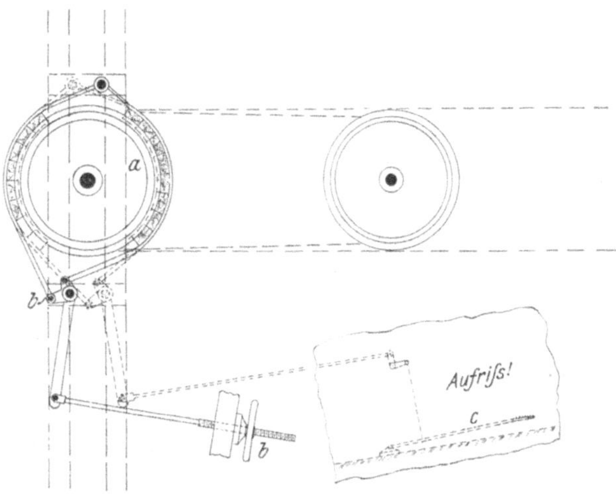

Fig. 354. Bremse für Bremsberge mit endlosem Seil.

Nach beendeter Förderschicht sollen die Bremsen sicher verschlossen oder festgelegt werden, damit Unbefugte nicht aus Fahrlässigkeit oder Böswilligkeit Schaden anrichten können. Auch ist es gut, so viele volle Wagen unter dem Seile wegzunehmen, bis Gleichgewicht vorhanden ist. Dann muß allerdings an der Bremsscheibe ein Zahnradgetriebe angebracht sein, damit man bei Beginn der nächsten Förderschicht das Seil in Gang setzen und am Kopfende neue beladene Wagen in gleichmäßigen Abständen anschlagen kann.

Die Bremse wird fast allgemein an einem der beiden Enden der Förderbahn aufgestellt. Auf Maxgrube bei Michalkowitz hat man davon eine Ausnahme gemacht, um bei späteren Bremsbergkürzungen die Bremse nicht immer umbauen zu müssen. Das Seil wird in der aus Fig. 355 ersichtlichen Weise über zwei Scheiben am Kopfende geleitet; es ist unvermeidlich, daß bei dieser Ausführungsweise zwischen der Bremsstube und dem Bremsbergkopfe zwei Stränge „totes" Seil laufen.

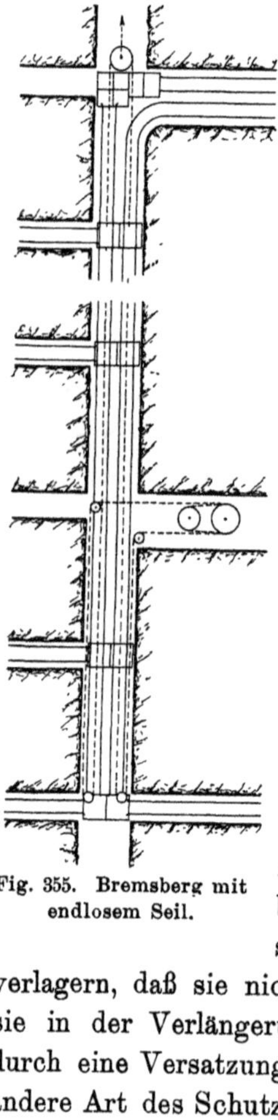

Fig. 355. Bremsberg mit endlosem Seil.

Im allgemeinen sollte man der Aufstellung der Bremse am unteren Ende des Bremsberges den Vorzug geben; sie hat folgende Vorteile:

1. Die Bremse braucht weder beim Verlängern noch beim Verkürzen des Bremsberges verlegt zu werden.
2. Das Gebirge ist am Bremsbergfuße weniger druckhaft als am Kopfe; der Ausbau der Bremsstube braucht also nicht so oft ausgebessert zu werden.
3. Der Bremser kann unter Umständen auch als Anschläger verwendet werden.
4. Die Signalgebung wird insofern vereinfacht, als ein Punkt wegfällt, mit dem man sich verständigen muß.

Als Nachteil der Aufstellung am Fußende wäre zu nennen, daß hier das Seil die geringste Spannung besitzt und aus diesem Grunde leicht in der Seilscheibe rutscht. Ferner muß man die Bremse so verlagern, daß sie nicht von freilaufenden Wagen getroffen wird. Liegt sie in der Verlängerung des Berges, so wird sie zu diesem Zwecke durch eine Versatzung oder besser eine starke Mauer geschützt. Eine andere Art des Schutzes wäre, daß man die Längsachse der Bremsstube rechtwinklig zur Bergachse legt und das Seil mittels Leitscheiben dorthinein leitet.

III. Die Spannvorrichtungen.

Für kürzere Bremsberge genügt eine einzige Spannvorrichtung, die dann selbsttätig wirken muß. Bei größeren Berglängen werden dagegen zwei Spannvorrichtungen nötig, von denen eine selbsttätig arbeitet, während die andere mit der Hand verstellbar sein muß; mit dieser letzteren werden die im Betriebe eintretenden Seillängungen ausgeglichen.

Weil am Bremsbergfuße in der Regel die geringste Seilspannung herrscht, muß die selbsttätige Spannvorrichtung auch an dieser Stelle angebracht werden. Sie wird also mit der Umkehrscheibe verbunden, wenn die Bremse am Kopfende steht, mit der Gegenscheibe, wenn die Bremse am Bergfuße eingebaut ist.

Dementsprechend wird die Spindelspannvorrichtung immer am Kopfende anzubringen sein.

IV. Die Seile, Ketten und Mitnehmer.

Anstatt mit endlosem Seile können die automotorischen Bremsberge auch mit Ketten betrieben werden. Ketten haben aber den großen Nachteil, daß sie plötzlich und unvorhergesehen reißen. Dies ist bei gut behandelten Seilen nicht der Fall; zudem läßt sich auch ihre Stärke und Sicherheit je nach der anzuhängenden Last weit sicherer berechnen.

Kettenbremsberge sind nur für geringe Neigungen verwendbar, weil sonst zu starke Spannungen in der Kette auftreten würden. Die Wagen werden mit Gabeln angeschlagen.

Seilbremsberge mit Zwischenanschlagsorten sind nach Tomasczewski nur bei einem Neigungswinkel von höchstens 12° zulässig; ohne solche kann man unbedenklich bis zu 16°, in Ausnahmefällen auch noch höher gehen. Die Wagen sollen einzeln in Abständen von 12—15 m angeschlagen werden. Bis zu einer Bergneigung von 10° kann man dies mit Gabeln besorgen; darüber hinaus ist Kettchenanschlag vorzuziehen. Entsprechend der höheren Beanspruchung sind die Kettchen stärker zu wählen, z. B. 9 mm Gliedstärke bei einem Gewichte des beladenen Wagens von 1050 kg.

V. Die Förderbahn.

Die Förderbahn ist auf den automotorischen Bremsbergen nach denselben Grundsätzen zu verlegen, wie sie weiter oben für gewöhnliche Bremsberge und für maschinelle Seil- bzw. Kettenförderungen aufgestellt wurden. Das gleiche gilt auch von den Einrichtungen an Zwischenorten (Wechsel, Kranzplatten, Nutenplatten usw.).

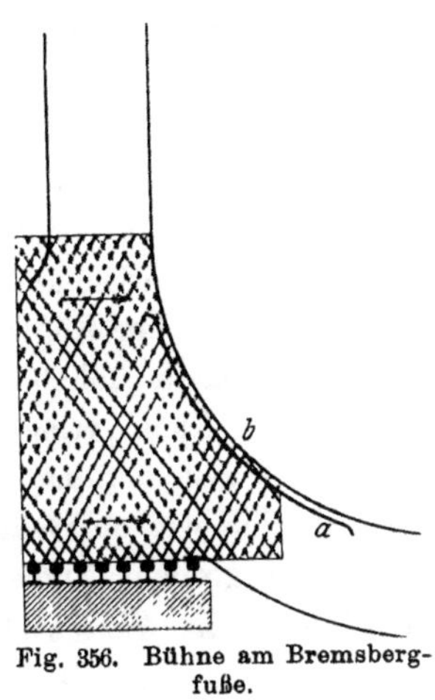

Fig. 356. Bühne am Bremsbergfuße.

Auf Kleophasgrube bei Kattowitz ist am Fuße eines Bremsberges die in Fig. 356 abgebildete Platte verlegt. Sie ist in der Pfeilrichtung geneigt, so daß die Wagen an und für sich schon das Bestreben haben, nach rechts abzulaufen; hierin werden sie durch eine Zwangsschiene *a* unterstützt, die neben der Schiene *b* herläuft.

VI. Die Leit- und Tragescheiben.

Sind inmitten des Bremsberges Krümmungen vorhanden, so können diese vollkommen sicher vom Wagen durchfahren werden, ohne daß man ihn vom Seile zu lösen braucht. Indessen ist zu berücksichtigen, daß die Seilspannung hier wesentlich stärker ist als auf ebener Bahn; darum müssen die Leitscheiben, insbesondere aber auch ihre Verlagerung, wesentlich stärker und kräftiger sein.

Tragescheiben bzw. Tragerollen sind unter denselben Voraussetzungen erforderlich wie auf söhligen Seil- und Kettenbahnen, also namentlich an Zwischenanschlagspunkten.

VII. Die Sicherheitsvorkehrungen.

Auf den Bremsbergen mit endlosem Seile ist es nicht gut möglich, alle die Sicherheitsmaßregeln zu treffen, welche auf Bremsbergen mit Pendelbetrieb Vorschrift sind. So würde z. B. die ständige Benutzung einer selbstschließenden Gewichtsbremse den Betrieb ungeheuer erschweren. Der Bremser dürfte den Bremshebel während des Ganges der Förderung nie loslassen; dies würde ihn so ermüden, daß er schließlich die Bremsung nicht mehr der Belastung des Seiles entsprechend genau einstellen könnte. Auch ein Unterstellen des Bremshebels würde den bergpolizeilichen Bestimmungen zuwiderlaufen; zudem würde es eine sofortige Änderung der Bremskraft erschweren. Die Spindelbremsen sind also auf den automotorischen Bremsbergen unbedingt vorzuziehen.

Auch Verschlüsse werden auf diesen Bremsbergen nicht allgemein angewendet, weil sie nicht überall anwendbar sind. Sie können ohne weiteres an den Einmündungen von Zwischenörtern angebracht werden; wenn man an der Kopfbühne einen Verschluß anbringen will, was aber nicht allgemein üblich ist, so eignen sich dazu am besten die verschiedenen Gleisverriegelungen, wie die von Henry (Fig. 336).

Gute Beleuchtung, Signal- und Warnungstafeln usw. sind ebenso erforderlich wie auf jedem anderen Bremsberge.

Von großem Nutzen sind auf automotorischen Bremsbergen insbesondere die Wagenfänger. Diese können sowohl im Vollgleise, als auch im Leergleis angebracht werden. Die letzteren sollen ein

Zurückrollen des aufwärtsgehenden Wagens verhüten, falls er sich vom Seile lösen sollte. Die im Vollgleise eingebauten Wagenfänger halten den abwärtsgehenden Wagen auf, sobald er beim freien Abgehen eine bestimmte Geschwindigkeit erreicht hat.

Wagenfänger im Leergleise. Ein Gleisverschluß von Kleophasgrube besteht aus einem ungleicharmigen Hebel (Fig. 357), der an einem Lager angebracht ist. Der nach oben gerichtete längere Hebelarm wird vom Wagen abwärts gedrückt; ist dieser vorbei, so richtet er sich wieder auf, weil der kürzere Arm von dem an ihm angebrachten Gewichte nach unten gezogen wird. Sollte der Förderwagen wieder zurücklaufen, so wird er vom Fanghebel aufgehalten.

Fig. 357.

Fig. 358.

Wagenfänger für leere Wagen.

Ähnlich in seiner Wirkungsweise ist ein Wagenfänger von Bismarckschacht (Königsgrube), der sich von dem vorigen nur durch seine Gestalt unterscheidet; er ist ein Winkelhebel (Fig. 358).

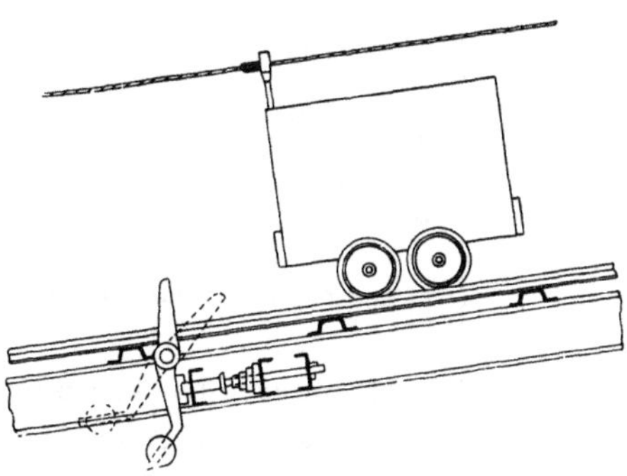

Fig. 359.
Wagenfänger von Heckel für leere Wagen.

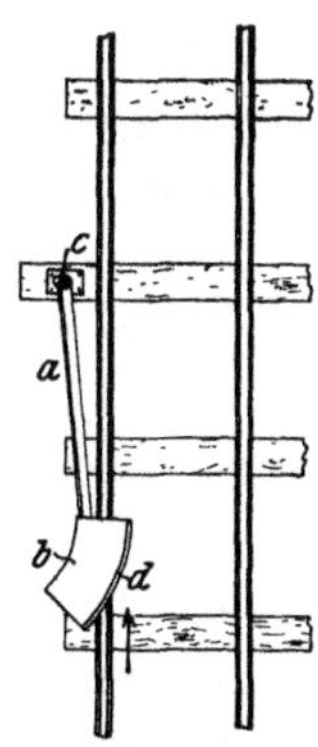

Fig. 360.
Wagenfänger für leere Wagen.

Einen senkrecht stehenden Fanghebel (Fig. 359), der durch eine Feder in seine Arbeitsstellung zurückgedrückt wird, stellt die Firma Heckel in St. Johann-Saarbrücken her.

Auf Gotthardschacht der Paulus-Hohenzollerngrube steht ein eigenartiger Wagenfänger in Gebrauch, der sich bestens bewährt hat. An dem freien Ende des einarmigen Hebels *a* (Fig. 360) ist ein Fangschuh *b* angebracht. Der Drehbolzen *c* steht etwas schräg, so daß der Fangschuh sich stets auf die zugehörige Schiene auflegt. Er wird vom Rade des heraufkommenden Wagens beiseite geschoben, legt sich aber sofort wieder über den Schienenkopf. Sollte der Wagen zurückrollen, so läuft das eine Rad auf den unter spitzem Winkel zur Schiene stehenden Fangschuh auf; der auf seiner Innenseite befindliche senkrechte Flansch *d* leitet dieses Rad über die Schiene weg nach außen und bringt dadurch den ganzen Wagen zum Entgleisen.

Wagenfänger im Vollgleise. Aus dem eben beschriebenen Fangapparate ist durch Verlängerung des Hebelarmes über den Drehpunkt hinaus ein Wagenfänger (Fig. 361) entstanden, der den abwärts gehenden vollen Wagen zum Entgleisen bringt, falls er seillos geworden sein sollte. Der Hebel *e* ist so gebogen, daß er über die Schiene weg in das Gestänge hineinragt. Er wird von jedem vorbeikommenden Wagenrade beiseite geschoben. Dadurch wird aber der Fangschuh *b*, der sonst außerhalb des Gestänges liegt, über die Schiene geschoben.

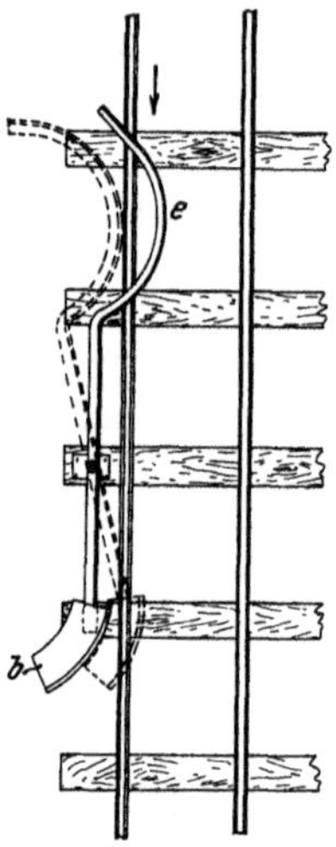

Fig. 361.
Wagenfänger für volle Wagen.

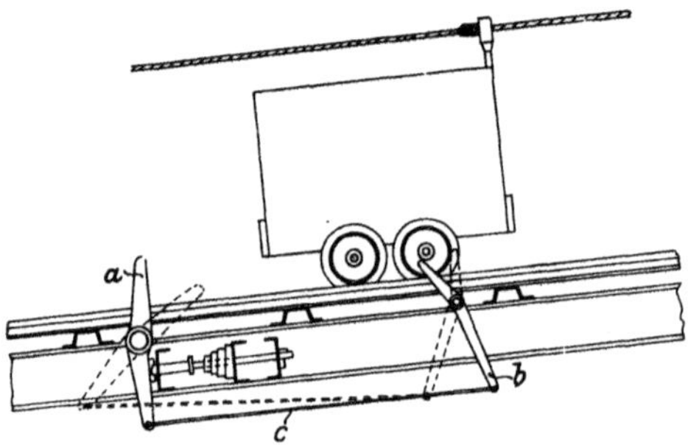

Fig. 362.
Wagenfänger von Heckel für volle Wagen.

Bewegt sich der Wagen nur mit der dem Gange der Förderung entsprechenden geringen Geschwindigkeit, so hat sich der Fangschuh schon wieder von der Schiene entfernt, wenn der Wagen an dieser Stelle ankommt. Bewegt sich dagegen der Wagen mit beschleunigter Geschwindigkeit, so ist dies noch nicht geschehen; der Wagen läuft also auf den Schuh auf und wird zum Entgleisen gebracht.

Auch von der Firma Heckel in St. Johann wird ein Fänger für durchgehende volle Wagen gebaut. Die beiden Hebel *a* und *b* (Fig. 362) sind durch die Zugstange *c* miteinander verbunden; sie werden von der Feder oder auch von einem Gegengewichte in der gezeichneten Stellung gehalten. Hebel *b* wird vom abwärtsgehenden Wagen niedergedrückt;

infolgedessen richtet sich der Fanghebel *a* auf; er ist jedoch schon wieder in die Ruhestellung zurückgekehrt, bevor der an das Seil angeschlagene Wagen ihn erreicht hat. Geht der Wagen dagegen frei, so erreicht er *a*, noch bevor dieser Arm zurückschlagen konnte.

Alle diese Fänger müssen in größerer Zahl angebracht und gleichmäßig über die ganze Länge des Bremsberges verteilt werden.

Wagenfänger unterhalb des oberen Knies. Für den Fall, daß auf der Kopfbühne ein Wagen frei in den Berg eingeschoben werden sollte, ist es gut, Sicherungen anzubringen, die ihn anhalten. So kann man z. B. das in Fig. 290 abgebildete Sackgleis auf jedem automotorischen Bremsberge anbringen.

Denselben Zweck hat die in Fig. 363 gezeichnete Bremsbergsicherung von Kleophasgrube. Ein Gestängestück *a* von etwa 1,5 m Länge ist mit angenieteten Lagern versehen und bei *b* um ein Gelenk

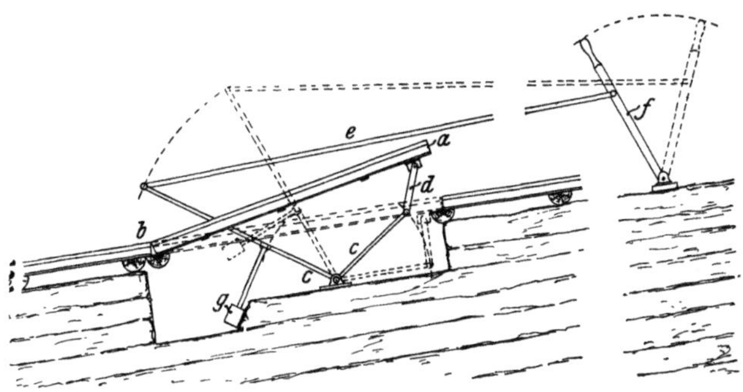

Fig. 363. Wagenfänger für volle Wagen.

nach oben schwenkbar. Der Winkelhebel *c* ist durch die Schere *d* mit diesem Gestängeteile verbunden. Am anderen Arme des Winkelhebels greift die Zugstange *e* an, die mit dem Stellhebel *f* in Verbindung steht. Vom Gegengewichte *g* wird das Gestänge ständig in der aufgerichteten Lage gehalten. Ein vorzeitig abrollender Wagen wird also von ihm aufgehalten werden. Ist dagegen der Wagen regelrecht an das Seil angeschlagen worden, dann muß der Bremser mittels des Stellhebels das Gestängestück senken, damit keine Betriebsstörung eintritt.

K. Die Ausnutzung der überschüssigen Kraft eines Bremsberges.

Beim Bremsbergbetriebe wird sehr viel überschüssige Kraft in den Bremsen vernichtet. Man hat schon vielfach versucht, sie nutzbringend zu verwerten; dem steht jedoch in der Mehrzahl der Fälle der Übelstand entgegen, daß während des Bremsbergbetriebes Pausen eintreten; die kleinen Maschinen (z. B. Ventilatoren) dagegen, die man mit der überschüssigen Kraft antreiben will, müssen meistens beständig laufen. Ferner dreht sich bei Pendelbremsbergen der Haspel abwechselnd links und dann wieder rechts herum, während die meisten Maschinen eine Antriebskraft verlangen, die sich nur in einer Richtung dreht.

Am besten und einfachsten läßt sich der Kraftüberschuß in der Weise nutzbar machen, daß man andere Streckenförderungen damit betreibt. Dies wird daher auch recht oft dort gemacht, wo man Bremsberge mit endlosem Seile in Betrieb hat; die Förderung wird ihnen am Kopfe durch ein Seil zugebracht oder an ihrem Fuße durch ein solches abgenommen. Diese söhligen Seilförderungen erhalten eine

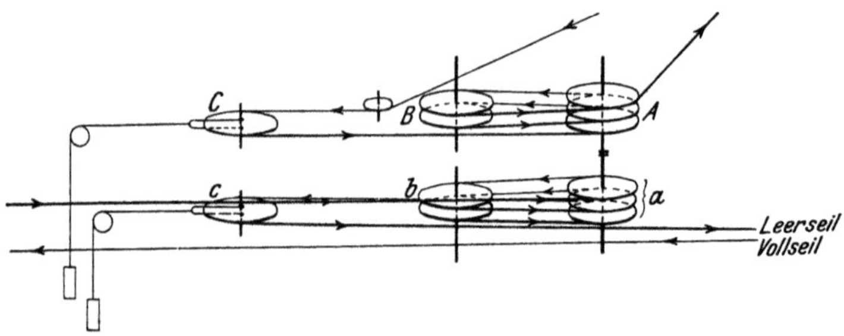

Fig. 364. Verkuppelung eines automotorischen Bremsberges mit einer Streckenseilförderung.

Antriebsscheibe, die mit der Endscheibe des Bremsberges verkuppelt werden kann (Fig. 209). Dies erfordert aber ein Abschlagen der Wagen von dem einen Seile und neues Anschlagen an das andere; es werden also mehr Bedienungsmannschaften gebraucht. Darum ist es oft besser, das Seil einfach mittels Leitscheiben und Druckrollen in die söhlige Strecke überzuführen und den Knickpunkt ohne Auslösen der Wagen zu durchfahren.

Am vorteilhaftesten ist es, wenn diese söhlige Förderbahn am Bremsbergfuße liegt; denn dieser letztere liegt auf Jahre hinaus fest, während das Kopfende öfters verlegt wird.

Auf Ferdinandgrube bei Kattowitz liegt ein automotorischer Bremsberg an einem Zwischenanschlagsorte einer maschinell angetriebenen Seilförderung. Durch die nachstehend beschriebene Kuppelung kann die überschüssige Kraft zum Antriebe des Streckenseiles benutzt werden. Dadurch wird die Antriebsmaschine entlastet und eine Kraftersparnis von 20—25 Ampère bei 500 Volt Spannung erzielt. An der Seilförderung hängt eine größere Zahl von Zwischenorten; der Gang der Seilbahn darf also nicht von dem des Bremsberges abhängig sein; es mußte also ermöglicht werden, den Bremsberg stillzustellen, ohne daß das gleiche bei der Seilbahn nötig wurde. Zu diesem Zwecke wurde das Leerseil der Seilförderstrecke um die beiden Scheiben *a* und *b* (Fig. 364) geschlungen. Mit der Scheibe *a* läßt sich die Endscheibe *A* des Bremsberges durch eine Kuppelung verbinden. Das Bremsbergseil ist in der aus der Zeichnung ersichtlichen Weise um diese und ihre Gegenscheibe *B* geführt; eine der Seilwindungen läuft über die Spannscheibe *C*, an der das Spanngewicht hängt. In das Streckenseil wurde später noch die Spannscheibe *c* mit einem selbsttätigen Spanngewichte eingefügt; es stellte sich nämlich heraus, daß das Streckenseil zu starke Stöße erhielt,

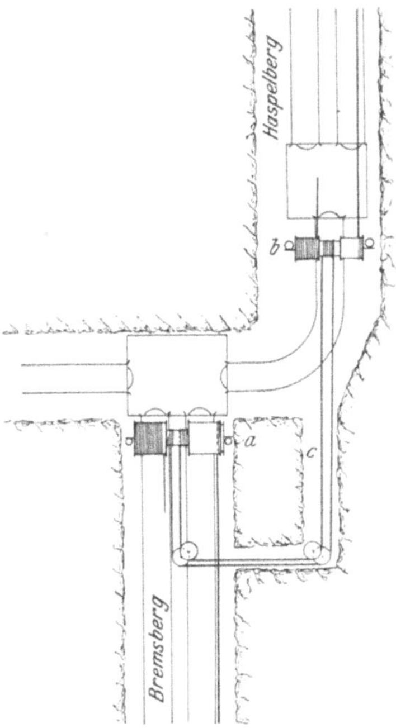

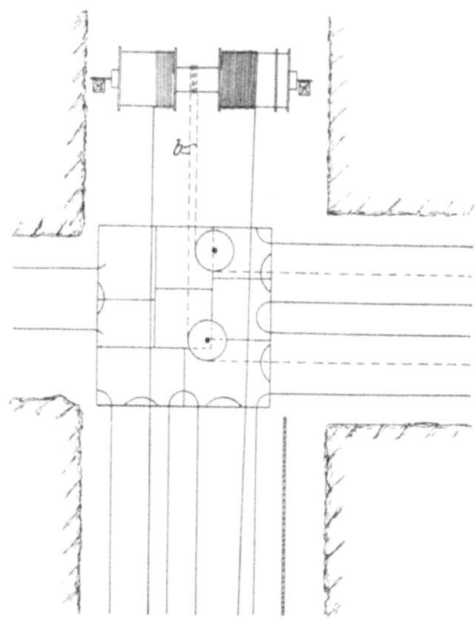

Fig. 365. Fig. 366.
Ausnutzung der überschüssigen Kraft eines Bremsberges.

wenn das Bremsbergseil nach einer Pause wieder eingekuppelt wurde. Durch das Spanngewicht wurden diese Stöße und die mit ihnen verbundenen Wagenentgleisungen vollständig beseitigt.

Auch Pendelbremsberge lassen sich recht gut in nutzbringender Weise verwerten. In dieser Beziehung sind auf Kleophasgrube bei Kattowitz mustergültige Einrichtungen getroffen worden. So mußte dort beispielsweise aus einer örtlichen Mulde die Förderung mittels eines Vorlegehaspels heraufgezogen werden. Dieser Förderbetrieb war sehr zeitraubend und kostete viel Leute und Geld. Weil nun in der Verlängerung dieses Haspelberges ein Bremsberg lag, auf dem jene

Förderung wieder abgebremst werden mußte, traf man folgende Einrichtung: Der Bremshaspel *a* (Fig. 365) und der Vorlegehaspel *b* erhielten je drei Seilkörbe. Die beiden mittleren Seiltrommeln hatten gleichen Durchmesser und waren durch ein Zwischenseil *c* verbunden. Dieses diente als Transmission, um die Bewegung vom Bremshaspel auf den Getriebehaspel zu übertragen. Die Umdrehungszahlen beider Haspeln waren also dieselben. Damit die Haspelbergförderung auf der Kopfplatte zu derselben Zeit ankommen konnte, wenn im Bremsberge ein Treiben beendet war, mußten sich die Umfänge der Seilkörbe zueinander verhalten wie die Berglängen. Ferner mußte die Belegung des Haspelberges zu der des Bremsberges im richtigen Verhältnis stehen.

An einer anderen Stelle derselben Grube wurde vom Bremshaspel aus eine söhlige Mittelstreckenförderung betrieben. Der Bremshaspel *a* (Fig. 366) hatte ebenfalls drei Seilkörbe, von denen der mittlere mit Blech beschlagen war und das Streckenseil *b* antrieb.

Siebenter Teil.

Die Haspelbergförderung.

Benutzte Literatur.

Otten, Grubenbrand. „Der Bergbau" XX, Nr 59.
Gertner, Fangvorrichtungen an steilen Förderbahnen. „Glückauf" 1904, Nr. 17.
W. Husmann, Über die Verwendung von Pferdegöpeln im Grubenbetriebe. „Glückauf" 1900, Nr. 27.

Unter einem Haspelberge ist eine solche ansteigende Förderbahn zu verstehen, auf der die vollen Förderwagen an Seilen oder Ketten bergauf gezogen werden. Er ist also das Gegenstück zu einem Bremsberge.

Ein durch die überschüssige Kraft eines Bremsberges betriebener Haspelberg ist bereits auf Seite 259 und 260 beschrieben worden.

Im allgemeinen sind zu unterscheiden:

1. Haspelberge mit offenem Seil (Kette),
   a) mit nur einem Seil,
   b) mit zwei Seilen.
2. Haspelberge mit endlosem Seil (Kette).

A. Haspelberge mit offenem Seil.

Die mit nur einem Seile versehenen Haspelberge sind nicht besonders vorteilhaft: ihre Leistung ist nur gering, weil erst die volle Last heraufgezogen wird und dann mit demselben Seile auf demselben Gestänge die leeren Wagen abgebremst werden müssen.

Wegen ihrer höheren Leistungsfähigkeit sind die Haspelberge mit zwei Förderseilen vorzuziehen; denn gleichzeitig mit der vollen Last geht auf dem zweiten Gestängepaare ein leerer Wagen abwärts. Außerdem ist auch der Kraftbedarf hier ein geringerer; denn die Gewichte der Fördergefäße gleichen sich aus.

B. Haspelberge mit endlosem Seil.

Die Haspelberge mit endlosem Seil (Kette) eignen sich namentlich für die Bewältigung großer Fördermengen. Ihre Einrichtungen entsprechen genau denen der Streckenförderungen mit Seil (Kette) ohne Ende. Sie werden betrieben mit Oberseil, Oberkette und auch Unterkette, nur selten mit Unterseil.

C. Die Antriebskräfte und der Ort ihrer Aufstellung.

I. Der Antrieb mit Menschen.

Ein Haspelberg, der mit Menschenkräften betrieben wird, kann nur kurze Längen und eine geringe Belegung haben. Er hat fast immer offenes Seil. Der Haspel muß mit einer Bremsvorrichtung und einem Sperrade mit Sperrklinken versehen sein.

II. Der Antrieb mit Pferden.

Es ist naheliegend, daß man dort, wo Menschenkräfte zur Bergaufförderung nicht ausreichen, Maschinen aber nicht genug ausgenutzt werden können, tierische Kräfte anwendet; in erster Linie sind dies bei uns die Pferde.

Das einfachste Verfahren ist, daß man diese Tiere unmittelbar vor den vollen Wagen spannt. In den hinteren Haken der Zugstange muß dann eine Schleppgabel (Fig. 367) eingehängt werden; sie hat ihren Namen daher, daß sie hinter dem Wagen her über die Sohle schleift. Bleibt das Pferd einmal stehen, oder sollte der Wagen sich abkuppeln, so kann er nicht zurückrollen; denn die Gabel dringt in die Strecken-

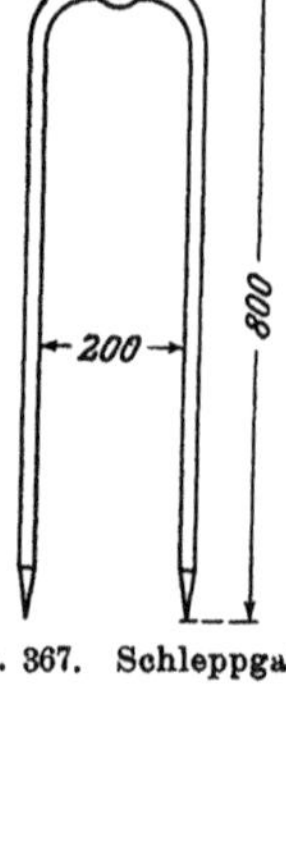

Fig. 367. Schleppgabel.

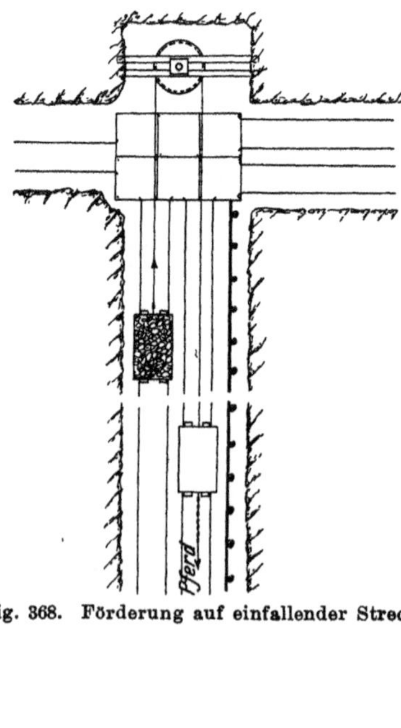

Fig. 368. Förderung auf einfallender Strecke.

sohle ein, oder sie findet bei glatter und fester Sohle ihren Halt am nächst unteren Lager und hält so den Wagen auf.

Das Vorspannen des Pferdes vor den aufzuholenden Förderwagen ist auch nur bei geringer Bahnlänge und kleinem Neigungswinkel des Berges durchführbar. Dazu kommt, daß das Pferd außer dem Wagengewichte auch noch seine eigene Körperlast bergauf schaffen muß.

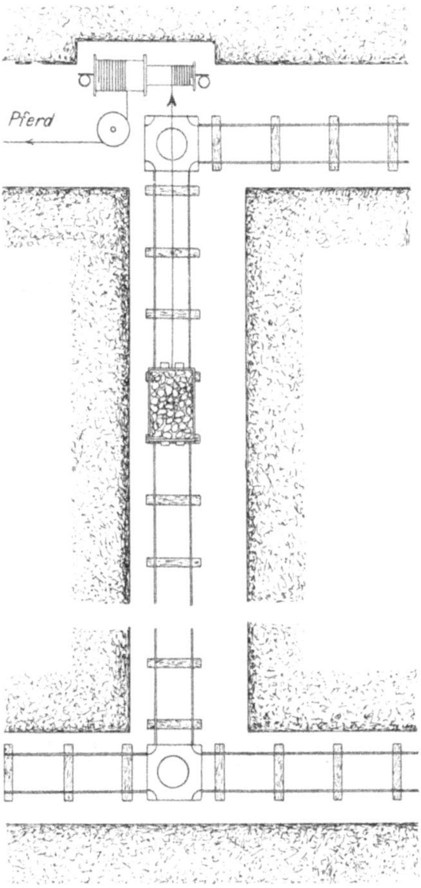

Fig. 369. Haspelberg.

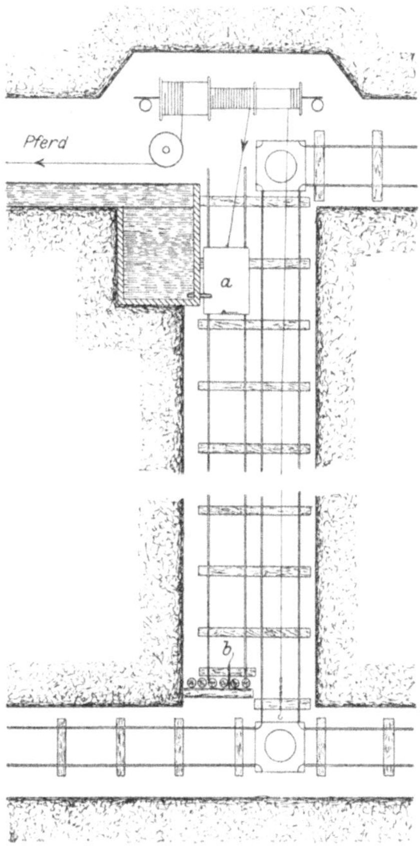

Fig. 370. Haspelberg.

Dies hat man auf Myslowitzgrube dadurch umgangen, daß man den Wagen an ein Seil anschlug (Fig. 368); dieses wurde um eine am oberen Bergende angebrachte Seilscheibe in das andere Bergtrum geleitet; hier wurde ein leerer Wagen an das Seil angeschlagen und vor diesen das Pferd gespannt. Es zog also beim Abwärtsgehen den leeren Wagen bergab und gleichzeitig den vollen bergauf.

In eintrümigen Haspelbergen kann man das in Fig. 369 dargestellte

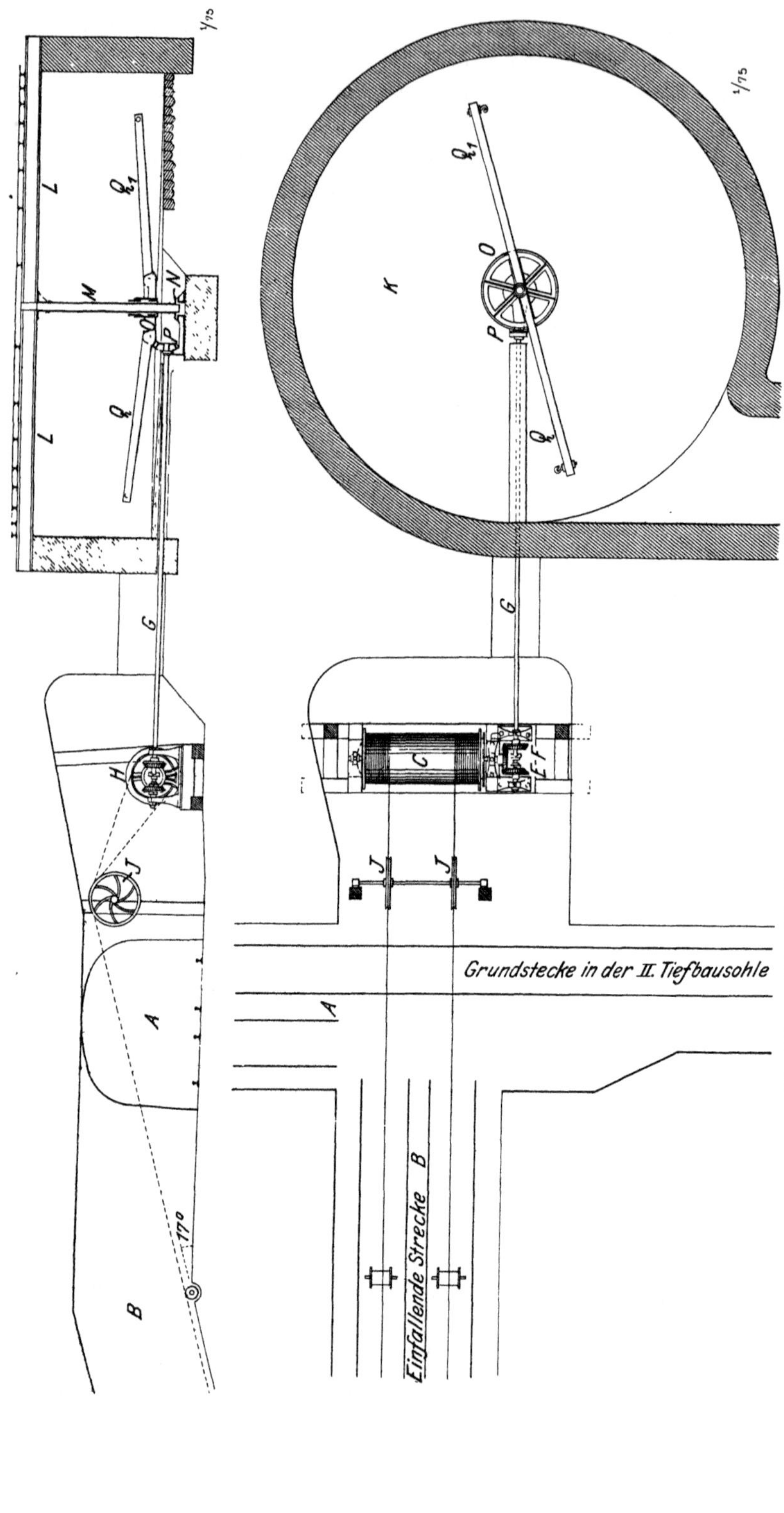

Fig. 371 a und b. Pferdegöpel. (Aus „Versuche und Verbesserungen im Jahre 1882".)

Verfahren anwenden. Der Trommelhaspel erhält zwei Seilkörbe von verschiedenem Durchmesser; auf dem kleineren Korbe wird das Förderseil aufgewickelt, an das im Berge die leeren bzw. vollen Wagen angeschlagen werden. Das Zugseil geht vom größeren Korbe um eine Leitscheibe in die Förderstrecke hinein, wo das davorgespannte Pferd geht. Wird der leere Wagen hinuntergebremst, dann geht das Pferd unbelastet zurück und hat den Zughaken des Seiles vor der Brust in das Geschirr eingehängt.

Bei steilem Einfallen hat man das Pferd in seiner Arbeit noch durch einen als Gegengewicht dienenden Wasserkasten *a* (Fig. 370) unterstützt. Dieser wird aus einem Behälter, in dem sich das Wasser-seigenwasser ansammelt, gefüllt. Das Zugseil wickelt sich auf einem Korbe mit großem Durchmesser auf. Die beiden anderen Seile des Förderhaspels haben gleichen, aber kleineren Durchmesser; die mittlere Seiltrommel nimmt das Gegengewichtsseil auf, die letzte das Förderseil. War ein Aufzug beendet, der Wasserkasten also an der tiefsten Stelle seiner Bahn angekommen, so entleerte er sich selbsttätig dadurch, daß ein in seiner unteren Stirnwand befindliches Ventil von einem Bolzen *b* aufgestoßen wurde.

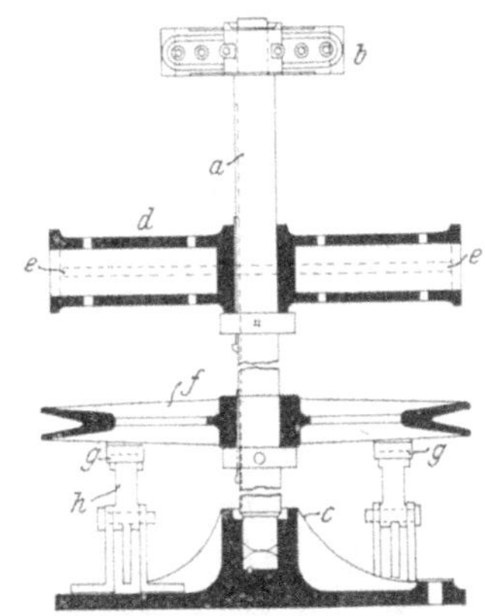

Fig. 372. Göpel von Husmann. (Aus „Glückauf" 1900, Nr. 27.)

Vielfach werden auch zum Antriebe der Aufzüge Göpelwerke (Fig. 371 a und b) benutzt. Zu diesem Zwecke wird in der Verlängerung der Einfallenden hinter dem Haspel eine Göpelstube hergestellt. In dieser steht die senkrechte Göpelwelle M mit den Deichseln Q und Q_1, vor die die Pferde gespannt werden. Die Drehbewegung wird mittels Zahnradübersetzung OP, Welle G und Wendegetriebe EF auf den Haspel C übertragen.

Der Husmannsche Pferdegöpel, D.R.P. 133 539, hat eine senkrechte Welle *a* (Fig. 372), die an beiden Enden in Lagern *b* und *c* läuft. Über die ganze Wellenlänge geht eine Nut, um die Seilscheibe *f* und die Zugstangennabe *d* in jeder gewünschten Höhe anbringen zu können. Die Zugstangen (Deichseln) werden in die Öffnungen *e* der Zugstangennabe *d* eingesteckt und durch Vorstecker befestigt. Die Seilscheibe *f* hat auf ihrer Unterseite einen Zahnkranz *g*, in den die Sperrklinken *h* eingreifen.

Das endlose Seil läuft, je nach der Lage der Treibscheibe, in einem Sohlenkanal oder unter der Firste der Göpelkammer. Die Förderwagen werden mit ihm durch Kettenanschlag verbunden.

Die Göpelstube ist 1,80 m hoch und hat 8 m Durchmesser. Die Laufbahn ist eine Rollschicht aus Ziegeln.

Bei 3 m Länge der Zugbäume, 1 m Seilscheibendurchmesser, 120 m flacher Länge der Förderbahn und 12° Einfallen wurden in einer achtstündigen Schicht mit einem Pferde 80 Kohlenwagen heraufgezogen und 40 leere und 40 Bergewagen abwärts gefördert. Unter jedem Seilstrange liefen gleichzeitig immer je vier Wagen.

Der Göpel eignet sich ohne weiteres für ein Einfallen bis zu 20°; darüber hinaus muß er Vorgelege oder eine kleinere Seilscheibe erhalten.

III. Die Wasseraufzüge.

Schon im vorhergehenden Abschnitte ist gezeigt worden, daß die Arbeit der Pferde durch Wasserkästen unterstützt wurde, die man als Gegengewichte benutzte. Es ist naheliegend, daß man im Bergbau, wo Wasser fast immer und überall vorhanden ist, von dieser billigen Antriebskraft auch bei der Haspelbergförderung einen möglichst ausgedehnten Gebrauch macht.

Richtet man das eben erwähnte Gegengewicht (Fig. 370) so ein, daß es im gefüllten Zustande schwerer als der beladene Förderwagen ist, so wird der Haspelberg in einen Bremsberg umgewandelt. Unten angekommen, entleert sich der Wasserkasten selbsttätig; nun ist er leichter als der leere Förderwagen, den man jetzt hinunterbremst. Am besten erhalten die beiden Seilkörbe auch wieder verschiedenen Durchmesser.

Es ist nicht unbedingt nötig, daß der Wasserkasten in dem einen Trume des Haspelberges läuft. Er kann ebensogut an anderen Stellen untergebracht werden, wie die beiden folgenden Beispiele von Kons. Annagrube bei Pschow zeigen. Nach diesen Verfahren wird man sich namentlich dann mit Vorteil richten können, wenn das Antriebswasser in einiger Entfernung vom Haspel liegt, oder wenn die Wasserhebung aus der Einfallenden mit Schwierigkeiten verbunden ist.

Im Friedaflöze der Annagrube stand am Kopfe einer Einfallenden ein Haspel *a* (Fig. 373) mit zwei Seiltrommeln von verschiedenem Durchmesser. Das auf dem kleineren Korbe aufgewickelte Gegengewichtsseil wurde mittels Rollen bis zum Wasserkasten *b* geführt, der in einer entfernter liegenden Schwebenden auf Gestänge lief. Beim Vortriebe dieser Schwebenden hatte man derartige Wasserzuflüsse erhalten, daß man sie durch einen starken Querdamm *c* abmauern mußte. Die hinter dem Damme angestauten Wasser wurden durch das Ableitungsrohr *d* abgezogen und in der Rohrleitung *e* nach der Wasserseige des Querschlages g. W. geführt. Um den Wasserkasten zu füllen, öffnete der Bremser mittels des Schnurlaufes *f* einen Schieber in dem Abflußrohre *d*. War der Kasten voll, so floß aus ihm Wasser bei *g* in die Rohrleitung *h* über, die bis zur Haspelstätte reichte. Sah der Bremser hier Wasser ausfließen, so schloß er den Schieber und setzte den Haspel in Gang. War der Wasserkasten am unteren Ende der Schwebenden angekommen, so entleerte er sich selbsttätig in den Behälter *i*, von wo das Wasser ebenfalls nach dem Querschlage abfloß.

Die Einfallende war 32 m lang, der offene Teil der Schwebenden 16 m lang. Als Gegengewicht diente ein auf vier Räder gesetztes Stück Flammrohr eines alten Dampfkessels; es hatte ein Fassungsvermögen von $1^1/_4$ cbm.

In ähnlicher Weise wurde auf derselben Grube die Förderung in einer anderen Einfallenden hochgezogen. Der hölzerne Gegengewichts-

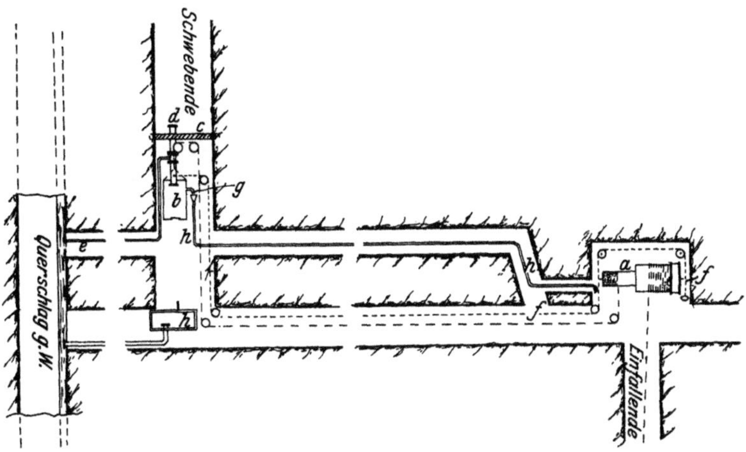

Fig. 373. Mit Wasserkraft betriebener Haspelberg (flacher Riß).

kasten *a* bewegt sich hier aber in einem 4 m tiefen Gesenke (Fig. 374 a und b), welches von der Grundstrecke im Oberflöze nach der Sumpfstrecke des Fundflözes abgeteuft ist. Der Wasserkasten *a* erhält seine Füllung aus dem Behälter *b*, in welchem sich die Wasserseigenwasser des Fundflözes ansammeln. Ist er gefüllt, so läuft das Wasser in den dreieckigen Behälter *c* über, der an einer Feder schwebend aufgehängt ist. Dieser kippt schließlich nach unten, läßt das Wasser auslaufen, schnellt zurück und setzt den Schnurlauf *d* mit der Glocke *e* in Bewegung, die dem Bremser anzeigt, daß er den Schieber *f* mittels des Schnurlaufes *g* schließen muß. Ist der Wasserkasten bei dem nun folgenden Treiben unten angekommen, so entleert er sich; die Wasser laufen in der Sumpfstrecke des Fundflözes ab.

Die Länge der Einfallenden beträgt 16 m, die Tiefe des Gesenkes 4 m; die Umfänge der beiden Seilkörbe des Bremshaspels müssen sich also wie 4 : 1 verhalten. — Der Wasserkasten hat 1 cbm Fassungsraum und wiegt leer 200 kg, gefüllt 200 + 1000 = 1200 kg. Der leere Förderwagen hat ein Gewicht von 400 kg, während der gefüllte 1025 kg wiegt. — Auf der Einfallenden werden in zehnstündiger Schicht aus der Sumpfstrecke des Oberflözes 50 Wagen gefördert; es entfallen also auf die Förderung eines Wagens 12 Minuten. Davon gehen 2 Minuten auf das Anschlagen und Bremsen ab, so daß zum Füllen des Wasserkastens rund 10 Minuten bleiben. Da der Wasserkasten

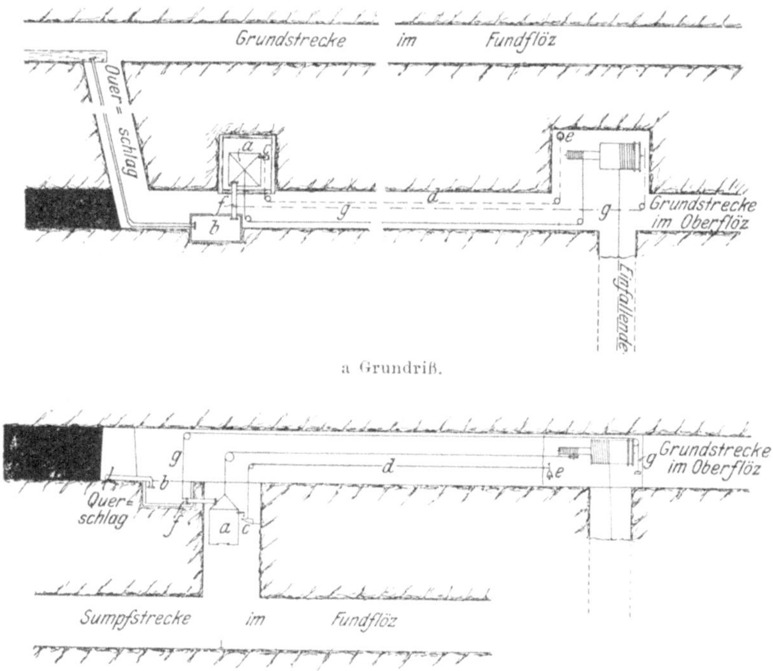

a Grundriß.

b Seigerriß.

Fig. 374a und b. Mit Wasserkraft betriebener Haspelberg.

1 cbm = 1000 l faßt, müssen dem Sammelbehälter in der Schicht 50 cbm bzw. in der Minute 100 l Wasser zugeführt werden.

Im Südfelde der Königin Luisegrube bei Zabrze wurde im Jahre 1901 ein Haspel mit 2 Peltonrädern von verschiedener Größe aufgestellt. Auf dem eintrümigen Haspelberge, der bei 50^0 Einfallen eine Länge von 175 m hatte, werden Versatzberge mittels Gestellwagen heraufgezogen. Ein Teil der aufzuziehenden Last wird durch ein Gegengewicht ausgeglichen. Beim Aufzuge der Berge wird das größere Peltonrad in Gang gesetzt; das kleinere wird benutzt, um das Gegengewicht wieder aufzuholen.

IV. Der Antrieb mit Kraftmaschinen.

Die Kräfte, die in erster Reihe zum Betriebe von Aufzugshaspeln in Betracht kommen, sind Preßluft und Elektrizität. Eine von ihnen ist meistens schon im Betriebe vorhanden; handelt es sich nun um Neueinrichtung eines Haspelberges, so wird man hierzu diejenige Kraft wählen, die in der Nähe schon zu anderen Arbeiten verwendet wird. Ist keine solche vorhanden, so kann man, günstige Wetterverhältnisse vorausgesetzt, auch zu Explosionsmotoren mit Benzin- oder Spiritusbetrieb greifen.

Ähnlich den Bremsberghaspeln stehen auch hier Trommelhaspel (Fig. 377) und Scheibenhaspel (Fig. 376) in Gebrauch. Sie werden nie vom Motor unmittelbar angetrieben, sondern immer mittels eines Zahnradgetriebes. Auf zweitrümigen Haspelbergen mit offenem Seile

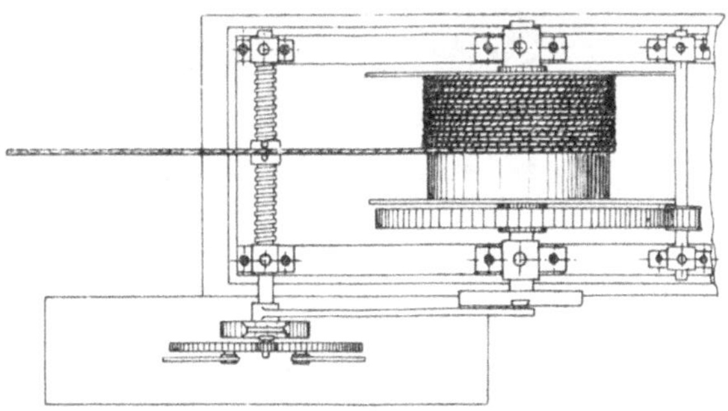

Fig. 375. Haspel mit Heckelschem Seilleiter.

muß eine Umkehr der Umdrehungsrichtung möglich sein; zu diesem Zwecke schaltet man zwischen dem Motor und der Seiltrommel bzw. Seilscheibe ein Wendegetriebe ein.

Damit sich das Seil auf der Trommel gleichmäßig aufwickelt, ist die Verwendung einer Seilführung (Fig. 375) sehr zweckmäßig. Diese wird durch eine Schraubenspindel je nach der Drehrichtung des Haspels, derart nach links bzw. nach rechts verschoben, daß das Seil, auch wenn es stark schleudert, sich auf der richtigen Stelle auflegt.

Die Streckenhaspel können feststehende oder fahrbare sein. Die ersteren (Fig. 376) werden mit Ankerschrauben auf einem gemauerten Unterbau befestigt, wie es ja mit jeder derartigen Maschine geschieht. Die fahrbaren Haspel (Fig. 377) sitzen auf einem kräftigen Grundrahmen, der mit Rädern versehen ist. Sie müssen so gedrungen gebaut sein, daß sie auch auf den Gesenkschalen Platz finden können.

Auf zweitrümigen Haspelbergen mit offenem Seile wird der Haspel am Kopfende aufgestellt. Bei eintrümigem Betriebe kann er auch

Fig. 376. Scheibenhaspel von Münzner.

Fig. 377. Trommelhaspel von Münzner.

unten aufgestellt werden (Fig. 378). Das Seil wird dann neben dem Gestänge nach oben geleitet, geht dort um eine Rücklaufscheibe und in der Förderbahn wieder nach unten.

Die Vorteile der Aufstellung des Haspels am unteren Bergende sind bei den Haspelbergen mit offenem und auch mit geschlossenem Seile dieselben wie bei den Bremsbergen mit endlosem Seil.

Die Haspelberge mit endlosem Seil können dieselben Antriebsmaschinen erhalten wie die gewöhnlichen Seilförderungen auf söhliger Bahn. Bei geringeren Bahnlängen und wenn nicht allzu schwere Lasten gehoben werden müssen, leistet auch ein Flachscheibenhaspel gute Dienste.

Auf Grube Heinitz im Saarreviere hat man zum Antrieb einen Trommelhaspel benutzt; auf die Trommel wurde eine Seilscheibe aufgekeilt und um diese das Seil zweimal geschlungen (Fig. 379). Die selbsttätige Spannvorrichtung, die unmittelbar hinter dem Haspel liegt und in das ablaufende Seil eingeschaltet ist, besteht aus einem mit Gewichten belasteten Spannwagen nebst Scheibe. Er läuft auf einer schiefen Ebene.

Für alle anderen Betriebseinrichtungen der Haspelberge mit endlosem Seile, insbesondere für die Lage der Antriebsmaschine, der selbsttätigen und der festliegenden Spannvorrichtung gilt alles das, was schon weiter oben bei den Seil- und Kettenförderungen und bei den Bremsbergen mit endlosem Seil gesagt wurde.

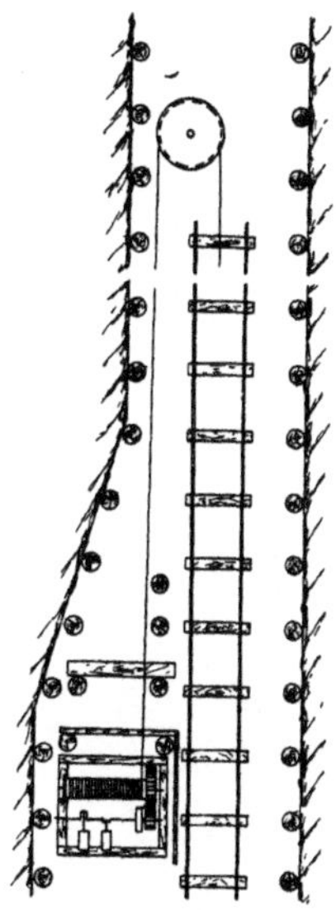

Fig. 378. Haspel am Fuße eines eintrümigen Haspelberges. (Aus „Bergbau“ XX, Nr. 12.)

D. Die Sicherheitsvorkehrungen.

I. Allgemeines.

Die auf Haspelbergen notwendigen Sicherheitsvorkehrungen stimmen zum großen Teil mit denen auf Bremsbergen überein; es wären dies also: ständige Beleuchtung, Warnungs- und Signaltafeln, Signale, Verschlüsse, Versatzungen, sicherer Stand des Haspelwärters und der Anschläger. Außerdem muß der Haspel, wenn er mit Menschen oder Tieren angetrieben wird, Sperrvorrichtungen haben, die ihn am Rückwärtsdrehen hindern, wenn die Zugkraft während eines Treibens nachlassen sollte.

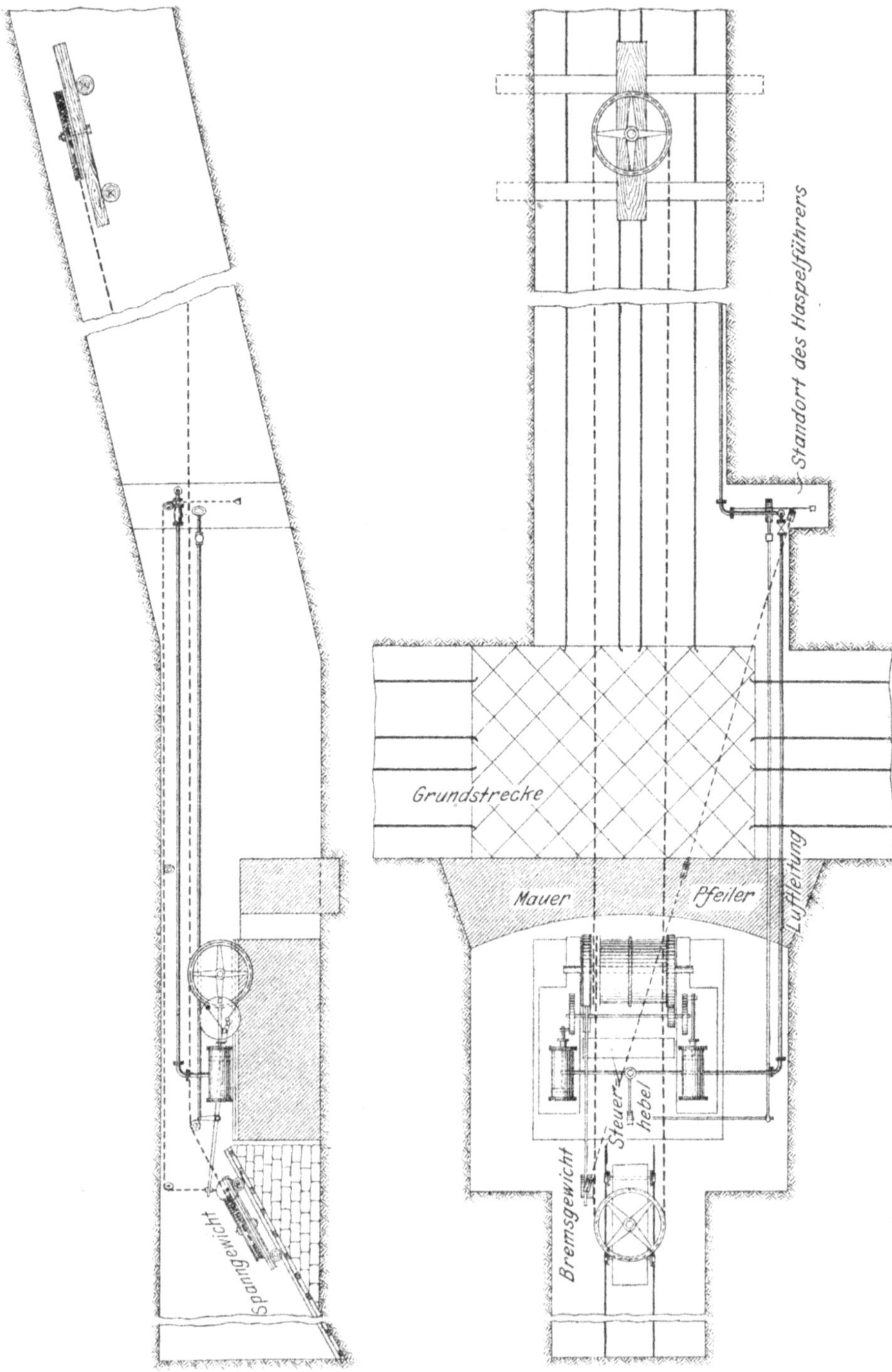

Fig. 379. Haspel am Fuße eines Haspelberges mit endlosem Seil. (Aus „Versuche und Verbesserungen im Jahre 1905".)

Wo leere Wagen abgebremst werden, wie auf eintrümigen Haspelbergen, ist eine sicher wirkende Bremse erforderlich, die aber auch bei jedem anderen Förderhaspel gute Dienste leistet.

Bei Lufthaspeln sollen die Bremsen so mit einem Ventil oder der Drosselklappe der Preßluftleitung verbunden werden, daß beim Schließen der Bremse auch die Luft abgesperrt wird. Auf Zeche Victor bei Rauxel entstand nämlich in einer Haspelstube dadurch ein Brand, daß der Kompressor gegen Ende der Schicht mitten in einem Treiben abgestellt wurde. Das Gestell blieb mitten im Berge stehen, und der Bremser machte Schicht, ohne das Preßluftventil zu schließen. Als nun nachher der Kompressor wieder angelassen wurde, setzte sich der Haspel in Bewegung, weil seine Bremse nicht gut schloß. Das Gestell riß, oben angekommen, vom Seil ab, und der Haspel ging durch. Als Folge davon gerieten erst die Bremsklötze und dann die Bremsstube in Brand.

II. Die Wagenfänger.

Wagenfänger werden sowohl im Leergleise als auch im Vollgleis eingebaut. Ihr Zweck und ihre Einrichtung ist dieselbe wie auf den Bremsbergen mit endlosem Seil.

III. Die Seil- und Kettenfänger.

Bei einem Bruche des Förderseiles bzw. der Kette gehen die Wagen in beiden Trümern frei ab. Man kann zwar in beiden Gleisen Wagenfänger einbauen, die ihren Zweck vollkommen sicher erfüllen; trotzdem hat man aber vielfach noch besondere Fänger für das Seil oder die Kette angebracht. Namentlich finden sich mancherlei Ausführungsformen von Kettenfängern.

Kettenbrüche kommen, wie man bis jetzt allgemein festgestellt hat, fast ausschließlich am Kopfende des Berges vor; dies erklärt sich sehr einfach damit, daß dort stets die größte Spannung herrscht. Darum baut man die Kettenfänger in der Regel auch nur im oberen Bergteile ein.

Im Bremsschachte V des Redenflözes auf Königin Luisegrube bei Zabrze wurde der in Fig. 380 abgebildete Kettenfänger in Abständen von 15 m auf den eisernen Lagern angeschraubt. Er besteht aus zwei Fangarmen und zwei Winkeleisen, die zur Verbindung mit den Lagern dienen. Reißt die Kette, so fällt sie, wie wiederholt beobachtet wurde, zwischen die Arme und klemmt sich hier fest. Die Wagen kamen immer sofort zum Stillstand.

Bei dem Kettenfänger von Berrendorf, D.R.P. 149347, ist eine Greiferscheibe *a* (Fig. 381) mit einem Sperrade *c* versehen, in welches die Klinken *d* und d^1 eingreifen. Die Kette wird zwischen Widerlagern *b* und b^1 geführt. Erfolgt ein Bruch in der Kette oder an der Antriebsmaschine, so gehen beide Kettenstränge ab, bzw. die Vollkette erhält das Übergewicht über die Leerkette. Da hierbei die Greiferscheibe rückwärts gedreht wird, kommen die Sperrklinken in Tätigkeit und halten beide Ketten fest.

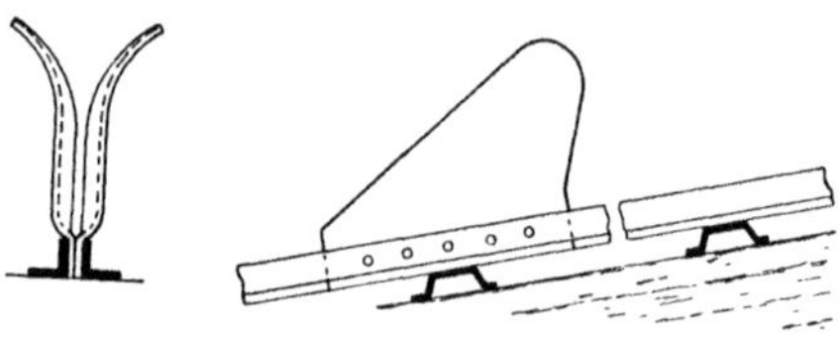

Fig. 380. Kettenfänger.
(Aus „Versuche und Verbesserungen im Jahre 1904".)

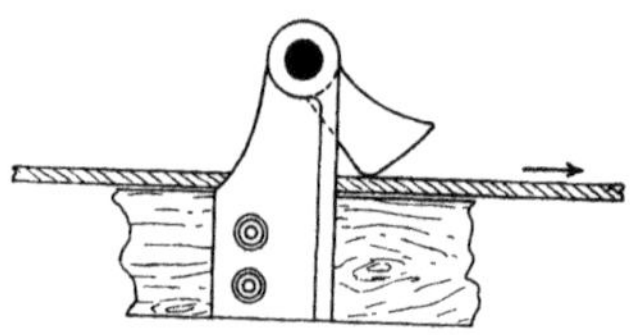

Fig. 382. Seilfänger von Berrendorf.
(Aus „Glückauf" 1904, Nr. 17.)

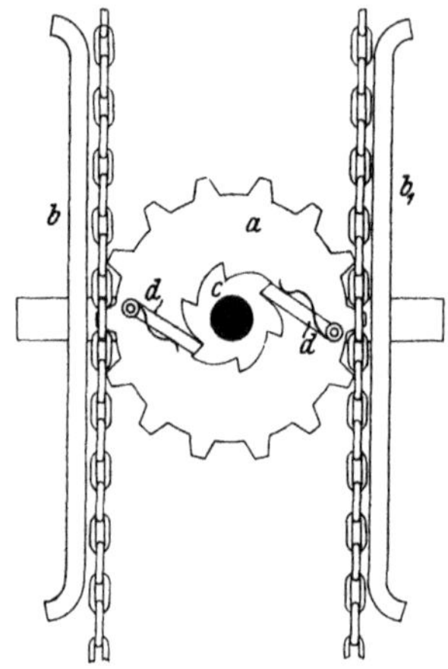

Fig. 381. Kettenfänger von Berrendorf.
(Aus „Glückauf" 1904, Nr, 17.)

Die Greiferscheibe hat noch den Vorteil, daß sie die Leerkette zwingt, mit der Vollkette gleichen Gang zu halten.

Der B e r r e n d o r f sche Seilfänger (Fig. 382) ist ohne besondere Erklärung verständlich.

Sachregister.

(Die Zahlen geben die Seiten an.)

Altenburg
Piererscbe Hofbuchdruckerei
Stephan Geibel & Co.

GPSR Compliance

The European Union's (EU) General Product Safety Regulation (GPSR) is a set of rules that requires consumer products to be safe and our obligations to ensure this.

If you have any concerns about our products, you can contact us on ProductSafety@springernature.com

In case Publisher is established outside the EU, the EU authorized representative is:

Springer Nature Customer Service Center GmbH
Europaplatz 3
69115 Heidelberg, Germany

Batch number: 10682323

Printed by Printforce, the Netherlands